储成友（民工哥）著

Linux 系统运维指南

从入门到企业实战

人民邮电出版社

北京

图书在版编目（CIP）数据

Linux系统运维指南 : 从入门到企业实战 / 储成友著. -- 北京 : 人民邮电出版社, 2020.4
ISBN 978-7-115-52918-3

Ⅰ. ①L… Ⅱ. ①储… Ⅲ. ①Linux操作系统 Ⅳ. ①TP316.85

中国版本图书馆CIP数据核字(2020)第000910号

内 容 提 要

本书系统全面、由浅入深地介绍了 Linux 系统运维的知识，以及在企业实际环境中用到的各类服务、架构和运维管理。本书分基础篇、LAMP/LNMP 架构篇、应用服务篇和架构运用篇。基础篇详细介绍 Linux 系统的基础知识，LAMP/LNMP 架构篇介绍时下企业中最常见的两种架构的部署与配置，应用服务篇以企业实际运维环境为出发点详细介绍当下企业用到的各类开源软件服务，架构运用篇对前三篇的知识进行总结，并结合企业的实际场景加以实践。

本书既适合在 Linux 系统运维方面零基础的技术人员阅读，也适合初、中级运维工程师和网络工程师学习使用。

◆ 著　　　储成友（民工哥）
　责任编辑　张　爽
　责任印制　王　郁　焦志炜
◆ 人民邮电出版社出版发行　　北京市丰台区成寿寺路 11 号
　邮编　100164　　电子邮件　315@ptpress.com.cn
　网址　http://www.ptpress.com.cn
　北京天宇星印刷厂印刷
◆ 开本：787×1092　1/16
　印张：30.5　　　　　　2020 年 4 月第 1 版
　字数：744 千字　　　　2024 年 10 月北京第 19 次印刷

定价：119.80 元

读者服务热线：(010)81055410　印装质量热线：(010)81055316
反盗版热线：(010)81055315

前　言

写作初衷

互联网的发展可谓日新月益。各类应用（APP）被人们安装到自己的智能手机中，人们的生活也因互联网的发展而发生着改变。随着各类互联网公司和平台的兴起，企业需要越来越多的 IT 从业人员，Linux 系统运维人员也成了其中必不可少的成员。

我有幸乘上互联网发展的东风，成为了 Linux 系统运维人员之一。但是，当初学习 Linux 系统时，我遇到过很多的困难，以至于久久不能入门。虽然网络上有很多的学习资料及学习方法，但初学者很难分辨何种方法与资料适合自己；而且大部分的资料和视频教程都讲得比较宽泛，初学者难以理解，我也因此在学习 Linux 系统的道路上走了不少弯路。为了帮助更多像我一样的 Linux 系统初学者，我决定写一本相关的书。

本书特点

本书主要以快速入门及学习 Linux 系统为出发点，先讲解基础理论，后讲解实践操作，由浅入深，将基础理论与企业实际应用相结合。

本书最大的特点是面向企业真实的运维环境。全书分为四篇，基础篇详细介绍了 Linux 系统的基础知识，LAMP/LNMP 架构篇介绍了时下企业中最常见的两种架构的部署与配置，应用服务篇以企业实际运维环境为出发点详细介绍当下企业用到的各类开源软件服务，架构运用篇对前三篇的知识进行总结，并结合企业的实际场景加以实践。这样由浅入深地学习可以使读者对企业实际场景的运维工作有一个完整且清晰的认识，在快速入门的同时，也能学到企业实际工作环境中必备的技能。

读者对象

本书内容深入浅出，既适合初学者入门学习，也适合有一定基础或工作经验的运维工程师用于进一步提高技术水平。本书适用于以下读者对象：

- Linux 系统的初学者；
- Linux 系统管理员和运维工程师；
- 程序开发人员；
- 数据管理人员；
- 网络管理员；
- 项目实施管理人员；
- Linux 系统爱好者。

阅读方法

本书以引导读者快速入门 Linux 系统为宗旨，省去一些不必要的学习过程。如果你是一个有基础或有实际经验的系统运维人员，可以直接从第三篇和第四篇开始学习，更多地关注企业实际环境中的工具运用与架构实践；如果不是，那么建议你循序渐进、由基础到应用去学习，以便达到更好的学习效果，有所收获。

本书分为基础篇、LAMP/LNMP 架构篇、应用服务篇和架构运用篇，一共 33 章。

基础篇：第 1～6 章。

第 1 章重点介绍如何在虚拟机上安装 Linux 操作系统，以及安装完成后常见的基础配置；第 2 章重点介绍 Linux 系统的目录、目录结构以及系统重要文件；第 3 章介绍新手必备的系统操作与管理命令（这是本篇的重点）；第 4～6 章介绍 Linux 的文件系统、磁盘管理以及正则表达式和 vim 编辑器的使用。基础篇是学习 Linux 操作系统必备的理论基础。

LAMP/LNMP 架构篇：第 7～10 章。

第 7～9 章主要介绍 Apache、MySQL、PHP、Nginx 等服务的安装部署、实际环境常用的配置以及各服务的优化等内容；第 10 章以第 7～9 章的内容为基础环境，使用 WordPress 搭建自己的博客站点，是对第 7～9 章知识点的实际运用。

应用服务篇：第 11～28 章。

第 11 章和第 12 章介绍服务器的登录管理、权限管理及数据同步服务的配置管理；第 13 章和第 14 章介绍 MySQL 数据库服务的日常操作管理及数据库的备份与恢复；第 15～19 章介绍自动化安装系统、集群架构、负载均衡、集群高可用等应用的部署、配置与管理；第 20 章介绍企业应用比较广泛的两个 NoSQL 数据库服务 Redis 与 Memcached；第 21 章介绍企业常用的 Java 容器 Tomcat 服务；第 22 章和第 23 章介绍企业监控系统 Zabbix 和 Lepus 的实际部署、配置管理及实际应用；第 24 章介绍企业代码管理工具 Git；第 25～27 章重点介绍 Docker 容器技术；第 28 章介绍自动化运维工具 SaltStack 服务。通过对应用服务篇的学习，读者可以清晰地认识到企业实际运维环境所用的软件服务以及配置过程，从而对学习起到提升和进阶的作用。

架构运用篇：第 29～33 章。

本篇将对全书的知识点进行总结，结合企业实际环境加以运用，并对企业实际环境中的数据库、服务器等常见的架构进行实践演练，以便读者更好地理解与掌握全书的知识点。

勘误和建议

写书是一个对自己所学知识点进行总结与查漏补缺的过程。本书的写作完全是作者利用业余时间完成的，由于时间仓促及作者个人的能力有限等原因，书中难免会有疏漏和不妥之处，恳请读者批评指正。读者可以将书中的错误之处进行详细描述后发送至邮箱 ciscoxiaochu@163.com，如果读者对本书有任何宝贵建议，也欢迎发送邮件。我无法保证每一个问题都会有正确的答案，但是我会努力并认真回答。

最后，如果读者对本书有任何疑问或希望交流 Linux 技术，可以关注作者的微信公众号“民工哥技术之路”，加入 Linux 技术交流群。

致谢

首先，感谢伟大的“Linux 之父”Linus Benedict Torvalds 先生，是他创造了如此优秀、强大的操作系统，这是本书得以编写的基石。

感谢国内外开源社区的贡献者们，正因为有他们的辛苦付出和不断地贡献劳动成果，我们才拥有了如此丰富、系统的学习参考资料。

感谢人民邮电出版社的张爽编辑，正是她的细心指导、包容、鼓励以及支持，我才能顺利地完成全书的写作工作。

感谢在本书写作过程中提供宝贵建议，以及关心支持我的每一位朋友。

最后，我要感谢我的家人，特别是我的妻子何艳红女士以及我亲爱的儿子。为了写作这本书，我牺牲了大量陪伴他们的时间，也正是他们对我的支持、理解和体谅，以及在生活中无微不至的关怀和鼓励，我才能够踏实地写完这本书。

储成友

2019 年于合肥

资源与支持

本书由异步社区出品，社区（https://www.epubit.com/）为您提供相关资源和后续服务。

提交勘误

作者和编辑尽最大努力来确保书中内容的准确性，但难免会存在疏漏。欢迎您将发现的问题反馈给我们，帮助我们提升图书的质量。

当您发现错误时，请登录异步社区，按书名搜索，进入本书页面，点击“提交勘误”，输入勘误信息，点击“提交”按钮即可。本书的作者和编辑会对您提交的勘误进行审核，确认并接受后，您将获赠异步社区的 100 积分。积分可用于在异步社区兑换优惠券、样书或奖品。

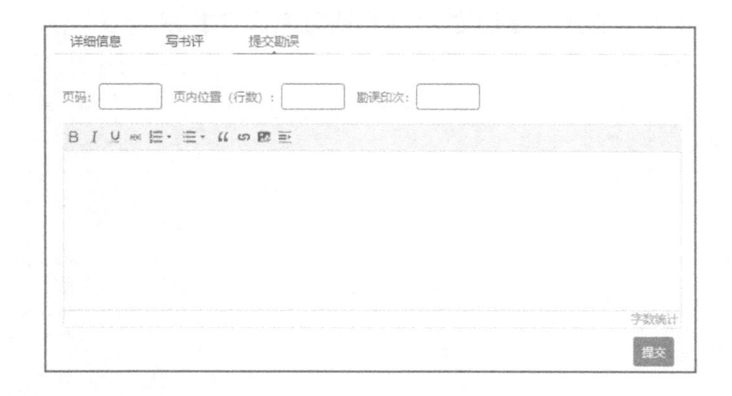

扫码关注本书

扫描下方二维码，您将会在异步社区微信服务号中看到本书信息及相关的服务提示。

与我们联系

我们的联系邮箱是 contact@epubit.com.cn。

如果您对本书有任何疑问或建议，请您发邮件给我们，并请在邮件标题中注明本书书名，以便我们更高效地做出反馈。

如果您有兴趣出版图书、录制教学视频，或者参与图书翻译、技术审校等工作，可以发邮件给我们；有意出版图书的作者也可以到异步社区在线提交投稿（直接访问 www.epubit.com/selfpublish/submission 即可）。

如果您是学校、培训机构或企业，想批量购买本书或异步社区出版的其他图书，也可以发邮件给我们。

如果您在网上发现有针对异步社区出品图书的各种形式的盗版行为，包括对图书全部或部分内容的非授权传播，请您将怀疑有侵权行为的链接发邮件给我们。您的这一举动是对作者权益的保护，也是我们持续为您提供有价值的内容的动力之源。

关于异步社区和异步图书

“异步社区”是人民邮电出版社旗下 IT 专业图书社区，致力于出版精品 IT 技术图书和相关学习产品，为作译者提供优质出版服务。异步社区创办于 2015 年 8 月，提供大量精品 IT 技术图书和电子书，以及高品质技术文章和视频课程。更多详情请访问异步社区官网 https://www.epubit.com。

“异步图书”是由异步社区编辑团队策划出版的精品 IT 专业图书的品牌，依托于人民邮电出版社近 30 年的计算机图书出版积累和专业编辑团队，相关图书在封面上印有异步图书的 LOGO。异步图书的出版领域包括软件开发、大数据、AI、测试、前端、网络技术等。

异步社区

微信服务号

目　录

基础篇

LAMP/LNMP 架构篇

应用服务篇

架构运用篇

基 础 篇

第1章 操作系统的安装与基础配置

古语有云："工欲善其事，必先利其器。"对于学习 Linux 操作系统来说，首先要学习如何正确熟练地安装 Linux 操作系统，继而针对操作系统进行基础的优化配置，这样才能为今后的学习创造一个良好的环境。下面来具体介绍 Linux 操作系统的安装过程与基本优化配置。

1.1 操作系统的安装

1.1.1 准备 Linux 操作系统安装文件

本书使用的 Linux 操作系统是 Linux 发行版之一的 CentOS 7，其安装文件可到 CentOS 官方网站下载，文件名称为 CentOS-7-x86_x64-DVD-1708.iso。

读者可以根据自己的网络情况，选择网络速度较快的源站进行下载，如网易、搜狐和阿里云等。

1.1.2 配置虚拟机

本书基于 VMware Workstation 进行 CentOS 7 的安装，关于虚拟机软件的使用方法，本书不做过多描述，读者可以自行参考相关官方文档学习。配置虚拟机的步骤如下。

（1）打开 VMware Workstation，依次选择"主页"→"创建新的虚拟机"，如图 1-1 所示。

图1-1 选择"创建新的虚拟机"

（2）在弹出的“新建虚拟机向导”对话框中，选择“自定义（高级）”，如图 1-2 所示。

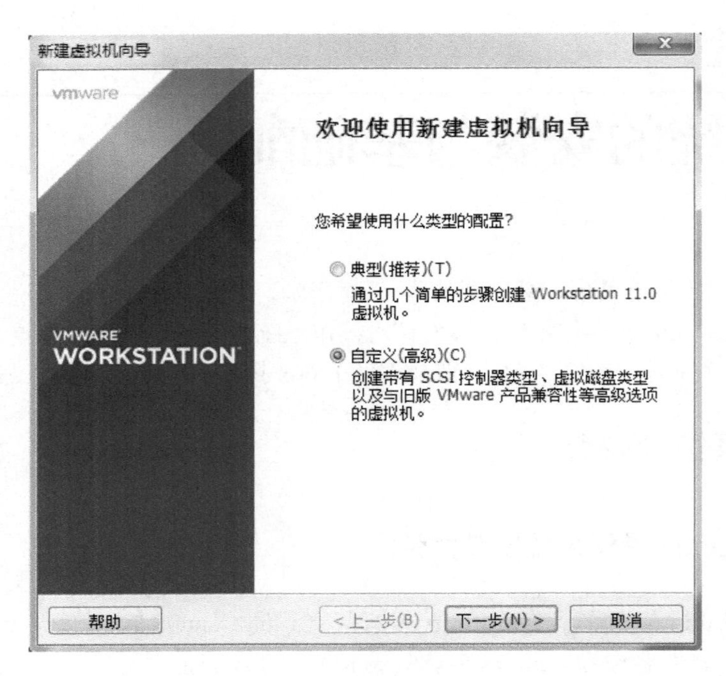

图1-2　选择“自定义（高级）”

（3）单击“下一步”按钮，按图 1-3 所示选择虚拟机硬件兼容性。

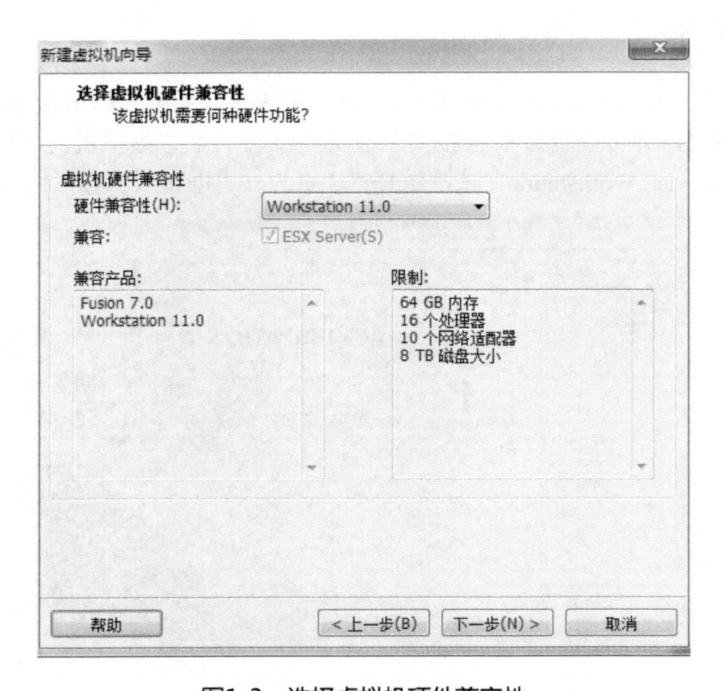

图1-3　选择虚拟机硬件兼容性

（4）单击“下一步”按钮，在图 1-4 所示的界面中选择“稍后安装操作系统”。

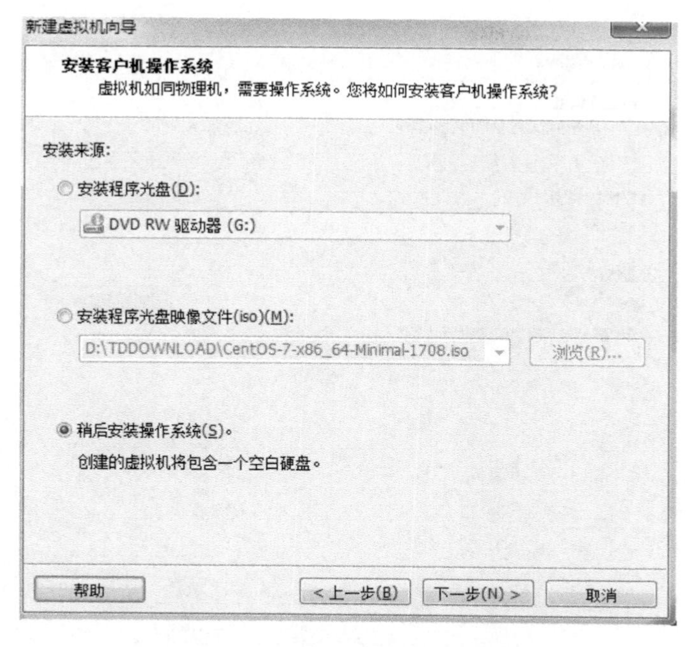

图1-4　选择“稍后安装操作系统”

（5）单击“下一步”按钮，在图 1-5 所示的界面中，选择客户机操作系统为“Linux”，版本为“CentOS 64 位”。

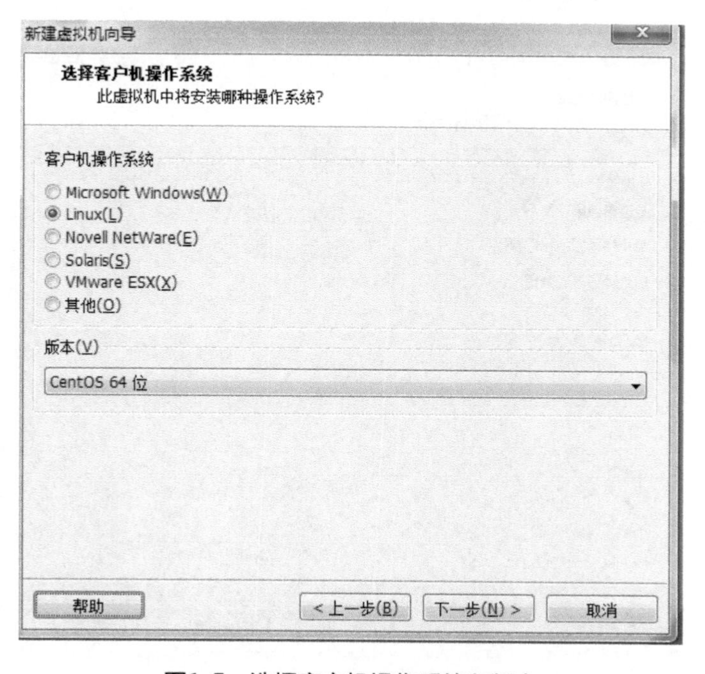

图1-5　选择客户机操作系统和版本

（6）单击“下一步”按钮，在图 1-6 所示的界面中，定义虚拟机名称并选择虚拟机安装位置。

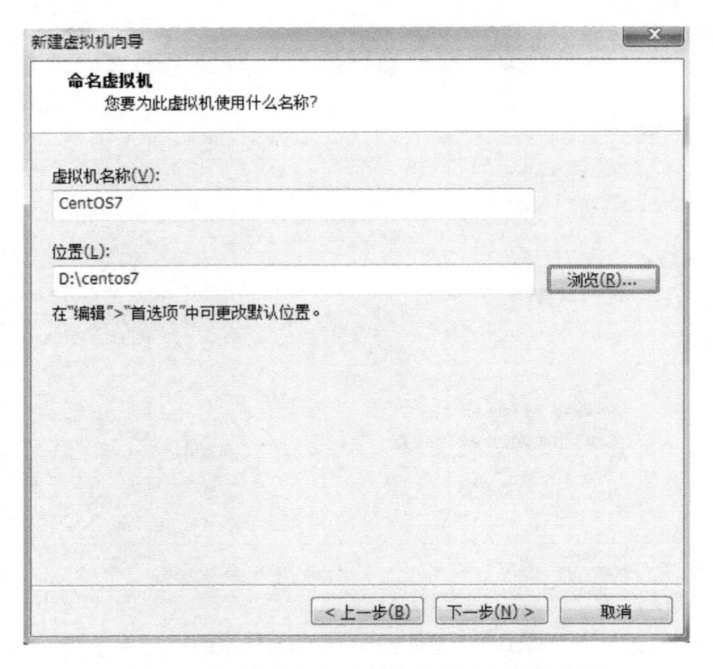

图1-6　定义虚拟机名称并选择虚拟机安装位置

（7）单击“下一步”按钮，在图 1-7 所示的界面中，根据物理机的性能设置虚拟机处理器数量及每个处理器的核心数量。

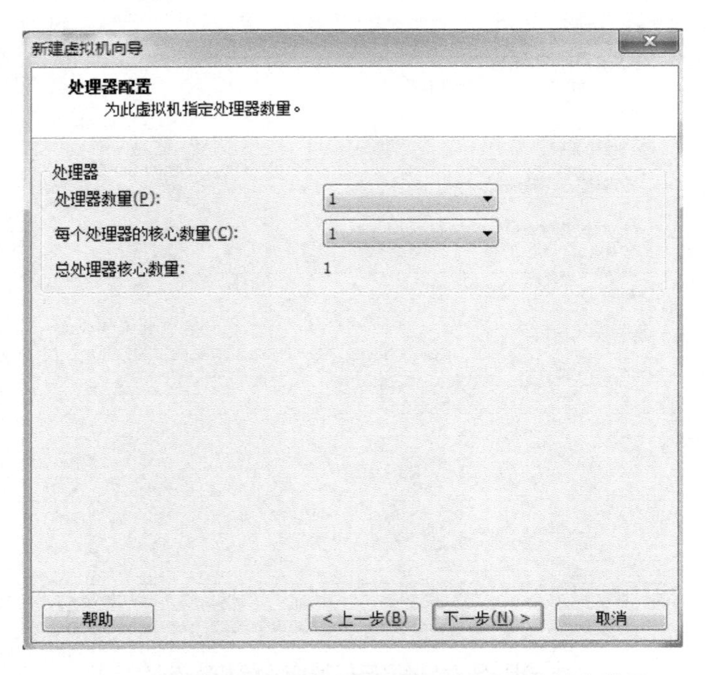

图1-7　设置虚拟机处理器数量及每个处理器的核心数量

（8）单击“下一步”按钮，在图 1-8 所示的界面中，选择“使用桥接网络”。

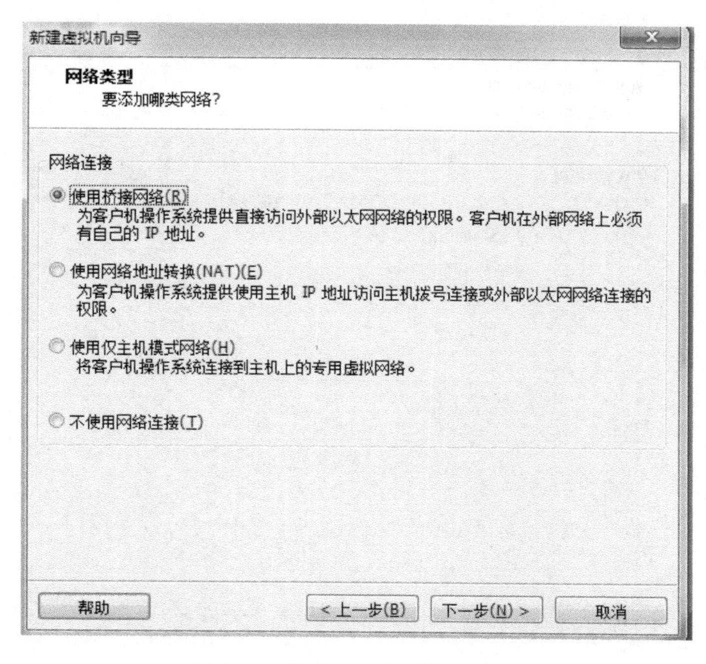

图1-8 选择“使用桥接网络”

（9）单击“下一步”按钮，在图 1-9 所示的界面中，根据物理机性能设置虚拟机内存大小。

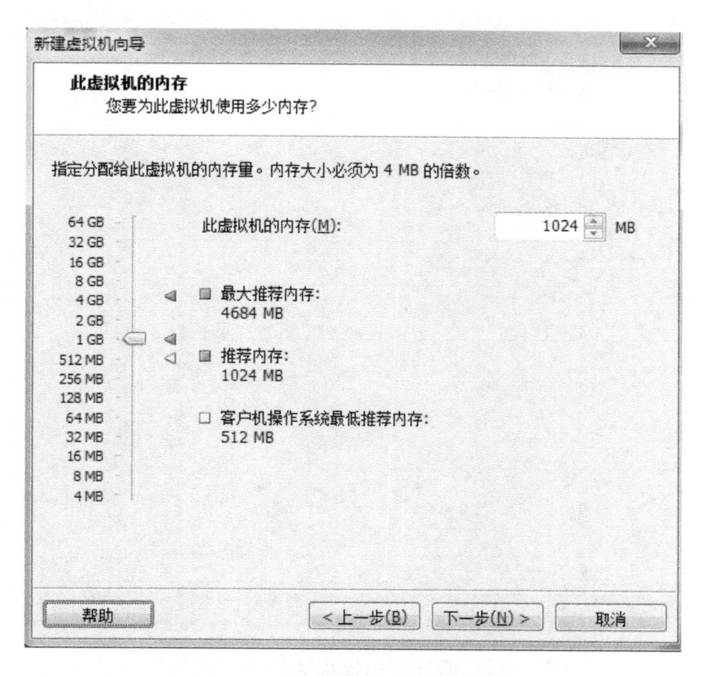

图1-9 设置虚拟机内存大小

（10）单击“下一步”按钮，在 1-10 所示的界面中，选择 I/O 控制器类型为“LSI Logic”。

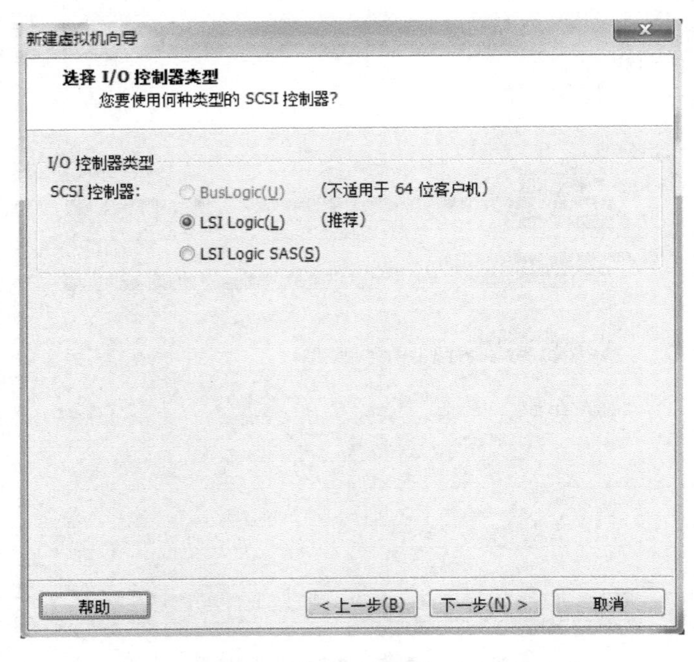

图1-10　选择I/O控制器类型为“LSI Logic”

（11）单击“下一步”按钮，在图 1-11 所示的界面中，选择虚拟磁盘类型为“SCSI”。

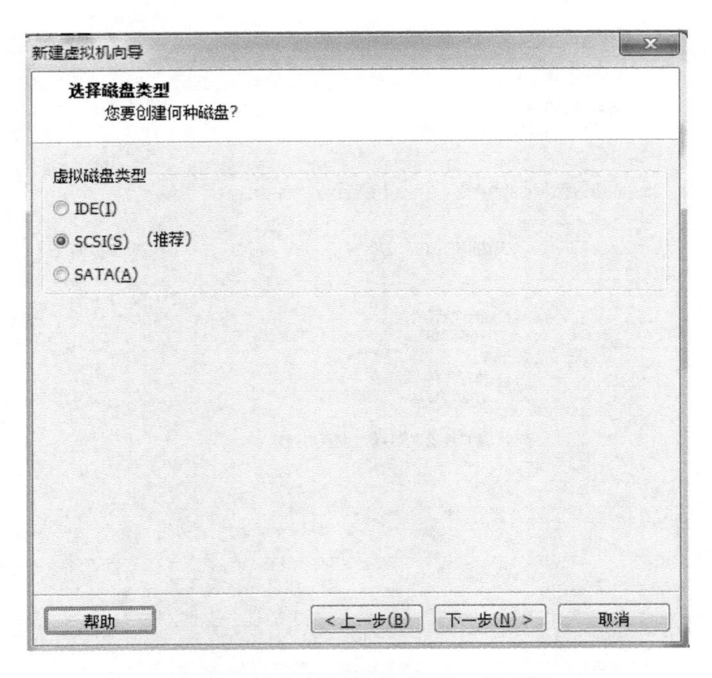

图1-11　选择虚拟磁盘类型为“SCSI”

（12）单击“下一步”按钮，在图 1-12 所示的界面中，设置虚拟机最大磁盘大小。

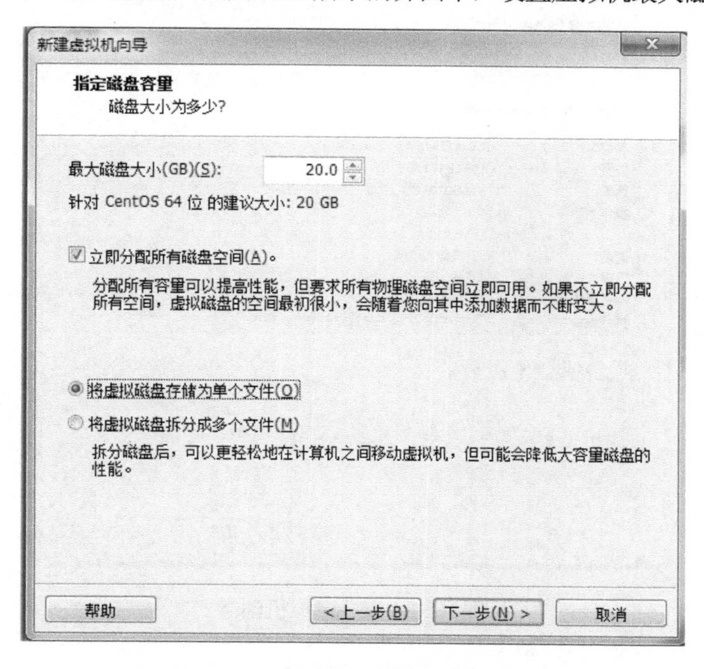

图1-12　设置虚拟机最大磁盘大小

（13）单击“下一步”按钮，在图 1-13 所示的界面中，定义磁盘文件名称。

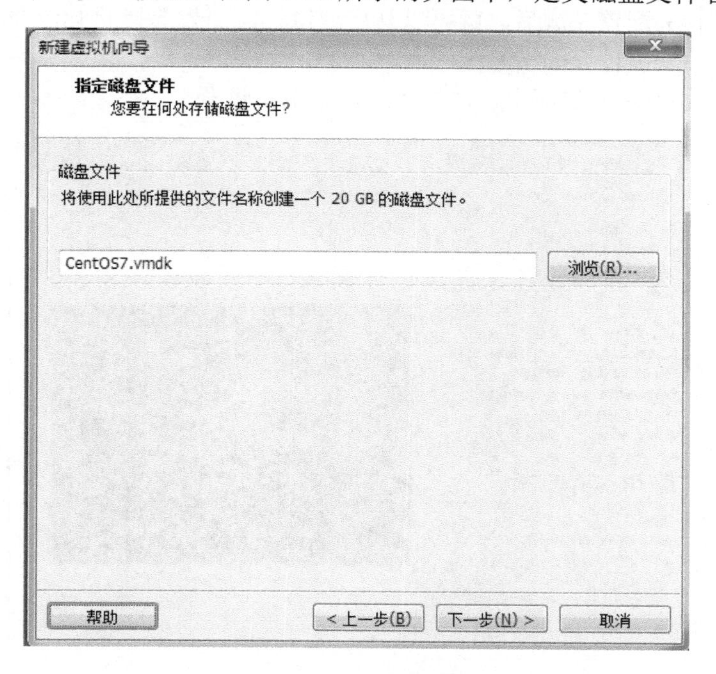

图1-13　定义磁盘文件名称

（14）单击“下一步”按钮，在图 1-14 所示的界面中，单击“完成”按钮，即可完成虚拟机创建。

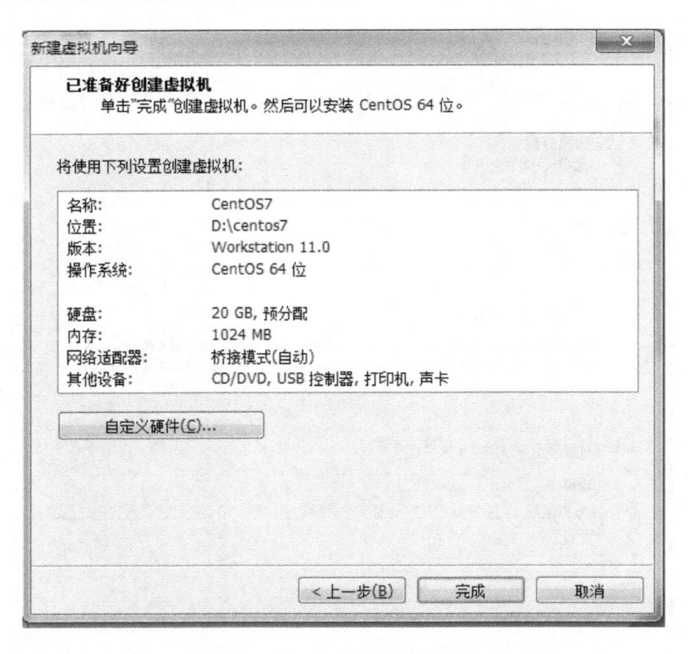

图1-14 完成虚拟机创建

1.1.3 安装 CentOS 操作系统

在虚拟机的相关配置完成后，就可以开启虚拟机，加载选择的 ISO 镜像文件进行操作系统的安装，具体安装过程如下。

（1）在图 1-15 所示的界面中，选择“编辑虚拟机设置”。

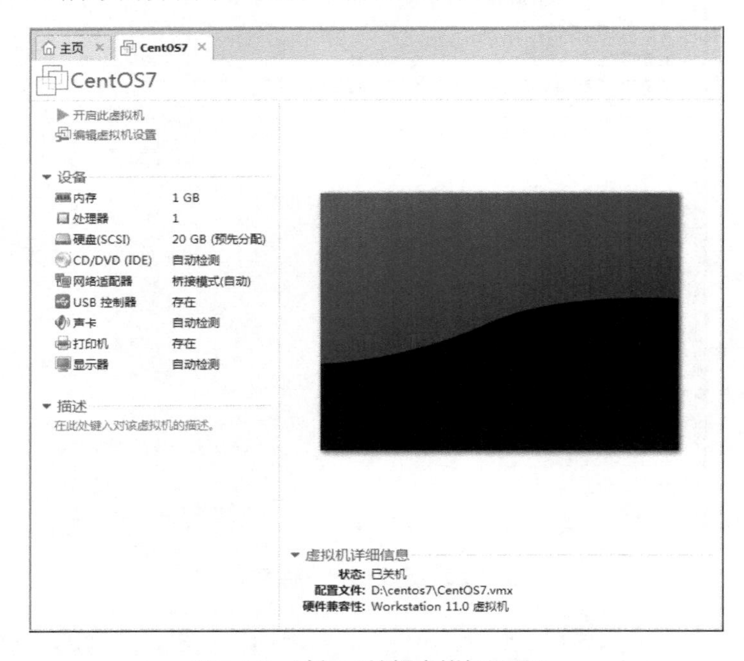

图1-15 选择“编辑虚拟机设置”

（2）在图 1-16 所示的界面中，选择“CD/DVD”与“使用 ISO 镜像文件”，然后单击“确定”按钮。

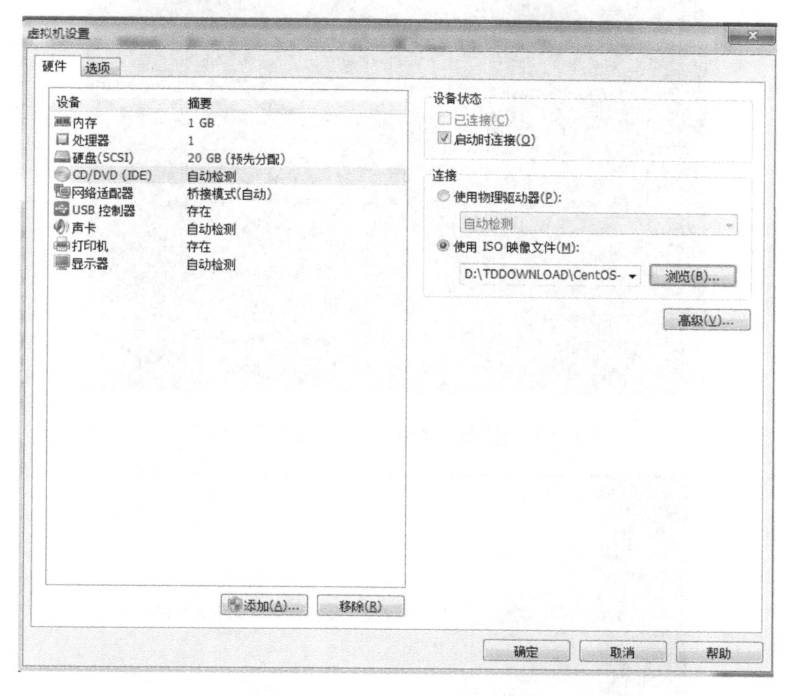

图1-16　选择“CD/DVD”与“使用ISO镜像文件”

（3）在图 1-17 所示的界面中，选择“开启此虚拟机”。

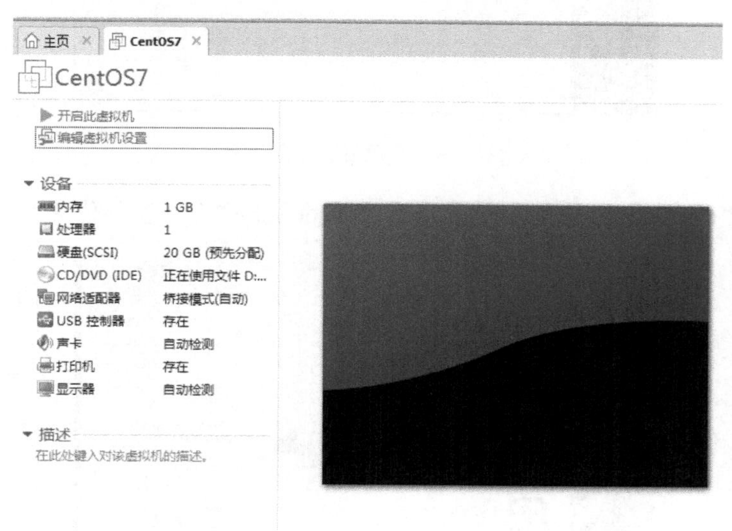

图1-17　选择“开启此虚拟机”

（4）在图 1-18 所示的界面中，通过键盘的方向键选择“Install CentOS 7”选项，然后按<Enter>键。

（5）在图 1-19 所示的界面中，选择系统安装语言。

图1-18　选择“Install CentOS 7”选项

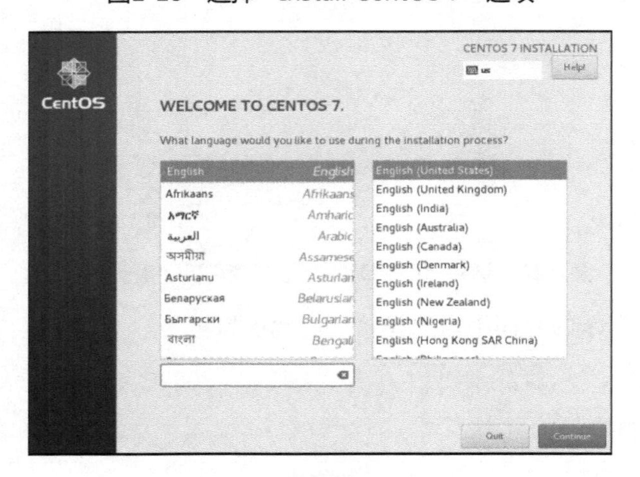

图1-19　选择系统安装语言

（6）单击“Continue”按钮，在图 1-20 所示的界面中选择安装位置。

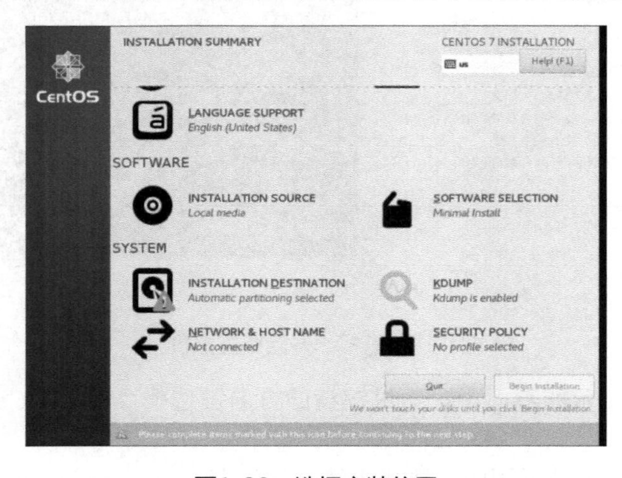

图1-20　选择安装位置

（7）在图 1-21 所示的界面中，选择虚拟机磁盘，然后单击“Done”按钮。

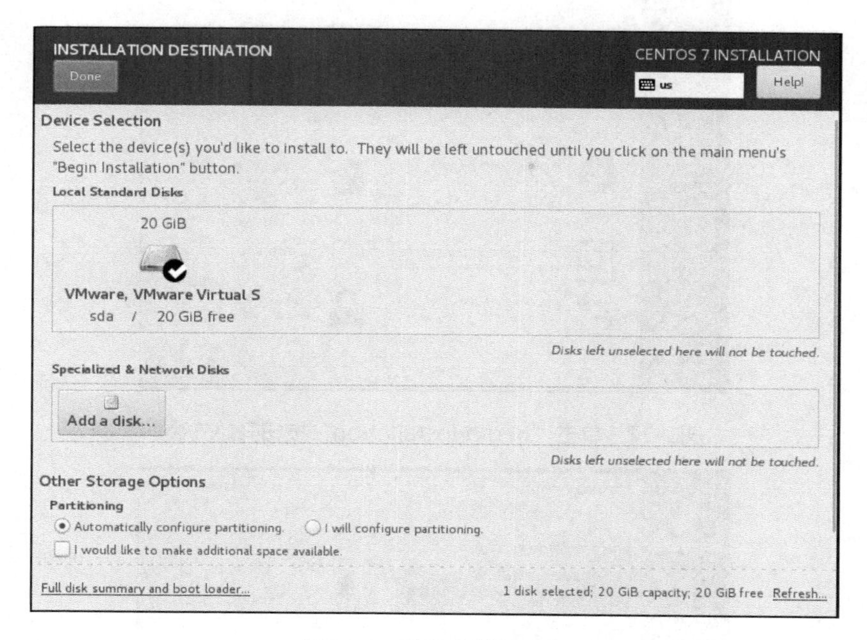

图1-21　选择虚拟机磁盘

Linux 系统对于分区还是有一些基本要求的，分别如下。

① 至少需要有一个根分区“/”，根分区主要用来存放系统文件及程序，大小至少为 5GB。

② 要有一个交换（swap）分区，交换分区用来支持虚拟内存。当物理内存小于 8GB 时，交换分区的大小一般为物理内存的 1.5 倍；当物理内存大于 8GB 时，交换分区可配置为 8GB～16GB，无需更大。一般企业场景最好配置交换分区。

③ /boot 分区是系统的引导分区，用来存储系统引导文件，如 Linux 内核文件等。这些文件一般都不是很大，所以/boot 分区一般配置 200MB 左右即可。

根据作者的经验以及在实际生产环境中的操作，建议读者参考下面的分区方案。

① “/”分区根据磁盘实际大小划分，例如，一个 500GB 的磁盘，“/”分区可以分配为 20GB～30GB。

② swap 分区根据物理内存大小，参考系统的基本要求进行分配。

③ /boot 分区分配 100MB～200MB。

④ 最好划分/usr 分区来安装其他软件应用。例如，一个 500GB 的磁盘，/usr 分区可以分配为 50GB。

⑤ 建议划分/data 分区来存储应用产生的数据等文件，特别是安装数据库的服务器一定要划分。例如，一个 500GB 的磁盘，/data 分区可以分配为 150GB～200GB。

⑥ 其他分区，可根据实际需求来划分。

（8）在图 1-22 所示的界面中，单击“Begin Installation”按钮开始安装。

（9）在图 1-23 所示的界面中，单击“ROOT PASSWORD”。

（10）在图 1-24 所示的界面中，设置管理员密码。

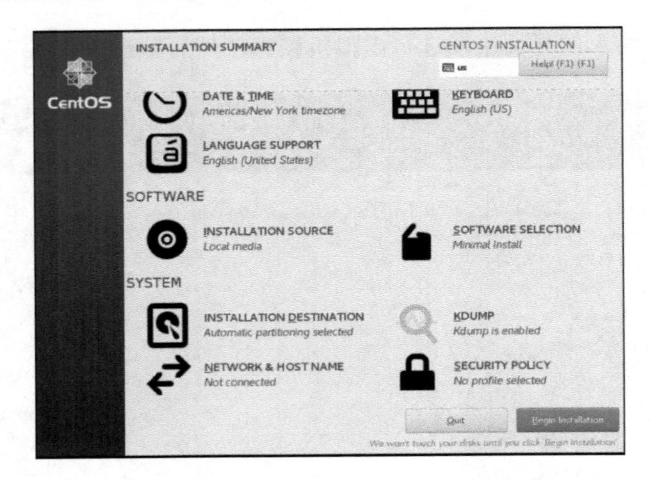

图1-22　单击“Begin Installation”按钮开始安装

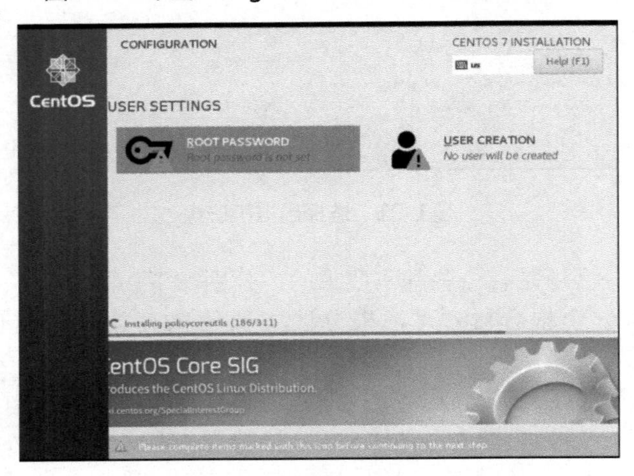

图1-23　单击“ROOT PASSWORD”

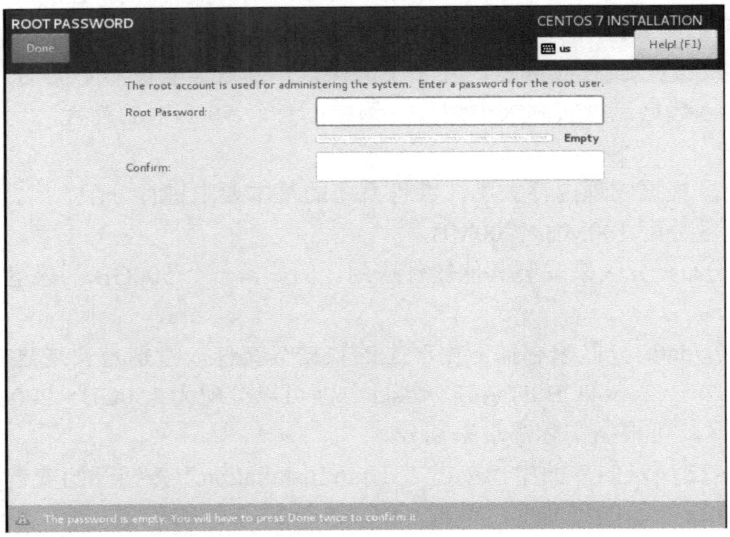

ROOT PASSWORD　Done　CENTOS 7 INSTALLATION　Help! (F1)

The root account is used for administering the system. Enter a password for the root user.

Root Password:　Empty

Confirm:

The password is empty. You will have to press Done twice to confirm it.

图1-24　设置管理员密码

（11）安装过程约 30 分钟，需耐心等待，在安装完成后，单击“Reboot”按钮重启，如图 1-25 所示。

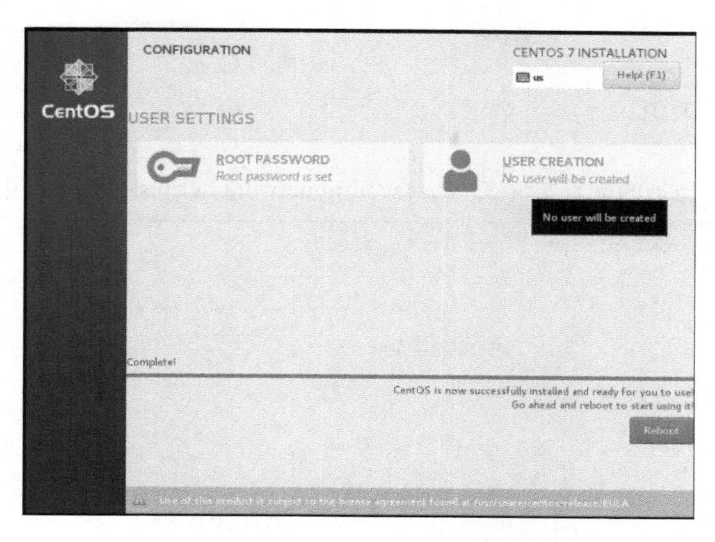

图1-25 单击“Reboot”按钮重启

1.2 操作系统的基础配置

操作系统安装完成重启之后，进入图 1-26 所示的登录界面，在登录界面输入用户名 root 与此前设置的密码，然后按<Enter>键进行登录。

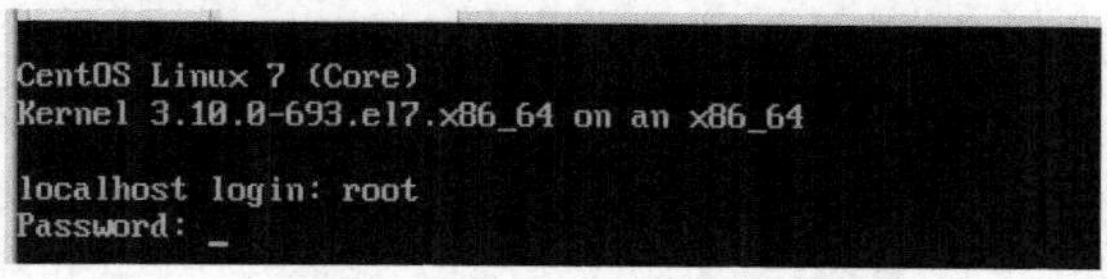

```
CentOS Linux 7 (Core)
Kernel 3.10.0-693.el7.x86_64 on an x86_64

localhost login: root
Password: _
```

图1-26 登录界面

操作系统安装完成后，接下来需要做一些简单的配置，让服务器系统可以与其他终端正常连接，还可以正常访问外部网（互联网）。

1.2.1 修改默认主机名

默认主机名为 localhost，建议在系统安装完成后根据实际情况修改默认主机名，这里修改成 test，方法如下。

```
[root@test ~]# hostname test
[root@test ~]# logout      #退出并重新登录即可
[root@test ~]# hostname
test
```

上述是临时修改主机名的方法，系统重启后会失效。若要进行永久修改，需要修改配置文件/etc/hostname，方法如下。

```
[root@test ~]# vi /etc/hostname
#localhost.localdomain        #注释原来的默认主机名
test                          #修改成实际需要的主机名
```

1.2.2　配置 IP 地址

系统配置 IP 地址的配置文件在/etc/sysconfig/network-scripts 目录下，配置示例如下。

```
[root@test network-scripts]# vi ifcfg-ens33
TYPE=Ethernet
PROXY_METHOD=none
BROWSER_ONLY=no
BOOTPROTO=none                #将DHCP改为none
DEFROUTE=yes
IPV4_FAILURE_FATAL=no
NAME=ens33
UUID=982235cf-3562-4823-81b8-5663f5812893
DEVICE=ens33
ONBOOT=yes                    #将no改为yes
IPADDR=192.168.1.254          #IP地址与物理机在同一网段(桥接模式)
PREFIX=24                     #子网掩码
GATEWAY=192.168.1.1           #网关
DNS1=223.5.5.5                #DNS默认用网关
```

配置好 IP 地址后，先按<Esc>键，然后通过“:wq”命令进行保存并退出，接着使用“systemctl restart network”命令重启网卡服务，即可完成配置过程。

接下来，通过“ping”命令测试是否可以正常连接网络，如图 1-27 所示。

```
[root@test ~]# ping www.baidu.com
PING www.a.shifen.com (111.13.100.92) 56(84) bytes of data.
64 bytes from 111.13.100.92 (111.13.100.92): icmp_seq=1 ttl=53 time=23.4 ms
64 bytes from 111.13.100.92 (111.13.100.92): icmp_seq=2 ttl=53 time=25.4 ms
64 bytes from 111.13.100.92 (111.13.100.92): icmp_seq=3 ttl=53 time=24.3 ms
^C
--- www.a.shifen.com ping statistics ---
3 packets transmitted, 3 received, 0% packet loss, time 2004ms
rtt min/avg/max/mdev = 23.499/24.407/25.415/0.795 ms
```

图1-27　测试网络连通性

图 1-27 所示的结果表明可以正常访问外网。

至此，CentOS 系统的安装以及系统的简单配置与调试介绍完毕。

在安装完 Linux 系统之后，需要对其进行一些优化，这些不仅是必备的准备工作（为以后的生产环境），而且会使操作系统更加安全。

1.2.3　为系统添加操作用户

在操作系统安装完成后，尽量避免使用 root 用户登录并进行操作，这样可降低不必要的风险，因此需要根据日常维护需求添加操作用户，示例如下。

```
[root@test ~]# useradd mingongge
[root@test ~]# passwd mingongge
Changing password for user mingongge.
New password: x
```

```
BAD PASSWORD: it does not contain enough DIFFERENT characters
BAD PASSWORD: is a palindrome
Retype new password:
passwd: all authentication tokens updated successfully.
```

注意：在实际的生产环境中，直接使用 root 用户进行操作是很不安全的，必须按照实际的操作需求进行用户划分与相关的权限分配。关于对各类用户的权限规划与分配，后续章节会有进一步介绍。

1.2.4　安装常用软件

安装操作系统时采用了最小化安装方式，因此未安装一些常用的服务、软件（命令）。例如，CentOS 7 中的 wget 下载命令、vim 编辑命令、lrzsz 上传/下载命令、telnet 远程登录命令等，需要用户根据需求进行安装。相关命令的安装示例如下。

```
[root@test ~]# yum install wget lrzsz vim telnet -y
```

出现“Complete!”结果即表示安装完成，相关的命令就可以使用了。

1.2.5　配置 Yum 源

在系统安装完成后，由于自带的 Yum 源下载速度可能比较慢，因此需要更换其他 Yum 源，以便后期下载软件。推荐的 Yum 源有阿里云、网易、搜狐等，读者可根据自己的使用习惯进行选择，本书以 163Yum 源为例。

Yum 源的配置文件在 /etc/yum.repos.d/目录中，切换到此目录并下载 163Yum 源文件，操作如下。

```
[root@testyum.repos.d]#wget http://mirrors.163.com/.help/CentOS7-Base-163.repo
[root@test yum.repos.d]# ll CentOS7-Base-163.repo
-rw-r--r--. 1 root root 1572 Nov 30  2016 CentOS7-Base-163.repo
```

在替换原来的 Yum 源配置文件之前，需要对原配置文件进行备份操作，操作如下。

```
[root@test yum.repos.d]# mv CentOS-Base.repo CentOS-Base.repo.bak
[root@test yum.repos.d]# mv CentOS7-Base-163.repo CentOS-Base.repo
```

这样新的 Yum 源就配置完成了。

1.2.6　关闭防火墙服务

CentOS 7 和 CentOS 6 在防火墙服务方面有较大的区别，CentOS 7 使用的是 firewalld，而 CentOS 6 使用的是 iptables。在学习环境中，建议关闭防火墙服务；在生产环境中，按用户需求决定是否开启防火墙服务。防火墙服务的设置命令如下。

```
[root@test ~]# systemctl stop firewalld       #停止防火墙服务
[root@test ~]# systemctl disable firewalld    #禁止开启自启动
```

在 CentOS 6 操作系统中，临时关闭防火墙服务的方法如下。

```
[root@centos6 ~]# /etc/init.d/iptables stop
iptables: Setting chains to policy ACCEPT: filter     [  OK  ]
iptables: Flushing firewall rules:                     [  OK  ]
iptables: Unloading modules:                           [  OK  ]
[root@centos6 ~]# /etc/init.d/iptables status
iptables: Firewall is not running.
```

但是，如果需要永久关闭该服务，就需要使用如下命令。

```
[root@centos6 ~]# chkconfig iptables off
[root@centos6 ~]# chkconfig --list |grep iptables
iptables   0:off   1:off   2:off   3:off   4:off   5:off   6:off
```

1.2.7　关闭 SELinux 服务

SELinux 服务的关闭操作需要在其配置文件/etc/selinux/config 中进行。

如图 1-28 所示，将 SELINUX=enforcing 修改成 SELINUX=disabled。

```
[root@test ~]# vim /etc/selinux/config

# This file controls the state of SELinux on the system.
# SELINUX= can take one of these three values:
#     enforcing - SELinux security policy is enforced.
#     permissive - SELinux prints warnings instead of enforcing.
#     disabled - No SELinux policy is loaded.
SELINUX=disabled
# SELINUXTYPE= can take one of three two values:
#     targeted - Targeted processes are protected,
#     minimum - Modification of targeted policy. Only selected processes are protected.
#     mls - Multi Level Security protection.
SELINUXTYPE=targeted
```

图1-28　修改SELinux配置文件

注意：修改完成后需重启服务器使其永久生效。

1.2.8　修改 SSH 服务默认配置

在操作系统安装完成后，为了加强系统安全性，需要对 SSH 服务默认配置进行修改。

SSH 服务的配置文件为/etc/ssh/sshd_config，修改配置文件前要备份（建议用户养成备份的好习惯），操作如下。

```
[root@test ~]# cd /etc/ssh/
[root@test ssh]# cp sshd_config sshd_config.bak
```

在不修改默认配置的情况下，也可以直接在配置文件中添加下面的配置。

```
###config for sshd by root at 2018-01-01
Port 2388                      #将默认端口22变成2388
PermitRootLogin no             #不允许使用root用户登录
PermitEmptyPasswords no        #不允许使用空密码登录
USeDNS no                      #不允许使用DNS解析
###end
```

修改完成后，使用“systemctl restart sshd”命令重启该服务。

1.2.9 修改文件描述符

系统默认文件描述符为 1024，可使用“ulimit -n”命令查看。

```
[root@test ~]# ulimit -n
1024
```

可使用下面的命令修改并查看结果。

```
[root@test~]#echo "*  -  nofile 65535">>/etc/security/limits.conf
[root@test ~]# logout    #修改完成退出，重新登录使其生效
[root@test ~]# ulimit -n
65535
```

1.2.10 登录超时退出

“登录超时退出”配置项是为了加强系统安全。

“登录超时退出”临时生效的配置如下。

```
[root@test ~]# export TMOUT=10  #默认单位为秒（s）
[root@test ~]# timed out waiting for input: auto-logout
```

上述配置项表示 10s 后会提示超时自动退出登录。

“登录超时退出”永久生效的配置如下。

```
[root@test ~]# echo "export TMOUT=300">>/etc/profile
[root@test ~]# source /etc/profile
```

第 2 章
Linux 系统的目录及重要文件

Linux 所有的目录都在“/”（根目录）之下。目录结构通常是按类别划分的，并具有一定的层级结构关系，就如同树包含树干、树枝等一样。对学习 Linux 操作系统来说，目录结构是非常基础的知识（但需要重点掌握）。

2.1 系统目录及其作用

Linux 所有的目录都在根目录之下，而且各级目录呈一个树形结构。

2.1.1 根目录结构及其作用

根目录下的各级目录及其作用如下。

```
[root@test ~]# tree -L 1 /
/
├── bin -> usr/bin    #所有二进制命令所在的目录(用户)
├── boot              #内核及引导系统程序所在的目录
├── dev               #所有设备文件的目录(如磁盘、光驱)
├── etc               #二进制安装包配置文件默认路径，服务启动命令存放目录
├── home              #普通用户的家目录(root用户家目录/root)
├── lib -> usr/lib    #32位库文件存放目录
├── lib64 -> usr/lib64 #64位库文件存放目录
├── media               #媒体文件存放目录
├── mnt                 #用于临时挂载存储设备(如U盘)的目录
├── opt                 #自定义软件安装存放目录
├── proc                #进程及内核信息存放目录
├── root                #管理员root用户家目录
├── run                 #系统运行时产生的临时文件存放的目录
├── sbin -> usr/sbin    #系统管理命令存放目录(root用户使用的命令)
├── srv                 #服务启动之后需要访问的数据目录
├── sys                 #系统使用目录
├── tmp                 #临时文件目录
├── usr                 #系统命令和帮助文件目录
└── var                 #存放内容经常变动的文件的目录
19 directories, 0 files
```

2.1.2 根下常见目录介绍

本节介绍实际环境中常用的目录，如/bin、/etc、/var 等。

/bin 目录是所有二进制命令所在的目录（用户）。

```
[root@test ~]# tree -L 1 /bin
/bin
├── [
├── a2p
├── addr2line
├── alias
├── apr-1-config
├── apropos -> whatis
├── apu-1-config
├── ar
├── arch
├── as
├── aserver
├── aulast
├── aulastlog
├── ausyscall
├── auvirt
├── awk -> gawk
……（中间部分内容省略）
└── zsoelim -> soelim
0 directories, 731 files
```

从结果中可以看出，目前/bin 目录下存有 731 个文件。也就是说，目前系统安装了 731 个二进制命令，都存储在/bin 目录下面。

/etc 是二进制安装包配置文件默认路径，服务启动命令存放目录，在系统中也是一个比较重要且常用的目录。

```
/etc/resolv.conf     #设置本地客户端DNS的文件
/etc/fstab           #记录开机需要挂载的文件系统的文件/etc/init.d     #存储系统或服务器以System V
模式启动的脚本文件
/etc/inittab         #设定系统启动级别的配置文件
/etc/profile         #系统全局环境变量配置文件
/etc/rc.local        #存储开机自启动程序命令的文件
```

/var 是用于存放内容经常变动的文件的目录，比如系统的启动日志、安全记录等。

常用的系统日志如下。

```
/var/log/dmesg       #系统核心启动日志文件
/var/log/messages    #系统报错日志文件
/var/log/maillog     #邮件系统日志文件
/var/log/wtmp        #记录用户登录信息的文件
```

在实际生产环境中，我们常常将一些安装应用服务的日志文件统一到/var/log/目录下，然后以应用的名称来命名日志文件的上级目录名，比如/var/log/ftp 表示用于存储 ftp 服务的日志目录。

2.2 Linux 系统的重要文件

2.2.1 网卡配置文件

网卡配置文件为/etc/sysconfig/network-scripts/ifcfg-ens33，通过编辑此文件中如下相关

的配置信息来配置网卡，1.2.2 节也有类似的简单介绍。

```
DEVICE=ens33                      #网卡设备名称
HWADDR=00:0c:29:e2:7a:27          #MAC地址
TYPE=Ethernet                     #以太网
UUID=a74e771a-b0e8-47e4-9cf7-3af7db9f8e9d    ##UUID
ONBOOT=on                         #控制网卡开机启动
BOOTPROTO=none                    #引导协议，none表示引导时不使用协议
IPADDR=192.168.197.100            #IP地址
NETMASK=255.255.255.0             #子网掩码
GATEWAY=192.168.197.1             #网关地址
DNS1=8.8.8.8                      #DNS1
```

CentOS 6.x 系统可以使用 setup 命令来直接修改网卡配置文件，如图 2-1 所示。

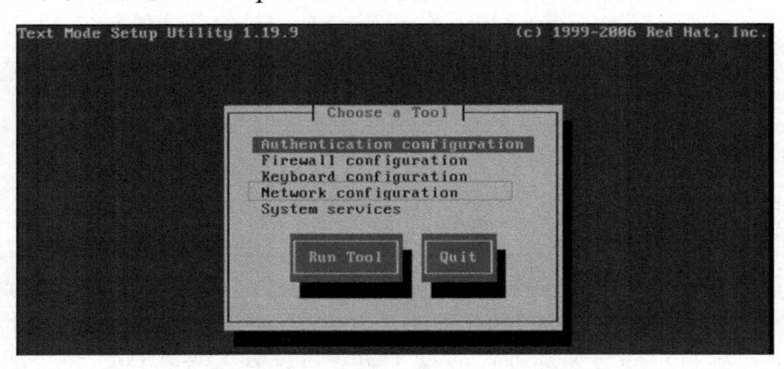

图2-1　CentOS 6.x系统修改网卡配置文件

2.2.2　DNS 配置文件

DNS（Domain Name System）用于将域名解析为 IP 地址，Linux 服务器本地 DNS 配置文件为/etc/resolv.conf。如果网卡配置文件中配置了 DNS，那么它的优先级高于这个配置文件中的配置。一个 DNS 配置文件的编辑示例如下。

```
[root@test ~]# vim /etc/resolv.conf
# Generated by NetworkManager
nameserver 223.5.5.5
```

以上的配置内容是将 Linux 服务器本地 DNS 配置为 223.5.5.5 的 DNS 服务器的地址，即本服务器所有的 DNS 解析工作都由服务器地址为 223.5.5.5 的 DNS 服务器负责处理。

2.2.3　系统 hosts 文件

hosts 文件其实在 Windows 操作系统中也存在，它在 C:\Windows\System32\drivers\etc 文件夹下。对于 Linux 操作系统，hosts 文件是主机 IP 地址与主机名或域名对应的解析配置文件（在实际生产环境中，内网服务器 hosts 文件都保持一致）。系统默认的 hosts 文件如图 2-2 所示。

```
[root@test ~]# cat /etc/hosts
127.0.0.1   localhost localhost.localdomain localhost4 localhost4.localdomain4
::1         localhost localhost.localdomain localhost6 localhost6.localdomain6
```

图2-2　系统默认的hosts文件

在实际生产环境中，hosts 文件的作用如下。

（1）在开发人员、产品管理人员、测试人员通过正式域名测试产品时，需要进行相应的 hosts 文件配置。

（2）服务器之间的服务通信、接口调用等可以用 hosts 文件中的域名，以便后面的服务器迁移。

2.2.4 主机名配置文件

主机名配置文件为/etc/hostname。需要注意的是，CentOS 6.x 系统中的主机名配置文件为/etc/sysconfig/network。

```
[root@test ~]# cat /etc/hostname
#localhost.localdomain
test
```

修改主机名的方法在 1.2.1 节有简单介绍，在此不再赘述。

2.2.5 fstab 文件

fstab 文件是记录开机需要自动挂载的文件系统的配置文件，默认配置如图 2-3 所示。

```
[root@test ~]# cat /etc/fstab

#
# /etc/fstab
# Created by anaconda on Fri Apr  6 10:13:09 2018
#
# Accessible filesystems, by reference, are maintained under '/dev/disk'
# See man pages fstab(5), findfs(8), mount(8) and/or blkid(8) for more info
#
/dev/mapper/centos-root /                       xfs     defaults        0 0
UUID=72851df4-dd2a-4c88-a5d8-711e99cc4a88 /boot                   xfs     defaults        0 0
/dev/mapper/centos-swap swap                    swap    defaults        0 0
```

图2-3 fstab默认配置文件

fstab 文件的信息包括 6 列（具体信息可通过“man fstab”命令查看）。

第 1 列：被挂载的设备名称。

第 2 列：挂载点（目录）名称。

第 3 列：文件系统类型。

第 4 列：挂载选项。

第 5 列：是否需要备份（0 为不需要备份）。

第 6 列：是否需要开机检查（0 为不需要，但如果是根目录，就设置成 1）。

2.2.6 rc.local 文件

rc.local 文件用于存放开机自启动服务命令（等同于 Windows 操作系统中的“启动”菜单），如图 2-4 所示。

可以将命令直接写入此配置文件中，在 CentOS 7 系统中，需要使用“chmod +x /etc/rc.d/

rc.local”命令配置该文件的执行权限，但在 CentOS 6 版本中不需要。在实际生产环境中，常将开机自启动服务的启动命令写入该配置文件，一方面，在服务器需要重启时，防止忘记启动该服务而产生其他问题；另一方面，可以通过此配置文件查看此服务器中存在哪些服务或正在运行哪些服务。

```
[root@test ~]# cat /etc/rc.local
#!/bin/bash
# THIS FILE IS ADDED FOR COMPATIBILITY PURPOSES
#
# It is highly advisable to create own systemd services or udev rules
# to run scripts during boot instead of using this file.
#
# In contrast to previous versions due to parallel execution during boot
# this script will NOT be run after all other services.
#
# Please note that you must run 'chmod +x /etc/rc.d/rc.local' to ensure
# that this script will be executed during boot.

touch /var/lock/subsys/local
```

图2-4　rc.local配置文件

2.2.7　全局环境变量配置文件

系统全局环境变量配置文件为/etc/profile，与之关联的还有一个配置文件/etc/profile.d。/etc/profile 文件用于存放登录后自动执行的脚本，其内容如图 2-5 所示。

```
[root@test ~]# cat /etc/profile
# /etc/profile

# System wide environment and startup programs, for login setup
# Functions and aliases go in /etc/bashrc

# It's NOT a good idea to change this file unless you know what you
# are doing. It's much better to create a custom.sh shell script in
# /etc/profile.d/ to make custom changes to your environment, as this
# will prevent the need for merging in future updates.

pathmunge () {
    case ":${PATH}:" in
        *:"$1":*)
            ;;
        *)
            if [ "$2" = "after" ] ; then
                PATH=$PATH:$1
            else
                PATH=$1:$PATH
            fi
    esac
}
```

图2-5　/etc/profile文件内容

此配置文件中设置的配置对所有用户生效，如果需要对某一个指定的用户配置环境变量，只需要在该用户的家目录下的.bash_profile 文件中增加配置。修改文件后，要想马上生效，还要运行“source /home/用户名/.bash_profile”命令，否则只能在用户下次重新登录时生效。

2.2.8　定时任务配置文件

定时任务配置文件为/var/spool/cron/用户名，默认为空。

```
[root@test ~]# ll /var/spool/cron/   #默认为空
total 0
```

可以使用 vim 命令编辑文件名或直接使用“crontab -e”命令编辑定时任务配置文件。可以使用“crontab -help”命令查看 crontab 命令的帮助信息，如下所示。

```
[root@test ~]# crontab -help
Usage:
 crontab [options] file
 crontab [options]
 crontab -n [hostname]
Options:
 -u <user>  define user
 -e         edit user's crontab       #编辑用户定时任务
 -l         list user's crontab       #显示或列出用户的定时任务
 -r         delete user's crontab
 -i         prompt before deleting
 -n <host>  set host in cluster to run users' crontabs
 -c         get host in cluster to run users' crontabs
 -s         selinux context
 -x <mask>  enable debugging
```

2.2.9　用户相关的配置文件

1．用户信息配置文件

系统所有用户的信息配置文件为/etc/passwd。系统默认存在的以及后续新增加的用户信息都存放在该文件中，如图 2-6 所示。

```
[root@test ~]# cat /etc/passwd
root:x:0:0:root:/root:/bin/bash
bin:x:1:1:bin:/bin:/sbin/nologin
daemon:x:2:2:daemon:/sbin:/sbin/nologin
adm:x:3:4:adm:/var/adm:/sbin/nologin
lp:x:4:7:lp:/var/spool/lpd:/sbin/nologin
sync:x:5:0:sync:/sbin:/bin/sync
shutdown:x:6:0:shutdown:/sbin:/sbin/shutdown
halt:x:7:0:halt:/sbin:/sbin/halt
mail:x:8:12:mail:/var/spool/mail:/sbin/nologin
operator:x:11:0:operator:/root:/sbin/nologin
games:x:12:100:games:/usr/games:/sbin/nologin
ftp:x:14:50:FTP User:/var/ftp:/sbin/nologin
nobody:x:99:99:Nobody:/:/sbin/nologin
systemd-network:x:192:192:systemd Network Management:/:/sbin/nologin
dbus:x:81:81:System message bus:/:/sbin/nologin
polkitd:x:999:997:User for polkitd:/:/sbin/nologin
postfix:x:89:89::/var/spool/postfix:/sbin/nologin
sshd:x:74:74:Privilege-separated SSH:/var/empty/sshd:/sbin/nologin
chrony:x:998:996::/var/lib/chrony:/sbin/nologin
apache:x:48:48:Apache:/usr/share/httpd:/sbin/nologin
```

图2-6　/etc/passwd文件

2．用户密码配置文件

用户密码配置文件为/etc/shadow，系统中所有用户的密码信息都存放在此文件中，如图 2-7 所示，可以看出密码是经过加密的。

```
[root@test ~]# cat /etc/shadow
root:$6$dTWFk0mHUqhW40Dk$z0YsMHaBvaMi2k29Ymhzn/DOU5YOZBlEypKtktqoEdzmWDdglariAX9NAgY7esH0bxGM8voXeRtSIYb8LvE1g.::0:9999
9:7:::
bin:*:17110:0:99999:7:::
daemon:*:17110:0:99999:7:::
adm:*:17110:0:99999:7:::
lp:*:17110:0:99999:7:::
sync:*:17110:0:99999:7:::
shutdown:*:17110:0:99999:7:::
halt:*:17110:0:99999:7:::
mail:*:17110:0:99999:7:::
operator:*:17110:0:99999:7:::
games:*:17110:0:99999:7:::
ftp:*:17110:0:99999:7:::
nobody:*:17110:0:99999:7:::
systemd-network:!!:17627::::::
dbus:!!:17627::::::
polkitd:!!:17627::::::
postfix:!!:17627::::::
sshd:!!:17627::::::
chrony:!!:17627::::::
apache:!!:17627::::::
```

图2-7　/etc/shadow文件

第 3 章 新手必备的系统基础命令

对于学习 Linux 系统来说，命令是必须熟练掌握的第一个部分。Linux 系统中的命令有 600 多个，但常用的基础命令并不多。虽然不同版本的 Linux 系统的命令稍有不同，但命令的语法与使用方法基本相同，因此读者只要掌握了 CentOS 7 中常用的基础命令，就能熟悉其他 Linux 系统版本的命令了。本章通过分类方式来介绍常用基础命令的语法与使用方法。

3.1 系统管理命令

3.1.1 man 命令

1. 功能说明

man 命令用来查看指定命令的帮助信息，其语法格式如下。

```
man [命令名称]
```

2. 实例

以下命令用来查看 cd 命令的帮助信息。

```
[root@test ~]# man cd
```

3.1.2 ls 命令

1. 功能说明

ls 命令用来显示指定目录下的内容，列出指定目录下所含的文件及子目录。此命令与 Windows 系统中的 dir 命令功能相似。ls 命令的语法格式如下。

```
ls [选项] [目录或文件]
```

2. 常用选项

ls 命令的常用选项及其说明见表 3-1。

表 3-1　ls 命令的常用选项及其说明

选项	说明
-a	显示指定目录下的所有文件及子目录，包含隐藏文件
-A	显示指定目录下的（除“.”和“..”之外）所有文件及子目录
-d	显示指定目录的属性信息
-l	显示指定目录下的文件及子目录的详细信息
-r	倒序显示指定目录下的文件及子目录
-t	以时间顺序显示指定目录下的文件及子目录

3. 实例

（1）以下命令列出/root 目录下的文件及子目录的详细信息。

```
[root@test ~]# ls -l /root/
total 4
-rw-------. 1 root root 1330 Mar 26 09:50 anaconda-ks.cfg
drwxr-xr-x  2 root root    6 Apr 24 01:59 test
drwxr-xr-x  2 root root    6 Apr 24 01:59 tools
```

（2）以下命令以时间顺序倒序显示/root 目录下的文件及子目录，并显示其详细信息。

```
[root@test ~]# ls -lrt /root/
total 4
-rw-------. 1 root root 1330 Mar 26 09:50 anaconda-ks.cfg
drwxr-xr-x  2 root root    6 Apr 24 01:59 test
drwxr-xr-x  2 root root    6 Apr 24 01:59 tools
```

3.1.3　cd 命令

1. 功能说明

cd 命令用于切换目录，其语法格式如下。

```
cd [选项]
```

2. 常用选项

cd 命令的常用选项及其说明见表 3-2。

表 3-2　cd 命令的常用选项及其说明

选项	说明
cd [目录名]	切换到指定目录下
cd　/	切换到根目录下
cd ..	切换到上级目录下（与cd ../功能相同）
cd　～	切换到当前登录用户的家目录下

3. 实例

（1）以下命令用于切换到/usr/local 目录下。

```
[root@test ~]# cd /usr/local/
[root@test local]# pwd
/usr/local
```

（2）以下命令用于切换到当前登录用户的家目录下。

```
[root@test local]# whoami
root
[root@test local]# cd ~
[root@test ~]# pwd
/root
```

3.1.4　useradd 命令

1．功能说明

useradd 命令用于创建新的系统用户，其语法格式如下。

```
useradd [选项] 用户名
```

2．常用选项

useradd 命令的常用选项及其说明见表 3-3。

表 3-3　useradd 命令的常用选项及其说明

选项	说明
-d	指定用户的家目录（默认用户家目录为/home/用户名，root用户家目录是/root）
-g	指定用户的所属组
-M	不自动建立用户登录的目录（默认的用户登录目录是用户家目录）
-u	指定用户ID

3．实例

（1）创建一个名为 mingongge 的新用户，创建命令如下。

```
[root@test ~]# useradd mingongge
[root@test ~]# tail -1 /etc/passwd
mingongge:x:1001:1001::/home/mingongge:/bin/bash
```

从上述命令输出结果可以看出，创建新用户时，默认用户家目录为/home/用户名。

（2）创建一个名为 mgg 的新用户，并指定其家目录为/root/mgg，用户 ID 为 9999，创建命令如下。

```
[root@test ~]# useradd mgg -d /root/mgg -u 9999
[root@test ~]# tail -1 /etc/passwd      #检查是否添加成功
mgg:x:9999:9999::/root/mgg:/bin/bash
```

3.1.5　passwd 命令

1．功能说明

passwd 命令用于设置/修改用户密码，其语法格式如下。

```
passwd [用户名]
```

2．实例

（1）管理员用户修改普通用户的密码，命令如下。

```
[root@test ~]# whoami
root
[root@test ~]# passwd mgg
Changing password for user mgg.
New password:
BAD PASSWORD: The password is shorter than 8 characters
Retype new password:
passwd: all authentication tokens updated successfully.
```

根据提示输入两次密码即可。

（2）普通用户修改自己的密码，命令如下。

```
[mingongge@test ~]$ passwd
Changing password for user mingongge.
Changing password for mingongge.
(current) UNIX password:
New password:
Retype new password:
passwd: all authentication tokens updated successfully.
```

根据提示输入原来的旧密码，然后连续两次输入新密码即可。

3.1.6　free 命令

1．功能说明

free 命令用于查看系统内存状态，包括系统物理内存、虚拟内存、系统缓存。free 命令的语法格式如下。

```
free [选项]
```

2．常用选项

free 命令的常用选项及其说明见表 3-4。

表 3-4　free 命令的常用选项及其说明

选项	说明
-b	指定以字节为单位显示系统内存使用情况
-m	指定以MB为单位显示系统内存使用情况
-K	指定以KB为单位显示系统内存使用情况
-h	以友好的格式输出结果（配合上述3个选项一同使用）
-s <间隔秒数>	持续观察内存使用状态
-t	显示内存总和
-V	显示版本信息

3. 实例

（1）以 MB 为单位显示当前系统内存的使用情况，命令如下。

```
[root@test ~]# free -m
     total     used      free      shared  buff/cache    available
Mem:  976M      67M      792M      6M      115M          766M
Swap:   2G        0        2G
```

（2）以总和的形式显示当前系统内存的使用情况，命令如下。

```
[root@test ~]# free -t
              total     used      free       shared  buff/cache    available
Mem:      999696    69272    812344      6716     118080     785840
Swap:      2097148      0      2097148
Total:       3096844    69272  2909492
```

默认单位为 KB。

3.1.7　whoami 命令

1. 功能说明

whoami 命令用于显示当前登录到系统的用户名，其语法格式如下。

```
whoami [选项]
```

2. 常用选项

whoami 命令的常用选项及其说明见表 3-5。

表 3-5　whoami 命令的常用选项及其说明

选项	说明
--help	在线查看帮助信息
--version	查看版本信息

3. 实例

查看当前登录到系统的用户名，命令如下。

```
[root@test ~]# whoami
root
```

从上述命令输出结果可以看出，当前登录到系统的用户为 root 用户。

3.1.8　ps 命令

1. 功能说明

ps 命令用于显示当前进程的状态，其语法格式如下。

```
ps [选项]
```

2. 常用选项

ps 命令的常用选项及其说明见表 3-6。

表 3-6 ps 命令的常用选项及其说明

选项	说明
a	显示所有用户的进程，并包含每个进程的完整路径
-A	显示所有的进程
-u	显示使用者的名称和起始时间（常与a选项配合使用）
-f	全格式详细输出进程信息
-e	显示除系统内核以外所有进程的信息
PID	查看指定PID的进程信息

ps 命令的选项特别多，读者可以自行使用“man ps”命令查看其帮助信息。

3. 实例

查看系统所有的进程信息，命令如下。

```
[root@test ~]# ps -ef
UID        PID    PPID  C STIME TTY          TIME CMD
root         1       0  0 09:20 ?            00:00:01 /usr/lib/systemd/systemd --switched-
root --system --deserialize
root         2       0  0 09:20 ?            00:00:00 [kthreadd]
root         3       2  0 09:20 ?            00:00:00 [ksoftirqd/0]
……（中间部分结果省略）
root      4701       2  0 12:06 ?            00:00:38 [kworker/0:1]
postfix   4786     926  0 14:20 ?            00:00:00 pickup -l -t unix -u
root      4791       2  0 14:21 ?            00:00:00 [kworker/0:0]
root      4817       2  0 14:26 ?            00:00:00 [kworker/0:2]
root      4820    1178  0 14:28 pts/0        00:00:00 ps -ef
```

上述进程信息各部分的含义如下。

- UID：使用此进程的用户 ID。
- PID：进程的进程 ID。
- PPID：进程的父进程 ID。
- C：运行此进程 CPU 占用率。
- STIME：此进程开始运行时间。
- TTY：开启此进程的终端。
- TIME：此进程运行的总时间。
- CMD：正在执行的命令行。

3.1.9 date 命令

1. 功能说明

date 命令用于显示或修改系统时间与日期，其语法格式如下。

```
date [选项] 显示时间格式（以“+”开头，后面接时间格式参数）
```

2．常用选项及时间格式

date 命令的常用选项及其说明见表 3-7。

表 3-7　date 命令的常用选项及其说明

选项	说明
-d STRING	显示STRING中指定的时间，而非系统时间
-s STRING	将系统时间设置为STRING中指定的时间

date 命令显示时间格式及其说明见表 3-8。

表 3-8　date 命令显示时间格式及其说明

时间格式	说明
%H	显示小时，显示范围00～23
%M	显示分钟，显示范围00～59
%m	显示月份，显示范围01～12
%S	显示秒钟（以“+”开头，后接时间格式），显示范围00～59
%T	以hh:mm:ss格式显示时间，其中hh代表小时，mm代表分钟，ss代表秒
%d	显示一个月的第几天
%D	以mm/dd/yy显示年份和月份，yy代表年份的最后两位数字
%Y/%y	显示年份，%Y显示完整的年份，%y显示年份的最后两位数字

3．实例

（1）显示系统当前时间，命令如下。

```
[root@test ~]# date
Sat May  5 15:35:23 CST 2018
```

（2）用指定的格式显示时间和日期，命令如下。

```
[root@test ~]# date '+Today is:%D, now is:%T'
Today is:05/05/18, now is:15:40:03
```

（3）修改系统当前时间，命令如下。

```
[root@test ~]# date
Sat May  5 16:11:39 CST 2018
[root@test ~]# date -s 20000505
Fri May  5 00:00:00 CST 2000
```

（4）显示当前时间 5 天前和 5 天后的时间，命令如下。

```
[root@test ~]# date
Fri May  5 00:01:18 CST 2000
[root@test ~]# date -d '5 day ago'  #显示5天前的时间
Sun Apr 30 00:01:38 CST 2000
[root@test ~]# date -d '+5 days'    #显示5天后的时间
Wed May 10 00:05:29 CST 2000
```

3.1.10　pwd 命令

1．功能说明

pwd 命令用于显示或打印当前工作目录。执行 pwd 命令后可知当前所在工作目录的绝对路径。pwd 命令的语法格式如下。

```
pwd [选项]
```

pwd 命令的常见选项是“--help”，用于显示帮助信息。

2．实例

显示当前所在的工作目录，命令如下。

```
[root@test ~]# pwd
/root
```

通过上述命令输出结果可知，当前工作目录是 root 用户家目录。

3.1.11　shutdown 命令

1．功能说明

shutdown 命令用于对系统执行关机操作，其语法格式如下。

```
shutdown [选项]
```

2．常用选项

shutdown 命令的常用选项及其说明见表 3-9。

表 3-9　shutdown 命令的常用选项及其说明

选项	说明
-t <秒数>	推迟多少秒的时间
-f	重新启动时不执行fsck命令
-h	将系统关机
-r	关机之后重新启动

3．实例

将系统立即关机，命令如下。

```
[root@test ~]# shutdown -h now
Connection closing...Socket close.
Connection closed by foreign host.
Disconnected from remote host at 22:29:25.
Type 'help' to learn how to use Xshell prompt.
```

从上述结果来看，执行完命令后，连接马上就断开了。

3.2　文件目录管理命令

3.2.1　touch 命令

1．功能说明

touch 命令用于修改文件的时间属性，若文件不存在，系统会自动创建此文件（因此也可以使用 touch 命令来创建新空白文件），且此文件创建时间为当前系统时间。touch 命令的语法格式如下。

```
touch [选项] 文件名
```

2．常用选项

touch 命令的常用选项及其说明见表 3-10。

表 3-10　touch 命令的常用选项及其说明

选项	说明
-a	修改文件的访问时间为系统当前时间
-m	修改文件的修改时间为系统当前时间
-d	将文件的修改时间修改为指定的时间
-r <参考文件>	将文件的时间修改为参考文件的时间

3．实例

（1）创建一个新的空白文件并查看其创建时间，命令如下。

```
[root@test ~]# date
Fri May  5 00:43:37 CST 2000
[root@test ~]# touch newfile
[root@test ~]# ls -l
total 0
-rw-r--r--  1 root root    0 May  5 00:43 newfile
```

（2）修改文件的访问时间为系统当前时间，命令如下。

```
[root@test ~]# ls -lu
total 0
-rw-r--r-- 1 root root 0 May  5 17:14 file.txt
[root@test ~]# date
Sat May  5 17:17:28 CST 2018
[root@test ~]# touch -a file.txt
[root@test ~]# ls -lu
total 0
-rw-r--r-- 1 root root 0 May  5 17:17 file.txt
```

（3）修改文件的修改时间为系统当前时间，命令如下。

```
[root@test ~]# ls -l
total 0
-rw-r--r-- 1 root root 0 May  5 17:14 file.txt
[root@test ~]# date
```

```
Sat May  5 17:21:23 CST 2018
[root@test ~]# touch -m file.txt
[root@test ~]# ls -l
total 0
-rw-r--r-- 1 root root 0 May  5 17:21 file.txt
```

（4）修改文件的访问时间为参考文件的时间，命令如下。

```
[root@test ~]# ls -lu /usr/local/access
-rw-r--r-- 1 root root 0 May  5 17:23 /usr/local/access
[root@test ~]# ls -lu file.txt
-rw-r--r-- 1 root root 0 May  5 17:17 file.txt
[root@test ~]# touch -a -r /usr/local/access file.txt
[root@test ~]# ls -lu file.txt
-rw-r--r-- 1 root root 0 May  5 17:23 file.txt
```

3.2.2　cat 命令

1．功能说明

cat 命令用于查看文件内容，还可以合并文件，如果合并后的文件不存在，则自动创建。cat 命令的语法格式如下。

```
cat [选项] 文件名
cat 文件a 文件b >文件c
```

2．常用选项

cat 命令的常用选项及其说明见表 3-11。

表 3-11　cat 命令的常用选项及其说明

选项	说明
-n	从1开始对文件所有输出的行数编号
-b	从1开始对文件所有输出的行数编号，空白行不编号
-s	当文件输出内容有连续两行以上的空白行时，替换成一行空白行

3．实例

（1）查看文件 test.txt 的内容并对所有输出行数编号，命令如下。

```
[root@test ~]# cat -n test.txt
     1 #version=DEVEL
     2 # System authorization information
     3
     4
     5 auth --enableshadow --passalgo=sha512
     6
     7 # Use CDROM installation media
```

（2）将 test.txt 文件内容加上行号后输入文件 test1.txt 中，命令如下。

```
[root@test ~]# cat -n test.txt > test1.txt
[root@test ~]# cat -n test1.txt
     1         1 #version=DEVEL
     2         2 # System authorization information
```

```
    3        3
    4        4
    5        5 auth --enableshadow --passalgo=sha512
    6        6
    7        7 # Use CDROM installation media
```

（3）将 test.txt 文件和 test1.txt 文件合并到 file 文件中，命令如下。

```
[root@test ~]# cat test.txt test1.txt >file
[root@test ~]# cat file
#version=DEVEL
# System authorization information


auth --enableshadow --passalgo=sha512

# Use CDROM installation media
     1 #version=DEVEL
     2 # System authorization information
     3
     4
     5 auth --enableshadow --passalgo=sha512
     6
     7 # Use CDROM installation media
```

3.2.3　mkdir 命令

1．功能说明

mkdir 命令用于创建一个新目录，其语法格式如下。

```
mkdir [选项] 目录名
```

2．常用选项

mkdir 命令的常用选项及其说明见表 3-12。

表 3-12　mkdir 命令的常用选项及其说明

选项	说明
-m	创建目录的同时设置目录的权限
-p	递归创建目录

3．实例

（1）在/test 目录下创建新目录 file，同时设置文件属主有读、写和执行权限，属组有读、写权限，其他人只有读权限，命令如下。

```
[root@test ~]# mkdir -m 764 /test/file
[root@test ~]# ls -ld /test/file
drwxrw-r-- 2 root root 6 May  5 10:02 /test/file
```

（2）在/test 目录下创建 testfile 目录，并在 testfile 目录下创建 filetest 目录，命令如下。

```
[root@test ~]# mkdir -p /test/testfile/filetest
[root@test ~]# tree /test/
/test/
```

```
├── file
└── testfile
    └── filetest
3 directories, 0 files
```

3.2.4 rm 命令

1. 功能说明

rm 命令用于删除文件或目录。使用 rm 命令时要注意，一旦文件或目录被删除，就无法再恢复。rm 命令的语法格式如下。

```
rm [选项] [文件或目录]
```

2. 常用选项

rm 命令的常用选项及其说明见表 3-13。

表 3-13 rm 命令的常用选项及其说明

选项	说明
-i	删除文件或目录之前进行确认
-f	强制删除文件或目录，不进行确认
-r	递归方式删除目录及其子目录
-v	显示命令执行的详细过程

3. 实例

（1）删除文件 test.txt 和文件 test1.txt，并在删除前进行确认，命令如下。

```
[root@test ~]# rm -i test.txt test1.txt
rm: remove regular file 'test.txt'? y
rm: remove regular file 'test1.txt'? y
```

输入 y 确认删除。

（2）删除/test 目录下的所有目录，在删除前不进行确认，命令如下。

```
[root@test ~]# rm -rf /test/
[root@test ~]# ls /test
ls: cannot access /test: No such file or directory
```

3.2.5 cp 命令

1. 功能说明

cp 命令用于复制，它可以将单个文件复制成一个指定文件名的文件或将其复制到一个存在的目录下，还可以同时复制多个文件或目录。cp 命令的语法格式如下。

```
cp [选项] [文件名或目录名]
cp [选项] 源文件或目录  目标文件或目录
```

2. 常用选项

cp 命令的常用选项及其说明见表 3-14。

表 3-14　cp 命令的常用选项及其说明

选项	说明
-a	复制目录时使用。保留其所有信息，包括文件链接、文件属性，并可递归复制目录
-f	强制复制文件或目录，无论目标文件或目录是否存在
-i	覆盖文件之前进行确认
-p	保留源文件或目录的属性
-r/-R	递归复制，将指定目录下所有文件与子目录一同复制

3. 实例

（1）将当前目录下的 file 文件复制到 test/file2/目录，并改名为 filetest，命令如下。

```
[root@test ~]# cp file test/file2/filetest
[root@test ~]# ls -l test/file2/
total 4
-rw-r--r-- 1 root root 293 May  5 10:45 filetest
```

可用上述方法对文件在修改前进行备份。在实际生产和测试环境中非常实用，以便修改文件出错后恢复。

（2）将 test 目录下所有文件及其子目录复制到 backup 目录下，命令如下。

```
[root@test ~]# tree test
test
├── file1
└── file2
    └── filetest
2 directories, 1 file
[root@test ~]# cp -r test backup/
[root@test ~]# tree backup/
backup/
└── test
    ├── file1
    └── file2
        └── filetest
3 directories, 1 file
```

3.2.6　mv 命令

1. 功能说明

mv 命令用于将文件或目录由一个目录移动到另一个目录中。如果源为文件，而目标为目录，那么 mv 命令将移动文件。如果源为目录，则目标只能是目录，mv 将重命名目录。mv 命令的语法格式如下。

```
mv [选项] 源文件或目录　目标文件或目录
```

2. 常用选项

mv 命令的常用选项及其说明见表 3-15。

表 3-15 mv 命令的常用选项及其说明

选项	说明
-f	若目标文件或目录与需要移动的文件或目录重复，则直接覆盖
-b	若目标文件存在，则覆盖前为其创建一个备份
-i	覆盖文件之前进行确认

3. 实例

（1）将文件 test 改名为 testfile，命令如下。

```
[root@test test]# ll
total 0
-rw-r--r-- 1 root root 0 May  6 01:54 test
[root@test test]# mv test testfile
[root@test test]# ll
total 0
-rw-r--r-- 1 root root 0 May  6 01:54 testfile
```

（2）将/root/backup 中的所有文件及目录移动到/root/test 目录下，若目标文件或目录存在，则直接覆盖不提示，命令如下。

```
[root@test ~]# ll /root/backup/
total 0
-rw-r--r-- 1 root root  0 May  6 01:58 file.txt
drwxr-xr-x 4 root root 32 May  5 10:51 test
-rw-r--r-- 1 root root  0 May  6 01:58 testfile
-rw-r--r-- 1 root root  0 May  6 01:57 test.txt
[root@test ~]# ll /root/test
total 0
drwxr-xr-x 2 root root 6 May  6 01:57 test
-rw-r--r-- 1 root root 0 May  6 01:54 testfile
[root@test ~]# mv -f /root/backup/* /root/test/
[root@test ~]# ll /root/test/
total 0
-rw-r--r-- 1 root root  0 May  6 01:58 file.txt
drwxr-xr-x 4 root root 32 May  5 10:51 test
-rw-r--r-- 1 root root  0 May  6 01:58 testfile
-rw-r--r-- 1 root root  0 May  6 01:57 test.txt
```

3.2.7 find 命令

1. 功能说明

find 命令用于查找指定目录下的文件，其语法格式如下。

```
find [目录路径] [选项] 文件名
```

2. 常用选项

find 命令的常用选项及其说明见表 3-16。

表 3-16 find 命令的常用选项及其说明

选项	说明
-name <字符串>	查找文件名匹配指定字符串的文件

续表

选项	说明
-type <文件类型>	查找指定文件类型的文件
-mtime <+d/-d>	按时间查找文件，+d表示d天之前，-d表示今天到第d天之前的时间
-size <size>	在指定目录下按大小查找文件
-depth	从指定目录的最深的子目录下开始查找
-maxdepth <n>	从指定目录的最大第n级子目录开始查找
-uid <id>	查找匹配指定UID的文件或目录
-empty	查找大小为0的文件

3. 实例

（1）查找/root/test/目录下以 t 开头的文件和目录，命令分别如下。

```
[root@test /]# find /root/test/ -name "t*" -type f
/root/test/testfile
/root/test/test.txt
[root@test /]# find /root/test/ -name "t*" -type d
/root/test/
/root/test/test
```

（2）查找/root 目录下 30 天前、大小为 1KB 的文件，命令如下。

```
[root@test ~]# find /root/ -mtime +30 -size 1k -type f
/root/.bash_logout
/root/.bash_profile
/root/.bashrc
/root/.cshrc
/root/.tcshrc
```

（3）查找/root 目录下大小为 0 的文件，并将其全部移动到/tmp 目录下，命令如下。

```
[root@test ~]# find /root -empty -type f
./test.txt
./test/testfile
./test/file.txt
[root@test ~]# find ./ -empty -type f -exec mv {} /tmp/ \;
[root@test ~]# ll /tmp/
total 0
-rw-r--r-- 1 root root  0 May  6 01:58 file.txt
-rw-r--r-- 1 root root  0 May  6 01:58 testfile
-rw-r--r-- 1 root root  0 May  6 01:57 test.txt
```

3.3　文件压缩与解压命令

3.3.1　tar 命令

1. 功能说明

tar 命令用于对文件或目录创建归档，其语法格式如下。

```
tar [选项] 文件名或目录名
```

2．常用选项

tar 命令的常用选项及其说明见表 3-17。

表 3-17　tar 命令的常用选项及其说明

选项	说明
-c	创建归档文件
-C	此选项在解压缩时使用，将文件解压至指定目录
-f <文件名>	指定归档文件
-v	显示命令执行的详细过程
-t	列出归档文件里的内容
-z	通过gzip指令处理归档文件
-x	从归档文件中将文件解压出来
-p	保持原来文件的属性信息
--exclude=<文件名>	将符合的文件排除

3．实例

（1）将 test.txt 文件打包成 tar 包，命令如下。

```
[root@test ~]# tar -cf test.tar test.txt
[root@test ~]# ll test.tar
-rw-r--r-- 1 root root 10240 May 18 09:22 test.tar
```

（2）将 test.txt 文件打包成 tar 包，然后以 gzip 方式进行压缩，命令如下。

```
[root@test ~]# tar-zcf test.tar.gz test.txt
[root@test ~]# ll test.tar.gz
-rw-r--r-- 1 root root 112 May 18 09:24 test.tar.gz
```

（3）列出压缩文件 test.tar.gz 中有哪些文件，命令如下。

```
[root@test ~]# tar -ztf test.tar.gz
test.txt
```

3.3.2　zip 命令

1．功能说明

zip 命令用于解压缩文件或者对文件进行打包操作。zip 命令的语法格式如下。

```
zip [选项] 文件名
```

2．常用选项

zip 命令的常用选项及其说明见表 3-18。

表 3-18　zip 命令的常用选项及其说明

选项	说明
-b <目录名>	指定存放文件的目录
-d	从压缩文件删除指定的文件
-o	将压缩文件的更改时间设置成与压缩文件内最新更改文件的时间相同
-x <文件名>	压缩时排除符合条件的文件
-t <日期时间>	将压缩文件日期设置成指定的日期

3．实例

将当前目录下所有文件打包成 test.zip 包，命令如下。

```
[root@test ~]# zip test.zip ./*
  adding: abc.txt (stored 0%)
  adding: anaconda-ks.cfg (deflated 45%)
  adding: backup/ (stored 0%)
  adding: Centos-7.repo (deflated 77%)
  adding: dir_umask/ (stored 0%)
  adding: file_umask (stored 0%)
  adding: test/ (stored 0%)
  adding: testfile/ (stored 0%)
  adding: test.tar (deflated 99%)
  adding: test.tar.gz (stored 0%)
  adding: test.txt (stored 0%)
[root@test ~]# ll test.zip
-rw-r--r-- 1 root root 3133 May 18 09:49 test.zip
```

3.3.3　unzip 命令

1．功能说明

unzip 命令用于解压缩由 zip 命令压缩的压缩包（.zip 格式），其语法格式如下。

```
unzip [选项] 文件名
```

2．常用选项

unzip 命令的常用选项及其说明见表 3-19。

表 3-19　unzip 命令的常用选项及其说明

选项	说明
-l	显示压缩包内所包含的文件
-t	检查压缩文件是否正确
-o	解压时直接覆盖原有的文件
-n	解压时不覆盖原有的文件
-d <目录>	将压缩文件解压至指定目录下

3．实例

（1）查看 test.zip 中所有文件，并检查压缩文件是否正确，命令如下。

```
[root@linux1 test]# unzip -lt test.zip
Archive:  test.zip
    testing: test1.txt                OK
    testing: test.txt                 OK
No errors detected in compressed data of test.zip.
```

（2）将 test.zip 压缩文件解压至/opt 目录下，命令如下。

```
[root@linux1 test]# unzip test.zip -d /opt/
Archive:  test.zip
 extracting: /opt/test1.txt
 extracting: /opt/test.txt
[root@linux1 test]# ll /opt/
total 8
-rw-r--r-- 1 root root 31 1月   8 10:41 test1.txt
-rw-r--r-- 1 root root 12 1月   8 10:37 test.txt
```

3.4　磁盘管理命令

3.4.1　df 命令

1．功能说明

df 命令用于查看系统磁盘空间的使用情况，默认单位为 KB。df 命令的语法格式如下。

```
df [选项]
```

2．常用选项

df 命令的常用选项及其说明见表 3-20。

表 3-20　df 命令的常用选项及其说明

选项	说明
-h	以可读的格式输出磁盘分区使用情况
-k	以KB为单位输出磁盘分区使用情况
-m	以MB为单位输出磁盘分区使用情况
-i	显示磁盘分区文件系统的inode信息
-T	显示磁盘分区文件系统的类型

3．实例

（1）查看当前系统磁盘分区使用情况，以 MB 为单位且以可读的格式输出，命令如下。

```
[root@test ~]# df -mh
Filesystem                Size  Used Avail Use% Mounted on
/dev/mapper/centos-root    17G  1.1G   16G   7% /
devtmpfs                  478M     0  478M   0% /dev
tmpfs                     489M     0  489M   0% /dev/shm
tmpfs                     489M  6.8M  482M   2% /run
tmpfs                     489M     0  489M   0% /sys/fs/cgroup
/dev/sda1                1014M  125M  890M  13% /boot
tmpfs                      98M     0   98M   0% /run/user/0
```

（2）显示当前系统磁盘分区文件系统的类型及其 inode 信息，命令如下。

```
[root@test ~]# df -iT
Filesystem      Type      Inodes IUsed  IFree IUse% Mounted on
/dev/mapper/centos-root xfs      8910848 31150 8879698    1% /
devtmpfs       devtmpfs  122194   389  121805    1% /dev
tmpfs          tmpfs     124962     1  124961    1% /dev/shm
tmpfs          tmpfs     124962   497  124465    1% /run
tmpfs          tmpfs     124962    16  124946    1% /sys/fs/cgroup
/dev/sda1      xfs       524288   327  523961    1% /boot
tmpfs          tmpfs     124962     1  124961    1% /run/user/0
```

3.4.2　du 命令

1．功能说明

du 命令用于显示文件或目录占用磁盘空间情况，其语法格式如下。

```
du [选项] 文件名或目录名
```

2．常用选项

du 命令的常用选项及其说明见表 3-21。

表 3-21　du 命令的常用选项及其说明

选项	说明
-h	以可读的格式输出文件或目录大小
-b	以字节为单位输出文件或目录大小
-m	以MB为单位输出文件或目录大小
-s	显示文件或整个目录的大小，单位为KB
--exclude=<文件名或目录名>	忽略指定的文件或目录

3．实例

显示系统根目录的总大小，忽略/usr 目录，命令如下。

```
[root@test ~]# du -sh / --exclude=/usr
256M /
```

3.4.3　fdisk 命令

1．功能说明

fdisk 命令用于对系统磁盘进行分区创建与维护，其语法格式如下。

```
fdisk [选项] [磁盘名称]
```

fdisk 命令常用的选项是“-l”，用于列出所有分区表信息。

2．fdisk 命令的菜单操作说明

fdisk 命令常用的菜单及其说明如下。

- m：显示菜单和帮助信息。
- d：删除分区。
- n：创建分区。
- p：打印分区表信息。
- q：退出不保存。
- w：保存修改。

3. 实例

显示当前系统的磁盘分区表信息，命令如下。

```
[root@test ~]# fdisk -l
Disk /dev/sda: 21.5 GB, 21474836480 bytes, 41943040 sectors
Units = sectors of 1 * 512 = 512 bytes
Sector size (logical/physical): 512 bytes / 512 bytes
I/O size (minimum/optimal): 512 bytes / 512 bytes
Disk label type: dos
Disk identifier: 0x0008e592
   Device Boot      Start         End      Blocks   Id  System
/dev/sda1   *        2048     2099199     1048576   83  Linux
/dev/sda2         2099200    41943039    19921920   8e  Linux LVM
Disk /dev/mapper/centos-root: 18.2 GB, 18249416704 bytes, 35643392 sectors
Units = sectors of 1 * 512 = 512 bytes
Sector size (logical/physical): 512 bytes / 512 bytes
I/O size (minimum/optimal): 512 bytes / 512 bytes
Disk /dev/mapper/centos-swap: 2147 MB, 2147483648 bytes, 4194304 sectors
Units = sectors of 1 * 512 = 512 bytes
Sector size (logical/physical): 512 bytes / 512 bytes
I/O size (minimum/optimal): 512 bytes / 512 bytes
```

3.4.4 mount 命令

1. 功能说明

mount 命令用于挂载文件系统到指定的挂载点。例如，我们将光盘放入光驱中，在 Windows 系统中可以双击直接打开使用；但在 Linux 系统中，我们需要手动将其挂载至相应的挂载点才可以使用。mount 命令的语法格式如下。

```
mount [选项] 文件系统  挂载点
```

2. 实例

将/dev/cdrom 挂载到/mnt/cdrom，命令如下。

```
[root@test ~]# mount -t auto /dev/cdrom /mnt/cdrom
mount: block device /dev/cdrom is write-protected, mounting read-only
```

执行上述挂载命令之后，我们就可以正常查看光盘中的内容，如下所示。

```
[root@test ~]# ll /mnt/cdrom
total 859
dr-xr-xr-x  4 root root   2048 Sep  4  2005 CentOS
-r--r--r--  2 root root   8859 Mar 19  2005 centosdocs-man.css
-r--r--r--  9 root root  18009 Mar  1  2005 GPL
dr-xr-xr-x  2 root root 241664 May  7 02:32 headers
dr-xr-xr-x  4 root root   2048 May  7 02:23 images
dr-xr-xr-x  2 root root   4096 May  7 02:23 isolinux
dr-xr-xr-x  2 root root  18432 May  2 18:50 NOTES
```

```
-r--r--r--  2 root root   5443 May  7 01:49 RELEASE-NOTES-en.html
dr-xr-xr-x  2 root root   2048 May  7 02:34 repodata
-r--r--r--  9 root root   1795 Mar  1  2005 rpm-GPG-KEY
-r--r--r--  2 root root   1795 Mar  1  2005 RPM-GPG-KEY-centos4
-r--r--r--  1 root root 571730 May  7 01:39 yumgroups.xml
```

3.5　网络管理命令

3.5.1　ping 命令

1. 功能说明

ping 命令用于测试主机之间网络的连通性。此命令使用 ICMP 协议，向测试的目标主机发出要求回应的信息，若与目标主机之间网络通畅，则会收到回应信息，从而能够判断该目标主机运行正常。ping 命令的语法格式如下。

```
ping [选项] 目标主机名或IP地址
```

2. 常用选项

ping 命令的常用选项及其说明见表 3-22。

表 3-22　ping 命令的常用选项及其说明

选项	说明
-c <完成次数>	设置要求目标主机回应的次数
-i <间隔秒数>	指定收发信息的时间间隔
-s <数据包大小>	指定发送数据的大小
-t <TTL值大小>	设置TTL值的大小
-v	显示命令执行的过程信息

3. 实例

检查本机与 www.baidu.com 之间的连通性，命令如下。

```
[root@test ~]# ping www.baidu.com
PING www.a.shifen.com (111.13.100.92) 56(84) bytes of data.
64 bytes from 111.13.100.92 (111.13.100.92): icmp_seq=1 ttl=52 time=22.8 ms
64 bytes from 111.13.100.92 (111.13.100.92): icmp_seq=2 ttl=52 time=22.3 ms
^C
--- www.a.shifen.com ping statistics ---
4 packets transmitted, 4 received, 0% packet loss, time 3012ms
rtt min/avg/max/mdev = 22.048/23.236/25.687/1.451 ms
```

按<Ctrl+C>键可以中断命令执行。

3.5.2　wget 命令

1. 功能说明

wget 命令用于从网络上下载指定的软件，其语法格式如下。

```
wget 软件的网址
```

2. 实例

从阿里云镜像网站下载 CentOS 7 的 Yum 源文件，命令如下。

```
[root@test ~]# wget http://mirrors.aliyun.com/repo/Centos-7.repo
--2018-05-06 03:53:57--  http://mirrors.aliyun.com/repo/Centos-7.repo
Resolving mirrors.aliyun.com (mirrors.aliyun.com)... 120.221.156.38, 120.221.156.34,
120.221.156.36, ...
Connecting to mirrors.aliyun.com (mirrors.aliyun.com)|120.221.156.38|:80... connected.
HTTP request sent, awaiting response... 200 OK
Length: 2573 (2.5K) [application/octet-stream]
Saving to: 'Centos-7.repo'
100%[=========================>] 2,573       --.-K/s   in 0.008s
2018-05-06 03:53:58 (296 KB/s) - 'Centos-7.repo' saved [2573/2573]
```

3.5.3 telnet 命令

1. 功能说明

telnet 命令用于通过 telnet 协议来登录远程主机，还可用于查看与远程主机端口之间的通信情况。telnet 命令的语法格式如下。

```
telnet [远程主机名或IP地址] [远程主机端口]
```

2. 实例

通过 telnet 命令测试与 IP 地址为 192.168.1.254 的目标主机 22 端口之间的通信情况，命令如下。

```
[root@test ~]# telnet 192.168.1.254 22
Trying 192.168.1.254...
Connected to 192.168.1.254.
Escape character is '^]'.
SSH-2.0-OpenSSH_7.4
```

上述输出信息表明与目标主机 22 端口之间通信畅通。如果出现以下内容，则说明与目标主机 22 端口之间通信存在故障。

```
Trying 192.168.1.254...
telnet: connect to address 192.168.1.254: Connection refused
```

3.5.4 netstat 命令

1. 功能说明

netstat 命令用于显示 Linux 中的网络系统状态信息。需要注意的是，在 CentOS 7 系统中默认没有这个命令，如果需要使用此命令，可使用“yum install net-tools”命令来安装 netstat 命令。netstat 命令的语法格式如下。

```
netstat [选项]
```

2. 常用选项

netstat 命令的常用选项及其说明见表 3-23。

表 3-23　netstat 命令的常用选项及其说明

选项	说明
-a	显示所有网络连接和监听端口
-l	只显示状态为“LISTEN”的网络连接
-n	以IP地址的形式显示
-t	显示所有TCP协议的连接信息
-u	显示所有UDP协议的连接信息
-p	显示连接对应的PID与程序名称
-r	显示系统路由表信息

3. 实例

（1）显示所有 TCP 协议且连接状态为“LISTEN”的连接信息，命令如图 3-1 所示。

```
[root@test ~]# netstat -lt
Active Internet connections (only servers)
Proto Recv-Q Send-Q Local Address           Foreign Address         State
tcp        0      0 0.0.0.0:ssh             0.0.0.0:*               LISTEN
tcp        0      0 localhost:smtp          0.0.0.0:*               LISTEN
tcp6       0      0 [::]:ssh                [::]:*                  LISTEN
tcp6       0      0 [::]:ddi-tcp-1          [::]:*                  LISTEN
tcp6       0      0 localhost:smtp          [::]:*                  LISTEN
```

图3-1　所有TCP协议且连接状态为“LISTEN”的连接信息

（2）显示系统当前处于连接状态的所有连接信息，命令如图 3-2 所示。

```
[root@test ~]# netstat -atunp
Active Internet connections (servers and established)
Proto Recv-Q Send-Q Local Address           Foreign Address         State       PID/Program name
tcp        0      0 0.0.0.0:22              0.0.0.0:*               LISTEN      869/sshd
tcp        0      0 127.0.0.1:25            0.0.0.0:*               LISTEN      954/master
tcp        0      0 192.168.1.254:22        192.168.1.14:52074      ESTABLISHED 3652/sshd: root@pts
tcp        0     52 192.168.1.254:22        192.168.1.14:50935      ESTABLISHED 3572/sshd: root@pts
tcp6       0      0 :::22                   :::*                    LISTEN      869/sshd
tcp6       0      0 :::8888                 :::*                    LISTEN      8510/httpd
tcp6       0      0 ::1:25                  :::*                    LISTEN      954/master
udp        0      0 127.0.0.1:323           0.0.0.0:*                           631/chronyd
udp6       0      0 ::1:323                 :::*                                631/chronyd
```

图3-2　系统当前处于连接状态的所有连接信息

（3）查看当前系统的路由表信息，命令如下。

```
[root@test ~]# netstat -rn
Kernel IP routing table
Destination    Gateway       Genmask        Flags  MSS Window  irtt Iface
0.0.0.0        192.168.1.1    0.0.0.0         UG     0 0          0 ens33
192.168.1.0    0.0.0.0       255.255.255.0    U      0 0          0 ens33
```

3.5.5　curl 命令

1．功能说明

curl 命令是一个利用 URL 规则在命令行下工作的文件传输工具。curl 支持 HTTP、HTTPS、FTP 等多种协议，也可以用于文件的下载。curl 命令的语法格式如下。

```
curl[选项][URL]
```

2．常用选项

curl 命令的常用选项及其说明见表 3-24。

表 3-24　curl 命令的常用选项及其说明

选项	说明
-I	只显示响应报文的头部信息
-H <line>	自定义头部信息传递给服务器
-G	以GET方式发送数据
-o	把输出信息写入文件中
-O	把输出信息写入文件中，且保留远端文件的文件名
-X <command>	指定用什么命令

3．实例

（1）显示 URL（http://www.baidu.com）的头部信息，命令如下。

```
[root@test ~]# curl -I http://www.baidu.com
HTTP/1.1 200 OK
Accept-Ranges: bytes
Cache-Control:private,no-cache, no-store, proxy-revalidate, no-transform
Connection: Keep-Alive
Content-Length: 277
Content-Type: text/html
Date: Tue, 22 May 2018 13:42:02 GMT
Etag: "575e1f60-115"
Last-Modified: Mon, 13 Jun 2016 02:50:08 GMT
Pragma: no-cache
Server: bfe/1.0.8.18
```

（2）分别指定执行 PUT、POST、GET、DELETE 命令操作，命令如下。

```
[root@test ~]# curl -X PUT http://www.baidu.com
[root@test ~]# curl -X POST http://www.baidu.com
[root@test ~]# curl -X GET http://www.baidu.com
[root@test ~]# curl -X DELETE http://www.baidu.com
```

3.5.6　ss 命令

1．功能说明

ss 是 socket statistics 的缩写。ss 命令可以用来获取 socket 统计信息，它可以显示和 netstat

命令类似的内容。ss 命令的优势在于它能够显示更多、更详细的有关 TCP 和连接状态的信息，而且比 netstat 命令更快速、更高效。ss 命令的语法格式如下。

```
ss [选项]
```

2. 常用选项

ss 命令的常用选项及其说明见表 3-25。

表 3-25　ss 命令的常用选项及其说明

选项	说明
-n	不解析服务名称
-r	解析主机名
-l	显示监听状态套接字
-a	显示所有的套接字信息
-o	显示计时器信息
-e	显示套接字详细的内存使用情况
-p	显示使用套接字的进程
-i	显示TCP内部信息
-s	显示套接字使用情况
-4	只显示IPv4的套接字
-t	只显示TCP套接字
-u	只显示UDP套接字
-d	只显示DCCP套接字
-F	使用此选项指定的过滤规则文件，过滤某种状态的连接

3. 实例

（1）显示 TCP 连接，命令如下。

```
[root@CentOS7 ~]# ss -ta
State   Recv-Q Send-Q    Local Address:Port      Peer Address:Port
LISTEN    0      128       *:ssh                      *:*
LISTEN    0      100        127.0.0.1:smtp            *:*
ESTAB     0      52         192.168.1.250:ssh   192.168.1.14:58719
LISTEN    0      128        :::ssh                    :::*
LISTEN    0      100        ::1:smtp                  :::*
```

（2）显示套接字的使用情况，命令如下。

```
[root@CentOS7 ~]# ss -s
Total: 572 (kernel 1020)
TCP:   5 (estab 1, closed 0, orphaned 0, synrecv 0, timewait 0/0), ports 0

Transport Total     IP        IPv6
*         1020      -          -
RAW       1         0          1
UDP       2         1          1
TCP       5         3          2
INET      8         4          4
FRAG      0         0          0
```

3.6　系统性能管理命令

3.6.1　uptime 命令

1．功能说明

uptime 命令用于打印或显示系统总共运行时长和系统的平均负载。uptime 命令显示的信息依次为现在时间，系统已运行时间，目前登录用户数，系统最近 1 分钟、5 分钟、15 分钟内的平均负载。uptime 命令的语法格式如下。

```
uptime [选项]
```

uptime 命令的常用选项是“-V”，用于显示版本信息。

2．实例

查看当前系统的负载信息，命令如下。

```
[root@test ~]# uptime -V
uptime from procps-ng 3.3.10
[root@test ~]# uptime
 10:06:35 up 28 min,  1 user,  load average: 0.00, 0.01, 0.05
```

上述输出结果的说明如下。

- 10:06:35——系统的当前时间为 10:06:35。
- up 28 min——系统已运行 28 分钟。
- 1 user——当前登录到系统的只有一个用户。
- load average: 0.00, 0.01, 0.05——系统最近 1 分钟、5 分钟、15 分钟内的平均负载。

3.6.2　top 命令

1．功能说明

top 命令用于实时动态查看系统整体运行情况，是一个多方位监测系统性能的实用工具。top 命令的语法格式如下。

```
top [选项]
```

2．常用选项

top 命令的常用选项及其说明见表 3-26。

表 3-26　top 命令的常用选项及其说明

选项	说明
-d	指定刷新间隔时间
-u <用户名>	指定用户名
-i <时间>	设置时间间隔

续表

选项	说明
-p <进程号>	指定进程
-n <次数>	指定循环显示的次数

在执行 top 命令的过程中，还可以使用一些交互式的命令。具体命令及其说明见表 3-27。

表 3-27　top 命令的交互式命令及其说明

命令	说明
h	显示帮助信息
k	终止或杀死一个进程
l	切换显示平均负载和启动时间信息
q	退出
m	切换显示内存信息
t	切换显示进程和CPU状态信息
P	根据CPU使用百分比大小排序
T	根据时间/累计时间排序

3. 实例

执行 top 命令，显示系统当前运行状态信息，输出结果如图 3-3 所示。

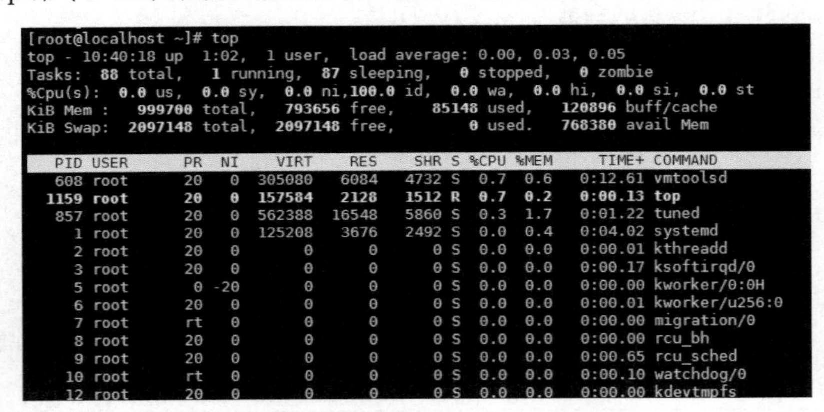

图3-3　top命令输出结果

top 命令的输出信息说明如下。

- top - 10:40:18——系统当前时间。
- up 1:02——系统已运行 1 小时 2 分钟。
- 1 user——当前有一个用户登录到系统。
- load average: 0.00, 0.03, 0.05——系统最近 1 分钟、5 分钟、15 分钟内的平均负载。
- Tasks: 88 total——总进程数量。
- 1 running——正在运行的进程数。
- 87 sleeping——休眠的进程数。

- 0 stopped——停止的进程数。
- 0 zombie——冻结的进程数。
- %CPU(s): 0.0 us——用户空间占用 CPU 百分比。
- 0.0 sy——内核空间占用 CPU 百分比。
- 0.0 ni——用户进程空间内改变过优先级的进程占用 CPU 百分比。
- 100.0 id——空闲 CPU 百分比。
- 0.0 wa——等待输入/输出的 CPU 时间百分比。
- 0.0 hi——处理硬件中断的 CPU 时间百分比。
- 0.0 si——处理软件中断的 CPU 时间百分比。
- 0.0 st——虚拟机被 hypervisor 偷去的 CPU 时间百分比。
- KiB Mem : 999700 total——物理内存总量。
- 793656 free——未使用的物理内存总量。
- 85148 used——使用的物理内存总量。
- 120896 buff/cache——缓存的内存总量。
- KiB Swap: 2097148 total——交换分区总量。
- 2097148 free——空闲交换分区总量。
- 0 used——使用的交换分区总量。
- 768380 avail Mem——系统可用内存总量。

3.6.3 iostat 命令

1．功能说明

iostat 命令用于监控系统输入/输出设备和 CPU 的使用情况，其语法格式如下。

```
iostat [选项]
```

2．常用选项

iostat 命令的常用选项及其说明见表 3-28。

表 3-28 iostat 命令的常用选项及其说明

选项	说明
-c	仅显示CPU的使用情况
-d	仅显示设备使用率
-m	以兆字节每秒为单位显示
-p	仅显示块设备和所有被使用的其他分区的信息
-x	显示详细信息

3．实例

（1）仅显示当前系统 CPU 的使用情况，命令如图 3-4 所示。

（2）显示/dev/sda1 磁盘 I/O 的详细信息，命令如图 3-5 所示。

```
[root@test ~]# iostat -c
Linux 3.10.0-693.el7.x86_64 (test)      05/23/2018      _x86_64_        (1 CPU)

avg-cpu:  %user   %nice %system %iowait  %steal   %idle
           0.92    0.00    1.81    0.75    0.00   96.52
```

图3-4　显示系统CPU的使用情况

```
[root@test ~]# iostat -x /dev/sda1
Linux 3.10.0-693.el7.x86_64 (test)      05/23/2018      _x86_64_        (1 CPU)

avg-cpu:  %user   %nice %system %iowait  %steal   %idle
           0.76    0.00    1.52    0.62    0.00   97.10

Device:         rrqm/s   wrqm/s     r/s     w/s    rkB/s    wkB/s avgrq-sz avgqu-sz   await r_await w_await  svctm  %util
sda1              0.00     0.00    0.41    0.01     4.41     1.60    28.42     0.00    1.66    1.64    2.80   1.53   0.06
```

图3-5　/dev/sda1磁盘I/O的详细信息

上述命令输出结果的详细说明如下。

- 第 1 行是系统版本、主机名与监测时间信息。
- 第 2 行和第 3 行是 CPU 的使用情况。
- 第 4 行和第 5 行是磁盘 I/O 相关的信息，详细说明见表 3-29。

表 3-29　磁盘 I/O 信息的详细说明

显示信息	说明
rrqm/s	每秒需要读取请求的数量
wrqm/s	每秒需要写入请求的数量
r/s	每秒实际读取请求的数量
w/s	每秒实际写入请求的数量
rKB/s	每秒实际读取的大小，单位为KB
wKB/s	每秒实际写入的大小，单位为KB
avgrq-sz	请求的平均大小
Avgqu-sz	请求的平均队列长度
await	等待I/O的平均时间
svctm	I/O请求完成的平均时间
%util	被I/O请求消耗的CPU百分比

（3）显示当前系统设备的使用率情况，命令如图 3-6 所示。

```
[root@test ~]# iostat -d
Linux 3.10.0-693.el7.x86_64 (test)      05/23/2018      _x86_64_        (1 CPU)

Device:            tps    kB_read/s    kB_wrtn/s    kB_read    kB_wrtn
sda               2.00        56.54        26.46     150529      70436
scd0              0.01         0.39         0.00       1028          0
dm-0              1.77        52.66        25.68     140198      68368
dm-1              0.04         0.84         0.00       2228          0
```

图3-6　当前系统设备的使用率

上述命令输出结果的详细说明如下。

- 第 1 行是系统信息与监控时间。

- 第 2～6 行是当前系统设备的使用率信息，其详细说明见表 3-30。

表 3-30　系统设备使用率信息的详细说明

显示信息	说明
tps	对应设备每秒的传输次数
kB_read/s	每秒从对应设备读取的数据量
kB_wrtn/s	每秒向对应设备写入的数据量
kB_read	读取的总数据量
kB_wrtn	写入的总数据量

3.6.4　ifstat 命令

1．功能说明

ifstat 命令用于监测网络接口的状态，其语法格式如下。

```
ifstat [选项]
```

2．常用选项

ifstat 命令的常用选项及其说明见表 3-31。

表 3-31　ifstat 命令的常用选项及其说明

选项	说明
-a	监测能检测到的所有网络接口的状态
-i	指定需要监测的网络接口
-t	在每一行开头显示时间戳
-T	显示所有监测的网络接口的全部带宽
-h	显示帮助信息

3．实例

监测系统所有网络接口的状态，命令与结果如图 3-7 所示。

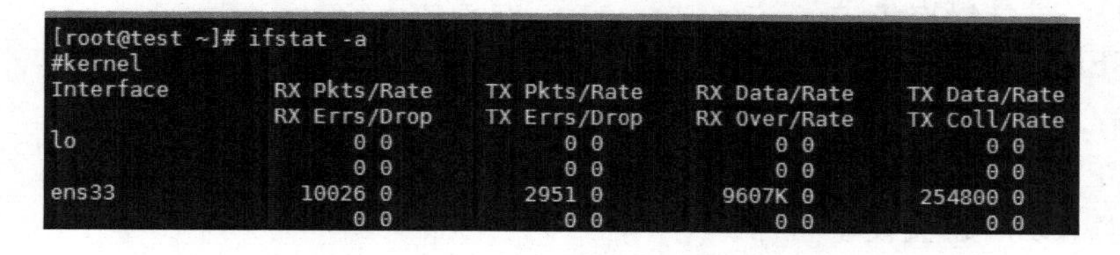

图3-7　系统所有网络接口的状态

3.6.5　lsof 命令

1．功能说明

lsof 命令用于查看进程打开的文件或文件打开的进程，也可用于查看端口是否为打开状态。需要注意的是，lsof 命令是系统核心命令，只有 root 用户才可以执行。lsof 命令的语法格式如下。

```
lsof [选项]
```

2．常用选项

lsof 命令的常用选项及其说明见表 3-32。

表 3-32　lsof 命令的常用选项及其说明

选项	说明
-c <进程名>	列出指定进程名打开的文件
-g	列出GID号进程的详细信息
-i <条件>	列出符合条件的进程
-u	列出UID号进程的详细信息
-p <进程号>	列出指定进程号所打开的文件

3．实例

lsof 命令直接显示的信息如图 3-8 所示。由于输出信息过多，此处只截取输出信息的前 10 行。

```
[root@test ~]# lsof |head -10
COMMAND     PID TID     USER   FD      TYPE             DEVICE  SIZE/OFF       NODE NAME
systemd       1         root  cwd       DIR              253,0       244         64 /
systemd       1         root  rtd       DIR              253,0       244         64 /
systemd       1         root  txt       REG              253,0   1523568   16879483 /usr/lib/systemd/systemd
systemd       1         root  mem       REG              253,0     20040      58719 /usr/lib64/libuuid.so.1.3.0
systemd       1         root  mem       REG              253,0    261336     162316 /usr/lib64/libblkid.so.1.1.0
systemd       1         root  mem       REG              253,0     90664      58702 /usr/lib64/libz.so.1.2.7
systemd       1         root  mem       REG              253,0    157424      58708 /usr/lib64/liblzma.so.5.2.2
systemd       1         root  mem       REG              253,0     23968      58827 /usr/lib64/libcap-ng.so.0.0.0
systemd       1         root  mem       REG              253,0     19888      58813 /usr/lib64/libattr.so.1.1.0
```

图3-8　lsof命令的输出信息

lsof 命令输出的各列信息的含义说明如下。

- COMMAND：进程的名称。
- PID：进程标识符。
- USER：进程的所有者。
- FD：文件描述符。
- TYPE：文件类型。
- DEVICE：磁盘设备名称。
- SIZE/OFF：文件大小。
- NODE：索引节点。
- NAME：进程打开的文件名称。
- TID：线程标识符。

3.6.6 time 命令

1．功能说明

time 命令用于统计执行指定命令所花费的总时间，其语法格式如下。

```
time [选项]
```

2．常用选项

time 命令的常用选项及其说明见表 3-33。

表 3-33 time 命令的常用选项及其说明

选项	说明
-f	格式化时间输出
-a	将显示信息追加到文件
-o	将显示信息写入文件中

3．实例

显示 iostat 命令执行所需的总时间，命令和结果如图 3-9 所示。

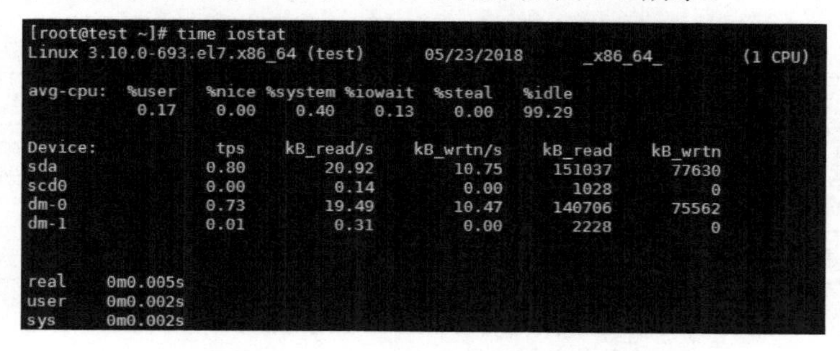

图3-9 iostat命令执行所需的总时间

命令输出结果说明如下。

前面几行信息在 iostat 命令的介绍中已经详细说明过了，不再赘述。

- real 0m0.005s：命令从开始执行到结束的时间。
- user 0m0.002s：进程花费在用户模式中的 CPU 时间，也是真正用于执行进程所花费的时间。
- sys 0m0.002s：花费在内核模式中的 CPU 时间。

3.7 软件包管理命令

3.7.1 yum 命令

1．功能说明

yum 命令是基于 RPM 的软件包管理器，它能够从指定的服务器自动下载 RPM 包并且安装，还可以自动处理软件之间的所有依赖关系，且能一次安装所有依赖的软件包。yum 命令的语法格式如下。

```
yum [选项] [参数] 软件名
```

2. 常用选项

yum 命令的常用选项及其说明见表 3-34。

表 3-34　yum 命令的常用选项及其说明

选项	说明
-y	对所有安装过程中的提示都回复“yes”确认
-c	指定配置文件
-C	从缓存中运行，而不是去下载或更新任何文件
-v	详细模式
-q	静默模式

yum 命令使用的参数及其说明见表 3-35。

表 3-35　yum 命令使用的参数及其说明

参数	说明
install	安装RPM软件包
update	更新RPM软件包
check-update	检查是否有可用的更新RPM软件包
remove	删除指定的RPM软件包
list	列出软件包的信息
clean	清除yum过期的缓存
info	显示指定RPM软件包的详细信息
localinstall	安装本地的RPM软件包（已经下载好的）
search	检查RPM软件包的信息

3. 实例

（1）安装 telnet、tree、lrzsz 这 3 个服务，命令如图 3-10 所示。

通过上述过程可知，yum 命令会自动去指定的源服务器上下载相应的 RPM 包，并自动执行安装操作。

（2）显示指定软件包的详细信息，命令如图 3-11 所示。

输出结果中显示了指定的软件包的名称、位数、版本、大小、官方网站地址、具体描述等信息。

```
[root@test ~]# yum install telnet tree lrzsz -y
Loaded plugins: fastestmirror
Loading mirror speeds from cached hostfile
Resolving Dependencies
--> Running transaction check
---> Package lrzsz.x86_64 0:0.12.20-36.el7 will be installed
---> Package telnet.x86_64 1:0.17-64.el7 will be installed
---> Package tree.x86_64 0:1.6.0-10.el7 will be installed
--> Finished Dependency Resolution

Dependencies Resolved

================================================================================
 Package            Arch              Version                   Repository   Size
================================================================================
Installing:
 lrzsz              x86_64            0.12.20-36.el7            base         78 k
 telnet             x86_64            1:0.17-64.el7             base         64 k
 tree               x86_64            1.6.0-10.el7              base         46 k

Transaction Summary
================================================================================
Install  3 Packages

Total download size: 188 k
Installed size: 381 k
Downloading packages:
(1/3): lrzsz-0.12.20-36.el7.x86_64.rpm                    |  78 kB  00:00:00
(2/3): tree-1.6.0-10.el7.x86_64.rpm                       |  46 kB  00:00:00
(3/3): telnet-0.17-64.el7.x86_64.rpm                      |  64 kB  00:00:10
--------------------------------------------------------------------------------
```

图3-10　yum安装过程

```
[root@test ~]# yum info zlib-devel.x86_64
Loaded plugins: fastestmirror
Loading mirror speeds from cached hostfile
Available Packages
Name        : zlib-devel
Arch        : x86_64
Version     : 1.2.7
Release     : 17.el7
Size        : 50 k
Repo        : base/7/x86_64
Summary     : Header files and libraries for Zlib development
URL         : http://www.zlib.net/
License     : zlib and Boost
Description : The zlib-devel package contains the header files and libraries needed
            : to develop programs that use the zlib compression and decompression
            : library.
```

图3-11　显示指定软件包的详细信息

3.7.2　rpm 命令

1. 功能说明

rpm 命令是 RPM 软件包的管理工具，其语法格式如下。

```
rpm [选项]  软件包名
```

2. 常用选项

rpm 命令的常用选项及其说明见表 3-36。

表 3-36　rpm 命令的常用选项及其说明

选项	说明
-a	查询所有软件包
-i	显示软件包相关信息

续表

选项	说明
-h	安装时列出标记
-v	显示命令执行过程
-q	使用查询模式

3. 实例

安装指定软件包，命令如图 3-12 所示。

```
[root@test ~]# rpm -ivh http://repo.zabbix.com/zabbix/3.4/rhel/7/x86_64/zabbix-release-3.4-2.el7.noarch.rpm
Retrieving http://repo.zabbix.com/zabbix/3.4/rhel/7/x86_64/zabbix-release-3.4-2.el7.noarch.rpm
warning: /var/tmp/rpm-tmp.kKl0YI: Header V4 RSA/SHA512 Signature, key ID a14fe591: NOKEY
Preparing...                          ################################# [100%]
Updating / installing...
   1:zabbix-release-3.4-2.el7         ################################# [100%]
```

图3-12　安装指定软件包

当安装了指定的软件包后，我们可以使用下面的命令来检查是否安装成功。

```
[root@test ~]# rpm -qa|grep zabbix
zabbix-release-3.4-2.el7.noarch
```

如果输出上述信息，则表明安装成功；如果无任何信息输出，则表明安装失败。

第 4 章

Linux 文件系统、用户与权限

在 Linux 系统中，所有的设备、目录都统称为文件。本章就来介绍一下 Linux 的文件系统及其相关的知识点。

4.1 文件系统概述

文件系统是操作系统用来管理和存储文件信息的一种管理系统，它可以为用户建立文件，并可以存储、读取、修改文件等。

4.1.1 文件类型

Linux 中的文件可分为普通文件、目录文件、块设备文件、字符设备文件、套接字文件、管道文件和链接文件 7 种类型。

1．普通文件

以“echo”“touch”“cp”“cat”等命令创建的文件都属于普通文件，普通文件又分为以下 3 种。

（1）纯文本文件：以 ASCII 码形式存储在计算机中，从文件中可以直接读取到数据。

Linux 系统可使用下面的命令查看文件类型。

```
[root@test ~]# file abc.txt
abc.txt: ASCII text
```

从上面的显示结果可以看出，abc.txt 文件是一个纯文本文件。

（2）二进制文件：以文本的二进制形式存储在计算机中。Linux 系统中的二进制文件很多，如系统自带的命令，具体示例如下。

```
[root@test ~]# file -L /usr/bin/cat
/usr/bin/cat: ELF 64-bit LSB executable, x86-64, version 1 (SYSV), dynamically
linked (uses shared libs), for GNU/Linux 2.6.32, BuildID[sha1]=fac04659ab9a437b538
4c09f4731023373821a39, stripped
```

（3）数据文件：有些程序在运行的过程中会读取某些特定格式的文件，这些特定格式的文件被称为数据文件。例如，在用户登录时，Linux 系统会将登录的数据记录在/var/log/wtmp 文件内，该文件就是一个数据文件，其文件类型如下所示。

```
[root@test ~]# file /var/log/wtmp
/var/log/wtmp: data
```

2. 目录文件

不言而喻，目录文件就是指 Linux 系统中的目录，如根目录、/home 目录、/usr 目录等。可以使用下面的命令查看是否目录文件。

```
[root@test ~]# ls -ld
dr-xr-x---. 5 root root 241 May  8 09:39 .
```

Linux 中的“.”表示当前目录，显示结果的第一列以 d 开头就表示目录文件。

3. 块设备文件

块设备文件是一些存储数据以供系统访问的接口设备，如磁盘、软盘等。

4. 字符设备文件

字符设备文件是一些串行端口的接口设备，如键盘、鼠标等。

5. 套接字文件

套接字文件也称为数据接口文件，通常用于网络上数据的连接。我们可以启动一个程序来监听客户端的请求，而客户端就可以通过套接字文件来进行数据通信。

6. 管道文件

管道是一种特殊的文件类型，主要用于解决多个程序同时访问一个文件所造成的错误问题。

7. 链接文件

Linux 系统中的链接文件分为两种：硬链接文件与软链接文件。

（1）硬链接文件是指通过索引节点来进行链接。在 Linux 系统中，多个文件同时指向同一个索引节点，这种情况下的文件被称为硬链接文件。

（2）软链接文件，也称为符号链接（同 Windows 系统中的快捷方式）。实际上它是一个文本文件，文本文件里存储着指向源文件链接的位置信息。

Linux 系统中链接文件的创建命令为“ln”，具体语法格式如下。

```
ln 源文件名 链接文件名          #创建硬链接文件
ln -s 源文件名  链接文件各      #创建软链接文件
```

示例如下。

```
[root@test test]# ln file file_hard_link
[root@test test]# ln -s file file_soft_link
[root@test test]# ls -li
total 8
33574997 -rw-r--r-- 2 root root 293 May  8 10:56 file
33574997 -rw-r--r-- 2 root root 293 May  8 10:56 file_hard_link
493085 lrwxrwxrwx 1 root root   4 May  8 10:59 file_soft_link -> file
```

4.1.2　文件属性

在 Linux 系统中，每一个文件都有自己的属性信息。文件的属性包括索引节点、文件类型、权限、文件的所有者与所属组、文件大小、文件名或目录名、硬链接数量等信息。下面对文件的各个属性信息做简单介绍。

在 Linux 系统中，可使用“ls -li”命令来查看文件的属性信息，如下所示。

```
[root@test ~]# ls -li
total 12
33575010 -rw-r--r--  1 root root   12 May  8 09:40 abc.txt
33574991 -rw-------. 1 root root 1260 Apr  6 10:23 anaconda-ks.cfg
33575008 drwxr-xr-x  2 root root    6 May  6 01:59 backup
33624660 -rw-r--r--  1 root root 2573 Nov 21  2014 Centos-7.repo
  493087 drwxr-xr-x  2 root root   62 May  8 10:59 test
50606774 drwxr-xr-x  4 root root   32 May  6 01:53 testfile
```

从上述结果可以看出，一个文件完整的属性信息共有 9 个部分。下面结合 abc.txt 文件对这 9 个部分进行逐一说明。

第 1 部分：inode 索引节点号（33575010）。

第 2 部分：文件类型（-）。

在文件类型中，“-”代表普通文件，“d”代表目录文件，“b”代表块设备文件，“c”代表字符设备文件，“s”代表套接字文件，“p”代表管道文件，“l”代表链接文件。

第 3 部分：权限信息（rw-r--r--）。文件权限内容将在 4.4 节中进行详细介绍。

第 4 部分：硬链接数量（1）。

第 5 部分：文件的所有者（root）。

第 6 部分：文件的所属组（root）。

第 7 部分：文件大小（12，单位字节）。

第 8 部分：最近修改时间（May 8 09:40）。

第 9 部分：文件名或目录名（abc.txt）。

注意：在 Linux 系统中，存储设备或分区被格式化为文件系统后，一般会分成两个部分，第一部分是 inode，第二部分是 block。inode 存储文件的属性信息，每个文件都有其对应的 inode 号，如同我们的身份证号一样，具有唯一性。操作系统识别文件其实就是识别 inode 节点号，因此 inode 号也可以用来区分不同的文件。

前面介绍了文件系统、文件类型、文件属性等相关的信息，下面来介绍文件属性中的三大重要部分：用户、用户组、文件权限。

4.2 用户与用户组

在 Linux 系统中，用户是分角色的，用户的角色由 UID 和 GID 来辨别，即操作系统识别的是用户的 UID 与 GID，而非用户名。

4.2.1 用户分类

在 Linux 系统中，有以下 3 类用户。

1. 超级管理员用户

在 Linux 系统中，默认超级管理员就是 root 用户，可以使用“head -1 /etc/passwd”命令来查看，如下所示。

```
[root@test ~]# head -1 /etc/passwd
root:x:0:0:root:/root:/bin/bash
```

上述结果包括以“:”分隔的 7 列信息，其中第 3 列和第 4 列就是 root 用户的 UID 和 GID，因此可知 Linux 系统中超级管理员用户的 UID 和 GID 都为 0。也可以说，系统只要识别出某个用户的 UID 和 GID 全为 0，那么就认为此用户是超级管理员用户。

2. 系统用户

在 Linux 系统中，系统用户又被称为虚拟用户。这些用户是安装操作系统时就默认存在的，且不可登录到系统的用户，它们的 UID 和 GID 范围都是 1～499。示例如下。

```
[root@test ~]# head -5 /etc/passwd
root:x:0:0:root:/root:/bin/bash
bin:x:1:1:bin:/bin:/sbin/nologin
daemon:x:2:2:daemon:/sbin:/sbin/nologin
adm:x:3:4:adm:/var/adm:/sbin/nologin
lp:x:4:7:lp:/var/spool/lpd:/sbin/nologin
```

3. 普通用户

在 Linux 系统中，还有一种用户是管理员用户创建的，我们称之为普通用户。普通用户的 UID、GID 范围都是 500～65535，权限很小，只能操作自己的家目录中的文件及子目录。示例如下。

```
[root@test ~]# whoami
root
[root@test ~]# useradd mingongge
[root@test ~]# tail -1 /etc/passwd
mingongge:x:1000:1000::/home/mingongge:/bin/bash
```

4.2.2　用户组

在 Linux 系统中的每一个用户都有一个用户组，系统可以对一个用户组中的所有用户进行统一管理。

用户组的管理包含对用户组的添加、删除和修改。用户组的添加、删除和修改实际是对/etc/group 文件的更新操作。具体示例如下。

（1）添加一个名为 mingongge 的用户组，命令如下。

```
[root@test ~]# groupadd mingongge
[root@test ~]# tail -2 /etc/group
mingong:x:1000:
mingongge:x:1001
```

从上述结果可以看出，新添加的用户组的 GID 是在当前已存在的用户组最大 GID 上加 1。

（2）删除名为 mingong 的用户组，命令如下。

```
[root@test ~]# groupdel mingong
[root@test ~]# tail -2 /etc/group
apache:x:48:
mingongge:x:1001:
```

（3）修改名为 mingongge 用户组的 GID 为 8899，命令如下。

```
[root@test ~]# groupmod -g 8899 mingongge
[root@test ~]# tail -1 /etc/group
mingongge:x:8899:
```

从上述结果可以看出，已经将名为 mingongge 用户组的 GID 修改为 8899 了。

4.3 用户权限

4.3.1 默认权限

在 Linux 系统中，创建完成的文件或目录自己会产生相应的权限，即系统的默认权限。那么系统给文件或目录的默认权限是什么呢？先来看两个示例。

分别以 root 用户与普通用户，创建一个名为 mingongge.txt 的文件和一个名为 mingongge 的目录，创建命令如下。

```
[root@test backup]# whoami
root
[root@test backup]# touch mingongge.txt
[root@test backup]# mkdir mingongge
[root@test backup]# ls -l
total 0
drwxr-xr-x 2 root root 6 May 13 03:36 mingongge
-rw-r--r-- 1 root root 0 May 13 03:36 mingongge.txt
[mingongge@test ~]$ whoami
mingongge
[mingongge@test ~]$ touch mingongge.txt
[mingongge@test ~]$ mkdir mingongge
[mingongge@test ~]$ ls -l
total 0
drwxrwxr-x 2 mingongge mingongge 6 May 13 03:40 mingongge
-rw-rw-r-- 1 mingongge mingongge 0 May 13 03:40 mingongge.txt
```

从上述结果中可以得出以下结论。

- root 用户创建的文件的默认权限是 644，目录的默认权限是 755。
- 普通用户创建的文件的默认权限是 664，目录的默认权限是 775。

这种文件、目录的默认权限也是系统默认比较安全的权限分配规则。

4.3.2 umask 值与默认权限的关系

在 Linux 系统中，这些默认分配的权限其实全部由 umask 值来决定，每个用户的 umask 值不相同，因此它所创建的文件和目录的默认权限也不相同。root 用户和普通用户的 umask 值如图 4-1 所示。

```
[root@localhost ~]# whoami
root
[root@localhost ~]# umask
0022
[root@localhost ~]# su - mingongge
Last login: Sun May 13 03:39:58 EDT 2018 on pts/0
[mingongge@localhost ~]$ umask
0002
```

图4-1 root用户和普通用户的umask值

Linux 系统规定了如下权限值。

- 文件的权限值是 666，默认权限=权限值-umask 值。
- 目录的权限值是 777，默认权限=权限值−umask 值。

因此，容易得知 4.3.1 节示例中的默认权限是如何计算出来的。

4.3.3　如何修改默认权限

从上面的介绍中也能得出结论，修改默认权限也就是修改用户的 umask 值。修改 umask 值可使用“umask n”命令（n 取值范围为 000～777），具体修改示例如下。

（1）将 root 用户的 umask 值修改成 044，然后创建文件和目录并查看默认权限，命令如下。

```
[root@test ~]# whoami
root
[root@test ~]# umask 044
[root@test ~]# umask
0044
[root@test ~]# touch test.txt
[root@test ~]# mkdir test
[root@test ~]# ls -l test.txt
-rw--w--w- 1 root root 0 May 13 04:27 test.txt
[root@test ~]# ls -ld test
drwx-wx-wx 2 root root 6 May 13 04:27 test
```

从上述结果可以得知，修改后文件的默认权限为 622（666−044），目录的默认权限为 733（777−044）。上述示例修改的 umask 值都是偶数，如果将 umask 值部分或全部修改为奇数，结果会如何呢？看下面的示例。

（2）将 root 用户的 umask 值修改成 023，然后创建文件和目录并查看默认权限，命令如下。

```
[root@test ~]# umask 023
[root@test ~]# umask
0023
[root@test ~]# touch file_umask
[root@test ~]# mkdir dir_umask
[root@test ~]# ls -l file_umask
-rw-r--r-- 1 root root 0 May 13 04:38 file_umask
[root@test ~]# ls -ld dir_umask
drwxr-xr-- 2 root root 6 May 13 04:38 dir_umask
```

从上述结果可知，修改后文件的默认权限是 644（而 666−023=643），目录的默认权限是 754（777−023=754）。如果按照 4.3.2 节的计算公式，会出现计算结果与实际结果不一致的现象。

因此，当 umask 值部分或全部为奇数时，目录的默认权限不变，文件的默认权限是在出现奇数位的计算结果上加 1（643+1=644）。

4.4　文件权限

4.4.1　文件权限分类

在 Linux 系统中，文件的权限分为以下 3 种。

（1）读权限：用字母“w”表示，转换成数字是 4。

（2）写权限：用字母“r”表示，转换成数字是 2。

（3）执行权限：用字母“x”表示，转换成数字是 1。

4.4.2 如何修改权限

在 Linux 系统中，权限列中 3 位为一组，一共 3 组，分别代表用户、组、其他人的权限。因此，修改权限可以是对某一组或全部组进行修改。

1. 命令格式

修改权限的命令格式如下。

```
chmod [选项] [文件名或目录名]                #修改文件或目录的权限
chown [选项] [用户名] [文件名或目录名]       #修改文件或目录的属主
chown [选项] [组名] [文件名或目录名]         #修改文件或目录的属组
chattr +i/-i [文件名或目录名]                #锁定/取消锁定文件或目录
```

锁定/取消锁定是文件的一种特殊权限，锁定后的文件不可删除、新增或清空。可使用“lsattr”命令查看文件是否有这种特殊权限，命令格式如下。

```
lsattr文件名
```

2. 修改权限示例

（1）将文件 abc.txt 的属主、属组的权限修改成可读、可写、可执行，其他人的权限不变，命令如下。

```
[root@test ~]# ls -l abc.txt
-rw-r--r-- 1 root root 12 May  8 09:40 abc.txt
[root@test ~]# chmod 774 abc.txt
[root@test ~]# ls -l abc.txt
-rwxrwxr-- 1 root root 12 May  8 09:40 abc.txt
```

（2）将 abc.txt 的属主与属组全部修改成 mingongge，命令如下。

```
[root@test ~]# chown mingongge.mingongge abc.txt
[root@test ~]# ls -l abc.txt
-rwxrwxr-- 1 mingongge mingongge 12 May  8 09:40 abc.txt
```

（3）将 abc.txt 文件锁定，并测试是否可写、可删除，命令如下。

```
[root@test ~]# chattr +i abc.txt
[root@test ~]# rm -f abc.txt
rm: cannot remove 'abc.txt': Operation not permitted
[root@test ~]# echo "hello" >> abc.txt
-bash: abc.txt: Permission denied
```

（4）查看文件 abc.txt 是否具有特殊权限，命令如下。

```
[root@test ~]# lsattr abc.txt
----i----------- abc.txt
```

结果中有一个字母 i，这表示它是不可任意更改的文件或目录，即该文件具有锁定特殊权限。

第5章 磁盘管理

所有操作系统和应用软件等都被安装于硬件上，这些硬件是一种存储设备，比如通常操作系统被安装于磁盘中。Linux 系统一样，也被安装于磁盘中。

5.1 磁盘分类

目前市场上的磁盘主要有以下 4 种。

- IDE 磁盘（多用于 PC 机）。
- SATA 磁盘。
- SAS 磁盘。
- SSD 磁盘。

IDE 磁盘用于早期 PC 机，SATA 磁盘多用于企业内部的一些业务模块中，SAS 磁盘和 SSD 磁盘多用于企业服务器中。

目前容量比较大的 SATA 磁盘有 4TB，SAS 磁盘以 300GB～600GB 居多，多在企业生产环境中使用。实际生产中主要根据性能需求（也就是磁盘的读写速度）来选择磁盘。

5.2 磁盘的容量计算

磁盘的结构一般包括磁道、柱面、扇区、磁头。磁盘的容量具体计算如下。

一个磁道的大小=512 字节×扇区数

一个柱面的大小=磁道的大小×磁道数

一个磁盘的大小=柱面大小×磁头数

查看系统磁盘信息的示例如下。

```
[root@Centos ~]# fdisk -l
Disk /dev/sdb: 21.5 GB, 21474836480 bytes
255 heads, 63 sectors/track, 2610 cylinders
Units = cylinders of 16065 * 512 = 8225280 bytes
Sector size (logical/physical): 512 bytes / 512 bytes
I/O size (minimum/optimal): 512 bytes / 512 bytes
Disk identifier: 0xb712cc55
```

上面一些结果的含义如下。

- 255 heads 表示磁头数量为 255。
- 63 sectors/track 表示每个磁道上有 63 个扇区。
- 2610 cylinders 表示共有 2610 个柱面，柱面是磁盘分区的最小单位。

- Units = cylinders of 16065 × 512 = 8225280 bytes 表示一个柱面的大小是 8225280 字节。
- Sector size (logical/physical): 512 bytes/512 bytes 表示一个扇区的大小是 512 字节。

5.3 磁盘分区

所有的磁盘分区信息都存储在分区表中。Linux 系统仅支持 4 个分区表信息（主分区+扩展分区），一个分区表的大小是 64 字节。

Linux 系统一般分为 3 个分区，分别是 boot 分区、swap 分区、/（根）分区。主分区编号是 1～4，逻辑分区编号从 5 开始。

在实际生产环境中，磁盘分区要求及建议如下。

- 最少需要有/（根）和 swap 两个分区。
- 建议 swap 分区大小是物理内存大小的 1.5 倍。如果物理内存小于或等于 16GB，则可以直接将 swap 分区设置为 16GB。
- 建议设置/boot 分区，用于存储 Linux 引导文件和内核文件，这些文件一共几十 MB 的大小，因此一般此分区设置为 100MB～200MB 即可。

5.4 磁盘分区工具

5.4.1 fdisk 分区工具

fdisk 分区工具是针对磁盘容量小于 2TB 的磁盘。下面通过一个示例来详细介绍 fdisk 分区工具的使用。

对系统磁盘/dev/sdb 进行分区，操作如下。

```
[root@Centos ~]# fdisk /dev/sdb
      switch off the mode (command 'c') and change display units to
      sectors (command 'u').
Command (m for help): m
Command action
   a   toggle a bootable flag
   b   edit bsd disklabel
   c   toggle the dos compatibility flag
   d   delete a partition                              #删除一个分区
   l   list known partition types
   m   print this menu
   n   add a new partition                             #新建一个分区
   o   create a new empty DOS partition table
   p   print the partition table                       #打印分区表信息
   q   quit without saving changes                     #不保存退出
   s   create a new empty Sun disklabel
   t   change a partition's system id
   u   change display/entry units
   v   verify the partition table
   w   write table to disk and exit                    #将分区信息写入分区表并退出程序
   x   extra functionality (experts only)
Command action
   e   extended
   p   primary partition (1-4)
```

```
p
Partition number (1-4): 1
First cylinder (1-2610, default 1):   #设置起始柱面
Using default value 1
Last cylinder, +cylinders or +size{K,M,G} (1-2610, default 2610):
#设置大小或柱面
Using default value 2610
Command (m for help): w
The partition table has been altered!
Calling ioctl() to re-read partition table.
Syncing disks.
Command (m for help): p
Disk /dev/sdb: 21.5 GB, 21474836480 bytes
255 heads, 63 sectors/track, 2610 cylinders
Units = cylinders of 16065 * 512 = 8225280 bytes
Sector size (logical/physical): 512 bytes / 512 bytes
I/O size (minimum/optimal): 512 bytes / 512 bytes
Disk identifier: 0xb712cc55
   Device Boot      Start         End      Blocks   Id  System
/dev/sdb1               1        2610    20964793+  83  Linux
```

分区完成后，还需要对磁盘进行格式化和挂载才可以使用此磁盘空间，操作如下。

```
[root@Centos ~]# mkfs.ext3 /dev/sdb1
mke2fs 1.41.12 (17-May-2010)
Filesystem label=
OS type: Linux
Block size=4096 (log=2)
Fragment size=4096 (log=2)
Stride=0 blocks, Stripe width=0 blocks
1310720 inodes, 5241198 blocks
262059 blocks (5.00%) reserved for the super user
First data block=0
Maximum filesystem blocks=4294967296
160 block groups
32768 blocks per group, 32768 fragments per group
8192 inodes per group
Superblock backups stored on blocks:
        32768, 98304, 163840, 229376, 294912, 819200, 884736, 1605632, 2654208, 4096000
Writing inode tables: done
Creating journal (32768 blocks): done
Writing superblocks and filesystem accounting information: done
This filesystem will be automatically checked every 24 mounts or
180 days, whichever comes first.  Use tune2fs -c or -i to override.
[root@Centos ~]# tune2fs -c -1 /dev/sdb1
tune2fs 1.41.12 (17-May-2010)
Setting maximal mount count to -1
[root@Centos ~]# mount /dev/sdb1 /mnt  #挂载分区至/mnt下
[root@Centos ~]# df -h
Filesystem                     Size  Used Avail Use% Mounted on
/dev/mapper/VolGroup-lv_root    50G  3.5G   44G   8% /
tmpfs                          932M     0  932M   0% /dev/shm
/dev/sda1                      485M   39M  421M   9% /boot
/dev/mapper/VolGroup-lv_home 26G  215M   24G   1% /home
/dev/sdb1                       20G  172M   19G   1% /mnt
```

5.4.2 parted 分区工具

parted 分区工具是针对磁盘容量等于或大于 2TB 的磁盘，其分区操作过程如下。

```
root@Centos ~]# parted /dev/sdb mklabel gpt
                                        #将磁盘转换成gpt的格式
```

```
[root@Centos ~]# parted /dev/sdb mkpart primary 0 200(200M)
                                                 #设置主分区的大小范围
Warning: The resulting partition is not properly aligned for best
performance.
Ignore/Cancel? Ignore
[root@Centos ~]# parted /dev/sdb p      #打印分区表信息
Model: VMware, VMware Virtual S (scsi)
Disk /dev/sdb: 1074MB
Sector size (logical/physical): 512B/512B
Partition Table: gpt
Number  Start    End     Size    File system  Name     Flags
 1     17.4kB  200MB  200MB   primary
[root@Centos ~]# parted /dev/sdb mkpart primary 201 1073
Information: You may need to update /etc/fstab.
[root@Centos ~]# parted /dev/sdb p      #打印分区表信息
Model: VMware, VMware Virtual S (scsi)
Disk /dev/sdb: 1074MB
Sector size (logical/physical): 512B/512B
Partition Table: gpt
Number  Start    End      Size    File system  Name     Flags
 1     17.4kB  200MB   200MB    primary
 2     201MB   1073MB 871MB    primary
[root@Centos ~]# mkfs.ext4 /dev/sdb1
mke2fs 1.41.12 (17-May-2010)
Filesystem label=
OS type: Linux
Block size=1024 (log=0)
Fragment size=1024 (log=0)
Stride=0 blocks, Stripe width=0 blocks
48960 inodes, 195296 blocks
9764 blocks (5.00%) reserved for the super user
First data block=1
Maximum filesystem blocks=67371008
24 block groups
8192 blocks per group, 8192 fragments per group
2040 inodes per group
Superblock backups stored on blocks:
      8193, 24577, 40961, 57345, 73729
Writing inode tables: done
Creating journal (4096 blocks): done
Writing superblocks and filesystem accounting information: done
This filesystem will be automatically checked every 36 mounts or
180 days, whichever comes first.  Use tune2fs -c or -i to override.
[root@Centos ~]# tune2fs -c -1 /dev/sdb1
tune2fs 1.41.12 (17-May-2010)
Setting maximal mount count to -1
[root@Centos ~]# mount /dev/sdb1 /mnt
[root@Centos ~]# df -h
Filesystem                    Size  Used Avail Use% Mounted on
/dev/mapper/VolGroup-lv_root   50G  3.5G   44G   8% /
tmpfs                         932M     0  932M   0% /dev/shm
/dev/sda1                     485M   39M  421M   9% /boot
/dev/mapper/VolGroup-lv_home   26G  215M   24G   1% /home
/dev/sdb1                     185M  5.6M  170M   4% /mnt
```

磁盘分区和格式化完成，并挂载成功。

5.5 RAID 技术概述

5.5.1 RAID 的定义

RAID 叫作独立冗余磁盘阵列系统。它将多块物理磁盘按不同的技术方式组合成一个磁盘组，在逻辑上形成一块大容量的磁盘，具有存储量大、存储性能高等特点。

5.5.2　RAID 的级别与分类

RAID 的级别可分为 RAID0、RAID1、RAID2、RAID3、RAID4、RAID5、RAID6、RAID7、RAID10，共 9 个级别。

RAID 可分为基于软件的 RAID 与基于硬件的 RAID。实际生产环境中都采用基于硬件方式的 RAID，购买服务器磁盘 RAID 卡。

5.5.3　RAID 的优点

RAID 将多块磁盘驱动器通过不同的连接方式连接在一起协同工作，大大提高了读取速度，同时也提高了磁盘的可靠性与安全性。

RAID 技术的优点如下。

- 提升磁盘存储数据的安全性。
- 提升磁盘数据的读写性能。
- 提高磁盘的数据存储容量。

5.5.4　常用 RAID 对比

实际生产环境中常用的 RAID 的优缺点对比及其应用场景见表 5-1。

表 5-1　常用 RAID 的优缺点对比及其应用场景

RAID 级别	优点	缺点	应用场景
RAID0	读写速度最快	没有冗余	对读写性能要求较高，但对冗余要求不高的应用环境
RAID1	100%冗余	读写性能一般，且成本高	比较重要的业务场景
RAID5	读性能较好，有一定冗余，但最多允许损坏一块磁盘	写性能不高	一般业务可用
RAID10	读写速度很快，且100%冗余	成本最高	读写性能与冗余要求都比较高的业务，如业务数据的数据库或存储

第 6 章 正则表达式与 vim 编辑器的使用

6.1 什么是正则表达式

对于什么是正则表达式，网络上有很多解释。作者的理解是：正则表达式是一种文本模式，或者说是一种特殊的字符串模式，它的作用是处理字符串。

6.2 字符

学习正则表达式的前提是了解正则表达式中需要用到的一些字符及其含义。正则表达式中的字符及其含义见表 6-1。

表 6-1 正则表达式中的字符及其含义

字符	含义
\	转义符，将特殊字符或符号的意义去除
.	代表任意一个字符
*	重复0次或多次*前的一个字符
[]	字符的集合
.*	匹配所有字符
^	匹配某字符的开头
$	匹配某字符的结尾
^$	匹配空行
[^]	取反
^.*	匹配多个任意字符开头
|	或
[A-Z]	26个大写字母
[a-z]	26个小写字母
[0-9]	0～9的数字
\d	匹配一个数字字符
\w	匹配包括下画线的任意单词字符
\b	匹配单词的开始或结束
+	重复一次或多次

续表

字符	含义
?	重复零次或一次
{*n*}	重复*n*次
{*n*,*m*}	重复*n*到*m*次

6.3　文本处理命令

为什么要介绍这些文本处理命令呢？因为正则表达式经常会与这些命令配合一起使用。

6.3.1　grep 命令

grep 命令是一个强大的文本搜索工具，它与正则表达式配合，将匹配到的行输出到屏幕上。grep 命令的语法格式如下。

```
grep [选项] 条件表达式 文件名
```

grep 命令常用的选项如下。

- -c：只输出匹配行的列数。
- -I：不区分大小写（只适用于单字符）。
- -l：查询多文件时只输出包含匹配字符的文件名。
- -n：显示匹配行及其行号。
- -s：不显示不存在或无匹配文本的错误信息。
- -v：显示不包含匹配文本的所有行。

6.3.2　sed 命令

sed 命令是一种流编辑器，用于过滤或转换文本。sed 命令的语法格式如下。

```
sed [选项] 'command'文件名
```

（1）sed 命令常用的选项如下。

- -n：取消默认输出。
- -i：修改文件内容。

（2）sed 命令中的 command 常用选项如下。

- d：删除。
- p：打印。
- s：替换指定字符。
- g：全局替换。

6.3.3 awk 命令

awk 是一个强大的编程工具，用于在 Linux 和 UNIX 下对文本和数据进行处理。awk 命令的语法格式如下。

```
awk [选项] '条件 {动作}' 文件名
```

awk 命令常用的选项如下。

- -F fs：指定分隔符，fs 可以是字符串或正则表达式。
- -f scripfile：从脚本文件中读取 awk 命令。

上述 3 个命令的参数都非常多，这里只列举一些常用的选项，有兴趣的读者请查看帮助文档自行研究。

6.4 正则表达式使用示例

下面将使用 grep、sed、awk 这 3 个命令配合正则表达式进行示例操作。

将系统中的 IP 地址取出并输出到屏幕上，操作过程如下。

（1）使用 sed 命令配合正则表达式取出 IP 地址，命令如下。

```
[root@centos6 ~]# ifconfig eth0|sed -n '2p'
     inet addr:192.168.197.100 Bcast:192.168.197.255 Mask:255.255.255.0
#打印IP地址信息，然后截取第二行内容输出
[root@centos6 ~]# ifconfig eth0|sed -n '2p'|sed -r 's#.*addr:##g'
192.168.197.100  Bcast:192.168.197.255  Mask:255.255.255.0
#将第一步结果中“addr:”及其前所有字符全局替换成空
[root@centos6 ~]# ifconfig eth0|sed -n '2p'|sed -r 's#.*addr:##g'|sed -r 's# Bcast.*$##g'
192.168.197.100
#将第二步结果中“Bcast”开头且任意字符结尾的部分全局替换成空，并输出最终结果
```

（2）使用 grep 命令与 awk 命令配合正则表达式取出 IP 地址，命令如下。

```
[root@Centos /]# ifconfig eth0 |grep "inet addr"
inet addr:192.168.1.2  Bcast:192.168.1.255  Mask:255.255.255.0
#首先将带有IP地址的行过滤打印出来，再进行过滤取出IP地址
[root@Centos /]# ifconfig eth0 |grep "inet addr"|awk -F '[ :]+' '{print $4}'
192.168.1.2
#以空格和“:”作为分隔符，“+”代表前面多个重复的分隔符视为一个，将第四列打印
```

6.5 vim 编辑器

6.5.1 什么是 vim 编辑器

vim 是 vi 的加强版，比 vi 更容易使用。vim 编辑器是 UNIX 系统和 Linux 系统中最标准的编辑器，功能非常强大，可以执行查找、删除、替换、输出多种文本的操作。因此，掌握 vim 编辑器的使用方法是学习 Linux 系统过程中比较重要的一个基础部分。

6.5.2　vim 编辑器的 3 种模式

vim 编辑器有 3 种模式，分别如下。

（1）命令模式：在此模式下，可以通过移动光标，对字符或行进行删除操作。

（2）插入模式：在命令模式下，按<I>键即可进入插入模式，只有在插入模式下才可以进行文字、字符的输入操作。按<Esc>键可以退出插入模式（返回命令模式）。

（3）底行模式：在此模式下，可以保存文件、设置编辑环境，以及退出 vim 编辑器。

这 3 种模式之间的切换如图 6-1 所示。

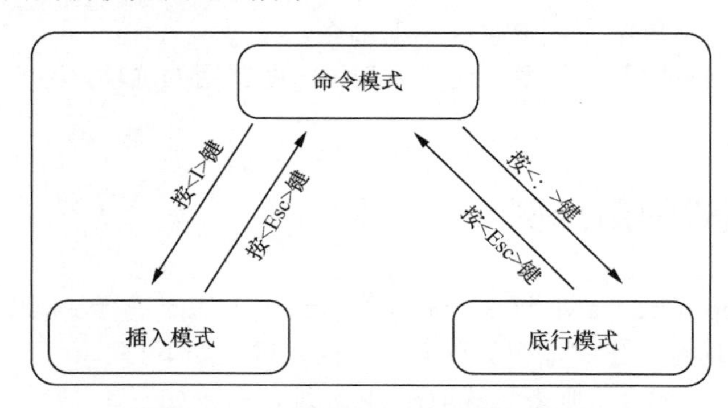

图6-1　vim编辑器在3种模式之间的切换

6.6　vim 编辑的操作

6.6.1　光标的移动方法

vim 编辑器在命令模式下光标的移动方法见表 6-2。

表 6-2　命令模式下光标的移动方法

按键	说明
Ctrl+F	屏幕向下移动一页，相当于按<Page Down>键
Ctrl+B	屏幕向上移动一页，相当于按<Page Up>键
0（数字）	移动到行首位置
$	移动到行尾位置
GG	移动到第一行
G	移动到最后一行，与<Shift+G>功能相同
n<Enter>	光标向下移动*n*行（*n*为数字）

6.6.2　搜索与查找

vim 编辑器在命令模式下搜索与查找的方法见表 6-3。

表 6-3 命令模式下搜索与查找的方法

具体命令	说明
/word	向下查找匹配名为word的字符串
?word	向上查找匹配名为word的字符串
:n_1,n_2s/word1/word2/g	n_1和n_2为数字，在第n_1行与第n_2行之间查找匹配word1的字符串，并将word1全部替换成word2
:1,$s/word1/word2/g	在第一行与最后一行之间查找匹配word1的字符串，并将word1全部替换成word2
:1,$s/word1/word2/gc	在第一行与最后一行之间查找匹配word1的字符串，并将word1全部替换成word2，替换前进行提示，确认是否需要替换
:%s/word1/word2/g	将匹配word1的内容全部替换成word2

6.6.3 删除、复制与粘贴

vim 编辑器在命令模式下删除、复制与粘贴的方法见表 6-4。

表 6-4 命令模式下删除、复制与粘贴的方法

具体命令	说明
yy	复制光标当前所在的行
*n*yy	复制当前光标所在向下的*n*行（*n*为数字）
dd	删除光标当前所在的行
*n*dd	删除当前光标所在向下的*n*行（*n*为数字）
U	撤销上一次的操作
p	将复制的内容粘贴在光标所在的下一行
P	将复制的内容粘贴在光标所在的上一行
x	删除光标所在的后一个字符
X	删除光标所在的前一个字符

6.6.4 保存与退出

vim 编辑器在插入模式下保存与退出的方法见表 6-5。

表 6-5 插入模式下保存与退出的方法

具体命令	说明
:wq	保存并退出
:wq!	保存并强制退出
:q!	强制退出不保存

LAMP/LNMP 架构篇

第 7 章 Apache 的安装与配置

7.1 Apache 概述

7.1.1 什么是 Apache

Apache 是 Apache 基金会的一个开源项目，同时也是一个高性能、功能强大、安全可靠、灵活的开放源码的 Web 服务软件。

Apache HTTP Server(httpd)于 1995 年推出，并已经持续更新、维护了 20 多年。目前最新版本 httpd 2.4.39 于 2019 年 4 月 1 日发布。

7.1.2 Apache 的应用场景

Apache 的应用场景有如下 4 个。

（1）运行静态页面、图片。

（2）结合 PHP 引擎运行 PHP 程序。

（3）结合 Tomcat、Resin 运行 JSP、Java 程序。

（4）做代理、负载均衡。

7.2 安装 Apache

7.2.1 安装环境准备

下面介绍如何在 Linux 系统中安装 Apache 服务。

1. 卸载系统自带的 Apache

Linux 系统一般默认会自带 Apache，但版本相对较低，可以使用如下命令查看。

```
[root@test ~]# rpm -qa|grep httpd
httpd-tools-2.4.6-67.el7.centos.6.x86_64
httpd-2.4.6-67.el7.centos.6.x86_64
```

从命令输出结果中可知，系统已自带 Apache。我们可以卸载系统自带的 Apache，命令如图 7-1 所示。

```
[root@test ~]# rpm -e --nodeps httpd-tools-2.4.6-67.el7.centos.6.x86_64
[root@test ~]# rpm -e --nodeps httpd-2.4.6-67.el7.centos.6.x86_64
warning: /etc/httpd/conf/httpd.conf saved as /etc/httpd/conf/httpd.conf.rpmsave
[root@test ~]# rpm -qa|grep httpd
[root@test ~]# 
```

图7-1　卸载系统自带的Apache

2. 创建软件存放目录与安装依赖包软件

命令如下。

```
[root@test ~]# mkdir /download
[root@test ~]# yum install gcc gcc-c++ zlib-devel openssl -y
```

最终出现“Complete!”字样，表示安装完成。

3. 安装 apr、apr-util、pcre 依赖包

将下载好的软件包上传至服务器/download 目录下，结果如下。

```
[root@test download]# ll
total 3872
-rw-r--r-- 1 root root 1031613 Apr 28  2015 apr-1.5.2.tar.gz
-rw-r--r-- 1 root root  874044 Sep 20  2014 apr-util-1.5.4.tar.gz
-rw-r--r-- 1 root root 2053336 Jan  5  2017 pcre-8.38.tar.gz
```

依次编译安装 3 个依赖包，命令如下。

```
[root@test download]# tar zxf apr-1.5.2.tar.gz
[root@test download]# cd apr-1.5.2
[root@test apr-1.5.2]# ./configure --prefix=/usr/local/apr
[root@test apr-1.5.2]# make && make install
[root@test download]# tar zxf apr-util-1.5.4.tar.gz
[root@test download]# cd apr-util-1.5.4
[root@test apr-util-1.5.4]# ./configure --prefix=/usr/local/web/apr-util  \ -with-
apr=/usr/local/apr
[root@test apr-util-1.5.4]# make && make install
[root@test download]# tar zxf pcre-8.38.tar.gz
[root@test download]# cd pcre-8.38
[root@test pcre-8.38]# ./configure --prefix=/usr/local/pcre
[root@test pcre-8.38]# make && make install
```

7.2.2　Apache 的安装过程

本节安装的是 Apache 2.4.33 版本，整个安装操作过程如下。

1. 下载软件

从 Apache 官方网站中下载 Apache 软件到本地服务器上，命令如下。

```
[root@test ~]# cd /download/
[root@test download]# wget http://mirror.bit.edu.cn/apache/httpd/httpd-2.4.33.tar.gz
--2018-06-07 09:43:46--http://mirror.bit.edu.cn/apache/httpd/httpd-2.4.33.tar.gz
Resolving mirror.bit.edu.cn (mirror.bit.edu.cn)... 202.204.80.77, 2001:da8:204:2001:
250:56ff:fea1:22
Connecting to mirror.bit.edu.cn (mirror.bit.edu.cn)|202.204.80.77|:80... connected.
HTTP request sent, awaiting response... 200 OK
Length: 9076901 (8.7M) [application/octet-stream]
Saving to: 'httpd-2.4.33.tar.gz'
```

```
100%[=========================>] 9,076,901    497KB/s   in 65s
2018-06-07 09:44:57 (136 KB/s) - 'httpd-2.4.33.tar.gz' saved [9076901/9076901]
[root@test download]# ls -l
total 8868
-rw-r--r-- 1 root root 9076901 Mar 21 12:20 httpd-2.4.33.tar.gz
```

2. 解压编译安装

解压 Apache 软件压缩包和编译安装 Apache 软件的操作步骤如下。

```
[root@test download]# tar zxf httpd-2.4.33.tar.gz
[root@test download]# cd httpd-2.4.33
[root@test httpd-2.4.33]# ./configure --prefix=/usr/local/apache 2.4.33 \
--enable-expires \
--enable-headers \
--enable-modules=most \
--enable-so \
--enable-rewrite \
--with-mpm=worker \
--with-apr=/usr/local/apr \
--with-apr-util=/usr/local/web/apr-util \
--with-pcre=/usr/local/pcre
…… (中间部分内容省略)
configure: summary of build options:
     Server Version: 2.4.33
     Install prefix: /usr/local/apache 2.4.33
     C compiler:     gcc -std=gnu99
     CFLAGS:             -pthread
     CPPFLAGS:           -DLINUX -D_REENTRANT -D_GNU_SOURCE
     LDFLAGS:
     LIBS:
     C preprocessor: gcc -E
[root@test httpd-2.4.33]# make && make install
```

注意：整个安装过程是否有 error 信息出现，如果没有，则表示安装成功。

编译参数说明见表 7-1。

表 7-1　Apache 编译参数说明

参数	说明
--prefix=/usr/local/apache 2.4.33	指定Apache的安装目录，默认的安装目录是/usr/local/apache2
--enable-expires	提供对内容的压缩传输编码的支持
--enable-headers	激活允许通过配置文件控制HTTP的“Expires”和“Cache-Control”头的内容。此功能可以用于网站的图片等内容，提供客户端浏览器的缓存配置
--enable-modules=most	编译安装模块，most表示包括大部分模块
--enable-so	激活Apache的DSO支持
--enable-rewrite	激活基于URL规则的重写功能
--with-mpm=worker	配置Apache mpm的模式为worker模式
--with-apr=/usr/local/apr	指定apr依赖包安装位置
--with-apr-util=/usr/local/web/apr-util	指定apr-util依赖包安装位置
--with-pcre=/usr/local/pcre	指定pcre依赖包安装位置

3. 启动 Apache 服务

安装完成后，启动 Apache 服务，命令如下。

```
[root@test ~]# /usr/local/apache2.4.33/bin/apachectl
AH00558: httpd: Could not reliably determine the server's fully qualified domain
name, using 192.168.1.254. Set the 'ServerName' directive globally to suppress
this message
```

注意：启动 Apache 出现上述提示是因为没有配置好 DNS，我们可以直接修改配置文件 httpd.conf，然后搜索“ServerName”，将“#ServerName www.example.com:80”的注释打开即可。如果实际环境中使用了域名，也可以修改成你有的域名，如“www.mingongge.com:80”。

再次执行如下启动命令。

```
[root@test ~]# /usr/local/apache2.4.33/bin/apachectl
```

可以看出上述的提示没有了。

4．检查进程与端口

Apache 服务启动成功之后，我们可以通过命令来检查进程与端口状态，检查结果如图 7-2 所示。

```
[root@test ~]# ps -ef|grep apache
root      15924      1  2 14:40 ?        00:00:00 /usr/local/apache2.4.33/bin/httpd
daemon    15925  15924  0 14:40 ?        00:00:00 /usr/local/apache2.4.33/bin/httpd
daemon    15926  15924  0 14:40 ?        00:00:00 /usr/local/apache2.4.33/bin/httpd
daemon    15927  15924  0 14:40 ?        00:00:00 /usr/local/apache2.4.33/bin/httpd
root      16010    954  0 14:40 pts/0    00:00:00 grep --color=auto apache
[root@test ~]# lsof -i :80
COMMAND    PID   USER   FD   TYPE DEVICE SIZE/OFF NODE NAME
httpd    15924   root   4u   IPv6  25772      0t0  TCP *:http (LISTEN)
httpd    15925 daemon   4u   IPv6  25772      0t0  TCP *:http (LISTEN)
httpd    15926 daemon   4u   IPv6  25772      0t0  TCP *:http (LISTEN)
httpd    15927 daemon   4u   IPv6  25772      0t0  TCP *:http (LISTEN)
[root@test ~]#
```

图7-2　查看Apache的进程与端口

5．使用浏览器访问测试

在浏览器地址栏输入 http://192.168.1.254（服务器 IP 地址）进行访问，访问结果如图 7-3 所示。

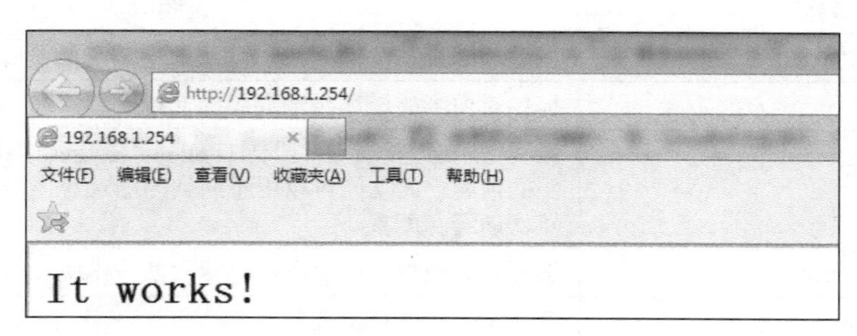

图7-3　浏览器访问结果

图 7-3 中出现“It works!”字样，表明 Apache 安装和启动成功。

7.3　Apache 的目录结构与配置文件

Apache 安装完成后，下面介绍 Apache 的目录结构与配置文件，便于读者更好地理解与掌握它。

7.3.1 Apache 的目录结构与作用

1. 目录组成

通过下面的命令查看 Apache 的目录结构。

```
[root@test apache2.4.33]# tree ./ -L 1
./
├── bin
├── build
├── cgi-bin
├── conf
├── error
├── htdocs
├── icons
├── include
├── logs
├── man
├── manual
└── modules
```

一般来说，安装好的 Apache 服务器的安装目录下的目录结构大多如此，不同的版本或安装方式可能会略有差别。

2. 主要目录及子目录

下面简单介绍 Apache 的几个主要目录及其子目录的作用。

```
[root@test apache2.4.33]# tree ./bin
./bin                   #Apache的命令目录
├── ab                  # HTTP服务器性能测试工具
├── apachectl           #Apache的启动命令
├── apxs                #一个为Apache HTTP服务器编译和安装扩展模块的工具
├── checkgid
├── dbmmanage
├── envvars
├── envvars-std
├── fcgistarter
├── htcacheclean        #清理磁盘缓冲区的命令
├── htdbm
├── htdigest
├── htpasswd            #建立和更新基本认证文件
├── httpd               #Apache的控制命令程序，执行apachectl命令时会调用httpd命令
├── httxt2dbm
├── logresolve
└── rotatelogs              #Apache自带的日志轮询命令
[root@test apache2.4.33]# tree conf/ -L 1
conf/                   #Apache的所有配置文件存放目录
├── extra               #存放一些自定义的配置文件，如常用的虚拟主机配置文件
├── httpd.conf          #Apache的主配置文件
├── magic
├── mime.types
└── original
[root@test apache2.4.33]# tree htdocs/ -L 1
htdocs/                 #Apache的默认站点目录
└── index.html          #Apache的默认首页文件
[root@test apache2.4.33]# tree logs/ -L 1
```

```
logs/              Apache的日志文件存放目录
├── access_log     #Apache的访问日志文件
├── error_log      #Apache的错误日志文件
└── httpd.pid      #Apache的PID文件
```

7.3.2 Apache 的主配置文件

Apache 的主配置文件在上面的目录介绍中已有过阐述。由于此文件中注释信息和空行等太多，因此我们将对其内容进行删减，选择实际操作中比较重要的配置进行一一说明，最终结果显示如下。

```
[root@test apache2.4.33]# egrep -v "^.*#|^$" conf/httpd.conf |nl
     1 ServerRoot "/usr/local/apache2.4.33"
       #Apache的根目录，只允许root用户访问，默认不做任何修改
     2 Listen 80          # Apache默认的监听端口
    24 <IfModule unixd_module>
    25 User daemon        #Apache的用户
    26 Group daemon       #Apache的用户组
    29 <Directory />      #Apache的根目录权限配置
    30     AllowOverride none
    31     Require all denied
    32 </Directory>
    33 DocumentRoot "/usr/local/apache2.4.33/htdocs"
       #Apache的默认站点目录
    34 <Directory "/usr/local/apache2.4.33/htdocs">   #配置站点权限
    35     Options Indexes FollowSymLinks
    36     AllowOverride None
    37     Require all granted
    38 </Directory>
    45 ErrorLog "logs/error_log"            #Apache的错误日志路径
    46 LogLevel warn                        #Apache的日志级别
    47 <IfModule log_config_module>         #Apache的日志格式配置
    48 LogFormat "%h %l %u %t \"%r\" %>s %b \"%{Referer}i\" \"%{User-Agent}i\"" combined
    49 LogFormat "%h %l %u %t \"%r\" %>s %b" common
    50 <IfModule logio_module>
    51 LogFormat "%h %l %u %t \"%r\" %>s %b \"%{Referer}i\" \"%{User-Agent}i \" %I %O"
combinedio
    52 </IfModule>        #Apache的访问日志路径配置
    53 CustomLog "logs/access_log" common
    54 </IfModule>
```

7.3.3 Apache 的日志格式与日志切割

下面介绍 Apache 服务的日志格式，以及如何 Apache 服务的日志进行日志切割操作。

1. Apache 的日志格式

通过上面的主配置文件介绍，可以看出在配置文件里有如下一行配置。

```
LogFormat "%h %l %u %t \"%r\" %>s %b \"%{Referer}i\" \"%{User-Agent}i\" %I %O" combinedio
```

这就是 Apache 日志的配置，主要配置记录日志的格式，其中一些参数的详细说明见表 7-2。

表 7-2 Apache 日志格式参数说明

参数	详细说明
%...a	远程IP地址
%...A	本地IP地址
%...b	CLF格式的已发送的字节数，但不包括HTTP头
%...B	已发送的字节数，不包括HTTP头
%...f	文件名称
%...h	请求的协议
%...l	远程登录的名字
%...m	请求的方法
%...{Foobar}o	Foobar的内容，应答的标头行
%...p	服务器响应请求时使用的端口
%...P	响应请求的子进程ID
%...q	查询字符串
%...r	请求的第一行
%...s	状态
%...t	以公共日志时间格式表示的时间
%...{format}t	以指定格式表示的时间
%...T	为响应请求而消耗的时间，单位是秒
%...U	用户请求的URL路径
%...v	响应请求的服务器的主机名
%...u	远程用户

注：以上变量中的“...”表示一个可选的条件。如果没有配置条件，则默认以“-”代替。

一般通用的日志格式配置如下。

```
LogFormat "%h %l %u %t \"%r\" %>s %b" common
CustomLog logs/access_log common
```

2. Apache 日志切割

Apache 日志默认按周进行切割，但是如果实际的访问量过大，会产生过大的日志文件，不利于后期日志的查找与分析。生产环境中一般会按天进行日志切割，也可以根据需求进行日志保留及删除操作。

按天切割日志的方法很多，可以使用脚本，也可以使用系统命令等工具。使用系统的 rotatelogs 命令来进行日志切割是目前最方便快捷的方式，其配置也相当简单，只需对 Apache 的主配置文件 httpd.conf 进行如下编辑，然后重启服务即可生效。

```
# ErrorLog logs/error_log
ErrorLog "| /usr/sbin/rotatelogs /usr/local/aopache/log/httpd/error_log-%Y%m%d 86400 480"
#CustomLog logs/access_log combined
CustomLog "| /usr/sbin/rotatelogs /usr/local/aopache /log/httpd/access_log-%Y%m%d
86400 480" common
```

其中的一些配置详细说明如下。

- /usr/local/aopache /log/httpd/access_log-%Y%m%d：指定日志文件的目录和名称。
- 86400：指定日志分割的时间，默认单位为秒，86400 表示一天分割一次。
- 480：指定分区时差，默认单位为分钟，也就是 8 小时。

日志分割后，每天会生成一个如上格式命名的文件，最后可以根据实际生产需求进行保留或删除操作。

7.4　配置 Apache 的虚拟主机

对于 Apache 来说，如果需要对外提供多个应用的服务，就需要启用其虚拟主机的功能，将多个应用运行在多个虚拟主机中。Apache 的虚拟主机主要有两类：第一类是基于域名的虚拟主机，第二类是基于端口的虚拟主机。接下来对两类虚拟主机的配置逐一进行操作演示。

首先需要开启 Apache 的虚拟主机功能，开启命令如下。

```
[root@test apache2.4.33]# grep "httpd-vhost" conf/httpd.conf
#Include conf/extra/httpd-vhosts.conf
```

将配置文件中的注释去掉，即可打开 Apache 虚拟主机的功能。

```
[root@test apache2.4.33]# sed -i 's#\#Include conf/extra/httpd-vhosts.conf#Include
conf/extra/httpd-vhosts.conf#' /usr/local/apache2.4.33/conf/httpd.conf
[root@test apache2.4.33]# grep "httpd-vhost" conf/httpd.conf
Include conf/extra/httpd-vhosts.conf
```

7.4.1　配置基于域名的虚拟主机

配置基于域名的虚拟主机的操作过程如下。

1．修改配置文件

虚拟主机的配置文件的目录如下。

```
[root@test extra]# pwd
/usr/local/apache2.4.33/conf/extra
[root@test extra]# ll httpd-vhosts.conf
-rw-r--r-- 1 root root 1477 Jun  8 10:56 httpd-vhosts.conf
```

在修改其配置文件之前，先备份其配置文件，防止配置出错。

```
[root@test extra]# cp httpd-vhosts.conf httpd-vhosts.conf.bak
```

接着修改默认的配置文件，配置基于域名的虚拟主机，配置结果如下。

```
[root@test extra]#  egrep -v "^.*#|^$" httpd-vhosts.conf
<VirtualHost *:80>
    ServerAdmin webmaster@dummy-host.example.com
    DocumentRoot "/web/www"                      #站点目录
    ServerName www.mingongge.com                 #域名
    ServerAlias mingongge.com
    ErrorLog "logs/www-error_log"                #错误日志路径与文件名
```

```
    CustomLog "logs/www-access_log" common    #访问日志路径文件名
</VirtualHost>
```

2. 创建站点目录并配置首页文件

操作步骤如下。

```
[root@test extra]# mkdir /web/www -p
[root@test extra]# echo 'welcome to mingongge web!!!'>>/web/www/index.html
[root@test extra]# cat /web/www/index.html
welcome to mingongge web!!!
```

3. 配置站点权限

修改 Apache 的主配置文件 httpd.conf 中的站点权限配置，修改结果如下。

```
</Directory>
DocumentRoot "/web/www"
<Directory "/web/www">
    Options FollowSymLinks
    AllowOverride None
    Require all granted
</Directory>
```

4. 检查配置文件语法并重启服务

在重名 Apache 服务前，需要检查配置文件的语法是否正确，以防出错。检查语法和重启服务的命令如下。

```
[root@test extra]# /usr/local/apache2.4.33/bin/apachectl -t
Syntax OK
[root@test extra]# /usr/local/apache2.4.33/bin/apachectl graceful
```

检查结果如图 7-4 所示。

```
[root@test ~]# ps -ef|grep apache
root      15924     1  0 14:40 ?        00:00:00 /usr/local/apache2.4.33/bin/httpd
daemon    16025 15924  0 14:44 ?        00:00:00 /usr/local/apache2.4.33/bin/httpd
daemon    16026 15924  0 14:44 ?        00:00:00 /usr/local/apache2.4.33/bin/httpd
daemon    16027 15924  0 14:44 ?        00:00:00 /usr/local/apache2.4.33/bin/httpd
root      16110   954  0 14:44 pts/0    00:00:00 grep --color=auto apache
[root@test ~]# lsof -i :80
COMMAND   PID  USER   FD   TYPE DEVICE SIZE/OFF NODE NAME
httpd   15924   root   4u  IPv6  25772      0t0  TCP *:http (LISTEN)
httpd   16025 daemon   4u  IPv6  25772      0t0  TCP *:http (LISTEN)
httpd   16026 daemon   4u  IPv6  25772      0t0  TCP *:http (LISTEN)
httpd   16027 daemon   4u  IPv6  25772      0t0  TCP *:http (LISTEN)
[root@test ~]#
```

图7-4 查看进程与端口

5. 浏览器测试访问

打开浏览器，在地址栏输入“http://www.mingongge.com”，访问结果如图 7-5 所示。

图7-5 浏览器访问结果

注意：在实际生产环境中，我们只需要将域名解析到对应的服务器 IP 地址。在学习环境中，域名是没有经过解析的，我们需要配置 Windows 客户端的 host 文件（C:\Windows\System32\drivers\etc\HOSTS），将域名指向虚拟主机的服务器 IP。

7.4.2 配置基于端口的虚拟主机

配置基于端口的虚拟主机的操作过程如下。

1．增加监听端口

在主配置文件 http.conf 中增加 8888 和 9999 两个监听端口，操作结果如下。

```
Listen 80
Listen 8888
Listen 9999
```

2．修改虚拟机配置文件

具体修改后的结果如下。

```
<VirtualHost 192.168.1.254:8888>
    ServerAdmin webmaster@dummy-host.example.com
    DocumentRoot "/web/www"
    ServerName 192.168.1.254
    ServerAlias mingongge.com
    ErrorLog "logs/www-error_log"
    CustomLog "logs/www-access_log" common
</VirtualHost>
<VirtualHost 192.168.1.254:9999>
    ServerAdmin webmaster@dummy-host.example.com
    DocumentRoot "/web/bbs"
    ServerName 192.168.1.254
    ServerAlias mingongge.com
    ErrorLog "logs/www-error_log"
    CustomLog "logs/www-access_log" common
</VirtualHost>
```

3．修改站点目录权限

具体修改后的结果如下。

```
</Directory>
DocumentRoot "/ web
<Directory "/web
    Options FollowSymLinks
    AllowOverride None
    Require all granted
</Directory>
```

4．配置站点默认首页文件

命令及操作过程如下。

```
[root@test conf]# echo "this is a bbs server" >/web/bbs/index.html
[root@test conf]# echo "this is a web server" >/web/www/index.html
[root@test conf]# cat /web/www/index.html
this is a web server
[root@test conf]# cat /web/bbs/index.html
```

```
this is a bbs server
```

5. 重启服务检查端口是否启动成功

```
[root@test conf]# /usr/local/apache2.4.33/bin/apachectl -t
Syntax OK
[root@test conf]# /usr/local/apache2.4.33/bin/apachectl graceful
```

检查端口结果如图 7-6 所示。

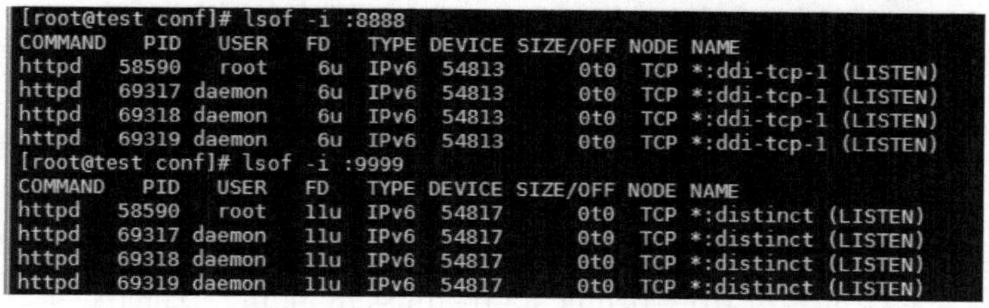

图7-6　检查端口

6. 浏览器测试访问

浏览器测试访问结果如图 7-7 所示。

图7-7　浏览器访问结果

7.5　Apache 的优化配置

前面介绍了 Apache 的安装、配置文件以及虚拟主机的配置。在使用 Web 服务器时，我们更多地是要掌握如何优化，使其更加安全、可靠。本节就来介绍如何优化 Apache。

7.5.1　修改默认用户与组

从前面的章节可知，Apache 默认配置的用户为 deamon 用户，这是很不安全的。因此在安装好 Apache 后，我们需要修改默认的用户与组，具体操作如下。

```
sed -i 's#User daemon#User apache#g' /usr/local/apache2.4.33/conf/httpd.conf
sed -i 's#Group daemon#Group apache#g' /usr/local/apache2.4.33/conf/httpd.conf
[root@test ~]# egrep "User|Group" /usr/local/apache2.4.33/conf/httpd.conf | head -3
# User/Group: The name (or #number) of the user/group to run httpd as.
User apache
Group apache
```

从上述结果可以看出，默认用户与组已经被修改成 apache 用户与用户组。

7.5.2　优化错误页面的显示内容

当网站出现错误或打不开时，浏览器界面会提示错误信息。但由于默认并没有配置这些错误信息的显示，因此会给用户带来不好的体验。所以，错误页面的显示内容也需要进行优化配置，查看错误页面默认配置的操作如下。

```
[root@test ~]# grep "Error" /usr/local/apache2.4.33/conf/httpd.conf
# ErrorLog: The location of the error log file.
# If you do not specify an ErrorLog directive within a <VirtualHost>
ErrorLog "logs/error_log"
#ErrorDocument 500 "The server made a boo boo."
#ErrorDocument 404 /missing.html
#ErrorDocument 404 "/cgi-bin/missing_handler.pl"
#ErrorDocument 402 http://www.example.com/subscription_info.html
```

这里我们需要修改的是#ErrorDocument 404 /missing.html 一行的配置。一般实际生产环境中，可以在出现 404 错误时配置一个单独的静态页面内容，也可以直接跳转到首页，具体可根据实际生产需要而定。

404 错误默认配置显示的页面如图 7-8 所示。

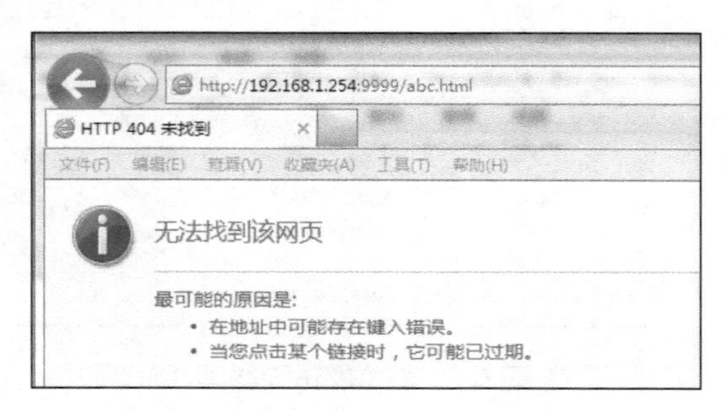

图7-8　404错误默认显示内容

7.5.3　隐藏 Apache 的版本信息

开源软件的每个版本可能会存在一些漏洞，因此在实际生产环境中，此项优化配置非常重要，也是比较安全的配置。

首先，打开 httpd-default 模块，操作命令如下。

```
[root@test ~]# cat  /usr/local/apache2.4.33/conf/httpd.conf|grep httpd-default
#Include conf/extra/httpd-default.conf
[root@test ~]# sed -i 's#\#Include conf/extra/httpd-default.conf#Include conf/extra/
httpd-default.conf#g'  /usr/local/apache2.4.33/conf/httpd.conf
[root@test ~]# cat  /usr/local/apache2.4.33/conf/httpd.conf|grep httpd-default
Include conf/extra/httpd-default.conf
[root@test ~]# /usr/local/apache2.4.33/bin/apachectl graceful
```

接下来，修改默认的配置文件 httpd-default.conf 中的如下内容。

```
55 ServerTokens Full
65 ServerSignature On
```

将上面两行配置修改成如下内容。

```
55 ServerTokens Prod
65 ServerSignature Off
```

7.5.4　配置 Apache 的日志轮询

Apache 默认自带日志轮询服务，但生产环境中一般不建议使用。本节介绍一款日志轮询工具 cronolog。首先需要安装此工具，安装过程如下。

1．下载 cronolog 到指定目录

```
[root@test download]# ll cronolog-1.6.2.tar.gz
-rw-r--r-- 1 root root 133591 Nov  3  2016 cronolog-1.6.2.tar.gz
```

2．解压编译安装

```
[root@test download]# tar zxf cronolog-1.6.2.tar.gz
[root@test download]# cd cronolog-1.6.2
[root@test cronolog-1.6.2]# ./configure
[root@test cronolog-1.6.2]# make && make install
```

3．查看是否安装成功

```
[root@test cronolog-1.6.2]# ll /usr/local/sbin/
total 60
-rwxr-xr-x 1 root root 48632 Jun  8 15:40 cronolog
-rwxr-xr-x 1 root root  9673 Jun  8 15:40 cronosplit
```

出现上述结果即表示安装成功，接下来进行相关文件的配置。

4．编辑 Apache 主配置文件的日志配置内容

直接切换到主配置文件，找到如下的日志配置行。

```
CustomLog "logs/access_log" common
```

将上面的配置行修改成如下内容。

```
#CustomLog "logs/access_log" common
```

然后增加下面的配置行，按天来轮询日志。

```
CustomLog "|/usr/local/sbin/cronolog logs/access_%d.log" combined
```

5．检查配置文件语法

```
[root@test conf]# /usr/local/apache2.4.33/bin/apachectl -t
Syntax OK
```

6．重启服务并测试

```
[root@test conf]# /usr/local/apache2.4.33/bin/apachectl graceful
```

```
[root@test conf]# ll /usr/local/apache2.4.33/logs/
total 20
-rw-r--r-- 1 root root  643 Jun  8 14:36 access_log
-rw-r--r-- 1 root root 3327 Jun  8 15:59 error_log
-rw-r--r-- 1 root root    6 Jun  8 15:59 httpd.pid
```

访问 Apache，然后查看日志文件是否发生变化。

```
[root@test conf]# ll /usr/local/apache2.4.33/logs/
total 24
-rw-r--r-- 1 root root  159 Jun  8 16:01 access_08.log
-rw-r--r-- 1 root root  725 Jun  8 16:01 access_log
-rw-r--r-- 1 root root 3327 Jun  8 15:59 error_log
```

7. 修改服务器时间，访问 Apache 并查看日志文件是否发生变化

```
[root@test conf]# date
Fri Jun  8 16:04:40 EDT 2018
[root@test conf]# date -s '06/09/18'
Sat Jun  9 00:00:00 EDT 2018
[root@test conf]# date
Sat Jun  9 00:00:15 EDT 2018
[root@test conf]# ll /usr/local/apache2.4.33/logs/
total 28
-rw-r--r-- 1 root root  159 Jun  8 16:01 access_08.log
-rw-r--r-- 1 root root  888 Jun  9 00:00 access_09.log
-rw-r--r-- 1 root root 1151 Jun  9 00:00 access_log
-rw-r--r-- 1 root root 3327 Jun  8 15:59 error_log
-rw-r--r-- 1 root root    6 Jun  8 15:59 httpd.pid
```

从上述结果可以看出，新的日志文件已经生成，表明配置正确。

7.5.5 优化站点目录权限

默认的站点目录权限是 755，文件权限是 644，这是系统设置的比较安全的权限，一般情况下不需要做任何修改。如果需要锁定某个目录或文件的权限，可根据实际情况修改单个目录或文件的访问权限。

对于站点的目录浏览权限，在配置时需要将其关闭，具体操作如下。

```
</IfModule>
<Directory "/web/www">
    Options Indexes FollowSymLinks    #修改成Options  FollowSymLinks
    AllowOverride None
    Require all granted
</Directory>
```

修改配置后，检查语法并重启服务即可。

7.5.6 开启 Apache 防盗链功能

防盗链功能在实际环境中常用，此功能是为了防止用户将 A 站点目录的文件盗链到 B 站点，当其他用户访问 B 站点时，真正访问的源文件是 A 站点。一旦这类访问量突然暴增，那么会严重影响 A 站点服务器的性能，加大 A 站点服务器的负载。

在 Apache 的主配置文件中打开如下防盗链模块功能。

```
#LoadModule rewrite_module modules/mod_rewrite.so
```

将这个模块修改成如下内容，即可开启防盗链功能。

```
LoadModule rewrite_module modules/mod_rewrite.so
<IfModule rewrite_module >
    RewriteEngine On
    RewriteCond %{HTTP_REFERER} !^http://DomainName/.*$ [NC]
    RewriteCond %{HTTP_REFERER} !^http://DomainName $ [NC]
    RewriteCond %{HTTP_REFERER} !^ DomainName /.*$ [NC]
</IfModule>
```

7.5.7 禁止 PHP 程序解析指定站点目录

禁止 PHP 程序解析指定站点目录的配置如下。

```
<Directory "/web/www ">
    Options Indexes FollowSymLinks
    AllowOverride None
    Require all granted
    php_flag engine off          #防止上传PHP木马文件，远程执行
</Directory>
```

第 8 章 MySQL 与 PHP 的安装与配置

8.1 MySQL 概述

8.1.1 MySQL 简介

MySQL 是一种开源的关系型数据库产品，具有开放式的架构。MySQL 最初由瑞典 MySQL AB 公司研发，后被 SUN 公司收购，最后被 Oracle 公司收购。

MySQL 数据库是传统的关系型数据库，其开放式架构使得用户有更多的选择。当下大多数互联网公司也比较热衷选择开源代码架构的产品。MySQL 数据库在不断地更新和迭代发展，其功能越来越强大，性能越来越好，支持的平台越来越广。作者在实际工作中使用最多的是 MySQL 数据库。

8.1.2 MySQL 版本

MySQL 数据库有很多版本，如下所示。

（1）Alpha 版本：一般只在软件开发公司内部运行，不对外公开。

（2）Beta 版本：完成功能开发和所有测试工作后的产品，不会存在较大的功能或性能 Bug。

（3）RC 版本：属于正式发布前的一个版本，是最终测试版本，进一步收集 Bug 或不足之处，然后进行修复和完善。

（4）GA 版本：软件产品正式发布的版本，也是生产环境中使用的版本。

8.2 MySQL 的部署过程

8.2.1 MySQL 常见的安装方式

MySQL 常见的安装方式有以下 4 种。

（1）常用的编译安装方式（适用于 MySQL 5.5 前的版本）。

（2）二进制包安装的方式。

（3）RPM 包的安装方式。

（4）Cmake 方式安装（适用于 MySQL 5.5 后的版本）。

读者可根据自己的习惯及生产需求选择合适的安装方式。

8.2.2 MySQL 的安装与部署

本节采用二进制包的安装方式来安装 MySQL 5.7.16。

1. 下载软件包

首先去官方网站下载相关的软件包。

我们下载的是 mysql-5.7.16-linux-glibc2.5-x86_64.tar.gz 二进制安装包。

2. 安装依赖包软件

使用如下的命令安装依赖包软件。

```
[root@test ~]# yum install zlib-devel gcc-c++ ncurses ncurses-devel libaio libaio-devel -y
```

3. 安装 MySQL

MySQL 的安装过程如下。

```
[root@test ~]# useradd mysql -s /sbin/nologin -M
[root@test ~]# mkdir /mysql/data -p
[root@test ~]# chown -R mysql.mysql /mysql/
[root@test ~]# tar zxf mysql-5.7.16-linux-glibc2.5-x86_64.tar.gz -C /usr/local/
[root@test ~]# ln -s /usr/local/mysql-5.7.16-linux-glibc2.5-x86_64 /usr/local/mysql
[root@test ~]# cd /usr/local/mysql/
[root@test mysql]# cp support-files/my-default.cnf /etc/my.cnf
cp: overwrite '/etc/my.cnf'? y
[root@test mysql]# cp support-files/mysql.server /etc/init.d/mysqld
[root@test mysql]# chmod +x /etc/init.d/mysqld
```

MySQL 5.7 版本已经不再使用 mysql_install_db 的方式进行初始化了，而是改为 mysqld --initialize 的方式进行初始化配置。

```
[root@test mysql]# ./bin/mysqld --initialize --basedir=/usr/local/mysql --datadir=
/mysql/data/ --user=mysql
2018-06-09T06:03:28.735495Z 0 [Warning] TIMESTAMP with implicit DEFAULT value is
deprecated. Please use --explicit_defaults_for_timestamp server option (see documentation
for more details).
2018-06-09T06:03:28.735643Z 0 [Warning] 'NO_ZERO_DATE', 'NO_ZERO_IN_DATE' and 'ERROR_
FOR_DIVISION_BY_ZERO' sql modes should be used with strict mode. They will be merged
with strict mode in a future release.
2018-06-09T06:03:28.735652Z 0 [Warning] 'NO_AUTO_CREATE_USER' sql mode was not set.
2018-06-09T06:03:30.514387Z 0 [Warning] InnoDB: New log files created, LSN=45790
2018-06-09T06:03:30.748053Z 0 [Warning] InnoDB: Creating foreign key constraint
system tables.
2018-06-09T06:03:30.819581Z 0 [Warning] No existing UUID has been found, so we assume
that this is the first time that this server has been started. Generating a new
UUID: d5ab733b-6baa-11e8-b58f-000c2984df38.
2018-06-09T06:03:30.827363Z 0 [Warning] Gtid table is not ready to be used. Table
'mysql.gtid_executed' cannot be opened.
2018-06-09T06:03:30.831237Z 1 [Note] A temporary password is generated for root@
localhost: o0%B;UeMnsOQ
```

在初始化安装时，会生成一个随机的 root 用户的初始密码，如下所示。

```
[Note] A temporary password is generated for root@localhost: o0%B;UeMnsOQ
```

注意保管好这个随机的密码，否则后期无法正常登录数据库。

```
[root@test mysql]# egrep -v "^#|^$" /etc/my.cnf
[client]
port = 3306
socket = /mysql/mysql.sock
[mysqld]
basedir = /usr/local/mysql
datadir = /mysql/data/
port = 3306
server_id = 1
socket = /mysql/mysql.sock
sql_mode=NO_ENGINE_SUBSTITUTION,STRICT_TRANS_TABLES
[mysqld_safe]
log-error = /mysql/mysql.log
pid-file = /mysql/mysql.pid
```

将配置文件修改成如上内容。

4. 启动 MySQL 并检查

命令如下。

```
[root@test mysql]# /etc/init.d/mysqld start
Starting MySQL.. SUCCESS!
[root@test mysql]# lsof -i :3306
COMMAND   PID  USER   FD   TYPE DEVICE SIZE/OFF NODE NAME
mysqld  71189 mysql   20u  IPv6  58731      0t0  TCP *:mysql (LISTEN)
```

5. 配置环境变量

命令如下。

```
[root@test mysql]# echo 'export PATH=$PATH:/usr/local/mysql/bin' >>/etc/profile
[root@test mysql]# source /etc/profile
```

6. 登录数据库并修改 root 用户初始密码

命令如下。

```
[root@test mysql]# mysql -uroot -p
Enter password:
Welcome to the MySQL monitor.  Commands end with ; or \g.
Your MySQL connection id is 3
Server version: 5.7.16

Copyright (c) 2000, 2016, Oracle and/or its affiliates. All rights reserved.

Oracle is a registered trademark of Oracle Corporation and/or its affiliates. Other
names may be trademarks of their respective owners.

Type 'help;' or '\h' for help. Type '\c' to clear the current input statement.

mysql> ALTER USER 'root'@'localhost' IDENTIFIED BY  'test12345';
Query OK, 0 rows affected (0.00 sec)

mysql> flush privileges;
Query OK, 0 rows affected (0.01 sec)
```

这样我们就可以使用新的密码登录数据库了。

```
[root@test mysql]# mysql -uroot -ptest12345
mysql: [Warning] Using a password on the command line interface can be insecure.
Welcome to the MySQL monitor.  Commands end with ; or \g.
Your MySQL connection id is 4
Server version: 5.7.16 MySQL Community Server (GPL)

Copyright (c) 2000, 2016, Oracle and/or its affiliates. All rights reserved.

Oracle is a registered trademark of Oracle Corporation and/or its affiliates. Other
names may be trademarks of their respective owners.

Type 'help;' or '\h' for help. Type '\c' to clear the current input statement.

mysql>
```

由于 MySQL 5.7 版本以后默认加强了安全配置，因此如果在命令行界面直接输入密码，会出现如下的警告信息。

```
mysql: [Warning] Using a password on the command line interface can be insecure.
```

8.3　MySQL 的目录结构与配置文件

下面介绍 MySQL 服务的目录结构，以及 MySQL 服务的配置文件中一些配置行的作用。

8.3.1　MySQL 的目录结构

安装完 MySQL 后，这里简单介绍 MySQL 的目录结构及其作用。

```
[root@test mysql]# tree -L 1
.
├── bin            #命令、客户端程序与脚本文件目录
├── docs           #文档、ChangeLog目录
├── include        #包含文件目录
├── lib            #库文件目录
├── man            #帮助文档目录
├── README
├── share          #错误信息与字符集文件目录
└── support-files  #自带的默认配置文件目录
```

8.3.2　MySQL 的配置文件

MySQL 数据库默认的配置文件为/etc/my.cnf，过滤其中的注释和空行等内容后，结果显示如下。

```
[root@test mysql]# egrep -v "^#|^$" /etc/my.cnf
[client]                        #客户端的配置标识
port = 3306                     #服务所使用的端口号
socket = /mysql/mysql.sock      #套接字文件的存放目录
[mysqld]                        #启动命令的配置标识
basedir = /usr/local/mysql      #服务安装目录
```

```
datadir = /mysql/data/          #MySQL的数据存储目录
port = 3306
server_id = 1                   #servei_id
socket = /mysql/mysql.sock
log-bin = /mysql/mysql-bin      #打开binlog日志功能
sql_mode=NO_ENGINE_SUBSTITUTION,STRICT_TRANS_TABLES    #SQL模式
[mysqld_safe]
log-error = /mysql/mysql.log    #错误日志存放目录
pid-file = /mysql/mysql.pid     #PID文件存放目录
```

注意：在生产环境中，无论数据库的用途如何，一定要打开 binlog 功能。binlog 日志会记录数据库所有的增删改操作，当不小心删除、清空数据，或数据库系统出错时，可以使用 binlog 日志来还原数据库。

8.4　PHP 的安装与配置

下面介绍安装与配置 PHP 服务的操作过程。

8.4.1　准备安装环境

在安装 PHP 服务前，首先要安装相关环境，操作过程如下。

1．检查基础环境

PHP 的安装需要依赖前面的 Apache 和 MySQL 两个基础环境，因此，在安装前需要检查基础环境。

```
[root@test ~]# ls -ld /usr/local/apache2.4.33
drwxr-xr-x 14 root root 164 Jun  8 10:56 /usr/local/apache2.4.33
[root@test ~]# ls -ld /usr/local/mysql
lrwxrwxrwx 1 root root 45 Jun 9 01:55 /usr/local/mysql -> /usr/local/mysql-5.7.16-
linux-glibc2.5-x86_64
```

2．检查 Apache 和 MySQL 是否启动

命令及操作过程如下。

```
[root@test ~]# ps -ef|grep httpd
root     58590      1  0 Jun08 ?   00:00:03 /usr/local/apache2.4.33/bin/httpd
apache   70540  58590  0 Jun08 ?   00:00:00 /usr/local/apache2.4.33/bin/httpd
apache   70541  58590  0 Jun08 ?    00:00:00 /usr/local/apache2.4.33/bin/httpd
apache   70542  58590  0 Jun08 ?   00:00:00 /usr/local/apache2.4.33/bin/httpd
apache   70625  58590  0 Jun08 ? 00:00:00 /usr/local/apache2.4.33/bin/httpd
root     72001  71965  0 03:57 pts/1    00:00:00 grep --color=auto httpd
[root@test ~]# ps -ef|grep mysql
root    70988 1  0 02:14 ?   00:00:00 /bin/sh /usr/local/mysql/bin/mysqld_safe --
datadir=/mysql/data/ --pid-file=/mysql/data//test.pid
mysql  71189  70988  0 02:14 ?  00:00:05 /usr/local/mysql/bin/mysqld --basedir=/
usr/local/mysql --datadir=/mysql/data/ --plugin-dir=/usr/local/mysql/lib/plugin --
user=mysql --log-error=/mysql/mysql.log --pid-file=/mysql/data//test.pid --socket=/
mysql/mysql.sock --port=3306
root       72003  71965  0 03:57 pts/1    00:00:00 grep --color=auto mysql
[root@test ~]# lsof -i :80
COMMAND   PID   USER   FD   TYPE DEVICE SIZE/OFF NODE NAME
httpd   58590   root   4u  IPv6  42183      0t0  TCP *:http (LISTEN)
httpd   70540 apache   4u  IPv6  42183      0t0  TCP *:http (LISTEN)
httpd   70541 apache   4u  IPv6  42183      0t0  TCP *:http (LISTEN)
```

```
httpd   70542 apache    4u  IPv6  42183      0t0  TCP *:http (LISTEN)
httpd   70625 apache    4u  IPv6  42183      0t0  TCP *:http (LISTEN)
[root@test ~]# lsof -i :3306
COMMAND   PID  USER   FD   TYPE DEVICE SIZE/OFF NODE NAME
mysqld  71189 mysql   20u  IPv6  58731      0t0  TCP *:mysql (LISTEN)
```

3．安装 PHP 所需的库文件

命令及操作过程如下。

```
[root@test ~]# yum install zlib libxml libjpeg freetype libpng gd curl libiconv
zlib-devel libxml2 libxml2-devel libjpeg-devel freetype-devel libpng-devel gd-devel
curl-devel openssl-devel  libxslt-devel -y
```

8.4.2 PHP 的安装过程

下面介绍 PHP 服务的安装操作过程。

1．下载 PHP 软件

本书准备的是 php-7.0.0.tar.gz，读者可自行去官方网站下载。

2．编译安装

编译安装 PHP 的命令及操作过程如下。

```
[root@test ~]# tar zxf php-7.0.0.tar.gz
[root@test ~]# cd php-7.0.0
[root@test php-7.0.0]# ./configure \
--prefix=/application/php-7.0.0 \
--with-apxs2=/usr/local/apache2.4.33/bin/apxs \
--with-mysql=/usr/local/mysql \
--with-xmlrpc \
--with-openssl \
--with-zlib \
--with-freetype-dir \
--with-gd \
--with-jpeg-dir \
--with-png-dir \
--with-iconv \
--enable-short-tags \
--enable-sockets \
--enable-zend-multibyte \
--enable-soap \
--enable-mbstring \
--enable-static \
--enable-gd-native-ttf \
--with-curl \
--with-xsl \
--enable-ftp \
--with-libxml-dir
```

configure 完成结果如图 8-1 所示。

```
[root@test php-7.0.0]# make && make install
```

安装最终结果如图 8-2 所示。

整个安装过程到此结束。

```
Generating files
configure: creating ./config.status
creating main/internal_functions.c
creating main/internal_functions_cli.c
+--------------------------------------------------------------------+
| License:                                                           |
| This software is subject to the PHP License, available in this     |
| distribution in the file LICENSE.  By continuing this installation |
| process, you are bound by the terms of this license agreement.     |
| If you do not agree with the terms of this license, you must abort |
| the installation process at this point.                            |
+--------------------------------------------------------------------+

Thank you for using PHP.

config.status: creating php7.spec
config.status: creating main/build-defs.h
config.status: creating scripts/phpize
config.status: creating scripts/man1/phpize.1
config.status: creating scripts/php-config
config.status: creating scripts/man1/php-config.1
config.status: creating sapi/cli/php.1
config.status: creating sapi/cgi/php-cgi.1
config.status: creating ext/phar/phar.1
config.status: creating ext/phar/phar.phar.1
config.status: creating main/php_config.h
config.status: executing default commands
configure: WARNING: unrecognized options: --with-mysql, --enable-zend-multibyte
[root@test php-7.0.0]# echo $?
0
```

图8-1　configure完成结果

```
[activating module `php7' in /usr/local/apache2.4.23/conf/httpd.conf]
Installing shared extensions:     /application/php-7.0.0/lib/php/extensions/no-debug-zts-20151012/
Installing PHP CLI binary:        /application/php-7.0.0/bin/
Installing PHP CLI man page:      /application/php-7.0.0/php/man/man1/
Installing phpdbg binary:         /application/php-7.0.0/bin/
Installing phpdbg man page:       /application/php-7.0.0/php/man/man1/
Installing PHP CGI binary:        /application/php-7.0.0/bin/
Installing PHP CGI man page:      /application/php-7.0.0/php/man/man1/
Installing build environment:     /application/php-7.0.0/lib/php/build/
Installing header files:          /application/php-7.0.0/include/php/
Installing helper programs:       /application/php-7.0.0/bin/
  program: phpize
  program: php-config
Installing man pages:             /application/php-7.0.0/php/man/man1/
  page: phpize.1
  page: php-config.1
Installing PEAR environment:      /application/php-7.0.0/lib/php/
[PEAR] Archive_Tar    - installed: 1.4.0
[PEAR] Console_Getopt - installed: 1.4.1
[PEAR] Structures_Graph- installed: 1.1.1
[PEAR] XML_Util       - installed: 1.3.0
[PEAR] PEAR           - installed: 1.10.1
Wrote PEAR system config file at: /application/php-7.0.0/etc/pear.conf
You may want to add: /application/php-7.0.0/lib/php to your php.ini include_path
/root/php-7.0.0/build/shtool install -c ext/phar/phar.phar /application/php-7.0.0/bin
ln -s -f phar.phar /application/php-7.0.0/bin/phar
Installing PDO headers:          /application/php-7.0.0/include/php/ext/pdo/
[root@test php-7.0.0]# echo $?
0
```

图8-2　安装结果

PHP 编译参数说明见表 8-1。

表 8-1　PHP 编译参数说明

参数	说明
--prefix=/application/php-7.0.0	指定PHP程序安装目录
--with-apxs2=/usr/local/apache2.4.33/bin/apxs	整合Apache
--with-mysql=/usr/local/mysql	指定MySQL的安装目录，支持MySQL

续表

参数	说明
--with-xmlrpc	打开XML-RPC的C语言
--with-openssl	打开OpenSSL支持
--with-zlib	打开zlib库的支持
--with-freetype-dir	打开对FreeType字体库的支持
--with-gd	打开GD库的支持
--with-jpeg-dir	打开对JPEG图片的支持
--with-png-dir	打开对PNG图片的支持
--with-iconv	开启iconv函数，完成各种字符集间的转换
--enable-short-tags	开启开始和标记函数
--enable-sockets	开启Sockets支持
--enable-zend-multibyte	开启Zend的多字节支持
--enable-soap	开启soap模块
--enable-mbstring	开启mbstring库的支持
--enable-static	生成静态链接库
--enable-gd-native-ttf	支持TrueType字符串函数库
--with-curl	打开cURL浏览工具的支持
--with-xsl	打开XSLT文件支持
--enable-ftp	开启FTP支持
--with-libxml-dir	打开libxml2库的支持

3．建立软链接

命令如下。

```
[root@test ~]# ln -s /application/php-7.0.0 /application/php
[root@test ~]# ls -l /application/
total 0
lrwxrwxrwx 1 root root 22 Jun  9 04:40 php -> /application/php-7.0.0
drwxr-xr-x 8 root root 76 Jun  9 04:30 php-7.0.0
```

4．复制配置文件到安装目录

命令如下。

```
[root@test ~]# cp php-7.0.0/php.ini-production /application/php/lib/php.ini
[root@test ~]# ll /application/php/lib/
total 68
drwxr-xr-x 15 root root   320 Jun  9 04:30 php
-rw-r--r--  1 root root 68854 Jun  9 04:41 php.ini
```

8.4.3 配置 Apache 支持 PHP 程序

修改 Apache 的配置文件来支持 PHP 程序，具体修改如下。

```
[root@test ~]# cd /usr/local/apache2.4.33/conf/
[root@test conf]# cp httpd.conf httpd.conf.bak
```

1. 在配置文件中增加下面加粗部分的配置

```
# If the AddEncoding directives above are commented-out, then you
    # probably should define those extensions to indicate media types:
    #
    AddType application/x-compress .Z
    AddType application/x-gzip .gz .tgz
    AddType application/x-httpd-php .php .phtml
    AddType application/x-httpd-php-source .phps
```

2. 修改默认用户

```
# running httpd, as with most system services.
#
User php
Group php
```

这里需要注意的是，如果系统中不存在此用户，需要自己创建。

3. 修改默认首页类型

```
# DirectoryIndex: sets the file that Apache will serve if a directory
# is requested.
#
<IfModule dir_module>
    DirectoryIndex index.php index.html
</IfModule>
```

默认只配置了 index.html。

8.4.4　测试配置

1. 检查语法并重启 Apache

命令如下。

```
[root@test conf]# /usr/local/apache2.4.33/bin/apachectl -t
AH00543: httpd: bad user name php
#如果系统没有PHP用户，检查语法就会报错，解决方法就是新增PHP用户。
[root@test conf]# useradd php -s /sbin/nologin -M
[root@test conf]# /usr/local/apache2.4.33/bin/apachectl -t
Syntax OK
[root@test conf]# /usr/local/apache2.4.33/bin/apachectl graceful
[root@test conf]# ps -ef|grep httpd
root 58590     1  0 Jun08 ?  00:00:03 /usr/local/apache2.4.33/bin/httpd
php  74057  58590  0 05:00 ?  00:00:00 /usr/local/apache2.4.33/bin/httpd
php  74058  58590  0 05:00 ?  00:00:00 /usr/local/apache2.4.33/bin/httpd
php 74059  58590  0 05:00 ?  00:00:00 /usr/local/apache2.4.33/bin/httpd
root  74142  71965  0 05:00 pts/1    00:00:00 grep --color=auto httpd
[root@test conf]# lsof -i :80
COMMAND   PID USER   FD   TYPE DEVICE SIZE/OFF NODE NAME
httpd   58590 root    4u  IPv6  42183      0t0  TCP *:http (LISTEN)
httpd   74057  php    4u  IPv6  42183      0t0  TCP *:http (LISTEN)
httpd   74058  php    4u  IPv6  42183      0t0  TCP *:http (LISTEN)
httpd   74059  php    4u  IPv6  42183      0t0  TCP *:http (LISTEN)
```

2. 查看 PHP 模块

重启 Apache 后，PHP 程序会向 httpd.conf 配置文件添加 PHP 相关的模块。

```
[root@test conf]# grep php httpd.conf
LoadModule php7_module    modules/libphp7.so    #添加的PHP模块
User php
Group php
    DirectoryIndex index.php index.html
    AddType application/x-httpd-php .php .phtml
    AddType application/x-httpd-php-source .phps
```

3. 配置测试首页文件

命令如下。

```
[root@test conf]# cd /usr/local/apache2.4.33/htdocs/
[root@test htdocs]# vim index.php
<?php
phpinfo();
?>
```

保存后退出，在客户端浏览器输入服务器 IP 地址进行访问测试，结果如图 8-3 所示。

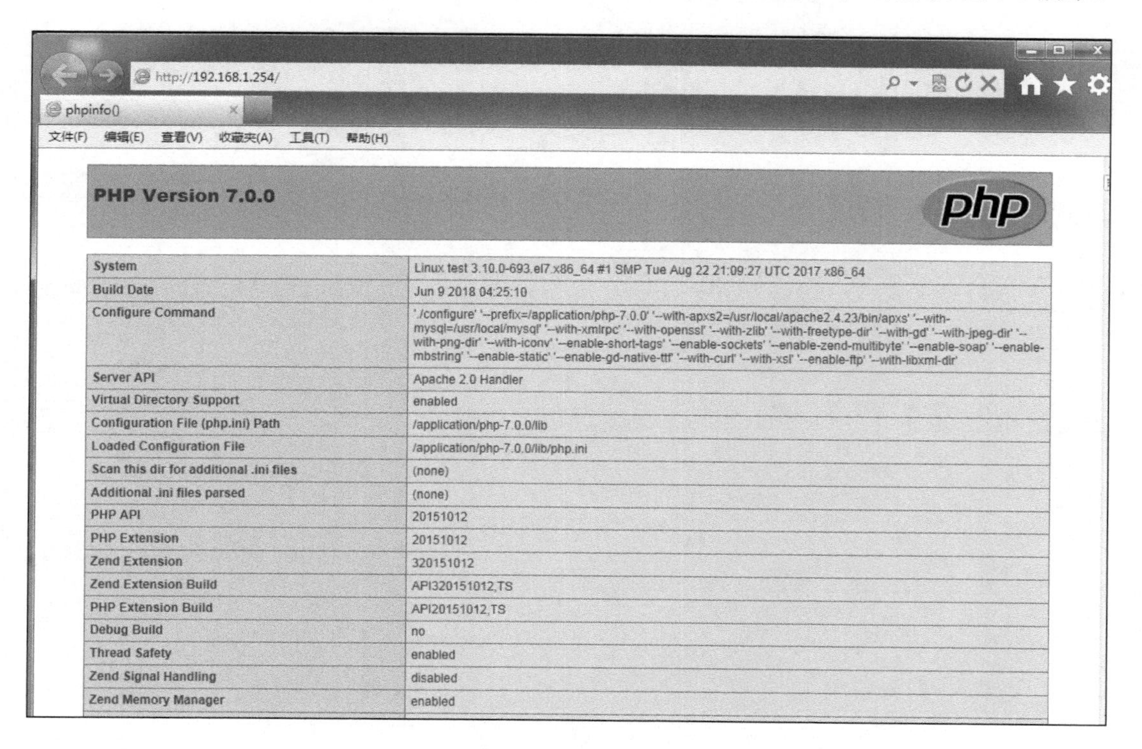

图8-3 测试结果

8.4.5 PHP 目录

以下是 PHP 安装完成后的整体目录结构。

```
[root@test ~]# cd /application/php
[root@test php]# tree -L 1
.
├── bin         #命令程序目录
├── etc         #安装程序、配置文件目录
├── include     #包含文件目录
├── lib         #库文件目录
├── php         #存放PHP相关文件目录
└── var         #日志、PID文件存放目录
6 directories, 0 files
```

第 9 章

Nginx 的安装与配置

9.1 Nginx 概述

9.1.1 什么是 Nginx

Nginx 是一个轻量级、高性能的 Web 服务器和反向代理服务器，同时也是一个比较优秀的负载均衡服务器和缓存服务器，可以运行于多种平台（如 Windows、Linux）。

9.1.2 Nginx 的功能

Nginx 的功能如下。

1．Web 服务器

Nginx 是一个高性能的 Web 服务器软件。与 Apache 相比，它能支持的并发连接更多，占用服务器资源较少，并且请求处理效率较高。

2．反向代理服务器

Nginx 可以作为 HTTP 服务器或数据库服务的代理服务器，与 Haproxy 代理软件的功能相似。但 Nginx 的代理功能相对简单，处理请求的效率不及 Haproxy。

3．负载均衡服务器

Nginx 还可以作为负载均衡服务器，将客户端的请求流量分配给后端多个应用程序服务器，从而提高 Web 应用程序服务器的性能、可伸缩性与可靠性。

4．缓存服务器

Nginx 可以用作缓存服务器，与专业的缓存软件功能相似。

9.1.3 Nginx 的优点

Nginx 的优点如下。

（1）高并发：能支持 1 万～2 万甚至更多的并发连接（静态小文件更强）。

（2）处理请求对服务器的内存消耗较少。

（3）内置对集群节点的健康性检查功能，但功能相对较弱。

（4）可以通过 Cache 插件实现缓存软件的功能。

9.2　安装 Nginx

下面介绍安装 Nginx 前的环境准备以及安装 Nginx 的操作过程。

9.2.1　准备安装环境

下面介绍安装 Nginx 前的一些准备操作。

1．安装 Nginx 所需的依赖库软件

编译安装 Nginx 是指对其源码进行编译安装，所以需要标准的 GCC 编译器，除此之外，还需要一些编译工具以及 Nginx 模块需要的第三方库，安装所需依赖软件的操作过程如下。

```
[root@test ~]# yum install pcre-devel make zlib zlib-devel gcc-c++ libtool  openssl
openssl-devel -y
```

2．下载 Nginx 软件

读者可以自行去 Nginx 的官方网站下载 Nginx，下载页面如图 9-1 所示。

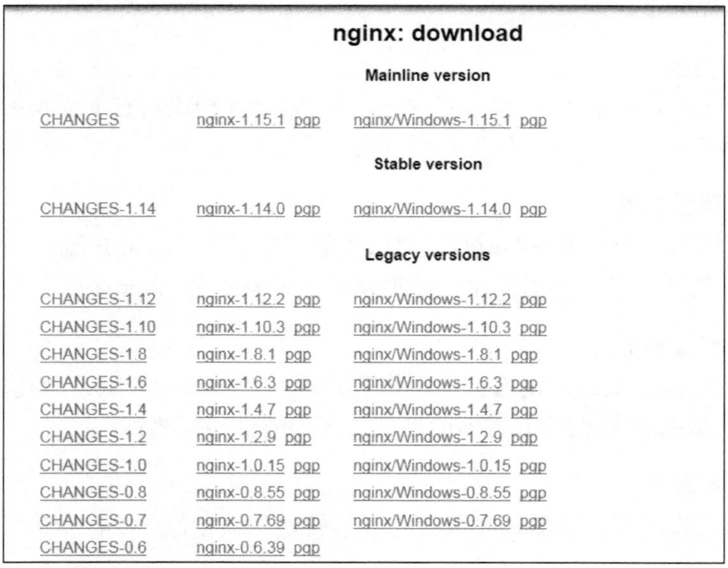

nginx: download

Mainline version

CHANGES	nginx-1.15.1 pgp	nginx/Windows-1.15.1 pgp

Stable version

CHANGES-1.14	nginx-1.14.0 pgp	nginx/Windows-1.14.0 pgp

Legacy versions

CHANGES-1.12	nginx-1.12.2 pgp	nginx/Windows-1.12.2 pgp
CHANGES-1.10	nginx-1.10.3 pgp	nginx/Windows-1.10.3 pgp
CHANGES-1.8	nginx-1.8.1 pgp	nginx/Windows-1.8.1 pgp
CHANGES-1.6	nginx-1.6.3 pgp	nginx/Windows-1.6.3 pgp
CHANGES-1.4	nginx-1.4.7 pgp	nginx/Windows-1.4.7 pgp
CHANGES-1.2	nginx-1.2.9 pgp	nginx/Windows-1.2.9 pgp
CHANGES-1.0	nginx-1.0.15 pgp	nginx/Windows-1.0.15 pgp
CHANGES-0.8	nginx-0.8.55 pgp	nginx/Windows-0.8.55 pgp
CHANGES-0.7	nginx-0.7.69 pgp	nginx/Windows-0.7.69 pgp
CHANGES-0.6	nginx-0.6.39 pgp	

图9-1　Nginx下载页面

从图 9-1 中可以看到，Nginx 官方提供了 3 种版本，分别是开发版本（Mainline version）、稳定版本（Stable version）和历史版本（Legacy version）。开发版本一般用于开发测试 Nginx 的功能，稳定版本一般用于 Web 服务和商业生产环境，需要注意的是，开发版本是目前 Nginx 的最新版本。

本章准备的是 nginx-1.14.0 版本，软件包名称为 nginx-1.14.0.tar.gz。

9.2.2 安装依赖库

源码编译 Nginx 之前，需要安装一些常用依赖的第三方库，常见的有 pcre 库、zlib 库、openssl 库等，安装命令如下。

```
[root@test ~]# yum install gcc gcc-c++ automake pcre pcre-devel zlib zlib-devel
openssl-devel -y
```

9.2.3 编译和安装 Nginx

编译和安装 Nginx 的操作过程如下。

1．编译和安装过程

编译和安装 Nginx 的参数和过程如下。

```
[root@test ~]# useradd nginx -s /sbin/nologin -M
[root@test ~]# tar zxf nginx-1.14.0.tar.gz
[root@test ~]# cd nginx-1.14.0
[root@test nginx-1.14.0]# ./configure \
--user=nginx \
--group=nginx \
--prefix=/usr/local/nginx-1.14.0/ \
--with-http_ssl_module \
--with-http_sub_module \
--with-http_stub_status_module \
--with-http_gzip_static_module \
--with-pcre
```

编译参数及其说明见表 9-1。

表 9-1 Nginx 编译参数说明

参数	说明
--user=nginx	指定程序运行时的用户
--group=nginx	指定程序运行时的用户组
--prefix=/usr/local/nginx-1.14.0	指定安装目录
--with-http_ssl_module	启用ngx_http_ssl_module支持（使其支持https请求，需已安装openssl）
--with-http_sub_module	启用ngx_http_sub_module支持（允许用一些其他文本替换Nginx响应中的一些文本）
--with-http_stub_status_module	启用ngx_http_stub_status_module支持，可以获取自上次启动以来的工作状态
--with-http_gzip_static_module	启用ngx_http_gzip_static_module支持（在线实时压缩输出数据流）
--with-pcre	启用pcre库

更多相关的编译参数及其说明，读者可访问 Nginx 官方网站查看。

编译和安装命令如下，编译结果如图 9-2 所示。

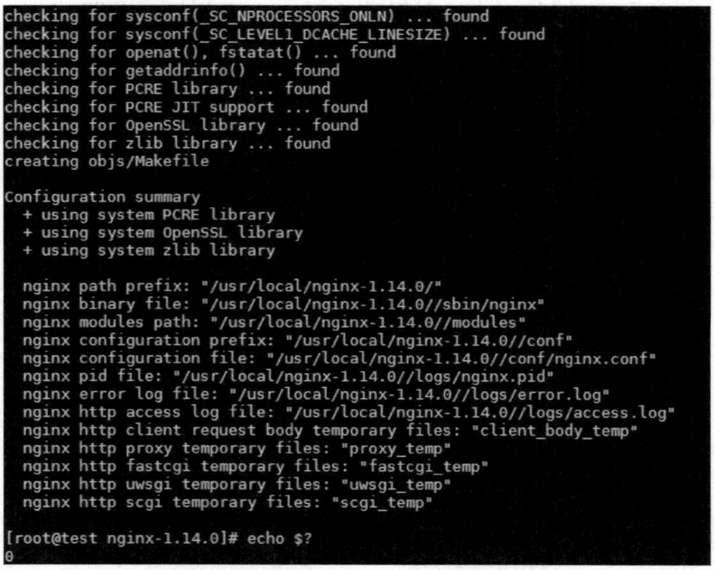

```
checking for sysconf(_SC_NPROCESSORS_ONLN) ... found
checking for sysconf(_SC_LEVEL1_DCACHE_LINESIZE) ... found
checking for openat(), fstatat() ... found
checking for getaddrinfo() ... found
checking for PCRE library ... found
checking for PCRE JIT support ... found
checking for OpenSSL library ... found
checking for zlib library ... found
creating objs/Makefile

Configuration summary
  + using system PCRE library
  + using system OpenSSL library
  + using system zlib library

  nginx path prefix: "/usr/local/nginx-1.14.0/"
  nginx binary file: "/usr/local/nginx-1.14.0//sbin/nginx"
  nginx modules path: "/usr/local/nginx-1.14.0//modules"
  nginx configuration prefix: "/usr/local/nginx-1.14.0//conf"
  nginx configuration file: "/usr/local/nginx-1.14.0//conf/nginx.conf"
  nginx pid file: "/usr/local/nginx-1.14.0//logs/nginx.pid"
  nginx error log file: "/usr/local/nginx-1.14.0//logs/error.log"
  nginx http access log file: "/usr/local/nginx-1.14.0//logs/access.log"
  nginx http client request body temporary files: "client_body_temp"
  nginx http proxy temporary files: "proxy_temp"
  nginx http fastcgi temporary files: "fastcgi_temp"
  nginx http uwsgi temporary files: "uwsgi_temp"
  nginx http scgi temporary files: "scgi_temp"

[root@test nginx-1.14.0]# echo $?
0
```

图9-2　Nginx编译结果

```
[root@test nginx-1.14.0]# make && make install
```

2. 建立软链接

命令如下。

```
[root@test nginx-1.14.0]# ln -s /usr/local/nginx-1.14.0 /usr/local/nginx
[root@test nginx-1.14.0]# ll /usr/local/nginx
lrwxrwxrwx 1 root root 23 Jul  7 03:36 /usr/local/nginx -> /usr/local/nginx-1.14.0
```

3. 启动服务并检查

命令如下。

```
[root@test ~]# /usr/local/nginx/sbin/nginx -t
nginx: the configuration file /usr/local/nginx-1.14.0//conf/nginx.conf syntax is ok
nginx: configuration file /usr/local/nginx-1.14.0//conf/nginx.conf test is successful
[root@test ~]# /usr/local/nginx/sbin/nginx
[root@test ~]# lsof -i :80
COMMAND  PID  USER   FD   TYPE DEVICE SIZE/OFF NODE NAME
nginx   3697  root   6u  IPv4  21074  0t0  TCP *:http (LISTEN)
nginx   3698  nginx  6u  IPv4  21074  0t0  TCP *:http (LISTEN)
[root@test ~]# ps -ef|grep nginx
root   3697 1   0 03:41 ? 00:00:00 nginx: master process /usr/local/nginx/sbin/nginx
nginx  3698  3697  0 03:41 ?   00:00:00 nginx: worker process
root   3701  955  0 03:41 pts/0  00:00:00 grep --color=auto nginx
```

4. 浏览器访问测试

浏览器访问结果如图 9-3 所示。

至此，Nginx 编译和安装已经完成。如果在编译和安装过程中出现错误，系统会输出相关的错误信息，用户可以根据这些信息去解决出现的错误。常见的错误就是因缺少一些依赖库文件的支持而引起的。

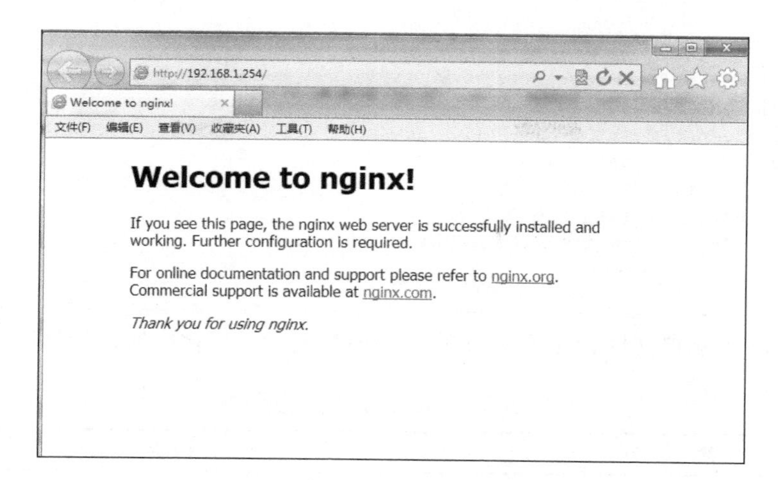

图9-3 浏览器访问结果

9.3 配置 Nginx 支持 PHP 程序

对 Apache 来说，PHP 是没有独立的进程的，它只是 Apache 中的一个模块而已，所以只需要在配置文件中开启并配置对该模块的支持即可。

但对 Nginx 而言，PHP 是有独立的进程的，它依靠 fastcgi 进程来运行，因此支持 PHP 的配置与前面的 Apache 的配置有所不同。

9.3.1 修改配置文件

修改 Nginx 配置文件的操作步骤如下。

1. 备份 PHP 的配置文件

首先进入 PHP 的配置文件目录/php/etc/，命令如下。

```
[root@test php-7.0.0]# cd /usr/local/php/etc/
[root@test etc]# ll
total 12
-rw-r--r-- 1 root root 1233 Jul 21 22:54 pear.conf
-rw-r--r-- 1 root root 4460 Jul 21 22:53 php-fpm.conf.default
drwxr-xr-x 2 root root   30 Jul 21 22:53 php-fpm.d
```

在修改配置文件之前，先备份配置文件，命令如下。

```
[root@test etc]# cp php-fpm.conf.default php-fpm.conf.default.bak
[root@test php-fpm.d]# /usr/local/php/sbin/php-fpm -t
[21-Jul-2018 23:06:11] NOTICE: configuration file /usr/local/php/etc/php-fpm.conf
test is successful
```

2. 配置 Nginx

配置 Nginx 以支持 PHP 程序，具体配置如下。

```
[root@test ~]# cd /usr/local/nginx/conf/
[root@test conf]# vim nginx.con
```

```
http {
......................
    fastcgi_connect_timeout 300;
    fastcgi_send_timeout 300;
    fastcgi_read_timeout 300;
    fastcgi_buffer_size 64k;
    fastcgi_buffers 4 64k;
    fastcgi_busy_buffers_size 128k;
    fastcgi_temp_file_write_size 128k;
..............................
}
```

上述 Nginx 主配置文件针对 fastcgi 的一些参数进行了优化配置，其具体说明见表 9-2。

表 9-2　fastcgi 参数说明

参数	说明
fastcgi_connect_timeout 300	连接fastcgi超时时间，单位为秒
fastcgi_send_timeout 300	请求fastcgi超时时间，单位为秒
fastcgi_read_timeout 300	接收fastcgi的应答超时时间，单位为秒
fastcgi_buffer_size 64k	读取fastcgi的缓冲区大小配置
fastcgi_buffers 4 64k	指定本地所需缓冲区大小来接收fastcgi的应答请求
fastcgi_busy_buffers_size 128k	繁忙时的缓冲区大小，默认值是fastcgi_buffer_size大小的2倍
fastcgi_temp_file_write_size 128k	写入缓存文件使用多大的数据块

注：其他相关参数配置可以阅读官方文档说明，并结合日常环境来使用。

主配置文件针对全局生效，接下来需要进行单个虚拟主机的配置来支持 PHP 程序运行，具体配置如下。

```
[root@test vhost]# vim www.conf
     server {
         listen       80;
         server_name  192.168.1.254;
         .....................
             location ~ .*\.(php|php5)?$
             {
                 fastcgi_pass 127.0.0.1:9000;
                 fastcgi_index index.php;
                 include fastcgi.conf;
             }
         ................................
     }
```

9.3.2　启动服务并检查

1．启动 PHP 并检查服务运行

命令如下。

```
[root@test ~]# /usr/local/php/sbin/php-fpm -t
[21-Jul-2018 23:24:05] NOTICE: configuration file /usr/local/php/etc/php-fpm.conf
test is successful
[root@test ~]# /usr/local/php/sbin/php-fpm
[root@test ~]# ps -ef|grep php
```

```
root 1054 1 0 23:25 ? 00:00:00 php-fpm:master process (/usr/local/php/etc/php-fpm.conf)
nobody    10545  10544  0 23:25 ?       00:00:00 php-fpm: pool www
nobody    10546  10544  0 23:25 ?       00:00:00 php-fpm: pool www
root      10548    974  0 23:25 pts/0   00:00:00 grep --color=auto php
[root@test ~]# netstat -lntup|grep 10544  #通过PID查看监听端口
tcp  0   0 127.0.0.1:9000     0.0.0.0:*    LISTEN     10544/php-fpm: mast
```

从上述输出结果可以看出，PHP 启动成功，并且 PHP 程序监听的是 9000 端口。

2. 重启 Nginx 并检查服务运行

命令如下。

```
[root@test ~]# /usr/local/nginx/sbin/nginx -t
nginx: the configuration file /usr/local/nginx-1.14.0//conf/nginx.conf syntax is ok
nginx: configuration file /usr/local/nginx-1.14.0//conf/nginx.conf test is successful
[root@test ~]# /usr/local/nginx/sbin/nginx -s reload
[root@test ~]# ps -ef|grep nginx
root   10539 1 0 23:22 ? 00:00:00 nginx: master process /usr/local/nginx/sbin/nginx
nginx     10554  10539  0 23:28 ?     00:00:00 nginx: worker process
root      10556    974  0 23:28 pts/0   00:00:00 grep --color=auto nginx
[root@test ~]# netstat -ltnup|grep 10539
tcp    0      0 0.0.0.0:80   0.0.0.0:*    LISTEN    10539/nginx: master
```

3. 配置测试 PHP 程序

命令如下。

```
[root@test ~]# cd /www/web/
[root@test web]# vim index.php
<?php
phpinfo();
?>
```

打开浏览器进行测试，访问结果如图 9-4 所示。

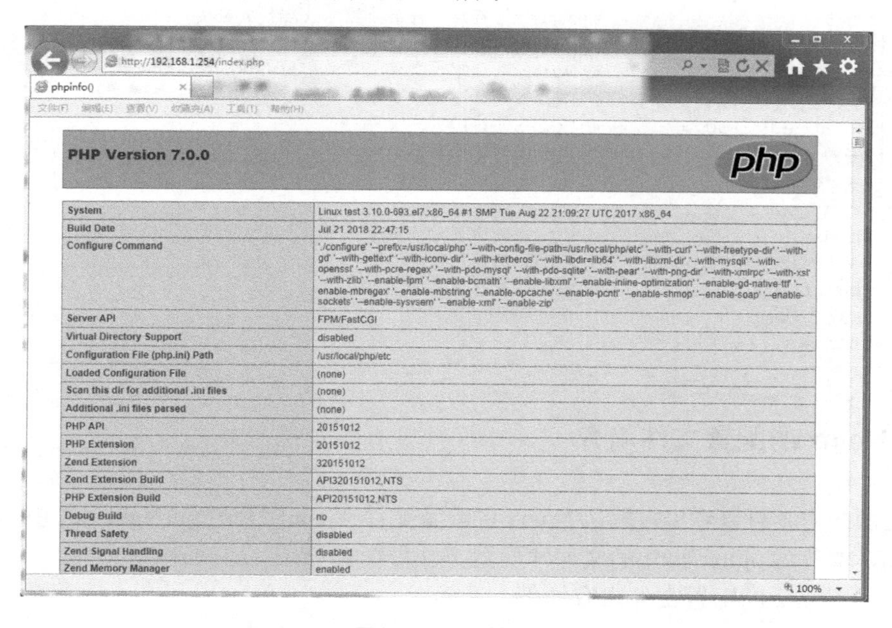

图9-4 访问结果

通过浏览器显示结果可以看出，访问正常，配置正确。

9.4　Nginx 目录与配置文件

9.4.1　Nginx 目录结构及其说明

Nginx 编译安装完成后，会在其指定的安装目录生成一些目录和文件，具体的目录和文件如下。

```
[root@test ~]# cd /usr/local/nginx
[root@test nginx]# tree -L 2
.
├── client_body_temp
├── conf                        # Nginx所有配置文件所在的目录
│   ├── fastcgi.conf            # fastcgi的配置文件
│   ├── fastcgi.conf.default
│   ├── fastcgi_params          # fastcgi的参数配置文件
│   ├── fastcgi_params.default
│   ├── koi-utf
│   ├── koi-win
│   ├── mime.types
│   ├── mime.types.default
│   ├── nginx.conf              # Nginx主配置文件
│   ├── nginx.conf.default # Nginx的默认配置文件
│   ├── scgi_params
│   ├── scgi_params.default
│   ├── uwsgi_params
│   ├── uwsgi_params.default
│   └── win-utf
├── fastcgi_temp
├── html                       # Nginx的首页文件配置目录（编译安装）
│   ├── 50x.html               # Nginx的错误提示页面文件
│   └── index.html             # Nginx默认首页文件
├── logs                       # Nginx的日志配置目录
│   ├── access.log             # Nginx的访问日志文件
│   ├── error.log              # Nginx的错误日志文件
│   └── nginx.pid              # Nginx的PID文件
├── proxy_temp
├── sbin                       # Nginx的所有命令配置文件
│   └── nginx                  # Nginx的启动命令
├── scgi_temp                  # Nginx的临时目录
└── uwsgi_temp
9 directories, 21 files
```

9.4.2　Nginx 的配置文件简介

从上面的内容可以看出，默认 Nginx 的配置文件在 conf 目录下，Nginx 的主配置文件为 nginx.conf，本节对 nginx.conf 的文件和配置方法做简单介绍。

默认的 Nginx 的配置文件内容如下。

```
[root@test conf]# egrep -v "^.*#|^$" nginx.conf
worker_processes  1;                    #工作进程数
events {                                #events模块
```

```
    worker_connections  1024;    #并发连接数，单位时间内的最大连接数
}
http {                           #http模块
    include       mime.types;    #文件扩展名与文件类型映射表
    default_type  application/octet-stream;        #默认文件类型
    sendfile        on;                            #开启高效文件传输模式
    keepalive_timeout  65;                         #配置长连接超时时间，默认单位为秒
    server {                                       #server主机标签
        listen       80;                           #主机监听端口
        server_name  localhost;                    #域名，可以有多个，用空格隔开
        location / {                               #location模块
            root   html;                           #默认站点目录
            index  index.html index.htm;           #首页索引文件类型
        }
        error_page   500 502 503 504  /50x.html;   #定义错误页面
        location = /50x.html {
            root   html;
        }
    }
}
```

默认配置文件内容很多，上面将注释行与空行全部过滤掉了。一个 nginx.conf 配置文件的基本结构如下。

```
.............           #全局配置
events {                #events事件模块
    .................
}
http {                  #http模块，全局作用
    ...........
    server {            #server模块，相当于虚拟主机
        ...........
        location / {    #location模块
            ............
        }

    }
}
```

从这个基本结构可以看出，nginx.conf 由 3 部分组成。在同一个模块中，各个配置参数之间没有次序关系。

9.5 配置 Nginx 虚拟主机

对 Apache 来说，前面已经介绍过了它有两种类型的虚拟主机。对 Nginx 来说，它有 3 种类型的虚拟主机，即基于域名的虚拟主机、基于 IP 的虚拟主机和基于端口的虚拟主机。下面分别来介绍这 3 种虚拟主机的配置。

9.5.1 配置基于域名的虚拟主机

配置 Nginx 基于域名的虚拟主机的操作过程如下。

1. 创建基础站点目录

这里不再使用 Nginx 默认的站点目录（html 目录），也不建议实际生产环境使用，因此需

手工创建需要的站点目录并设置相关目录权限。

```
[root@test ~]# mkdir -p /www/{web/,blog/}
[root@test ~]# tree /www/
/www/
├── blog
└── web
2 directories, 0 files
[root@test ~]# chown -R nginx.nginx /w
web/ www/
[root@test ~]# chown -R nginx.nginx /www/
[root@test ~]# ls -l /www/
total 0
drwxr-xr-x 2 nginx nginx 6 Jul 10 10:39 blog
drwxr-xr-x 2 nginx nginx 6 Jul 10 10:39 web
```

这里创建了两个站点目录，并将其访问权限设置成 Nginx 用户与用户组。

2．配置默认站点首页文件

创建好站点目录后，接下来我们手工创建两个需要的站点的默认首页文件。

```
[root@test ~]# echo "welcome to mingongge's web-server" >>/www/web/index.html
[root@test ~]# echo "welcome to mingongge's blog-server" >>/www/blog/index.html
[root@test ~]# cat /www/web/index.html
welcome to mingongge's web-server
[root@test ~]# cat /www/blog/index.html
welcome to mingongge's blog-server
```

3．配置基于域名的虚拟主机

准备好基础环境之后，就可以正式开始配置虚拟主机了。不同于 Apache 的虚拟主机配置，Nginx 只需要增加相应的 server 标签，配置几个虚拟主机就增加几个 server 标签模块。

接下来我们配置两个虚拟主机，增加两个 server 标签，配置如下。

```
server {
      listen        80;
      server_name  www.mingongge.com;
      location / {
           root    /www/web;
           index  index.html  index.htm;
       }
}
server {
      listen        80;
      server_name  blog.mingongge.com;
      location / {
          root    /www/blog;
          index  index.html  index.htm;
      }
}
```

下面检查语法并重启 Nginx 服务。

```
[root@test conf]# /usr/local/nginx/sbin/nginx -t
nginx: the configuration file /usr/local/nginx-1.14.0//conf/nginx.conf syntax is ok
nginx: configuration file /usr/local/nginx-1.14.0//conf/nginx.conf test is successful
[root@test conf]# /usr/local/nginx/sbin/nginx -s reload
[root@test conf]# lsof -i :80
COMMAND  PID  USER   FD   TYPE DEVICE SIZE/OFF NODE NAME
nginx   1003  root    6u  IPv4  19835      0t0  TCP *:http (LISTEN)
nginx   1009 nginx    6u  IPv4  19835      0t0  TCP *:http (LISTEN)
```

然后通过客户端浏览器访问相对应的域名，访问结果如图 9-5 所示。

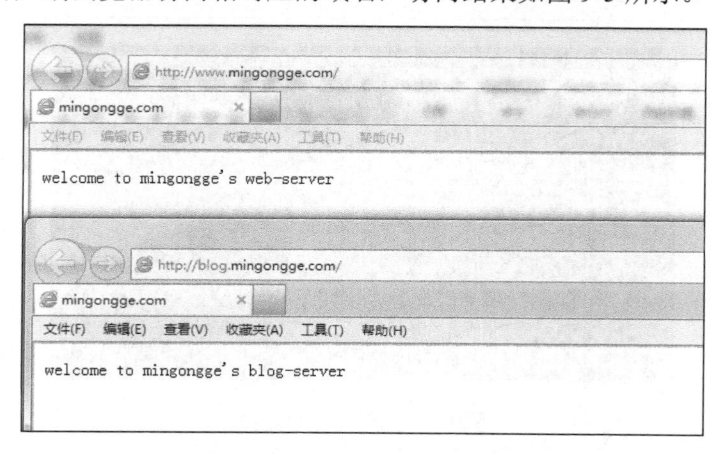

图9-5 使用域名访问结果

通过访问结果可以看出，基于域名的 Nginx 虚拟主机配置成功。

对于 Nginx，这个 server_name 可以是一个域名，也可以是多个域名并列，域名之间用空格隔开，其格式如下。

```
server_name  www.mingongge.com www1.mingongge.com www2.mingongge.com;
```

因此，客户端访问这 3 个域名时，访问的是同一个站点。

在 server_name 中还可以使用通配符“*”，同样是由 3 部分组成的，其格式如下。

```
server_name  *.mingongge.com www.mingongge.*;
```

还有一种就是在 server_name 中使用正则表达式，使用“^”表示以某字符串开始，使用“$”表示以某字符串结尾，其格式如下。

```
server_name  ^www.mingongge.com$;
```

9.5.2 配置基于 IP 的虚拟主机

Linux 系统支持 IP 别名的功能。配置基于 IP 的虚拟主机，即给 Nginx 服务器主机配置多个不同的 IP，所以需要在同一物理网卡中使用 ifconfig 命令添加多个不同的 IP 地址。

先来查看一下当前服务器的 IP 地址，结果如图 9-6 所示。

由图 9-6 可知，IP 地址为 192.168.1.254。现在对 ens33 网卡添加一个 192.168.1.253 的别名 IP，这样就可以用 Nginx 的虚拟主机对外提供服务。具体执行命令如下。

```
[root@test ~]# ifconfig ens33:1 192.168.1.253 netmask 255.255.255.0 up
```

再次查看 IP 地址，结果如图 9-7 所示。

由图 9-7 可知，IP 地址已经新增成功。但需要注意的是，上述方法在服务器重启后将会失效，需要再次手工设置。因此，我们需要将上述操作命令写入自启动脚本文件 rc.local 中。具体操作命令如下。

```
echo "ifconfig ens33:1 192.168.1.253 netmask 255.255.255.0 up">>/etc/rc.local
```

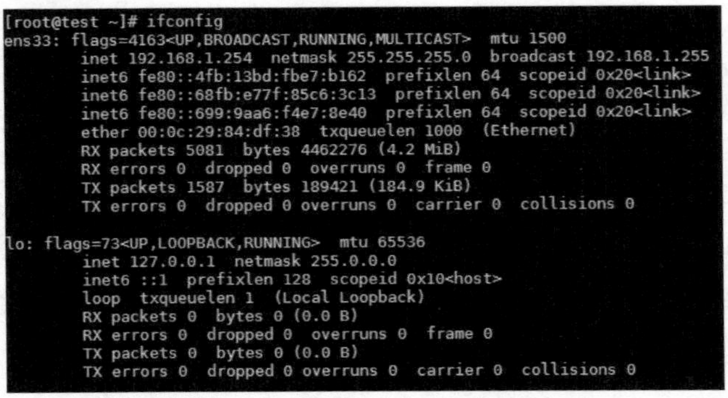

```
[root@test ~]# ifconfig
ens33: flags=4163<UP,BROADCAST,RUNNING,MULTICAST>  mtu 1500
        inet 192.168.1.254  netmask 255.255.255.0  broadcast 192.168.1.255
        inet6 fe80::4fb:13bd:fbe7:b162  prefixlen 64  scopeid 0x20<link>
        inet6 fe80::68fb:e77f:85c6:3c13  prefixlen 64  scopeid 0x20<link>
        inet6 fe80::699:9aa6:f4e7:8e40  prefixlen 64  scopeid 0x20<link>
        ether 00:0c:29:84:df:38  txqueuelen 1000  (Ethernet)
        RX packets 5081  bytes 4462276 (4.2 MiB)
        RX errors 0  dropped 0  overruns 0  frame 0
        TX packets 1587  bytes 189421 (184.9 KiB)
        TX errors 0  dropped 0 overruns 0  carrier 0  collisions 0

lo: flags=73<UP,LOOPBACK,RUNNING>  mtu 65536
        inet 127.0.0.1  netmask 255.0.0.0
        inet6 ::1  prefixlen 128  scopeid 0x10<host>
        loop  txqueuelen 1  (Local Loopback)
        RX packets 0  bytes 0 (0.0 B)
        RX errors 0  dropped 0  overruns 0  frame 0
        TX packets 0  bytes 0 (0.0 B)
        TX errors 0  dropped 0 overruns 0  carrier 0  collisions 0
```

图9-6　查看IP地址结果

```
[root@test ~]# ifconfig
ens33: flags=4163<UP,BROADCAST,RUNNING,MULTICAST>  mtu 1500
        inet 192.168.1.254  netmask 255.255.255.0  broadcast 192.168.1.255
        inet6 fe80::4fb:13bd:fbe7:b162  prefixlen 64  scopeid 0x20<link>
        inet6 fe80::68fb:e77f:85c6:3c13  prefixlen 64  scopeid 0x20<link>
        inet6 fe80::699:9aa6:f4e7:8e40  prefixlen 64  scopeid 0x20<link>
        ether 00:0c:29:84:df:38  txqueuelen 1000  (Ethernet)
        RX packets 5406  bytes 4492294 (4.2 MiB)
        RX errors 0  dropped 0  overruns 0  frame 0
        TX packets 1785  bytes 207999 (203.1 KiB)
        TX errors 0  dropped 0 overruns 0  carrier 0  collisions 0

ens33:1: flags=4163<UP,BROADCAST,RUNNING,MULTICAST>  mtu 1500
        inet 192.168.1.253  netmask 255.255.255.0  broadcast 192.168.1.255
        ether 00:0c:29:84:df:38  txqueuelen 1000  (Ethernet)

lo: flags=73<UP,LOOPBACK,RUNNING>  mtu 65536
        inet 127.0.0.1  netmask 255.0.0.0
        inet6 ::1  prefixlen 128  scopeid 0x10<host>
        loop  txqueuelen 1  (Local Loopback)
        RX packets 0  bytes 0 (0.0 B)
        RX errors 0  dropped 0  overruns 0  frame 0
        TX packets 0  bytes 0 (0.0 B)
        TX errors 0  dropped 0 overruns 0  carrier 0  collisions 0
```

图9-7　查看IP地址结果

这样配置之后，系统重启时就不用再手工配置别名 IP 了。

接下来，就可以为 Nginx 配置基于 IP 的虚拟主机了。同样配置两台虚拟主机，配置文件如下。

```
server {
    listen      80;
    server_name  192.168.1.254;
    location / {
        root    /www/web;
        index   index.html  index.htm;
    }
}
server {
    listen      80;
    server_name  192.168.1.253;
    location / {
        root    /www/blog;
        index   index.html  index.htm;
    }
}
```

配置完成后，检查语法，没有错误信息输出后重启 Nginx，在浏览器中进行访问测试，结果如图 9-8 所示。

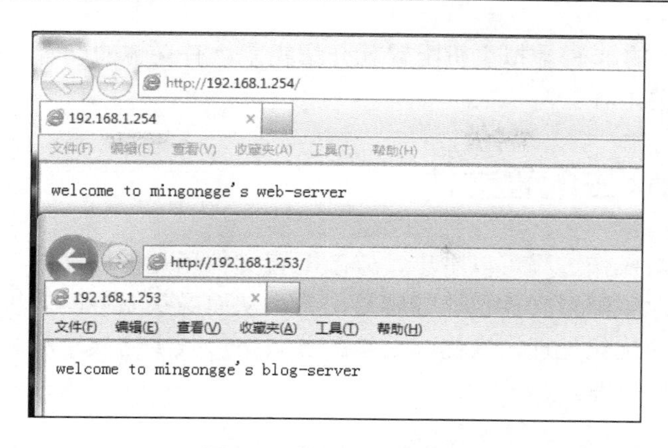

图9-8　使用IP访问结果

9.5.3　配置基于端口的虚拟主机

从上面两种虚拟主机配置可以看出，虚拟主机配置相当简单。基于端口的虚拟主机配置也一样，只需系统开放不同的端口提供给 Nginx，然后客户端通过访问不同的端口来访问不同的虚拟主机。我们修改配置文件如下。

```
server {
    listen       8001;
    server_name  192.168.1.254;
    location / {
        root    /www/web;
        index   index.html  index.htm;
    }
}
server {
    listen       8002;
    server_name  192.168.1.254;
    location / {
        root    /www/blog;
        index   index.html  index.htm;
    }
}
```

配置完成后，检查语法，没有错误信息输出后重启 Nginx，在浏览器中进行访问测试，结果如图 9-9 所示。

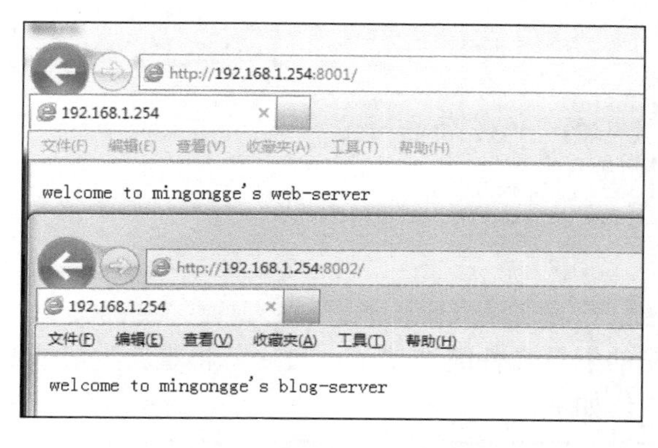

图9-9　使用端口访问结果

到这里，Nginx 的 3 种虚拟主机配置就介绍完了。有兴趣的读者可以访问 Nginx 官方网站，查看更多相关内容。

9.6　优化 Nginx 主配置文件

从前面的配置与操作过程可以看出，修改配置文件还是挺烦琐的。特别是在实际生产环境中，频繁地修改主配置文件也比较容易出错，从而导致服务的宕机。因此，需要对主配置文件进行一定的优化处理，来提高后续配置效率，减少错误率和宕机率，以方便后续对服务的维护与操作管理。

9.6.1　精简主配置文件

Nginx 默认的主配置文件中有很多注释行，而这些注释行是不使用、不生效的配置。为了简化配置文件，我们将不使用、不生效的注释行删除掉，具体操作如下。

```
[root@test ~]# cd /usr/local/nginx/conf/
[root@test conf]# cp nginx.conf nginx.conf.bak
[root@test conf]# egrep -v "#|^$" nginx.conf>nginx.conf.new
#将去掉注释、空行之后的内容重定向到一个新的配置文件中
[root@test conf]# cat nginx.conf.new
worker_processes  1;
events {
    worker_connections  1024;
}
http {
     include        mime.types;
     default_type  application/octet-stream;
     sendfile         on;
     keepalive_timeout  65;
     server {
         listen      8001;
         server_name  192.168.1.254;
         location / {
             root    /www/web;
             index  index.html index.htm;
         }
         error_page   500 502 503 504  /50x.html;
         location = /50x.html {
             root    html;
         }
    }
    server {
             listen 8002;
             server_name  192.168.1.254;
             location / {
                 root    /www/blog;
                 index  index.html index.htm;
               }
    }
}
```

上面的内容比原来的配置文件简洁多了。最后，将重新生成的配置文件名改成与原配置文件名相同即可，操作如下。

```
[root@test conf]# mv nginx.conf.new nginx.conf
```

```
mv: overwrite 'nginx.conf'? y
```

9.6.2 拆分主配置文件

通过上述优化，主配置文件更加简洁了，也方便操作了。但是，在实际生产环境中，虚拟主机的数量不会是 1 个或 2 个。因此，增加、修改、删除虚拟机的主机仍然需要修改主配置文件，这是很不方便的。仍需进一步优化，将主配置文件拆分成新的主配置文件和虚拟主机配置文件两部分，具体操作过程如下。

1. 创建虚拟主机配置文件存放目录

命令如下。

```
[root@test conf]# pwd
/usr/local/nginx/conf
[root@test conf]# mkdir vhost
```

2. 拆分主配置文件

命令如下。

```
[root@test conf]# cp nginx.conf ./vhost/www.conf
[root@test conf]# cp nginx.conf ./vhost/blog.conf
```

3. 修改主配置文件

修改后的主配置文件最终内容如下。

```
[root@test conf]# cat nginx.conf
worker_processes  1;
events {
     worker_connections  1024;
}
http {
     include        mime.types;
     default_type   application/octet-stream;
     sendfile         on;
     keepalive_timeout  65;
     include vhost/*.conf;        #使用include包含配置文件
}
```

4. 修改虚拟主机配置文件

最终两个虚拟主机配置文件内容如下。

```
[root@test conf]# cat vhost/www.conf
server {
    listen     80;
    server_name  192.168.1.254;
    location / {
        root    /www/web;
        index   index.html index.htm;
    }
}
[root@test conf]# cat vhost/blog.conf
server {
    listen 80;
```

```
        server_name  192.168.1.253;
        location / {
            root    /www/blog;
            index   index.html index.htm;
        }
    }
```

5. 检查语法、重启服务并访问

命令如下。

```
[root@test conf]# /usr/local/nginx/sbin/nginx -t
nginx: the configuration file /usr/local/nginx-1.14.0//conf/nginx.conf syntax is ok
nginx: configuration file /usr/local/nginx-1.14.0//conf/nginx.conf test is successful
[root@test conf]# /usr/local/nginx/sbin/nginx -s reload
```

最终访问结果如图 9-10 所示。

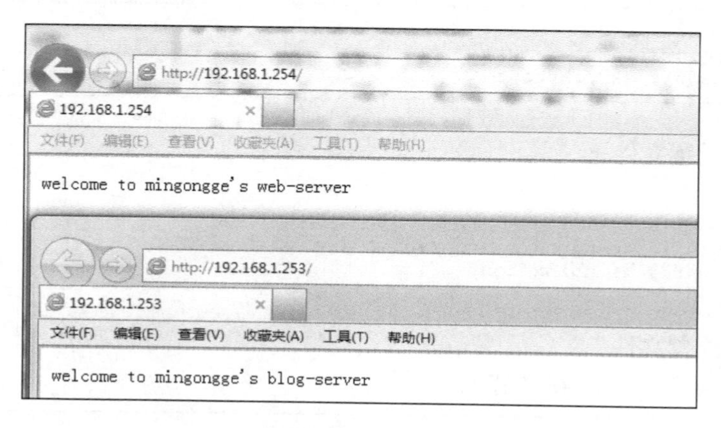

图9-10　最终访问结果

9.6.3　开启日志功能

由于拆分主配置文件时将原来默认注释的日志配置行去掉了，因此在优化完成主配置文件后需要在主配置文件中开启日志功能，以便后续维护和排错。

开启日志功能只需要在主配置文件的 http 模块中加入下列配置行。

```
http {
    ........................
    log_format  commonlog  '$remote_addr - $remote_user [$time_local] "$request" '
                           '$status $body_bytes_sent "$http_referer" '
                           '"$http_user_agent" "$http_x_forwarded_for"';
    ............................
}
```

修改虚拟主机配置文件，配置虚拟主机的日志存储目录及文件名称，具体增加配置行内容如下。

```
server {
    ........................
    access_log /usr/local/nginx/logs/access_www.log commonlog;
}
```

检查语法，重启服务后，我们会发现在 logs 目录下已经生成了虚拟主机的日志文件，结果如下。

```
[root@test conf]# cd /usr/local/nginx/logs/
[root@test logs]# ll
total 12
-rw-r--r-- 1 root root 3337 Jul 10 14:31 access.log
-rw-r--r-- 1 root root    0 Jul 10 14:55 access_www.log
-rw-r--r-- 1 root root 2863 Jul 10 14:55 error.log
-rw-r--r-- 1 root root    5 Jul 10 11:10 nginx.pid
```

9.6.4 配置 Nginx gzip 压缩功能

通过配置 Nginx gzip 压缩功能提高传输速率与节省服务器带宽，可以提高用户对服务访问的体验。默认情况下，此功能是关闭的。无论客户端浏览器是否支持 gzip 压缩，服务器返回给客户端的都是压缩后的内容。

如果针对全局生效，就修改主配置文件；如果只针对某个虚拟主机生效，则只需修改相应的虚拟主机配置文件。

1. 全局生效配置

针对全局生效时，需要在主配置文件中增加的内容如下。

```
http {
    ............................
    gzip on;                    #开启压缩功能
    gzip_min_length 1k;         #设置允许压缩页面的最小字节数
    gzip_buffers 4 16k;         #缓存空间大小
    gzip_http_version 1.0;      #版本
    gzip_comp_level 2;          #压缩级别
    gzip_types text/plain application/x-javascript text/css application/xml;
                                #压缩文件类型
    gzip_vary on;               #压缩标识
    gunzip_static on;           #检查预压缩文件
}
```

2. 针对单个虚拟主机的配置

只针对某个虚拟机生效时，需要在相应的虚拟主机配置文件中增加的内容如下。

```
server {
    ............................
    gzip on;                    #开启压缩功能
    gzip_min_length 1k;         #设置允许压缩页面的最小字节数
    gzip_buffers 4 16k;         #缓存空间大小
    gzip_http_version 1.0;      #版本
    gzip_comp_level 2;          #压缩级别
    gzip_types text/plain application/x-javascript text/css application/xml;
                                #压缩文件类型
    gzip_vary on;               #压缩标识
    gunzip_static on;           #检查预压缩文件
}
```

9.6.5　配置 expires 缓存功能

缓存是在指定服务器不更新文件的情况下，将某些文件缓存到客户端本地，并配置一定的期限。用户在第二次访问这个文件时，请求的不再是服务器，而是直接调用客户端本地的缓存内容。

expires 缓存功能配置实例如下。

```
[root@test conf]# vim ./vhost/www.conf
    server {
        listen        80;
        server_name  192.168.1.254;
        location / {
            root    /www/web;
            index   index.html index.htm;
            access_log /usr/local/nginx/logs/access_www.log commonlog;
            location ~ .*\.(gif|jpg|jpge|png|bmp|swf)$ {
               expires 3d;
               root /www/web;
            }
        }
    }
```

上述配置针对各类图片进行客户端缓存，设置缓存期限为 3 天。我们在站点目录上传图片进行测试。

```
[root@test www]# ll
total 16
-rw-r--r-- 1 root root    21 Jun  8 13:42 index.html
-rw-r--r-- 1 root root 12005 Sep 18  2016 lamp.jpg
```

通过浏览器访问图片，结果如图 9-11 所示。

图9-11　图片访问结果

用 curl 命令显示结果如下。

```
[root@test web]# curl -I http://192.168.1.254/lamp.jpg
HTTP/1.1 200 OK
Server: nginx/1.14.0
```

```
Date: Tue, 10 Jul 2018 19:40:41 GMT
Content-Type: image/jpeg
Content-Length: 12005
Last-Modified: Mon, 19 Sep 2016 03:48:37 GMT
Connection: keep-alive
ETag: "57df6015-2ee5"
Expires: Fri, 13 Jul 2018 19:40:41 GMT
Cache-Control: max-age=259200
Accept-Ranges: bytes
```

当前的系统时间如下。

```
[root@test web]# date
Tue Jul 10 15:42:16 EDT 2018
```

加粗部分就是开启缓存功能之后显示的缓存截止时间。

9.6.6　优化 Nginx 错误页面

访问网页出现错误时，很多网页通常直接给用户显示 http 状态码 404、403 等错误，但这样做用户体验极差。所以，对错误页面显示内容的优化配置是很有必要的。

首先创建一个错误页面内容，操作如下。

```
[root@test web]# echo "This page has been lost. Please try again later " >errors.html
```

然后给原首页文件改名。

```
[root@test web]# mv index.html index.html.bak
```

通过浏览器访问错误页面，结果如图 9-12 所示。

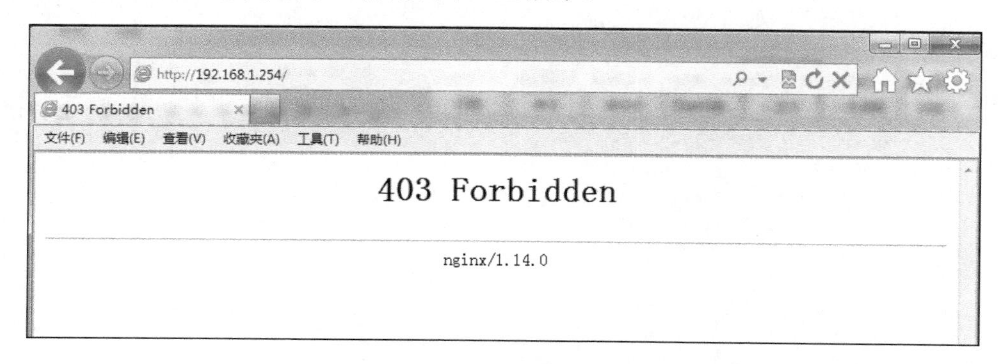

图9-12　错误页面

接下来，配置跳转到的错误页面的显示内容，操作如下。

```
[root@test web]# vim /usr/local/nginx/conf/vhost/www.conf
server {
    ......................
    error_page 403 = /errors.html;
}
[root@test web]# /usr/local/nginx/sbin/nginx -t
nginx: the configuration file /usr/local/nginx-1.14.0//conf/nginx.conf syntax is ok
nginx: configuration file /usr/local/nginx-1.14.0//conf/nginx.conf test is successful
[root@test web]# /usr/local/nginx/sbin/nginx -s reload
```

在浏览器中测试访问，跳转到的错误页面的显示内容如图 9-13 所示。

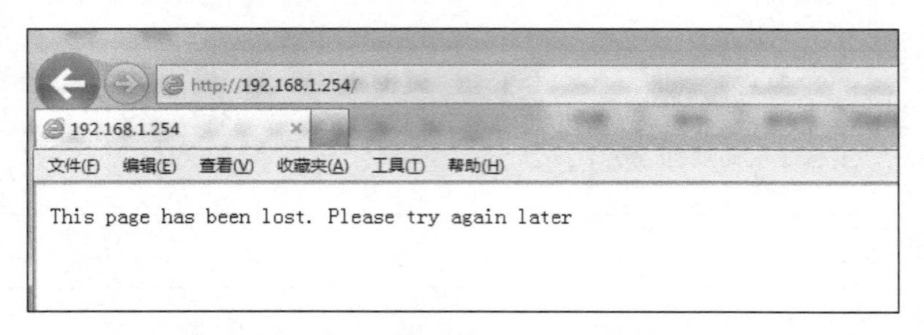

图9-13　跳转到的错误页面的显示内容

在日常实际生产环境中，也可以使用类似的配置方法来配置其他错误页面。

第 10 章 使用 WordPress 搭建自己的博客站点

前面几章介绍了常用的 LAMP（Linux、Apache、MySQL、PHP）和 LNMP（Linux、Nginx、MySQL、PHP）架构中的相关服务，如 Apache 服务、MySQL 服务、PHP 服务、Nginx 服务，重点介绍了各个服务的作用、特点、安装、配置过程与服务优化等方面。那么，这些服务在实际生产和工作环境中到底有哪些用途呢？这可能是读者比较关心的问题。本章就针对 LNMP 架构，使用开源的软件 WordPress 搭建一个自己的博客站点。

10.1 安装环境

10.1.1 系统环境

安装 WordPress 软件的系统环境的详细信息如下。

```
[root@test ~]# cat /etc/redhat-release
CentOS Linux release 7.4.1708 (Core)
[root@test ~]# uname -a
Linux test 3.10.0-693.el7.x86_64 #1 SMP Tue Aug 22 21:09:27 UTC 2017 x86_64 x86_64
x86_64 GNU/Linux
[root@test ~]# ifconfig
ens33: flags=4163<UP,BROADCAST,RUNNING,MULTICAST>  mtu 1500
        inet 192.168.1.254  netmask 255.255.255.0  broadcast 192.168.1.255
        inet6 fe80::4fb:13bd:fbe7:b162  prefixlen 64  scopeid 0x20<link>
        inet6 fe80::68fb:e77f:85c6:3c13  prefixlen 64  scopeid 0x20<link>
        inet6 fe80::699:9aa6:f4e7:8e40  prefixlen 64  scopeid 0x20<link>
        ether 00:0c:29:84:df:38  txqueuelen 1000  (Ethernet)
        RX packets 26908  bytes 1764203 (1.6 MiB)
        RX errors 0  dropped 0  overruns 0  frame 0
        TX packets 4484  bytes 1339461 (1.2 MiB)
        TX errors 0  dropped 0 overruns 0  carrier 0  collisions 0
lo: flags=73<UP,LOOPBACK,RUNNING>  mtu 65536
        inet 127.0.0.1  netmask 255.0.0.0
        inet6 ::1  prefixlen 128  scopeid 0x10<host>
        loop  txqueuelen 1  (Local Loopback)
        RX packets 22  bytes 86168 (84.1 KiB)
        RX errors 0  dropped 0  overruns 0  frame 0
        TX packets 22  bytes 86168 (84.1 KiB)
        TX errors 0  dropped 0 overruns 0  carrier 0  collisions 0
```

10.1.2 软件环境

本次安装的软件环境是基于 LNMP 架构的，因此先检查一下相关服务的启动与运行情况。

Nginx、MySQL、PHP 三个服务的进程状态如图 10-1 所示。

```
[root@test ~]# ps -ef|grep nginx
root      10539     1  0 Jul21 ?        00:00:00 nginx: master process /usr/local/nginx/sbin/nginx
nginx     10554 10539  0 Jul21 ?        00:00:00 nginx: worker process
root      10864   974  0 00:18 pts/0    00:00:00 grep --color=auto nginx
[root@test ~]# ps -ef|grep mysql
root      10623     1  0 00:15 ?        00:00:00 /bin/sh /usr/local/mysql/bin/mysqld_safe --datadir=/mysq
/data/ --pid-file=/mysql/data//test.pid
mysql     10825 10623  1 00:15 ?        00:00:02 /usr/local/mysql/bin/mysqld --basedir=/usr/local/mysql --
datadir=/mysql/data/ --plugin-dir=/usr/local/mysql/lib/plugin --user=mysql --log-error=/mysql/mysql.log --p
id-file=/mysql/data//test.pid --socket=/mysql/mysql.sock --port=3306
root      10866   974  0 00:18 pts/0    00:00:00 grep --color=auto mysql
[root@test ~]# ps -ef|grep php-fpm
root      10544     1  0 Jul21 ?        00:00:00 php-fpm: master process (/usr/local/php/etc/php-fpm.conf)
nobody    10545 10544  0 Jul21 ?        00:00:00 php-fpm: pool www
nobody    10546 10544  0 Jul21 ?        00:00:00 php-fpm: pool www
root      10868   974  0 00:18 pts/0    00:00:00 grep --color=auto php-fpm
[root@test ~]#
```

图10-1　服务的进程状态

Nginx、MySQL、PHP 三个服务的端口状态如图 10-2 所示。

```
[root@test ~]# lsof -i :80
COMMAND   PID  USER   FD   TYPE DEVICE SIZE/OFF NODE NAME
nginx   10539  root    7u  IPv4  92210      0t0  TCP *:http (LISTEN)
nginx   10554 nginx    7u  IPv4  92210      0t0  TCP *:http (LISTEN)
[root@test ~]# lsof -i :3306
COMMAND   PID  USER   FD   TYPE DEVICE SIZE/OFF NODE NAME
mysqld  10825 mysql   20u  IPv6  93506      0t0  TCP *:mysql (LISTEN)
[root@test ~]# lsof -i :9000
COMMAND   PID   USER   FD   TYPE DEVICE SIZE/OFF NODE NAME
php-fpm 10544   root    7u  IPv4  92251      0t0  TCP localhost:cslistener (LISTEN)
php-fpm 10545 nobody    0u  IPv4  92251      0t0  TCP localhost:cslistener (LISTEN)
php-fpm 10546 nobody    0u  IPv4  92251      0t0  TCP localhost:cslistener (LISTEN)
[root@test ~]#
```

图10-2　服务的端口状态

10.2　准备工作

10.2.1　下载 WordPress 软件

前往 WordPress 官方网站下载软件到本地，对系统环境及各软件版本的要求也可以参考官方文档。本章使用 wordpress-4.5.3-zh_CN.tar.gz 进行安装和部署。

登录 WordPress 官方站点下载所需的软件，如下所示。

```
[root@test download]# ll wordpress-4.5.3-zh_CN.tar.gz
-rw-r--r-- 1 root root 8205680 Jul 22 01:39 wordpress-4.5.3-zh_CN.tar.gz
```

10.2.2　配置 Nginx 虚拟主机

配置 blog.mingongge.com 的站点虚拟主机，操作如下。

```
[root@test download]# cd /usr/local/nginx/conf/vhost/
[root@test vhost]# vim blog.conf
server {
    listen 80;
```

```
        server_name  blog.mingongge.com;
        location / {
            root    /www/blog;
            index  index.html index.htm index.php;
        location ~ .*\.(php|php5)?$
            {
            fastcgi_pass 127.0.0.1:9000;
            fastcgi_index index.php;
            include fastcgi.conf;
            }
        }
    }
```

配置完成后，检查语法并重启 Nginx。

```
[root@test vhost]# /usr/local/nginx/sbin/nginx -t
nginx: the configuration file /usr/local/nginx-1.14.0//conf/nginx.conf syntax is ok
nginx: configuration file /usr/local/nginx-1.14.0//conf/nginx.conf test is successful
[root@test vhost]# /usr/local/nginx/sbin/nginx -s reload
[root@test vhost]# lsof -i :80
COMMAND   PID  USER    FD   TYPE DEVICE SIZE/OFF NODE NAME
nginx   10539  root    7u   IPv4  92210      0t0  TCP *:http (LISTEN)
nginx   10913 nginx    7u   IPv4  92210      0t0  TCP *:http (LISTEN)
```

10.2.3 创建 WordPress 数据库

博客的数据需要存储到数据库中，下面我们创建博客所需要的数据库，具体创建步骤如下。

```
[root@test ~]# mysql -uroot -p
Enter password:
Welcome to the MySQL monitor.  Commands end with ; or \g.
Your MySQL connection id is 4
Server version: 5.7.16 MySQL Community Server (GPL)

Copyright (c) 2000, 2016, Oracle and/or its affiliates. All rights reserved.

Oracle is a registered trademark of Oracle Corporation and/or its
affiliates. Other names may be trademarks of their respective
owners.

Type 'help;' or '\h' for help. Type '\c' to clear the current input statement.

mysql> create database wordpress;
Query OK, 1 row affected (0.01 sec)

mysql>grant select,create,delete,drop,insert,update on wordpress.* to 'blog'@'localhost'
identified by 'wordpress';
Query OK, 0 rows affected, 1 warning (0.01 sec)

mysql> flush privileges;
Query OK, 0 rows affected (0.00 sec)
```

10.3 搭建 WordPress 博客站点

10.3.1 复制站点文件并授权

将下载的 WordPress 文件解压，并将解压后的文件复制到指定的博客站点目录下，然后授权 Nginx 就可以正常访问。

```
[root@test download]# tar zxf wordpress-4.5.3-zh_CN.tar.gz
[root@test download]# cp -ar wordpress/* /www/blog/
[root@test download]# cd /www/blog/
[root@test blog]# ll
total 180
-rw-r--r--  1 nobody 65534   418 Sep 24  2013 index.php
-rw-r--r--  1 nobody 65534 19935 Mar  5  2016 license.txt
-rw-r--r--  1 nobody 65534  6789 Jul  2  2016 readme.html
-rw-r--r--  1 nobody 65534  5032 Jan 27  2016 wp-activate.php
drwxr-xr-x  9 nobody 65534  4096 Jul  2  2016 wp-admin
-rw-r--r--  1 nobody 65534   364 Dec 19  2015 wp-blog-header.php
-rw-r--r--  1 nobody 65534  1476 Jan 30  2016 wp-comments-post.php
-rw-r--r--  1 nobody 65534  2930 Jul  2  2016 wp-config-sample.php
drwxr-xr-x  5 nobody 65534    69 Jul  2  2016 wp-content
-rw-r--r--  1 nobody 65534  3286 May 24  2015 wp-cron.php
drwxr-xr-x 16 nobody 65534  8192 Jul  2  2016 wp-includes
-rw-r--r--  1 nobody 65534  2380 Oct 24  2013 wp-links-opml.php
-rw-r--r--  1 nobody 65534  3316 Nov  5  2015 wp-load.php
-rw-r--r--  1 nobody 65534 33837 Mar  5  2016 wp-login.php
-rw-r--r--  1 nobody 65534  7887 Oct  6  2015 wp-mail.php
-rw-r--r--  1 nobody 65534 13106 Feb 17  2016 wp-settings.php
-rw-r--r--  1 nobody 65534 28624 Jan 27  2016 wp-signup.php
-rw-r--r--  1 nobody 65534  4035 Nov 30  2014 wp-trackback.php
-rw-r--r--  1 nobody 65534  3061 Oct  2  2015 xmlrpc.php
[root@test blog]# chown -R nginx.nginx /www/blog/
```

10.3.2　安装和配置 WordPress

在浏览器中输入 http://blog.mingongge.com，访问结果如图 10-3 所示。

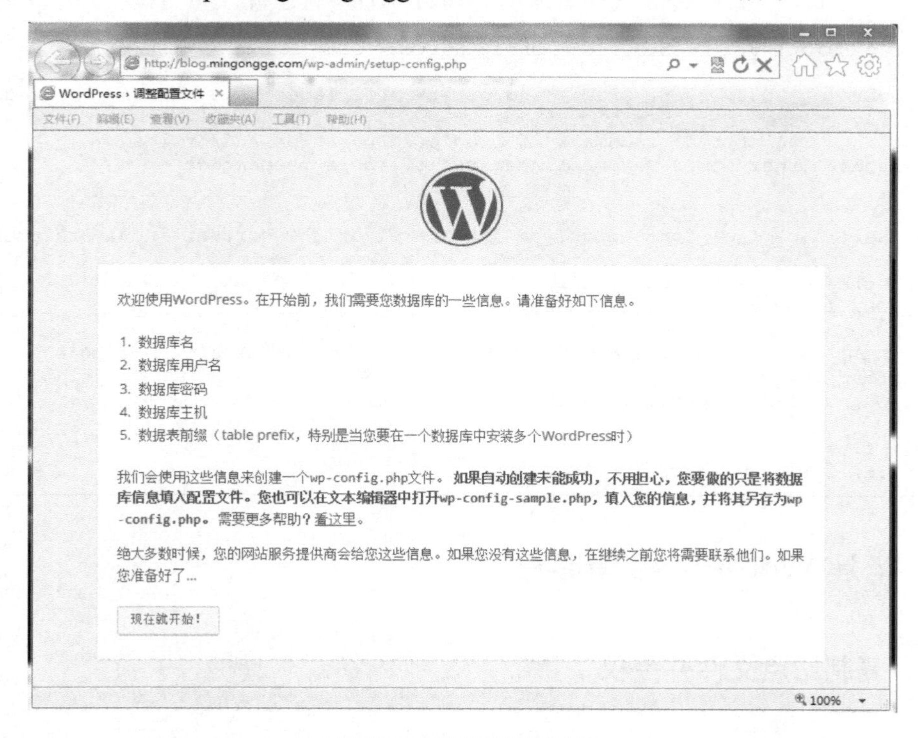

图10-3　浏览器访问结果

单击“现在就开始！”按钮，开始安装 WordPress 软件，接下来需要配置站点数据库信息，如图 10-4 所示。

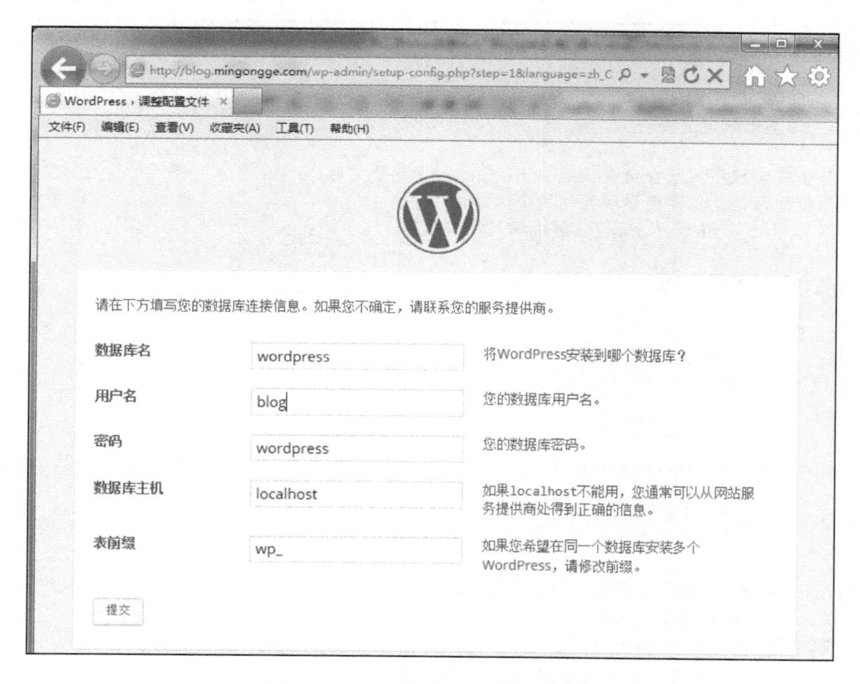

图10-4　配置站点数据库信息

配置完成后，单击“提交”按钮，结果如图 10-5 所示。

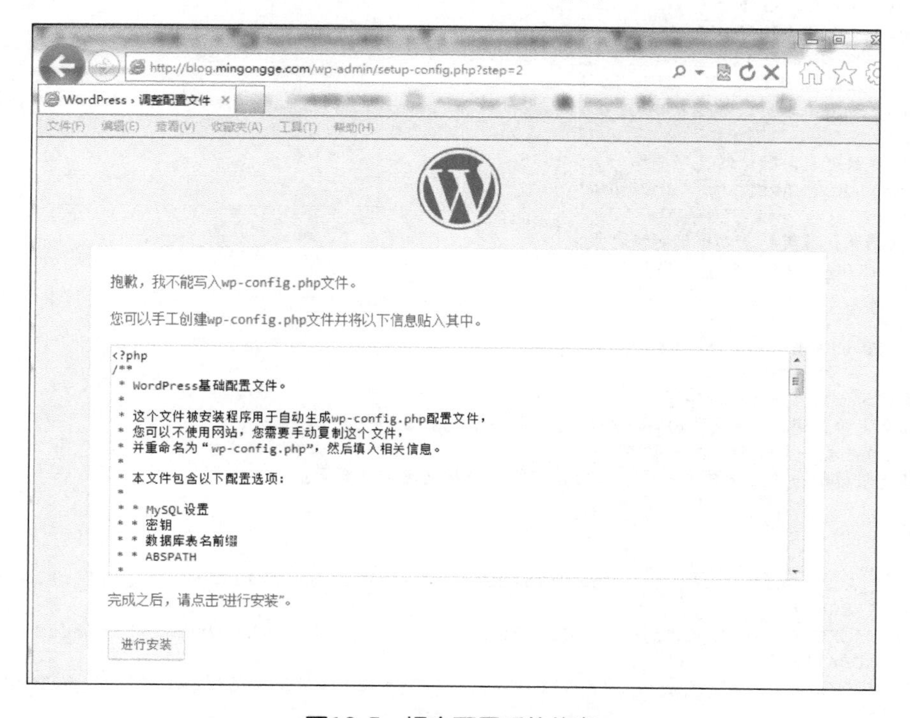

图10-5　提交配置后的信息

从图 10-5 中可以看出，无法写入数据，需要手工创建 wp-config.php 这个文件。我们进入站点目录，按图 10-5 提示的方法手工创建 wp-config.php 文件，如下所示。

```
[root@test blog]# vim wp-config.php
<?php
/**
 * WordPress基础配置文件。
 *
 * 这个文件被安装程序用于自动生成wp-config.php配置文件，
 * 你可以不使用网站，你需要手动复制这个文件，
 * 并重命名为“wp-config.php”，然后填入相关信息。
 *
 * 本文件包含以下配置选项：
 *
 * * MySQL设置
 * * 密钥
 * * 数据库表名前缀
 * * ABSPATH
 *
 *@link https://codex.wordpress.org/zh-cn:%E7%BC%96%E8%BE%91_wp-config.php
 *
 * @package WordPress
 */

// ** MySQL 设置 - 具体信息来自您正在使用的主机 ** //
/** WordPress数据库的名称 */
define('DB_NAME', 'wordpress');

/** MySQL数据库用户名 */
define('DB_USER', 'blog');

/** MySQL数据库密码 */
define('DB_PASSWORD', 'wordpress');

/** MySQL主机 */
define('DB_HOST', '127.0.0.1');

/** 创建数据表时默认的文字编码 */
define('DB_CHARSET', 'utf8mb4');

/** 数据库整理类型。如不确定请勿更改 */
define('DB_COLLATE', '');

/**#@+
 * 身份认证密钥。
 *
 * 修改为任意独一无二的字串！
 * 或者直接访问{@link https://api.wordpress.org/secret-key/1.1/salt/
 * WordPress.org密钥生成服务}
 * 任何修改都会导致所有cookies失效，所有用户将必须重新登录。
 *
 * @since 2.6.0
 */
define('AUTH_KEY',          'a2/xJu)IE+*52/ez*PUKc6Ef#X(IP*jfc:|QoI1,JA2-a%sKx)ZN'
(:@3D{1*EJ%');
define('SECURE_AUTH_KEY',   ';<QDE;%K<F&FcsoG0.S`p xT&X:kmoMV%eT/F}{G6EtHewHH_alk</
.9[IrqdD8&');
define('LOGGED_IN_KEY',     '#U])uIWZugW::_1+#n6xc($]DR[Qb(mLx.U|2~CV_$#EFd{&U>)[;]*
A}8 L!MrN');
define('NONCE_KEY',         '^1XdRO$f9Y<BIS%3h]tS&z/ZgK]zdH8muAb-%@|Xo~5}qmOC^er6kU
```

```
DR})_dp*mV');
define('AUTH_SALT',        '821~xcofHh5gI~r+86KHNr@Ky?#,`*NS<wv$=~xik}LKJsE4ZZ{CpI
K993XBen3V');
define('SECURE_AUTH_SALT', '+HJ0bVx}vfb1OGb#WSJZDD+q6;`J)=xTBXN?;z)+%&n[X!J=5DSzHI
VDLH(yol:h');
define('LOGGED_IN_SALT',   'KG^)_uroTIPPAMZGU7^T%PH>]Ko(kNpyLW}3)r3zIV_O=_O4Qy_kx!
Fm5k(7}GJX');
define('NONCE_SALT',       '==7sRY>NF`wQ1t<0;XPmt*AvM1YZ+v.j4f7~g/?iD3NogUgki+K8]7d_
ix]4<ufD');

/**#@-*/

/**
 * WordPress数据表前缀。
 *
 * 如果你有在同一数据库内安装多个WordPress的需求，请为每个WordPress设置
 * 不同的数据表前缀。前缀名只能为数字、字母加下画线。
 */
$table_prefix  = 'wp_';

/**
 * 开发者专用：WordPress调试模式。
 *
 * 将这个值改为true，WordPress将显示所有用于开发的提示。
 * 强烈建议插件开发者在开发环境中启用WP_DEBUG。
 *
 * 要获取其他能用于调试的信息，请访问Codex。
 *
 * @link https://codex.wordpress.org/Debugging_in_WordPress
 */
define('WP_DEBUG', false);

/**
 * zh_CN本地化设置：启用ICP备案号显示。
 *
 * 可在“设置”→“常规”中修改。
 * 如需禁用，请移除或注释掉本行。
 */
define('WP_ZH_CN_ICP_NUM', true);

/* 好了！请不要再继续编辑。请保存本文件。使用愉快！ */

/** WordPress目录的绝对路径。 */
if ( !defined('ABSPATH') )
   define('ABSPATH', dirname(__FILE__) . '/');

/** 设置WordPress变量和包含文件。 */
require_once(ABSPATH . 'wp-settings.php');
```

保存退出后，返回刚刚的安装界面，单击“进行安装”按钮。配置站点信息如图 10-6 所示。

配置完成后，单击“安装 WordPress”按钮，安装完成界面如图 10-7 所示。

安装完成后，就可以单击“登录”按钮，登录 WordPress 站点，如图 10-8 所示。

在登录界面输入安装时填写的用户名与密码，单击“登录”按钮即可完成登录。登录后的博客默认首页如图 10-9 所示。

http://blog.mingongge.com/wp-admin/install.php?language=zh_CN

WordPress › 安装

文件(F)　编辑(E)　查看(V)　收藏夹(A)　工具(T)　帮助(H)

欢迎使用著名的WordPress五分钟安装程序！请简单地填写下面的表格，来开始使用这个世界上最具扩展性、最强大的个人信息发布平台。

需要信息

您需要填写一些基本信息。无需担心填错，这些信息以后可以再次修改。

站点标题　民工哥的博客

用户名　mingongge

用户名只能含有字母、数字、空格、下划线、连字符、句号和"@"符号。

密码　••••••••••••• 　显示

强

重要：您将需要此密码来登录，请将其保存在安全的位置。

您的电子邮件

请仔细检查电子邮件地址后再继续。

对搜索引擎的可见性　建议搜索引擎不索引本站点

搜索引擎将本着自觉自愿的原则对待WordPress提出的请求。并不是所有搜索引擎都会遵守这类请求。

安装WordPress

图10-6　配置站点信息

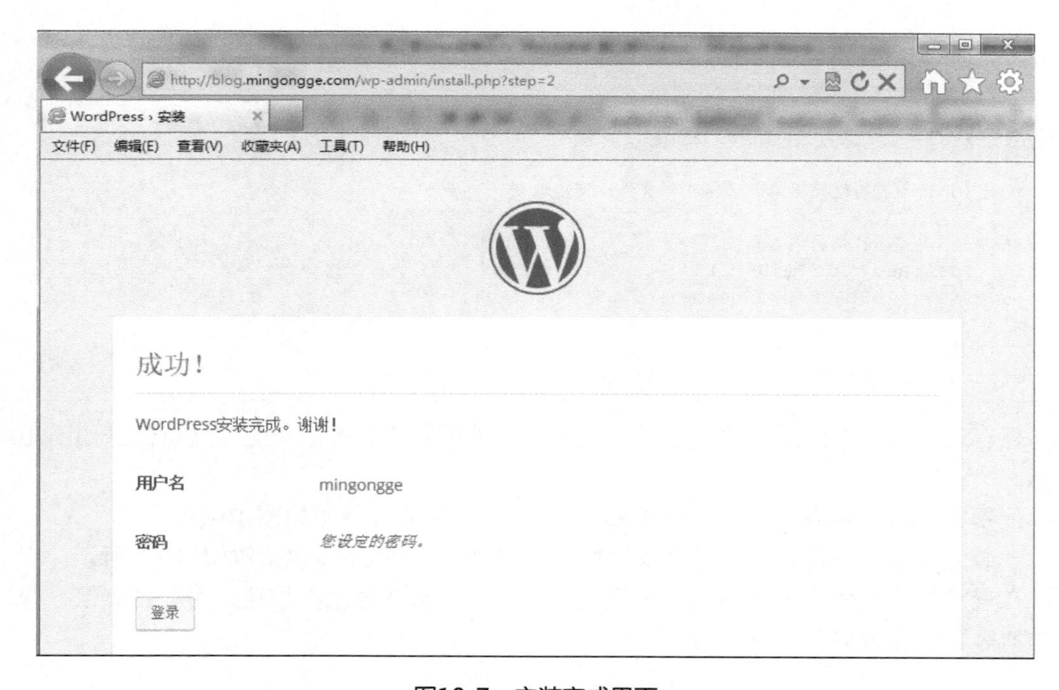

图10-7　安装完成界面

图10-8　WordPress登录界面

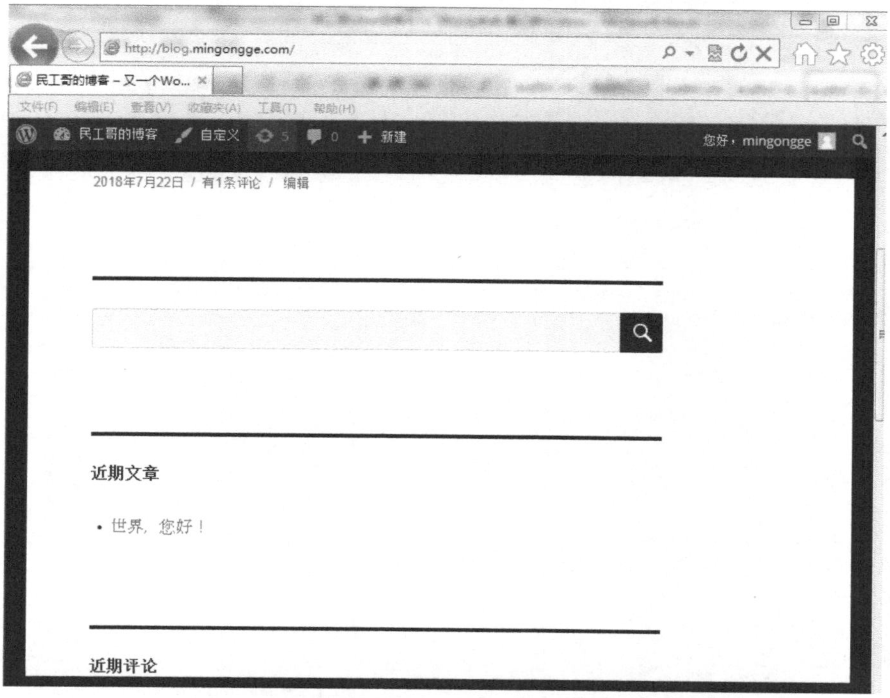

图10-9　博客默认首页

到此，整个 WordPress 安装和部署完成，更多 WordPress 相关的操作及配置请参考官方文档。

应用服务篇

第 11 章 Linux 系统登录与管理

在服务器安装好 Linux 系统及相关服务后，我们一般不会直接登录到服务器进行操作管理，而是通常通过远程登录的方式去连接服务器。因为涉及服务器的各项安全（如登录、操作），所以对系统的配置、服务的配置、数据的管理，以及服务器的操作权限管理尤为重要。本章就来介绍 SSH 远程登录、系统的定时任务服务与服务器的权限管理。

11.1 SSH 服务概述

在安装好 Linux 系统之后，我们一般不会直接在服务器中进行日常操作与管理，而是通过远程登录的方式登录到服务器主机系统上，而这里远程登录所使用的服务就是 SSH 服务。

11.1.1 什么是 SSH 服务

SSH（Secure Shell Protocol）即安全外壳协议。在客户端与远程服务器主机数据传输前，SSH 服务会对需要传输的数据进行加密，从而保证客户端与远程主机之间的会话中数据传输的安全。

SSH 服务由服务端（OpenSSH）与客户端（如 Xshell、SecureCRT 等）两部分组成。SSH 服务默认使用 22 端口，它有两个相互不兼容的版本 1.x 和 2.x。SSH 服务端是一个守护进程，在后台运行且实时监听来自客户端的请求，sshd 就是 SSH 服务端的进程名称。

11.1.2 SSH 服务的认证类型

SSH 服务认证类型有以下两种。

1．基于口令的安全验证

这种验证方式比较常见，也很容易理解，简单来说就是通过账号、密码与服务端服务器的 IP 地址或主机名进行连接。只需要知道上述 3 条信息就可以远程登录主机，所传输的数据都会被加密。这种方式有一定安全风险，可能你所连接的服务器并非真正需要连接的服务器，而是黑客利用技术手段冒充的。

2．基于密钥的安全验证

这种认证方式比较安全。需要依靠密钥，也就是事先你需要在客户端创建一对密钥，并将公钥（Public key）存放在需要访问的服务器上，将私钥（Private key）存放在 SSH 客户端主机上。

客户端向远程服务器发出连接请求，请求使用密钥进行安全验证。远程服务器在收到请求之后，会先在 SSH 连接用户的家目录下查找事先存放的用户的公用密钥，然后将它与客户端发送过来的公用密钥进行匹配。如果两者一致，SSH 服务器就用公用密钥加密“质询”（challenge），并把它发送给 SSH 客户端，客户端收到“质询”后，用自己的私钥进行解密，再把它发送给远程服务器，认证通过后，建立连接。

对于这两种认证方式来说，第一种比较简单、常见，但它是单向认证；第二种密钥认证是双向的，更加安全可靠。

11.2　SSH 服务的操作

11.2.1　SSH 服务的安装与启动

SSH 服务一般由系统自带，也就是说安装完成 Linux 系统后，系统就已经安装好了 SSH 服务。我们可以通过下面的命令查看是否安装。

```
[root@test ~]# rpm -qa|grep openssh
openssh-clients-7.4p1-11.el7.x86_64
openssh-7.4p1-11.el7.x86_64
openssh-server-7.4p1-11.el7.x86_64
```

从上面的命令输出结果可以看出，系统已经正确安装了 SSH 服务。如果没有安装，我们可以使用命令“install openssh-server”进行安装。

下面查看 SSH 服务是否启动。

```
[root@test ~]# systemctl status sshd
● sshd.service - OpenSSH server daemon
   Loaded: loaded (/usr/lib/systemd/system/sshd.service; enabled; vendor preset: enabled)
   Active: active (running) since Tue 2018-06-19 04:41:04 EDT; 8h ago
     Docs: man:sshd(8)
           man:sshd_config(5)
 Main PID: 876 (sshd)
   CGroup: /system.slice/sshd.service
           └─876 /usr/sbin/sshd -D

Jun 19 04:41:04 manager systemd[1]: Starting OpenSSH server daemon...
Jun 19 04:41:04 manager sshd[876]: Server listening on 0.0.0.0 port 22.
Jun 19 04:41:04 manager sshd[876]: Server listening on :: port 22.
Jun 19 04:41:04 manager systemd[1]: Started OpenSSH server daemon.
Jun 19 04:41:58 manager sshd[986]: Accepted password for root from 192.168.1.254
port 50986 ssh2
Jun 19 04:41:58 manager sshd[986]: Accepted password for root from 192.168.1.254
port 50986 ssh2
Jun 19 04:41:58 manager sshd[986]: Accepted password for root from 192.168.1.254
port 50986 ssh2
```

还可以通过查看端口来判断 SSH 服务是否启动，操作命令如下。

```
[root@test ~]# netstat -lntup|grep sshd
tcp          0       0 0.0.0.0:22         0.0.0.0:*      LISTEN      876/sshd
tcp6         0       0 :::22              :::*           LISTEN      876/sshd
```

11.2.2 SSH 相关操作命令

下面介绍一些 SSH 服务相关的操作命令。

1. 使用 SSH 连接远程主机

使用 SSH 服务在 Linux 系统中连接远程主机的命令格式如下。

```
ssh -p 端口 用户名@远程主机IP或主机名
```

具体实例如下。

```
[root@test ~]# ssh -p 22 root@192.168.1.253
The authenticity of host '192.168. 1.253 (192.168. 1.253)' can't be established.
ECDSA key fingerprint is SHA256:ZVKsd854E84A51KDlJWhWgguLmmy2GfuLzuluuD4Zw0.
ECDSA key fingerprint is MD5:0c:8a:9e:f6:93:cc:8c:44:83:97:51:65:9b:c2:6f:e3.
Are you sure you want to continue connecting (yes/no)? yes
Warning: Permanently added '192.168.1.253' (ECDSA) to the list of known hosts.
root@192.168.1.253's password:
Last login: Tue Jun 19 05:32:32 2018 from 192.168.1.3
[root@node1 ~]# ip addr |grep 1.253
     inet 192.168.1.253/24 brd 192.168.1.255 scope global ens33
```

注意：在第一次连接远程主机时会出现上面的确认提示，第二次连接时会直接提示输入密码。在连接成功后，输入“exit”即可退出当前的连接，退回至连接的客户端。

这里如果是通过远程主机的主机名去连接，则需要配置 hosts 文件，否则会出现下面的错误提示。

```
[root@test ~]# ssh -p 22 root@node1
ssh: Could not resolve hostname node1: Name or service not known
```

2. SSH 其他命令

这里介绍 SSH 的附带命令：scp 远程复制命令。

（1）scp 远程复制命令的格式如下。

```
scp [参数] -P[port] 文件名 用户@远程主机名或IP地址:目标目录
```

（2）scp 命令有以下两个常用参数。

- -p：复制时保留文件或目录属性。
- -r：复制目录。

（3）具体实例如下。

```
[root@manager ~]# ls -l nginx-1.12.1.tar.gz
-rw-r--r-- 1 root root 981093 Sep 21  2017 nginx-1.12.1.tar.gz
[root@manager ~]# scp -P22 nginx-1.12.1.tar.gz root@192.168.1.253:/tmp/
root@192.168.1.253's password:
nginx-1.12.1.tar.gz                         100%  958KB  18.0MB/s   00:00
```

复制成功后，登录远程主机查看结果，操作过程如下。

```
[root@test ~]# ssh root@192.168.1.253 ls -l /tmp/
root@192.168.1.253's password:
```

```
total 964
-rw-r--r--  1 root root 981093 Sep 21  2017 nginx-1.12.1.tar.gz
```

从远程主机目标目录中查看结果，可知已经复制成功。这种方式其实就是使用 SSH 服务进行远程连接操作的，对于内网主机之间的文件或目录的复制效率非常高。

11.3　SSH 免密登录实战

在实际生产和测试环境中，经常会使用 ssh-key 密钥认证实行免密登录远程主机。例如，常见的内网主机之间复制文件、分发数据等都会使用到免密登录。

11.3.1　环境配置

本次实践操作使用如下两台服务器。

- 服务器 A 192.168.1.254（分发服务器），主机名：fenfa-server。
- 服务器 B 192.168.1.253（目标节点服务器），主机名：node1。

1．分发服务器配置分发用户

在分发服务器上新增加专门用于分发数据的用户，操作如下。

```
[root@fenfa-server ~]# useradd fenfa
[root@fenfa-server ~]# passwd fenfa
Changing password for user fenfa.
New password:
Retype new password:
passwd: all authentication tokens updated successfully.
[root@fenfa-server ~]# tail -1 /etc/passwd
fenfa:x:9091:9091::/home/fenfa:/bin/bash
```

2．目标节点服务器配置分发用户

目标节点服务器也需配置相同的用户，命令如下。

```
[root@node1 ~]# useradd fenfa
[root@node1 ~]# passwd fenfa
Changing password for user fenfa.
New password:
Retype new password:
passwd: all authentication tokens updated successfully.
[root@node1 ~]# tail -1 /etc/passwd
fenfa:x:9091:9091::/home/fenfa:/bin/bash
```

11.3.2　生成密钥对

在分发服务器上切换到刚刚创建的分发用户下，然后通过命令来生成密钥对，具体操作过程如下。

```
[root@fenfa-server ~]# su - fenfa
[fenfa@fenfa-server ~]$ whoami
fenfa
[fenfa@fenfa-server ~]$ ssh-keygen -t dsa                              #生成密钥对
```

```
Generating public/private dsa key pair.
Enter file in which to save the key (/home/fenfa/.ssh/id_dsa):  #存储目录
Created directory '/home/fenfa/.ssh'.
Enter passphrase (empty for no passphrase):
Enter same passphrase again:
Your identification has been saved in /home/fenfa/.ssh/id_dsa.  #私钥
Your public key has been saved in /home/fenfa/.ssh/id_dsa.pub.  #公钥
The key fingerprint is:
SHA256:EFQam5ZwmsiG/3aUYglO0EeyoOAb1rKglKX0fzr/mHE fenfa@fenfa-server
The key's randomart image is:
+---[DSA 1024]----+
|+o.oo.=..        |
|==B+.= B         |
|+OB+o B          |
|===..o o         |
|.oo +.o.S        |
|    o oo         |
|     oo.. E      |
|   . .o =        |
|        +..      |
+----[SHA256]-----+
[fenfa@fenfa-server ~]$ cd /home/fenfa/.ssh/
[fenfa@fenfa-server .ssh]$ ls -l
total 8
-rw------- 1 fenfa fenfa 668 Aug 13 09:55 id_dsa
-rw-r--r-- 1 fenfa fenfa 608 Aug 13 09:55 id_dsa.pub
```

从命令结果中可以看出，密钥对已经生成。

11.3.3 分发密钥

密钥对生成之后，就需要将公钥文件分发复制到目标节点服务器上，分发的命令格式如下。

```
ssh-copy-id  -i 密钥名称 用户@远端主机IP地址
#用于SSH默认端口（没有更改SSH服务默认22端口的情况下使用）
ssh-copy-id  -i 密钥名称  -p port  用户@远端主机IP地址
#用于SSH非默认端口（更改了SSH服务默认22端口的情况下使用）
```

分发操作命令如下。

```
[fenfa@fenfa-server .ssh]$ ssh-copy-id -i ./id_dsa.pub fenfa@192.168.1.253
/bin/ssh-copy-id: INFO: Source of key(s) to be installed: "./id_dsa.pub"
The authenticity of host '192.168.1.253 (192.168.1.253)' can't be established.
ECDSA key fingerprint is SHA256:N9TAH+YAQgylWa9bddzswAQMvhW6RQQDP21DdHUvqoc.
ECDSA key fingerprint is MD5:0f:b6:2e:b4:20:b4:4a:e1:97:91:27:02:b0:cf:09:57.
Are you sure you want to continue connecting (yes/no)? yes
/bin/ssh-copy-id: INFO: attempting to log in with the new key(s), to filter out any
that are already installed
/bin/ssh-copy-id: INFO: 1 key(s) remain to be installed -- if you are prompted now
it is to install the new keys
fenfa@192.168.1.253's password:
Number of key(s) added: 1
Now try logging into the machine, with:   "ssh 'fenfa@192.168.1.253'"
and check to make sure that only the key(s) you wanted were added.
```

在目标节点服务器查看是否分发完成，操作过程如下。

```
[root@node1 ~]# su - fenfa
[fenfa@node1 ~]$ cd /home/fenfa
[fenfa@node1 ~]$ cd .ssh/
[fenfa@node1 .ssh]$ ll
```

```
total 4
-rw------- 1 fenfa fenfa 608 Aug 13 10:03 authorized_keys
```

从结果中可以看出，已经分发完成，且已更改文件名。

11.3.4　测试免密分发数据

完成上述步骤表示分发服务器与目标节点服务器之间已完成免密登录配置。接下来，将进行数据分发测试，测试是否能实现免密分发数据。

```
[fenfa@fenfa-server ~]$ ll
total 4
-rw-rw-r-- 1 fenfa fenfa 862 Aug 13 10:10 testfiel.txt
drwxrwxr-x 2 fenfa fenfa   6 Aug 13 10:10 testfile.txt
[fenfa@fenfa-server ~]$ scp -r -P22 ./testfi* fenfa@192.168.1.253:~
testfiel.txt                              100%  862   113.5KB/s   00:00
```

在目标节点服务器查看是否有数据。

```
[fenfa@node1 ~]$ pwd
/home/fenfa
[fenfa@node1 ~]$ ls -l
total 4
-rw-rw-r-- 1 fenfa fenfa 862 Aug 13 10:12 testfiel.txt
drwxrwxr-x 2 fenfa fenfa   6 Aug 13 10:12 testfile.txt
```

从命令输出结果中可以看出，数据分发成功，表明之前的所有配置均正确。

注意：在日常实际生产环境中，可能每天都需要分发数据到其他服务器节点。如果节点服务器数量较多且分发频率较高，可以将分发数据的过程操作命令写成脚本，将脚本在测试环境测试好后写入定时任务，以便每天定时执行。如果实际分发频率较高，传输的数量较大，建议选择在服务器负载较小或者服务器并发连接不高的时间段进行，以免影响正常的业务。

11.4　定时任务

定时任务是 Linux 系统中最常见和最常用的服务之一。

11.4.1　什么是定时任务

顾名思义，定时任务就是定时周期性地执行某项操作或者某种行为。像 Windows 系统一样，Linux 系统也有定时任务服务。

在 Linux 系统中，crond 是用来定期执行命令、脚本或指定程序的一种服务。定时任务一般有以下两种。

（1）系统自身定期执行的操作或任务（如日志轮询）。

（2）用户定期执行的操作或任务（如定时更新同步数据、重要数据备份等）。

11.4.2　crond 命令

编辑定时任务的命令是 crontab，crond 是其守护进程，也就是服务运行的程序。crontab

命令的语法格式如下。

```
crontab [ -u user ] file
crontab [ -u user ] [ -e | -l | -r ]
```

参数说明如下。

- -e：编辑定时任务。
- -l：查看定时任务（不指定用户时，默认是登录的用户）。
- -r：删除定时任务（不指定用户时，默认是登录的用户）。

11.4.3　系统定时任务

在 Linux 系统中，所有用户的定时任务配置文件都存放在/etc/spool/cron/目录下，是以登录用户名命名的文件（例如，root 用户就是/etc/spool/cron/root）。

编辑系统定时任务需要遵守一定的格式，系统定时任务格式如图 11-1 所示。

```
[root@test ~]# cat /etc/crontab
SHELL=/bin/bash
PATH=/sbin:/bin:/usr/sbin:/usr/bin
MAILTO=root

# For details see man 4 crontabs

# Example of job definition:
# .---------------- minute (0 - 59)
# |  .------------- hour (0 - 23)
# |  |  .---------- day of month (1 - 31)
# |  |  |  .------- month (1 - 12) OR jan,feb,mar,apr ...
# |  |  |  |  .---- day of week (0 - 6) (Sunday=0 or 7) OR sun,mon,tue,wed,thu,fri,sat
# |  |  |  |  |
# *  *  *  *  * user-name  command to be executed
```

图11-1　系统定时任务格式

从图 11-1 中可以看出，系统定时任务格式/etc/crontab 分为 6 段，以空格分隔。前 5 段为时间格式，第 6 段是所需执行的命令。详细的说明见表 11-1。

表 11-1　crontab 格式详细说明

*	*	*	*	*	command
取值范围 0～59	取值范围 0～23	取值范围 1～31	取值范围 1～12	取值范围 0～6	需要执行的 具体命令、脚本
分钟	小时	日期	月份	星期	

在上述的各个字段中，还可以使用以下特殊字符。

- *（星号）：表示所有值。例如，在第一段中如果使用*，则表示在满足其他条件的同时，每分钟都执行后面的命令操作。
- ，（逗号）：用逗号分隔的值表示指定的一个范围。例如，在第四段使用 1，3，5，7，则表示第 1、3、5、7 月。
- —（中杠）：表示一个范围。例如，在第二段使用 0—8，则表示 0 点到 8 点这一区间范围。

- / （正斜线）：表示一个时间的间隔频率。例如，在第一段使用*/5，则表示每间隔 5 分钟。

11.4.4　定时任务的书写与配置

1．定时任务书写规范

在实际生产和测试环境中，书写定时任务需要遵守一定的规范和规则。作者根据自己在实际生产环境中的书写经验，总结如下。

（1）书写定时任务时，必须对每一行或每一段加上注释信息。注释的作用是便于后期维护，也方便其他运维人员的操作。运维人员书写定时任务时保持这个良好的习惯，有助于提高团队协作效率，减少配置错误率。

（2）如里是以 Shell 脚本执行的任务，则需要在最前面加上/bin/sh，以确保定时任务能够正常执行。

（3）对于执行脚本的定时任务，需在其结尾加上>/dev/null 2>&1，将一些不必要的输出信息重定向到空，也就是不输出不需要的信息。

（4）使用系统或服务命令时，要使用绝对路径，再写到脚本，最后将脚本写进定时任务中。

（5）规范使用目录（如定时任务执行的脚本目录设置成/server/cron_scripts）。

2．定时任务配置

在实际生产和测试环境中，定时任务的配置也需要有一定的操作规范，具体如下。

（1）对于执行命令形式的定时任务，需要先测试命令的执行情况，确认无误后再将执行的命令写进脚本。

（2）对于脚本形式的定时任务，首先需要调试脚本的整体执行情况，然后使用规范目录路径写进定时任务。

（3）对于生产环境的定时任务操作，必须在测试环境进行反复测试，确认无误后再应用到实际生产环境中，然后在定时任务执行后人工检查执行情况。

关于定时任务的具体实例及各类操作，可参考官方文档说明。读者也可以在自己的实验环境中进行书写和配置，本节不做过多叙述。

11.5　服务器权限管理

前面的章节提到一些关于目录、文件的权限配置与修改的内容，但只是针对用户对于目录或文件的权限控制。如果真正从服务器安全角度来考虑，这些安全策略是远远不够的，必须控制用户登录后执行命令的权限，也就是说哪些用户可以执行哪些命令，因此 Linux 系统引入了 sudo 这个应用管理服务。

11.5.1　sudo 介绍

在 Linux 系统中，sudo 用于进行用户的提权（提升某个用户的某些权限）。但 sudo 只是一个提权的命令，权限实际上是通过 sudoers 这个配置文件来控制的。

```
[root@test ~]# ll /etc/sudoers
-r--r-----. 1 root root 3938 Jun  7  2017 /etc/sudoers
```

从上面的结果中可以看出，系统对 sudoers 这个配置文件的默认权限是 440（系统认为比较安全的权限），但 root 用户肯定是有修改其文件内容的权限的。

11.5.2 /etc/sudoers 配置文件

/etc/sudoers 配置文件的内容如下。

```
[root@test ~]# cat /etc/sudoers
## Sudoers allows particular users to run various commands as
## the root user, without needing the root password.
##
## Examples are provided at the bottom of the file for collections
## of related commands, which can then be delegated out to particular
## users or groups.
##
## This file must be edited with the 'visudo' command.

## Host Aliases
## Groups of machines. You may prefer to use hostnames (perhaps using
## wildcards for entire domains) or IP addresses instead.
# Host_Alias     FILESERVERS = fs1, fs2
# Host_Alias     MAILSERVERS = smtp, smtp2
## User Aliases
## These aren't often necessary, as you can use regular groups
## (ie, from files, LDAP, NIS, etc) in this file - just use %groupname
## rather than USERALIAS
# User_Alias ADMINS = jsmith, mikem

## Command Aliases
## These are groups of related commands...

## Networking
# Cmnd_Alias NETWORKING = /sbin/route, /sbin/ifconfig, /bin/ping, /sbin/dhclient,
/usr/bin/net, /sbin/iptables, /usr/bin/rfcomm, /usr/bin/wvdial, /sbin/iwconfig,
/sbin/mii-tool

## Installation and management of software
# Cmnd_Alias SOFTWARE = /bin/rpm, /usr/bin/up2date, /usr/bin/yum

## Services
# Cmnd_Alias SERVICES = /sbin/service, /sbin/chkconfig, /usr/bin/systemctl start,
/usr/bin/systemctl stop, /usr/bin/systemctl reload, /usr/bin/systemctl restart,
/usr/bin/systemctl status, /usr/bin/systemctl enable, /usr/bin/systemctl disable

## Updating the locate database
# Cmnd_Alias LOCATE = /usr/bin/updatedb

## Storage
# Cmnd_Alias STORAGE = /sbin/fdisk, /sbin/sfdisk, /sbin/parted, /sbin/partprobe,
/bin/mount, /bin/umount

## Delegating permissions
# Cmnd_Alias DELEGATING = /usr/sbin/visudo, /bin/chown, /bin/chmod, /bin/chgrp

## Processes
# Cmnd_Alias PROCESSES = /bin/nice, /bin/kill, /usr/bin/kill, /usr/bin/killall
```

```
## Drivers
# Cmnd_Alias DRIVERS = /sbin/modprobe

# Defaults specification

# Refuse to run if unable to disable echo on the tty.
#
Defaults   !visiblepw

#
# Preserving HOME has security implications since many programs
# use it when searching for configuration files. Note that HOME
# is already set when the the env_reset option is enabled, so
# this option is only effective for configurations where either
# env_reset is disabled or HOME is present in the env_keep list.
#
Defaults    always_set_home
Defaults    match_group_by_gid

Defaults    env_reset
Defaults    env_keep =  "COLORS DISPLAY HOSTNAME HISTSIZE KDEDIR LS_COLORS"
Defaults    env_keep += "MAIL PS1 PS2 QTDIR USERNAME LANG LC_ADDRESS LC_CTYPE"
Defaults    env_keep += "LC_COLLATE LC_IDENTIFICATION LC_MEASUREMENT LC_MESSAGES"
Defaults    env_keep += "LC_MONETARY LC_NAME LC_NUMERIC LC_PAPER LC_TELEPHONE"
Defaults    env_keep += "LC_TIME LC_ALL LANGUAGE LINGUAS _XKB_CHARSET XAUTHORITY"

#
# Adding HOME to env_keep may enable a user to run unrestricted
# commands via sudo.
#
# Defaults  env_keep += "HOME"


Defaults    secure_path = /sbin:/bin:/usr/sbin:/usr/bin

## Next comes the main part: which users can run what software on
## which machines (the sudoers file can be shared between multiple
## systems).
## Syntax:
##
##  user  MACHINE=COMMANDS
##
## The COMMANDS section may have other options added to it.
##
## Allow root to run any commands anywhere
rootALL=(ALL) ALL

## Allows members of the 'sys' group to run networking, software,
## service management apps and more.
# %sys ALL = NETWORKING, SOFTWARE, SERVICES, STORAGE, DELEGATING, PROCESSES,
LOCATE, DRIVERS


## Allows people in group wheel to run all commands
%wheelALL=(ALL) ALL


## Same thing without a password
# %wheel ALL=(ALL) NOPASSWD: ALL

## Allows members of the users group to mount and unmount the
## cdrom as root
# %users  ALL=/sbin/mount /mnt/cdrom, /sbin/umount /mnt/cdrom

## Allows members of the users group to shutdown this system
# %users  localhost=/sbin/shutdown -h now
```

```
## Read drop-in files from /etc/sudoers.d (the # here does not mean a comment)
#includedir /etc/sudoers.d
```

/etc/sudoers 配置文件中的一些内容说明如下。

1. 配置文件中的别名类型

别名类型分为以下几类。

（1）Host_Alias（主机别名）

说明：生产环境中主机别名不太常用。

```
root    ALL=(ALL)     ALL
#第一个ALL就是主机别名的应用位置
```

（2）User_Alias（用户别名）

说明：如果表示用户组，那么前面要加%。

```
root     ALL=(ALL)      ALL
#root就是用户别名的应用位置
User_Alias ADMINS = jsmith, mikem
```

（3）Runas_Alias 别名

说明：此别名是指定“用户身份”，即 sudo 允许切换到的用户。

```
root    ALL=(ALL)     ALL
#第二个(ALL)就是用户别名的应用位置
Runas_Alias  OP = root
```

（4）Cmnd_Alias（命令别名）

说明：就是定义一个别名，它可以包含一系列命令的内容（一组相关命令的集合）。

```
root    ALL=(ALL)     ALL
#第三个ALL就是用户别名的应用位置
Cmnd_Alias DRIVERS = /sbin/modprobe
```

2. 授权规则

（1）授权规则即执行规则，授权规则中的所有 ALL 必须大写。

（2）授权规则中使用!表示禁止执行某个命令。

（3）授权规则中命令的匹配规则是从后到前进行匹配，所以禁止执行的命令一定要写在最后面，否则无法生效。

11.5.3　编辑配置文件规范

无论在测试环境还是生产环境中，在修改或编辑配置文件之前记得一定要备份，以便在出现错误时可以快速执行恢复操作。

作者根据自己的实际生产操作经验，总结出如下几条修改 sudoers 配置文件的规范。

（1）用户别名中的用户必须是系统真实存在的，书写时注意空格，用户别名具有特殊意义，用户别名必须大写。

（2）命令别名下的成员必须使用绝对路径，可以用“\”换行。

（3）编辑配置文件时一定要有相关注释信息，方便后期配置文件的维护。

（4）编辑配置行时切勿手工输入，可复制配置文件原有配置行进行修改，防止失误，减少错误率。

（5）编辑完成，保存退出后，使用 visudo -c 命令检查语法。

（6）语法确认无误后，可切换用户进行相关操作来验证权限配置是否正确。

第 12 章 网络文件系统（NFS）与数据同步

12.1 网络文件系统简介

在计算机中，文件系统（File System）是命名和存放文件的逻辑存储和恢复系统，DOS、Windows 和 Linux 等操作系统中都有文件系统。本章将介绍网络文件系统（Network File System，NFS）。

12.1.1 什么是网络文件系统

NFS 是由 SUN 公司研发的 UNIX 表示层协议（Pressentation Layer Protocol），通过网络让不同主机之间共享文件或目录，使访问者如同访问本地计算机上的文件一样地访问网络上的文件。NFS 有服务端与客户端，服务端就是共享目录端，客户端通过使用挂载方式将服务端共享的文件或目录挂载到客户端本地系统指定的目录下，如图 12-1 所示。

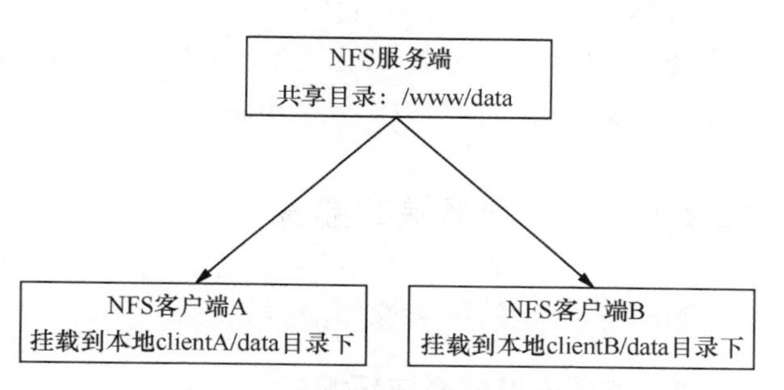

图12-1 NFS服务端与客户端的关系

12.1.2 NFS 实现过程

NFS 通过 RPC 服务来实现文件或目录的共享，实现过程如图 12-2 所示。

NFS 的主要实现过程如下。

（1）RPC 服务主要用来记录 NFS 每个功能所对应的端口号，并将信息传递给请求数据的 NFS 客户端，以此实现完整的数据传输过程。

（2）NFS 服务启动时会随机启动数个端口，且主动向 RPC 服务来注册端口信息。RPC 服务以此得知每个端口对应的 NFS 功能。

（3）RPC 服务使用固定端口 111 来监听 NFS 客户端发出的请求动作，然后将正确的 NFS 端口传递给 NFS 客户端，以此实现客户端与服务端之间的通信与数据传输。

注意：服务端服务的启动顺序为先启动 RPC 服务、后启动 NFS 服务，否则 NFS 服务无法向 RPC 服务注册相关信息。

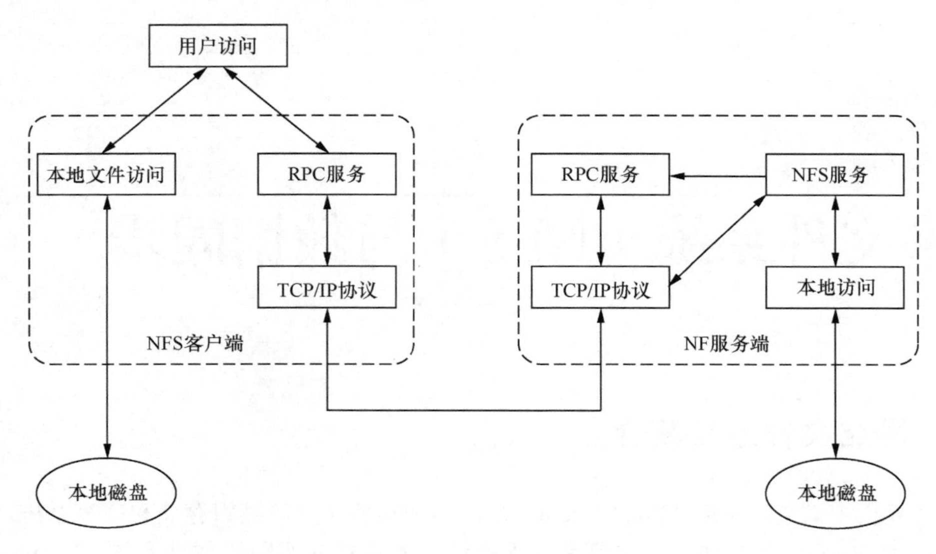

图12-2　NFS实现过程

12.2　NFS 的安装与部署

NFS 的安装与部署分为服务端与客户端，服务端服务器 IP 地址为 192.168.1.254，客户端服务器 IP 地址为 192.168.1.253。需要注意的是，在 CentOS 5.x 系统下 RPC 服务为 portmap，在 CentOS 6.x 系统以后统一为 rpcbind，nfs-utils 是 NFS 服务的主程序。

12.2.1　NFS 服务端的部署

NFS 服务端的部署操作步骤如下。

1．查看安装的系统环境

```
[root@nfs-server ~]# cat /etc/redhat-release
CentOS Linux release 7.4.1708 (Core)
[root@nfs-server ~]# uname -r
3.10.0-693.el7.x86_64
```

2．安装 NFS 与 RPC 服务

首先检查系统是否安装了 NFS 与 RPC 服务，具体命令如下。

```
[root@nfs-server ~]# rpm -qa nfs-utils rpcbind
```

没有返回任何结果，表示系统没有安装相关的服务。因此，可以通过下面的命令进行安装。

```
[root@nfs-server ~]# yum install nfs-utils rpcbind -y
```

出现“Complete!”表示安装完成。

3．启动服务并检查

切记一定要按照启动顺序来启动服务。

```
[root@nfs-server ~]# systemctl start rpcbind.service
[root@nfs-server ~]# systemctl start nfs.service
```

检查 RPC 服务的启动情况，检查结果如图 12-3 所示。

```
[root@nfs-server ~]# systemctl status rpcbind.service
● rpcbind.service - RPC bind service
   Loaded: loaded (/usr/lib/systemd/system/rpcbind.service; enabled; vendor preset: enabled)
   Active: active (running) since Sat 2018-08-11 02:10:11 EDT; 11min ago
  Process: 1261 ExecStart=/sbin/rpcbind -w $RPCBIND_ARGS (code=exited, status=0/SUCCESS)
 Main PID: 1262 (rpcbind)
   CGroup: /system.slice/rpcbind.service
           └─1262 /sbin/rpcbind -w

Aug 11 02:10:11 nfs-server systemd[1]: Starting RPC bind service...
Aug 11 02:10:11 nfs-server systemd[1]: Started RPC bind service.
[root@nfs-server ~]# ps -ef|grep rpcbind
rpc       1262     1  0 02:10 ?        00:00:00 /sbin/rpcbind -w
root      1356  1002  0 02:21 pts/0    00:00:00 grep --color=auto rpcbind
[root@nfs-server ~]# netstat -lntup|grep 1262
tcp        0      0 0.0.0.0:111             0.0.0.0:*               LISTEN      1262/rpcbind
tcp6       0      0 :::111                  :::*                    LISTEN      1262/rpcbind
udp        0      0 0.0.0.0:1013            0.0.0.0:*                           1262/rpcbind
udp        0      0 0.0.0.0:111             0.0.0.0:*                           1262/rpcbind
udp6       0      0 :::1013                 :::*                                1262/rpcbind
udp6       0      0 :::111                  :::*                                1262/rpcbind
```

图12-3　RPC启动结果

查看 NFS 向 RPC 注册的端口信息，结果如图 12-4 所示。

```
[root@nfs-server ~]# rpcinfo -p localhost
   program vers proto   port  service
    100000    4   tcp    111  portmapper
    100000    3   tcp    111  portmapper
    100000    2   tcp    111  portmapper
    100000    4   udp    111  portmapper
    100000    3   udp    111  portmapper
    100000    2   udp    111  portmapper
    100024    1   udp  35666  status
    100024    1   tcp  55088  status
    100005    1   udp  20048  mountd
    100005    1   tcp  20048  mountd
    100005    2   udp  20048  mountd
    100005    2   tcp  20048  mountd
    100005    3   udp  20048  mountd
    100005    3   tcp  20048  mountd
    100003    3   tcp   2049  nfs
    100003    4   tcp   2049  nfs
    100227    3   tcp   2049  nfs_acl
    100003    3   udp   2049  nfs
    100003    4   udp   2049  nfs
    100227    3   udp   2049  nfs_acl
```

图12-4　NFS向RPC注册的端口信息

将 NFS 与 RPC 服务加入开机自启动，操作命令如下。

```
[root@nfs-server ~]# systemctl enable rpcbind.service
[root@nfs-server ~]# systemctl enable nfs.service
```

4．创建挂载目录及文件

命令如下。

```
[root@nfs-server ~]# mkdir /nfs/test -p
[root@nfs-server ~]# touch /nfs/test/test.txt
```

5．配置 NFS 服务的 exports 文件

命令如下。

```
[root@nfs-server ~]# vim /etc/exports
#config start
/nfs/test/ 192.168.1.0/24(rw,sync)
#end
```

NFS 配置文件中的参数及详细说明见表 12-1。

表 12-1　NFS 配置文件参数及说明

参数	说明
ro	目录可读
rw	目录可读写
sync	将数据同步写入内存缓冲区与磁盘中
async	将数据先写入内存缓冲区，有必要时才写入磁盘
all_squash	将远程访问用户及组全映射成默认用户或用户组nfsnobody
no_all_squash	与all_squash配置相反
root_squash	将root用户及所属组映射成默认用户或用户组
no_root_squash	与root_squash配置相反
anonuid=xxx	将远程访问用户映射成指定用户ID的用户
anongid=xxx	将远程访问用户组映射成指定用户组ID的用户组

6. 重新加载 NFS 服务配置文件

命令如下。

```
[root@nfs-server ~]# exportfs -rv
exporting 192.168.1.0/24:/nfs/test
```

exportfs 是 NFS 服务端发布共享的控制命令，具体参数说明见表 12-2。

表 12-2　exportfs 参数说明

参数	说明
-r	重新加载并刷新共享配置
-v	显示确认共享配置
-a	将配置文件/etc/exportfs中的所有共享配置发布
-u	不发布配置的共享

7. 查看 NFS 服务器的挂载情况

命令如下。

```
[root@nfs-server ~]# showmount -e localhost
Export list for localhost:
/nfs/test 192.168.1.0/24
```

12.2.2　NFS 客户端的部署

NFS 客户端的部署操作步骤如下。

1．安装 NFS 与 RPC 服务并启动

```
[root@nfsclient ~]# yum install nfs-utils rpcbind -y
[root@nfsclient ~]# systemctl start rpcbind.service
```

2．查看挂载情况

命令如下。

```
[root@nfsclient ~]# showmount -e 192.168.1.254
Export list for 192.168.1.254:
/nfs/test 192.168.1.0/24
```

3．客户端挂载共享目录

命令如下。

```
[root@nfsclient ~]# mkdir /nfsclient
[root@nfsclient ~]# mount -t nfs 192.168.1.254:/nfs/test /nfsclient/
[root@nfsclient ~]# df -mh
Filesystem                 Size  Used Avail Use% Mounted on
/dev/mapper/centos-root    17G   1.1G   16G   7% /
devtmpfs                   478M     0  478M   0% /dev
tmpfs                      489M     0  489M   0% /dev/shm
tmpfs                      489M  6.7M  482M   2% /run
tmpfs                      489M     0  489M   0% /sys/fs/cgroup
/dev/sda1                  1014M 125M  890M  13% /boot
tmpfs                      98M      0   98M   0% /run/user/0
192.168.1.254:/nfs/test    17G   5.6G   12G  33% /nfsclient
```

通过查看磁盘结果信息的最后一行，可以看出客户端挂载共享目录成功。

4．测试共享

首先查看服务端共享目录的具体权限，结果如下。

```
[root@nfs-server ~]# ls -ld /nfs/test/
drwxr-xr-x 2 root root 22 Aug 11 02:33 /nfs/test/
```

从结果中可以看出，其他用户对此目录具有可读与可执行权限。接下来创建一个目录与一个文件，然后去客户端测试是否共享成功。

```
[root@nfs-server ~]# cd /nfs/test/
[root@nfs-server test]# mkdir testdir
[root@nfs-server test]# touch testfile
[root@nfs-server test]# ls
testdir  testfile  test.txt
```

客户端查看共享的结果如下。

```
[root@nfsclient ~]# cd /nfsclient/
[root@nfsclient nfsclient]# ls
testdir  testfile  test.txt
```

从结果中可以看出，客户端挂载的目录下的目录及文件与服务端是一致的。

12.2.3 客户端安全配置

下面介绍 NFS 客户端相关的安全配置。

1. 客户端写入测试

命令如下。

```
[root@nfsclient nfsclient]# touch file
touch: cannot touch 'file': Permission denied
```

由测试结果可知，客户端目录无写入权限，因此需要更改服务端的目录权限。首先查看服务端默认使用什么用户来访问共享目录，结果如下。

```
[root@nfs-server ~]# cat /var/lib/nfs/etab
/nfs/test 192.168.1.0/24(rw,sync,wdelay,hide,nocrossmnt,secure,root_squash,no_all_squash,no_subtree_check,secure_locks,acl,no_pnfs,anonuid=65534,anongid=65534,sec=sys,secure,root_squash,no_all_squash)
[root@nfs-server ~]# grep 65534 /etc/passwd
nfsnobody:x:65534:65534:Anonymous NFS User:/var/lib/nfs:/sbin/nologin
```

从结果中可以看出，默认是通过 nfsnobody 这个用户来访问共享目录的。

2. 客户端安全配置

从上面的结果得知，默认是通过 nfsnobody 这个用户来访问共享目录的，但对于相同版本的系统默认都会存在这样一个 nfsnobody 用户。如果将服务端的共享目录权限配置成 nfsnobody 用户与组可读、可写、可执行也是不安全的，所以需要将默认的用户修改成自定义的用户，具体修改如下。

（1）服务端配置修改。

首先添加自定义且指定用户 ID 的用户并禁止其登录，操作命令如下。

```
[root@nfs-server ~]# useradd -s /sbin/nologin -M -u 9090 nfsuser
[root@nfs-server ~]# tail -1 /etc/passwd
nfsuser:x:9090:9090::/home/nfsuser:/sbin/nologin
```

接着修改 NFS 配置，修改如下。

```
[root@nfs-server ~]# vim /etc/exports
#config start
/nfs/test/ 192.168.1.0/24(rw,sync,all_squash,anonuid=9090,anongid=9090)
#end
[root@nfs-server ~]# exportfs -rv
exporting 192.168.1.0/24:/nfs/test
```

最后修改共享目录的权限，操作如下。

```
[root@nfs-server ~]# chown -R nfsuser.nfsuser /nfs/test/
[root@nfs-server ~]# ls -ld /nfs/test/
drwxr-xr-x 3 nfsuser nfsuser 53 Aug 11 03:18 /nfs/test/
[root@nfs-server ~]# ls -l /nfs/test/
total 0
drwxr-xr-x 2 nfsuser nfsuser 6 Aug 11 03:17 testdir
-rw-r--r-- 1 nfsuser nfsuser 0 Aug 11 03:18 testfile
-rw-r--r-- 1 nfsuser nfsuser 0 Aug 11 02:33 test.txt
```

（2）客户端配置。

首先在客户端添加与服务端相同的用户，操作如下。

```
[root@nfsclient ~]# useradd -s /sbin/nologin -M -u 9090 nfsuser
```

接着进行客户端写入测试。

```
[root@nfsclient ~]# cd /nfsclient/
[root@nfsclient nfsclient]# touch testfile.txt
[root@nfsclient nfsclient]# ls
testdir  testfile  testfile.txt  test.txt
```

最终达到了一定的安全需求。如果其他系统主机没有添加此用户且 UID 不同，则无法正常访问 NFS 共享的目录与文件。

12.3 NFS 客户端挂载优化

在企业实际生产环境中，NFS 服务器共享的文件一般是一些静态资源文件（如图片、视频等），挂载的文件系统都作为数据存储用途。NFS 服务还可以让不同的客户端挂载使用同一个目录，以保证不同节点的客户端数据的一致性，这在生产集群环境中十分常见。

12.3.1 挂载参数

NFS 客户端挂载的常见参数如下。

- rsize 和 wsize：写和读缓存，两者在 NFSv2、NFSv3、NFSv4 各个版本中的最大值（默认单位字节）如下。

  NFSv2　rsize=8192　wsize=8192

  NFSv3　rsize=32768　wsize=32768

  NFSv4　rsize=65536　wsize=65536
- noauto：不自动挂载文件系统。
- noexec：不允许安装可执行的二进制文件。
- nosuid：不允许配置用户标识或组标识。
- nodev：不解释字符或文件块等特殊设备。
- noatime：不更新文件的时间戳。
- nodiratime：不更新目录的时间戳。

12.3.2 优化实例测试

1．测试无优化情况下文件写入速度

命令如下。

```
[root@nfsclient ~]# cd /nfsclient/
[root@nfsclient nfsclient]# time dd if=/dev/zero of=/nfsclient/test-file bs=100k
count=1000
1000+0 records in
1000+0 records out
```

```
102400000 bytes (102 MB) copied, 4.4209 s, 23.2 MB/s
real 0m4.451s
user     0m0.002s
sys 0m0.974s
```

2. 测试优化后文件写入速度

卸载原来的挂载之后，重新使用优化参数进行挂载，操作命令如下。

```
[root@nfsclient ~]# umount -t nfs 192.168.1.254:/nfs/test /nfsclient/
umount: /nfsclient/: not mounted
[root@nfsclient ~]# df -mh
Filesystem                Size  Used Avail Use% Mounted on
/dev/mapper/centos-root   17G   1.1G   16G   7% /
devtmpfs                  478M     0  478M   0% /dev
tmpfs                     489M     0  489M   0% /dev/shm
tmpfs                     489M  6.7M  482M   2% /run
tmpfs                     489M     0  489M   0% /sys/fs/cgroup
/dev/sda1                1014M  125M  890M  13% /boot
tmpfs                      98M     0   98M   0% /run/user/0
[root@nfsclient ~]# mount -t nfs -o noexec,nosuid,nodev,rw,rsize=65536,wsize=65536
192.168.1.254:/nfs/test /nfsclient/
[root@nfsclient ~]# df -mh
Filesystem                Size  Used Avail Use% Mounted on
/dev/mapper/centos-root    17G  1.1G   16G   7% /
devtmpfs                  478M     0  478M   0% /dev
tmpfs                     489M     0  489M   0% /dev/shm
tmpfs                     489M  6.7M  482M   2% /run
tmpfs                     489M     0  489M   0% /sys/fs/cgroup
/dev/sda1                1014M  125M  890M  13% /boot
tmpfs                      98M     0   98M   0% /run/user/0
192.168.1.254:/nfs/test   17G  5.7G   12G  34% /nfsclient
```

测试优化后写入的速度，操作如下。

```
[root@nfsclient ~]# time dd if=/dev/zero of=/nfsclient/test-file bs=100k count=1000
1000+0 records in
1000+0 records out
102400000 bytes (102 MB) copied, 3.52403 s, 29.1 MB/s
real 0m3.558s
user   0m0.002s
sys 0m0.331s
```

两个结果还是有一点区别的。对于批量写入大文件的测试，有兴趣的读者可以在自己的测试环境中进行测试，这里不再赘述。对于批量写入大文件，服务器配置、网络环境都会产生一定的影响。

12.4　rsync 数据同步服务

在实际企业生产环境中，对于数据同步的需求是很多的，如服务器备份、后端主机之间的静态文件同步等。

在 Linux 系统中，数据同步的软件服务有很多，如 rsync 服务、sersync 服务等。下面逐一介绍这两种同步服务，包括实现原理和安装配置过程等。

12.4.1　rsync 服务简介

rsync（remote synchronize）服务是一个开源的、功能强大的、可实现全量、增量的本地或远程数据同步工具，且适用于多种操作系统平台。

rsync 使用“rsync 算法”，提供一种非常快速的方法来实现远程文件同步。rsync 服务的一些功能特性如下。

（1）支持复制、同步链接文件、设备文件等一些特殊的文件。

（2）同步时可以排除指定的目录或文件。

（3）同步时可以保持原文件的权限、时间等属性信息。

（4）支持全量、增量的数据同步功能，数据传输效率较高。

（5）可以使用 RSH、SSH 方式或直接套接字来同步数据。

（6）支持匿名或认证模式同步数据。

12.4.2 rsync 服务的安装与操作命令

1．rsync 服务的安装

首先检查当前系统中是否安装了 rsync 服务，如果没有安装，需要手动安装。rsync 的安装非常方便，具体操作命令如下。

```
[root@manager ~]# yum install rsync -y
Installed:
  rsync.x86_64 0:3.1.2-4.el7
Complete!
```

出现如上提示，表明已安装完成。

2．rsync 同步命令介绍

在 Linux 系统中，任何命令都可以使用“man”命令查看其帮助文档。rsync 命令的帮助文档如下。

```
[root@manager ~]# man rsync
rsync(1)                                             rsync(1)
NAME
   rsync - a fast, versatile, remote (and local) file-copying tool
SYNOPSIS
      Local:  rsync [OPTION...] SRC... [DEST]

      Access via remote shell:
        Pull: rsync [OPTION...] [USER@]HOST:SRC... [DEST]
        Push: rsync [OPTION...] SRC... [USER@]HOST:DEST

      Access via rsync daemon:
        Pull: rsync [OPTION...] [USER@]HOST::SRC... [DEST]
              rsync [OPTION...] rsync://[USER@]HOST[:PORT]/SRC... [DEST]
        Push: rsync [OPTION...] SRC... [USER@]HOST::DEST
              rsync [OPTION...] SRC... rsync://[USER@]HOST[:PORT]/DEST
```

从帮助文档中可以看出，rsync 有以下 3 种用法。

（1）本地主机（Local）。

这种用法类似于“cp”命令，相当于在本地主机内部传输数据，例如，复制目录与目录之间的目录和文件。

本地同步时有一点需要注意，/test/file/与/test/file 两者是有区别的，/test/file/是将 file 目录下的内容同步过去，但不包括 file 这个目录本身，而/test/file 是连 file 目录本身一并同步过去。

（2）借助 SSH 服务（remote shell）。

这种用法是主机与主机之间的数据传输，示例如下。

```
[root@manager ~]# rsync -avzP -e "ssh -p 22" root@192.168.1.253:/test/file/ /tmp/
```

上述命令的作用是借助 SSH 服务将远程主机（192.168.1.253）上/test/file/目录下所有的内容同步到本地/tmp/目录下。

（3）守护进程（rsync daemon）。

这种用法在实际生产和测试环境比较常用，示例如下。

```
[root@manager ~]# rsync -avzP rsync://root@192.168.1.253:/test/file  /tmp/
```

上述命令的作用是将远程主机（192.168.1.253）上的/test/file 目录（包括目录下的所有内容）复制到本地主机/tmp/目录下。

```
[root@manager ~]# rsync -avzP /tmp/ rsync://root@192.168.1.253:/test/file/
```

上述命令的作用是将本地主机/tmp/目录下的内容同步到远程主机（192.168.1.253）的/test/file/目录下。

3．rsync 命令参数

rsync 命令的参数很多，本节只介绍一些日常环境常用的参数，有兴趣的读者可访问官方网站查看更多有关参数的介绍。rsync 命令参数及其说明见表 12-3。

表 12-3　rsync 命令参数及其说明

参数	说明
-a	以归档的方式传输数据
-v	显示详细过程
-z	以压缩方式传输数据（提高速度）
-P	显示数据传输的详细进度
--exclude	传输数据时排除指定的文件或目录

12.4.3　rsync 数据同步实战操作

本节以第三种模式——守护进程的模式进行数据同步实战操作。

1．服务器环境介绍

实战操作使用如下两台服务器。

- rsync-s 服务端：IP 地址 192.168.22.254。
- rsync-c 客户端：IP 地址 192.168.22.253。

两台服务器的系统环境相同，如下所示。

```
[root@rsync-c ~]# cat /etc/redhat-release
CentOS Linux release 7.4.1708 (Core)
[root@rsync-c ~]# uname -r
3.10.0-693.el7.x86_64
```

注意：这里的客户端指的是需要将数据同步到其他服务器上的主机，服务端是指数据同步过去的目标服务器，实际环境中一般服务端都是专业的备份服务器。服务端与客户端都需要提前安装 rsync 服务。

2. 服务端（rsync-s）配置过程

配置 rsync 服务的配置文件/etc/rsyncd.conf，具体配置如下。

```
[root@rsync-s ~]# vim /etc/rsyncd.conf
# /etc/rsyncd: configuration file for rsync daemon mode
# See rsyncd.conf man page for more options.
#rsync config start
uid = rsync                          #指定运行守护进程具有的UID
gid = rsync                          #指定运行守护进程具有的GID
use chroot = no                      #禁止传输数据使用root权限
max connettions = 2000               #最大连接数
timeout = 100                        #超时时间，单位为秒
pid-file = /var/run/rsyncd.pid       #PID文件存储目录
lock-file = /var/run/rsync.lock      #lock文件存储目录
log file = /var/run/rsyncd.log       #日志文件存储目录

[backup]                             #模块名称可任意自定义
path = /backup/                      #数据存储目录路径
ignore errors                        #忽略错误
read only = false                    #允许客户端上传请求
list = false
hosts allow = 192.168.22.0/24        #允许主机段
hosts deny = 0.0.0.0/32              #拒绝除hosts allow之外的任何主机
auth users = rsync_user              #用于连接认证的虚拟用户（不存在于系统中）
secrets file = /etc/rsync.password   #用于认证的密码文件路径
#rsync config end !
```

服务端新增 rsync 用户与创建数据目录并授权目录，具体操作命令如下。

```
[root@rsync-s ~]# mkdir /backup
[root@rsync-s ~]# useradd rsync -s /sbin/nologin -M
[root@rsync-s ~]# chown -R rsync.rsync /backup/
```

服务端配置认证所需的密码文件，操作如下。

```
[root@rsync-s ~]# echo "rsync_user:rsync_password">>/etc/rsync.password
[root@rsync-s ~]# cat /etc/rsync.password
rsync_user:rsync_password          #文件格式（认证用户：认证密码）
```

因密码文件显示是明文，所以需要更改其访问权限，更改如下。

```
[root@rsync-s ~]# chmod 600 /etc/rsync.password
[root@rsync-s ~]# ls -l /etc/rsync.password
-rw------- 1 root root 26 Jun 19 16:31 /etc/rsync.password
```

启动服务并检查，操作如下。

```
[root@rsync-s ~]# rsync --daemon
[root@rsync-s ~]# netstat -lntup|grep rsync
tcp     0       0 0.0.0.0:873       0.0.0.0:*       LISTEN      11182/rsync
tcp6    0       0 :::873                 :::*       LISTEN      11182/rsync
```

3. 客户端（rsync-c）配置过程

客户端配置比较简单，只需要配置认证的密码文件及授权，具体操作如下。

```
[root@rsync-c ~]# echo "rsync_password">>/etc/rsync.password
[root@rsync-c ~]# cat /etc/rsync.password
rsync_password
[root@rsync-c ~]# chmod 600 /etc/rsync.password
[root@rsync-c ~]# ls -l /etc/rsync.password
-rw------- 1 root root 15 Jun 19 08:06 /etc/rsync.password
```

4. 数据同步测试

在客户端创建用于测试的文件，操作如下。

```
[root@rsync-c data]# cat /etc/hosts >>./test.file
[root@rsync-c data]# echo "192.168.22.253" >>./test.file
[root@rsync-c data]# cat test.file
127.0.0.1 localhost localhost.localdomain localhost4 localhost4.localdomain4
::1         localhost localhost.localdomain localhost6 localhost6.localdomain6
192.168.22.253
```

测试数据同步，操作如下。

```
[root@rsync-c data]# rsync -avzP ./test.file rsync_user@192.168.22.254::backup
--password-file=/etc/rsync.password
sending incremental file list
test.file
            173 100%    0.00kB/s    0:00:00 (xfr#1, to-chk=0/1)
rsync: chgrp ".test.file.BrNFvg" (in backup) failed: Operation not permitted (1)
sent 165 bytes  received 128 bytes  195.33 bytes/sec
total size is 173  speedup is 0.59
rsync error: some files/attrs were not transferred (see previous errors) (code 23)
at main.c(1178) [sender=3.1.2]
```

在服务端指定备份目录下查看数据是否同步完成，操作如下。

```
[root@rsync-s ~]# cd /backup/
[root@rsync-s backup]# ls
test.file
[root@rsync-s backup]# cat test.file
127.0.0.1   localhost localhost.localdomain localhost4 localhost4.localdomain4
::1         localhost localhost.localdomain localhost6 localhost6.localdomain6
192.168.22.253
```

服务端指定目录下的文件内容与客户端同步的文件内容一致，表明数据同步成功。

12.5　sersync 数据同步服务

12.5.1　sersync 服务简介

sersync 服务其实是利用 inotify 服务和 rsync 服务两种软件技术来实现数据实时同步的功能。inotify 用于监听 sersync 所在服务器上的文件变动（如新增、删除、修改等动作），然后结合 rsync 服务的功能进行数据的同步，将数据实时同步到指定的服务器端。

sersync 是使用 C++语言编写的，而且可以对 Linux 的文件系统产生的临时文件和重复的文件操作进行过滤，所以在结合 rsync 同步时，节省了运行时间和网络资源。

12.5.2 sersync 服务的工作过程

在需要同步数据的源服务器上开启 sersync 服务，通过 sersync 服务监控本地指定的目录数据写入或更新事件，然后调用 rsync 客户端的命令，实时将写入或更新的数据通过 rsync 推送到目标服务器指定的备份目录中。因此，目标服务器需要安装 rsync 服务。

12.5.3 sersync 服务的安装准备

以下是安装 sersync 服务前的相关准备。

1. 服务器架构图

安装配置的服务器架构图如图 12-5 所示。

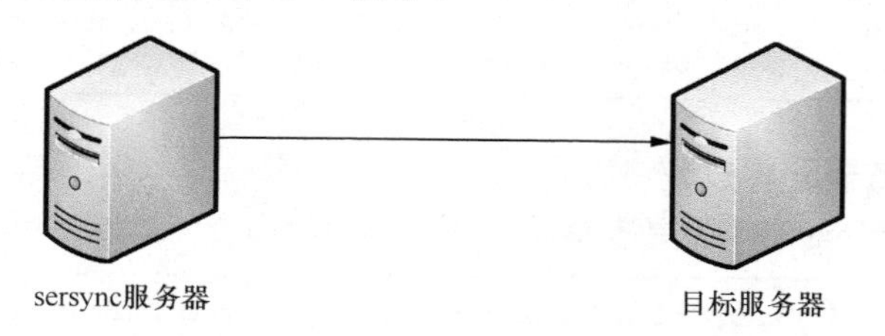

图12-5 服务器架构图

服务器环境规划如下。

- sersync 服务器：IP 地址为 192.168.22.253，主机名为 sersync-s，需要同步的目录为/data/sersync/。
- 目标服务器：IP 地址为 192.168.22.254，主机名为 dest-s。

2. 目标服务器配置过程

（1）安装 rsync 服务并编辑配置文件。

```
[root@dest-s ~]# yum install rsync -y
[root@dest-s ~]# vim /etc/rsyncd.conf
# /etc/rsyncd: configuration file for rsync daemon mode
# See rsyncd.conf man page for more options.
#rsync config start
uid = rsync
gid = rsync
use chroot = no
max connettions = 2000
timeout = 100
pid-file = /var/run/rsyncd.pid
lock-file = /var/run/rsync.lock
log file = /var/run/rsyncd.log

[backup]
path = /backup/
ignore errors
read only = false
list = false
hosts allow = 192.168.22.0/24
hosts deny = 0.0.0.0/32
```

```
auth users = rsync_user
secrets file = /etc/rsync.password
#rsync config end !
```

（2）新增用户、创建目录，并授权、创建密码认证文件、更改默认权限。

```
[root@dest-s ~]# useradd rsync -s /sbin/nologin -M
[root@dest-s ~]# chown -R rsync.rsync /backup/
[root@dest-s ~]# echo "rsync_user:rsync_password">>/etc/rsync.password
[root@dest-s ~]# cat /etc/rsync.password
rsync_user:rsync_password
[root@dest-s ~]# chmod 600 /etc/rsync.password
[root@dest-s ~]# ls -ld /etc/rsync.password
-rw------- 1 root root 26 Jun 19 18:01 /etc/rsync.password
```

（3）后台运行 rsync 服务。

```
[root@dest-s ~]# rsync --daemon
[root@dest-s ~]# lsof -i :873
COMMAND   PID USER   FD   TYPE DEVICE SIZE/OFF NODE NAME
rsync   11182 root    3u  IPv4  35968      0t0  TCP *:rsync (LISTEN)
rsync   11182 root    5u  IPv6  35969      0t0  TCP *:rsync (LISTEN)
```

3．sersync 服务器配置过程

配置 rsync 密码认证文件并更改默认权限，操作如下。

```
[root@sersync-s ~]# echo "rsync_password">>/etc/rsync.password
[root@sersync-s ~]# cat /etc/rsync.password
rsync_password
[root@sersync-s ~]# chmod 600 /etc/rsync.password
[root@sersync-s ~]# ls -ld /etc/rsync.password
-rw------- 1 root root 15 Jun 19 09:47 /etc/rsync.password
```

4．创建需要同步的目录

命令如下。

```
[root@sersync-s ~]# mkdir /data/sersync -p
```

12.5.4　安装配置 sersync 服务

以下是安装配置 sersync 服务的操作步骤。

1．下载 sersync 软件

去官方网站下载相应的软件包，sersync 官方提供的是二进制的软件包，下载后解压即可使用，非常方便。本节下载的软件包名称是 sersync2.5.4_64bit_binary_stable_final.tar.gz。

```
[root@sersync-s ~]# ls -lh sersync2.5.4_64bit_binary_stable_final.tar.gz
-rw-r--r-- 1 root root 711K Jun  5  2017 sersync2.5.4_64bit_binary_stable_final.tar.gz
```

2．安装 sersync 服务

```
[root@sersync-s ~]# tar zxf sersync2.5.4_64bit_binary_stable_final.tar.gz
[root@sersync-s ~]# ls
```

```
anaconda-ks.cfg GNU-Linux-x86  sersync2.5.4_64bit_binary_stable_final.tar.gz
```

解压后，GNU-Linux-x86 就是 sersync 软件，为了规范，将其改名并移动到指定目录。

```
[root@sersync-s ~]# mv GNU-Linux-x86 /usr/local/sersync
```

规范目录结构如下。

```
[root@sersync-s ~]# cd /usr/local/sersync/
[root@sersync-s sersync]# ll
total 1772
-rwxr-xr-x 1 root root    2214 Oct 25  2011 confxml.xml
-rwxr-xr-x 1 root root 1810128 Oct 26  2011 sersync2
[root@sersync-s sersync]# mkdir bin conf logs
[root@sersync-s sersync]# mv confxml.xml ./conf/
[root@sersync-s sersync]# mv sersync2 ./bin/sersync
[root@sersync-s sersync]# tree ./
./
├── bin
│   └── sersync
├── conf
│   └── confxml.xml
└── logs
3 directories, 2 files
```

3．配置 sersync 服务

切记，在修改或配置任何配置文件前要备份。

```
[root@sersync-s sersync]# cd conf/
[root@sersync-s conf]# cp confxml.xml confxml.xml.bak
```

编辑修改配置文件，具体修改如下。

（1）修改第 24～28 行配置。

修改前的配置如下。

```
24  <localpath watch="/opt/tongbu">
25       <remote ip="127.0.0.1" name="tongbu1"/>
26       <!--<remote ip="192.168.8.39" name="tongbu"/>-->
27               <!--<remote ip="192.168.8.40" name="tongbu"/>-->
28   </localpath>
```

修改后的配置如下。

```
24 <localpath watch="/data/sersync">   #监听的同步目录路径
25          <remote ip="192.168.22.254" name="backup"/>
                    #目标服务器IP与rsync配置的模块名称
26        </localpath>
```

（2）修改第 31～34 行配置。

修改前的配置如下。

```
31  <auth start="false" users="root" passwordfile="/etc/rsync.pas"/>
32      <userDefinedPort start="false" port="874"/><!-- port=874 -->
33      <timeout start="false" time="100"/><!-- timeout=100 -->
34  <ssh start="false"/>
```

修改后的配置如下。

```
31  <auth start="true" users="rsync_user" passwordfile="/etc/rsync.password"/>
32     <userDefinedPort start="false" port="874"/><!-- port=874 -->
33      <timeout start="true" time="100"/><!-- timeout=100 -->
34  <ssh start="false"/>
```

这里修改的是与 rsync 服务相关的配置：开启认证，修改认证用户与认证密码文件名，开启超时等配置。

（3）修改第 36 行配置。

修改前的配置如下。

```
36 <failLog path="/tmp/rsync_fail_log.sh" timeToExecute="60"/><!--default every
60mins execute once-->
```

修改后的配置如下。

```
36   <failLog path="/usr/local/sersync/logs/rsync_fail_log.sh" timeToExecute="60"/
><!--default every 60mins execute once-->
```

至此，整个安装与配置 sersync 服务的过程全部完成，接下来就可以启动服务与测试数据实时同步功能了。

12.5.5　启动 sersync 服务

为了后续管理使用方便，首先配置全局环境变量，后面可以直接使用 sersync 命令。

```
[root@sersync-s conf]# echo "export PATH=$PATH:/usr/local/sersync/bin">>/etc/profile
[root@sersync-s conf]# source /etc/profile
[root@sersync-s conf]# sersync -h
set the system param
execute: echo 50000000 > /proc/sys/fs/inotify/max_user_watches
execute: echo 327679 > /proc/sys/fs/inotify/max_queued_events
parse the command param
```

sersync 命令的参数说明如下。

- 参数-d：启用守护进程模式。
- 参数-r：在监控前，将监控目录与远程主机用 rsync 命令推送一遍。
- 参数-n：指定开启守护线程的数量，默认为 10 个。
- 参数-o：指定配置文件，默认使用 confxml.xml 文件。
- 参数-m：单独启用其他模块，使用 -m refreshCDN 开启刷新 CDN 模块，使用 -m socket 开启 socket 模块，使用-m http 开启 http 模块。不加-m 参数，则默认执行同步程序。

启动 sersync 服务的命令如下。

```
[root@sersync-s ~]#  sersync -r -d -o /usr/local/sersync/conf/confxml.xml
```

启动的整个过程如图 12-6 所示。

从图 12-5 中可以看出，启动成功后会打印输出监听的目录（watch path is:/data/sersync）。

```
[root@sersync-s ~]# ps -ef|grep sersync
root   11077 1 0 14:33 ? 00:00:00 sersync -r -d -o /usr/local/sersync/conf/confxml.xml
```

```
root  11094  10812  0 14:42 pts/0    00:00:00 grep --color=auto sersync
```

```
[root@sersync-s ~]# sersync -r -d -o /usr/local/sersync/conf/confxml.xml
set the system param
execute: echo 50000000 > /proc/sys/fs/inotify/max_user_watches
execute: echo 327679 > /proc/sys/fs/inotify/max_queued_events
parse the command param
option: -r      rsync all the local files to the remote servers before the sersync work
option: -d      run as a daemon
option: -o      config xml name:   /usr/local/sersync/conf/confxml.xml
daemon thread num: 10
parse xml config file
host ip : localhost     host port: 8008
daemon start, sersync run behind the console
use rsync password-file :
user is rsync_user
passwordfile is         /etc/rsync.password
config xml parse success
please set /etc/rsyncd.conf max connections=0 Manually
sersync working thread 12  = 1(primary thread) + 1(fail retry thread) + 10(daemon sub threads)
Max threads numbers is: 22 = 12(Thread pool nums) + 10(Sub threads)
please according your cpu , use -n param to adjust the cpu rate
------------------------------------------
rsync the directory recursivly to the remote servers once
working please wait...
execute command: cd /data/sersync && rsync -aruz -R --delete ./  --timeout=100 rsync_user@192.168.22.254:
:backup --password-file=/etc/rsync.password >/dev/null 2>&1
run the sersync:
watch path is: /data/sersync
```

图12-6 sersync服务启动过程

12.5.6 测试数据同步

sersync 服务启动完成之后，接下来在指定同步的目录中创建测试数据，来测试文件实时同步。

```
[root@sersync-s ~]# cd /data/sersync/
[root@sersync-s sersync]# cp /root/sersync2.5.4_64bit_binary_stable_final.tar.gz ./
[root@sersync-s sersync]# ll
total 712
-rw-r--r-- 1 root root 727290 Jun 19 14:48 sersync2.5.4_64bit_binary_stable_final.tar.gz
```

在目标服务器指定目录下查看是否同步，操作如下。

```
[root@dest-s ~]# cd /backup/
[root@dest-s backup]# ll
total 712
-rw------- 1 rsync rsync 727290 Jun 19 23:25 sersync2.5.4_64bit_binary_stable_final.tar.gz
```

由此可知同步成功。

其实整个数据同步的过程就是执行下面命令的过程。

```
cd /data/sersync && \
rsync -aruz -R --timeout=100 "./sersync2.5.4_64bit_binary_stable_final.tar.gz" rsync_
user@192.168.22.254::backup --password-file=/etc/rsync.password
```

注意：在实际生产环境中，数据同步服务多数用于备份数据场景。例如，备份数据库的备份文件（一般数据库服务器本地数据保留一周，为了节约空间）。因此，这里需要特别注意以下几点配置。

```
12      <inotify>
13          <delete start="true"/>
14          <createFolder start="true"/>
```

```
15          <createFile start="false"/>
16          <closeWrite start="true"/>
17          <moveFrom start="true"/>
18          <moveTo start="true"/>
19          <attrib start="false"/>
20          <modify start="false"/>
21      </inotify>
```

大多数情况下，可以配置为 createFile start="false"，这样可以减少 rsync 的通信量，从而提高性能。如果配置为 createFolder start="false"，则不会对新增的目录事件进行监控，该目录下的文件与子目录也不会被监控到。如果不需要同步删除目标服务器上的文件或目录，则需要配置为 delete start="false"，对删除事件不做监控。例如，上述例子中的数据库备份文件，默认数据库本地保留一周，备份服务器根据实际需求可能会保留一个月甚至更长。但是如果配置为 delete start="true"，那么当数据库本地删除了过期的数据时，目标服务器备份目录下的数据也会同步被删除。

第 13 章 MySQL 服务常用管理

前面介绍了 MySQL 服务的安装和配置等内容。对于运维人员来说，掌握最基础的安装和配置操作是远远不够的，在日常的生产环境中，还需对服务进行管理，熟悉对数据库和表的操作等。本章就来介绍 MySQL 常用的管理操作。

13.1 MySQL 的基础管理操作

以下操作内容基于 MySQL 5.7.16 版本。

13.1.1 MySQL 服务的启动与停止

在 CentOS 6.x 系统中，启动与停止 MySQL 服务（单实例）的操作命令如下。

```
[root@mysql ~]# /etc/init.d/mysqld start
Starting MySQL..                                        [  OK  ]
[root@mysql ~]#  /etc/init.d/mysqld stop
Shutting down MySQL.....                                [  OK  ]
[root@mysql ~]# /etc/init.d/mysqld status
MySQL is not running                                    [ FAILED ]
```

在 CentOS 7.x 系统中，启动与停止 MySQL 服务（单实例）的操作命令如下。

```
[root@mysql ~]# systemctl start mysqld
[root@mysql ~]# lsof -i :3306
COMMAND  PID  USER   FD   TYPE DEVICE SIZE/OFF NODE NAME
mysqld  1487 mysql   21u  IPv6  23191      0t0  TCP *:mysql (LISTEN)
[root@mysql ~]# systemctl stop mysqld
[root@mysql ~]# lsof -i :3306
```

注意：在实际企业生产环境中，对数据库服务的操作一定要注意是否对业务有影响。千万不要强制使用“kill -9 mysqld”命令终止 MySQL 服务，以免杀掉进程后出现启动不了，甚至丢失数据的状况。

13.1.2 MySQL 服务的登录和退出

启动 MySQL 服务之后，需要登录到 MySQL 数据库中才可以正常管理 MySQL 数据库。

1. 登录 MySQL

命令如下。

```
[root@mysql ~]# mysql -uroot -p
Enter password:                #在实际生产环境中，务必在命令行模式携带密码
Welcome to the MySQL monitor.  Commands end with ; or \g.
Your MySQL connection id is 5
Server version: 5.7.16 MySQL Community Server (GPL)
Copyright (c) 2000, 2016, Oracle and/or its affiliates. All rights reserved.

Oracle is a registered trademark of Oracle Corporation and/or its
affiliates. Other names may be trademarks of their respective
owners.

Type 'help;' or '\h' for help. Type '\c' to clear the current input statement.

mysql>
```

和 Linux 系统相同，也可以在当前模式下输入“help”命令查看相关帮助信息。

```
mysql> help
For information about MySQL products and services, visit:
   http://www.mysql.com/
For developer information, including the MySQL Reference Manual, visit:
   http://dev.mysql.com/
To buy MySQL Enterprise support, training, or other products, visit:
   https://shop.mysql.com/

List of all MySQL commands:
Note that all text commands must be first on line and end with ';'
?          (\?) Synonym for 'help'.
clear      (\c) Clear the current input statement.
connect    (\r) Reconnect to the server. Optional arguments are db and host.
delimiter (\d) Set statement delimiter.
edit       (\e) Edit command with $EDITOR.
ego        (\G) Send command to mysql server, display result vertically.
exit       (\q) Exit mysql. Same as quit.
go         (\g) Send command to mysql server.
help       (\h) Display this help.
nopager    (\n) Disable pager, print to stdout.
notee      (\t) Don't write into outfile.
pager      (\P) Set PAGER [to_pager]. Print the query results via PAGER.
print      (\p) Print current command.
prompt     (\R) Change your mysql prompt.
quit       (\q) Quit mysql.
rehash     (\#) Rebuild completion hash.
source     (\.) Execute an SQL script file. Takes a file name as an argument.
status     (\s) Get status information from the server.
system     (\!) Execute a system shell command.
tee        (\T) Set outfile [to_outfile]. Append everything into given outfile.
use        (\u) Use another database. Takes database name as argument.
charset    (\C) Switch to another charset. Might be needed for processing binlog with
multi-byte charsets.
warnings   (\W) Show warnings after every statement.
nowarning (\w) Don't show warnings after every statement.
resetconnection(\x) Clean session context.
For server side help, type 'help contents'
```

有兴趣的读者可以访问 MySQL 服务的官方网站查阅相关操作命令语法。

2. 退出登录

从上述的帮助信息中可知，在当前的模式下输入“quit”或“\q”可以退出当前登录状态，如下所示。

```
mysql> \q
Bye
[root@mysql ~]# mysql -uroot -p
```

```
Enter password:
Welcome to the MySQL monitor.  Commands end with ; or \g.
Your MySQL connection id is 6
Server version: 5.7.16 MySQL Community Server (GPL)
Copyright (c) 2000, 2016, Oracle and/or its affiliates. All rights reserved.

Oracle is a registered trademark of Oracle Corporation and/or its
affiliates. Other names may be trademarks of their respective
owners.
Type 'help;' or '\h' for help. Type '\c' to clear the current input statement.

mysql> quit
Bye
```

13.1.3 MySQL 服务密码修改与找回

1. 修改密码

方法一：

```
[root@mysql ~]# mysqladmin -u root -p'test12345' password 'Aa12345'
mysqladmin: [Warning] Using a password on the command line interface can be insecure.
Warning: Since password will be sent to server in plain text, use ssl connection to
ensure password safety.
```

出现警告信息，提示密码是以明文方式发送给了服务器，不安全，所以一般不推荐此种方法来修改 MySQL 的密码。

方法二：

```
mysql> use mysql;
Reading table information for completion of table and column names
You can turn off this feature to get a quicker startup with -A
Database changed
mysql> update user set passowrd = PASSWORD('MinGongGe') where user = 'root';flush
privileges;
ERROR 1054 (42S22): Unknown column 'passowrd' in 'field list'
Query OK, 0 rows affected (0.00 sec)
```

出现错误提示，是因为在 MySQL 5.7 的 user 表中的 password 字段已经更改成了 authentication_string。因此，需要使用下面的命令更改密码。

```
mysql> update user set authentication_string = PASSWORD('MinGongGe') where user =
'root';flush privileges;
Query OK, 1 row affected, 1 warning (0.01 sec)
Rows matched: 1  Changed: 1  Warnings: 1
Query OK, 0 rows affected (0.00 sec)
```

方法三：

```
mysql> alter user root@localhost identified by 'Aa123456';
Query OK, 0 rows affected (0.00 sec)

mysql> flush privileges;
Query OK, 0 rows affected (0.00 sec)
```

更改 MySQL 数据库用户密码的方法有很多，这里只简单介绍了 3 种方法，只要能满足实际生产环境的需求即可。对运维人员和 DBA 人员来说，一切以实际生产需求出发，能用自己的方法去解决实际问题才是最重要的。

注意：方法二与方法三是推荐使用的方法，方法三更加简单，实际生产环境中的操作视个人使用习惯而定。

2. 找回密码

在实际生产环境中，可能服务不是自己安装的，而相关人员已离职且无文档，或者自己长时间不操作忘记了密码。这时我们需要找回密码，否则无法登录与操作数据库。

首先，需要停止服务。

```
[root@mysql ~]# systemctl stop mysqld
[root@mysql ~]# ps -ef|grep mysqld
root       2140    1257  0 12:16 pts/0    00:00:00 grep --color=auto mysqld
[root@mysql ~]# lsof -i :3306
```

接下来，通过忽略 MySQL 授权表的方式启动数据库服务，启动服务后修改密码，利用这种方法找回丢失的数据库用户密码。

忽略 MySQL 授权表的配置方式有以下两种。

（1）直接配置在 my.cnf 配置文件中，如下所示。

```
[mysqld]
skip-grant-tables
```

修改完成配置文件之后，重新启动 MySQL 服务，之后就可以使用空密码登录操作了。

（2）以下面的方式启动服务。

```
[root@mysql ~]# mysqld_safe --skip-grant-tables &
[1] 2143
[root@mysql ~]# mysql -uroot -p
Enter password:
Welcome to the MySQL monitor.  Commands end with ; or \g.
Your MySQL connection id is 2
Server version: 5.7.16 MySQL Community Server (GPL)

Copyright (c) 2000, 2016, Oracle and/or its affiliates. All rights reserved.

Oracle is a registered trademark of Oracle Corporation and/or its
affiliates. Other names may be trademarks of their respective
owners.

Type 'help;' or '\h' for help. Type '\c' to clear the current input statement.

mysql>
```

利用密码成功登录后，按照前面修改密码的方法进行修改，之后就可以通过新密码登录数据库了。

13.2　MySQL 数据库常用管理操作

本节介绍针对数据库的一些常用的操作命令。

13.2.1　创建、删除数据库

1．创建数据库

创建数据库的命令如下。

```
create database database_name
```

实例操作如下。

```
mysql> create database test_db;
Query OK, 1 row affected (0.00 sec)
mysql> show databases like 'test%';
+-----------------------+
| Database (test%) |
+-----------------------+
| test_db            |
+-----------------------+
1 row in set (0.00 sec)
```

这种方法是创建默认字符集的数据库。

字符集是一套编码方案。每种字符集都可能有多种校对规则，但都有一个默认的校对规则。MySQL 数据库支持多种字符集。在同一台服务器上的同一个数据库中，同一个表的不同字段可以指定不同的字符集。

MySQL 数据库默认的字符集如图 13-1 所示。

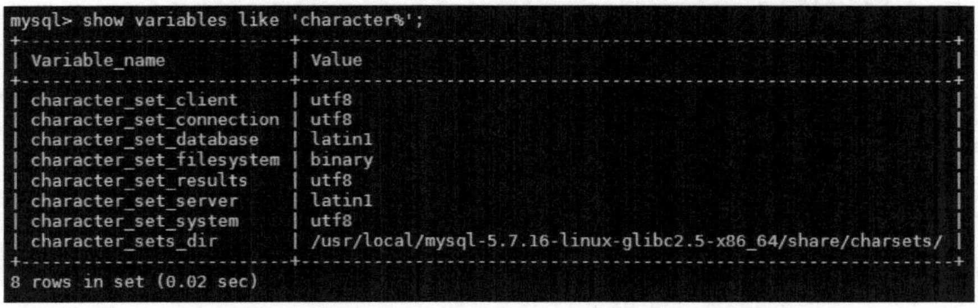

```
mysql> show variables like 'character%';
+--------------------------+-------------------------------------------------------------+
| Variable_name            | Value                                                       |
+--------------------------+-------------------------------------------------------------+
| character_set_client     | utf8                                                        |
| character_set_connection | utf8                                                        |
| character_set_database   | latin1                                                      |
| character_set_filesystem | binary                                                      |
| character_set_results    | utf8                                                        |
| character_set_server     | latin1                                                      |
| character_set_system     | utf8                                                        |
| character_sets_dir       | /usr/local/mysql-5.7.16-linux-glibc2.5-x86_64/share/charsets/ |
+--------------------------+-------------------------------------------------------------+
8 rows in set (0.02 sec)
```

图13-1　MySQL数据库默认的字符集

我们可以通过下面的命令来查看默认的字符集是什么字符集，如图 13-2 所示。

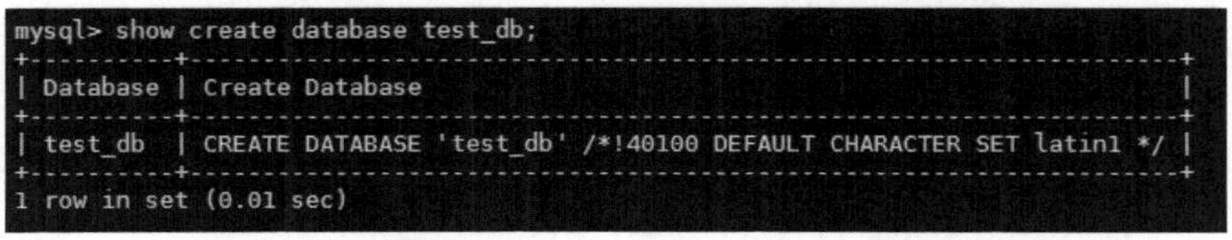

```
mysql> show create database test_db;
+----------+--------------------------------------------------------------------+
| Database | Create Database                                                    |
+----------+--------------------------------------------------------------------+
| test_db  | CREATE DATABASE `test_db` /*!40100 DEFAULT CHARACTER SET latin1 */ |
+----------+--------------------------------------------------------------------+
1 row in set (0.01 sec)
```

图13-2　查看数据库默认的字符集

从图 13-2 的结果可以看出，默认的字符集是 latin1 拉丁字符集。

我们在创建数据库时可以指定创建何种字符集的数据库，例如，下面创建一个 utf8 字符集的数据库 test_db1。

```
mysql> create database test_db1 DEFAULT CHARACTER SET utf8 COLLATE utf8_general_ci;
```

```
Query OK, 1 row affected (0.00 sec)
mysql> show create database test_db1;
+-----------+-----------------------------------------------------------------+
|Database|  CreateDatabase                                                   |
+-----------+-----------------------------------------------------------------+
| test_db1 | CREATE DATABASE 'test_db1' /*!40100 DEFAULT CHARACTER SET utf8 */ |
+----------+------------------------------------------------------------------+
1 row in set (0.00 sec)
```

2．删除数据库

删除数据库的命令语法如下。

```
drop database database_name
```

实例操作如下。

```
mysql> show databases like 'test%';
+-----------------------+
| Database (test%) |
+-----------------------+
| test_db          |
| test_db1         |
+-----------------------+
1 row in set (0.00 sec)
mysql> DROP DATABASE test_db;
```

从结果中发现，数据库 test_db 已经被删除。

13.2.2　连接数据库

连接数据库其实就是切换到所需的数据库下，连接数据库的命令语法如下。

```
use database_name
```

“use”命令的功能等同于 Linux 系统下的“cd”命令。

实例操作如下。

```
mysql> use test_db1;
Database changed
mysql> select database();    #查看当前连接的数据库
+-----------------+
| database()  |
+----------------+
| test_db1   |
+-----------------+
1 row in set (0.00 sec)
```

13.2.3　创建与删除用户

前面的章节中介绍了在 Linux 系统安装完成后，为了系统安全，会创建一些普通用户来操作。对于 MySQL 数据库也是一样，可以针对每一个数据库都创建一个对应的用户来管理它。

1．创建用户

创建用户的命令语法如下。

```
create user 'username'@'host' identified by 'password'
```

实例操作如下。

```
mysql> create user 'testdb_user'@'localhost' identified by 'Test12345';
Query OK, 0 rows affected (0.00 sec)
mysql> select user from mysql.user\G
*************************** 1. row ***************************
user: mysql.sys
*************************** 2. row ***************************
user: root
*************************** 3. row ***************************
user: testdb_user
3 rows in set (0.01 sec)
```

在 MySQL 数据库中，还可以用另一种方法来创建用户，如下所示。

```
mysql> grant all on test_db1.* to 'testdb1_user'@localhost identified by 'testDB123';
Query OK, 0 rows affected, 1 warning (0.00 sec)

mysql> select user from mysql.user\G
*************************** 1. row ***************************
user: mysql.sys
*************************** 2. row ***************************
user: root
*************************** 3. row ***************************
user: testdb1_user
*************************** 4. row ***************************
user: testdb_user
4 rows in set (0.00 sec)
```

注意：两种方法的区别在于，第一种方法只是单纯创建了一个用户，第二种方法既创建用户，又对用户进行了相关授权（权限相关内容见后面的介绍）。

2. 删除用户

删除用户的命令语法如下。

```
drop user 'user_name'@'host'
```

实例操作如下。

```
mysql>
mysql> select user,host from mysql.user\G
*************************** 1. row ***************************
user: mysql.sys
host: localhost
*************************** 2. row ***************************
user: root
host: localhost
*************************** 3. row ***************************
user: testdb1_user
host: localhost
*************************** 4. row ***************************
user: testdb_user
host: localhost
4 rows in set (0.00 sec)

mysql> drop user testdb_user@localhost;
Query OK, 0 rows affected (0.00 sec)

mysql> select user,host from mysql.user\G
```

```
*************************** 1. row ***************************
user: mysql.sys
host: localhost
*************************** 2. row ***************************
user: root
host: localhost
*************************** 3. row ***************************
user: testdb1_user
host: localhost
3 rows in set (0.00 sec)
```

从结果中可以看出，testdb_user 这个用户已经被删除。

13.2.4　权限管理

MySQL 数据库是基于用户管理数据库权限，比如授权哪个用户管理哪个数据库，或者哪个用户对这个数据库有哪些操作权限，用户远程访问数据库权限等。

1．用户远程连接权限

一般用户连接登录数据库采用本地登录模式，如下所示。

```
[root@mysql ~]# mysql -uroot -p
Enter password:
[root@mysql ~]# mysql -uroot -p -h locahost
Enter password:
```

上面两种登录连接数据库的方法功能相同，都是本地登录连接。如果用户需要在外网或其他网段远程登录数据库，则需要对其登录进行相关授权，操作命令如下。

```
mysql> grant all on *.* to 'testuser'@'10.0.0.100' identified by 'TestUser';
```

上面命令的作用：授权只允许 testuser 用户在 IP 为 10.0.0.100 的主机上远程连接 MySQL 数据库，且 testuser 用户对 MySQL 数据库中的所有库和表都拥有全部权限。

```
mysql> grant all on *.* to 'testuser'@'%' identified by 'TestUser';
```

上面命令的作用：授权允许 testuser 用户在任意主机上远程连接 MySQL 数据库，且 testuser 用户对 MySQL 数据库中的所有库和表都拥有全部权限。

```
mysql> grant all on *.* to 'testuser'@'172.16.100.%' identified by 'TestUser';
```

上面命令的作用：授权只允许 testuser 用户在 IP 地址段为 172.16.100.x 这些主机上远程连接 MySQL 数据库，且 testuser 用户对 MySQL 数据库中的所有库和表都拥有全部权限。

2．用户管理数据库权限

上面介绍的用户对于数据库的权限都是全部权限，但在实际生产环境中，数据库的用户权限控制是非常严格的。例如，一般会分为只有查询权限的用户，有增、删、更权限的用户等。所以，按业务需求来分配用户权限是非常有必要的。

```
mysql> grant select,update,insert,delete on testdb_db1.* to 'testuser'@'172.16.100.%'
identified by 'TestUser';
```

上面命令的作用：授权只允许 testuser 用户在 IP 地址段为 172.16.100.x 这些主机上远程连接 MySQL 数据库，且 testuser 用户对 MySQL 数据库中的 testdb_db1 数据库的所有表都有查询、更新、插入、删除权限。

3. 用户权限回收

用户权限回收的命令语法格式如下。

```
revoke all privileges, grant option from user [, user] ...
revoke proxy on user from user [, user] ...
```

实例操作如下。

首先授予 dba_user 用户全部权限。

```
mysql> grant all privileges on testdb1.* to dba_user@localhost identified by 'Aa123456';
Query OK, 0 rows affected, 1 warning (0.00 sec)

mysql> flush privileges;
Query OK, 0 rows affected (0.00 sec)
```

接下来回收 dba_user 用户对所有表的查询和插入权限，操作如下。

```
mysql> revoke insert,select on testdb1.* from  dba_user@localhost;
Query OK, 0 rows affected (0.00 sec)

mysql> show grants for dba_user@localhost\G
*************************** 1. row ***************************
Grants for dba_user@localhost: GRANT USAGE ON *.* TO 'dba_user'@'localhost'
*************************** 2. row ***************************
Grants for dba_user@localhost: GRANT UPDATE, DELETE, CREATE, DROP, REFERENCES, INDEX,
ALTER, CREATE TEMPORARY TABLES, LOCK TABLES, EXECUTE, CREATE VIEW, SHOW VIEW, CREATE
ROUTINE, ALTER ROUTINE, EVENT, TRIGGER ON 'testdb1'.* TO 'dba_user'@'localhost'
2 rows in set (0.00 sec)
```

注意：从命令的输出结果也可知，这个 all 权限到底包括哪些权限。

13.3 MySQL 数据库表管理

在 MySQL 数据库中，针对库的操作无非就是创建数据库、对用户管理数据库进行授权等。在实际生产环境中，对数据库的操作大部分是针对表的。因此，数据库表的操作是非常重要的。

13.3.1 创建表

创建 MySQL 数据表需要以下信息。

（1）表名。

（2）表字段名。

（3）定义每个表字段。

创建表的操作如下。

```
mysql> use test_db1;                    #进入数据库创建表
```

```
Database changed
mysql> create table test(id int(4) not null,name char(20) not null);
Query OK, 0 rows affected (0.05 sec)
mysql> show create table test\G     #查看建表过程
*************************** 1. row ***************************
       Table: test
Create Table: CREATE TABLE 'test' (
  'id' int(4) NOT NULL,
  'name' char(20) NOT NULL
) ENGINE=InnoDB DEFAULT CHARSET=utf8
1 row in set (0.11 sec)
```

13.3.2　表结构

当数据库表创建完成后，我们可以通过上面的命令查看建表的过程，使用“desc”命令也可以查看已存在表的具体结构。表结构包括表名、表中有哪些字段、名字段的名称、字段类型等一些基础信息。

例如，查看 test 表的表结构，结果如图 13-3 所示。

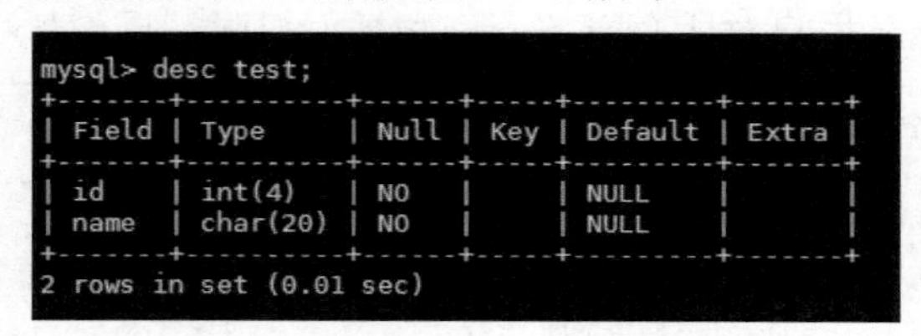

```
mysql> desc test;
+-------+----------+------+-----+---------+-------+
| Field | Type     | Null | Key | Default | Extra |
+-------+----------+------+-----+---------+-------+
| id    | int(4)   | NO   |     | NULL    |       |
| name  | char(20) | NO   |     | NULL    |       |
+-------+----------+------+-----+---------+-------+
2 rows in set (0.01 sec)
```

图13-3　test表的表结构

13.3.3　表主键

1. 表主键的含义和作用

关系型数据库中的一条记录有若干个属性，如其中一个属性组能唯一标识一条记录，那么此属性组就可以称为一个主键。主键在表中必须唯一，且不可以为空。主键的作用如下。

（1）保证实体（数据库）的完整性。

（2）加快数据库表的查询速度。

（3）数据库会按主键值的顺序来显示表中的记录，如果没有主键，则按写入表中的先后顺序来显示。

例如，在人员信息表中，一条记录可以包括姓名、性别、年龄、身份证号等信息。身份证号是唯一可以确定某个人的标识，所以身份证号可以作为主键。

2. 创建主键

主键可以在创建表时一同创建，方法如下。

```
mysql> create table table1( id int(4) not null primary key auto_increment, name ch
ar(20) not null, age char(33) not null);
Query OK, 0 rows affected (0.14 sec)
mysql> show create table table1\G
*************************** 1. row ***************************
```

```
       Table: table1
Create Table: CREATE TABLE 'table1' (
  'id' int(4) NOT NULL AUTO_INCREMENT,
  'name' char(20) NOT NULL,
  'age' char(3) NOT NULL,
  PRIMARY KEY ('id')        #id列是表的主键
) ENGINE=InnoDB DEFAULT CHARSET=utf8
1 row in set (0.01 sec)
```

除了在创建表的同时创建主键，还可以在后期更新时增加主键，具体命令如下。

```
mysql> alter table table1 add PRIMARY KEY(id);
```

注意：上面的方法不太常用，这是因为一般在设计表时就会考虑到主键。

3．删除主键

删除主键的操作示例如下。

```
mysql> show create table mingongge\G
*************************** 1. row ***************************
       Table: mingongge
Create Table: CREATE TABLE 'mingongge' (
  'id' int(4) NOT NULL,
  'name' char(20) NOT NULL,
  PRIMARY KEY ('id')
) ENGINE=InnoDB DEFAULT CHARSET=utf8
1 row in set (0.00 sec)

mysql> alter table mingongge drop PRIMARY KEY;
Query OK, 0 rows affected (6.06 sec)
Records: 0  Duplicates: 0  Warnings: 0

mysql> show create table mingongge\G
*************************** 1. row ***************************
       Table: mingongge
Create Table: CREATE TABLE 'mingongge' (
  'id' int(4) NOT NULL,
  'name' char(20) NOT NULL
) ENGINE=InnoDB DEFAULT CHARSET=utf8
1 row in set (0.01 sec)
```

从结果中可知，主键已删除。

13.3.4 表索引

在关系型数据库中，索引是一种单独的、物理的对数据库表中一列或多列的值进行排序的存储结构，它是某个表中一列或若干列值的集合和相应的指向表中物理标识值的数据页的逻辑指针清单。索引和书的目录一样，可以帮助我们快速地查询到想要的信息。建立索引的目的就是提高表数据的查询速度。

表索引的建立方法和主键一样，有如下两种方法。

方法一：建表的同时创建索引。

```
mysql>  create table student(id int(4) not null primary key auto_increment,name
char(20) not null,KEY 'index_name' ('name'));
Query OK, 0 rows affected (0.11 sec)
```

查看表是否创建了索引的方法如下。

```
mysql> show index from student\G
*************************** 1. row ***************************
        Table: student
   Non_unique: 0
     Key_name: PRIMARY
 Seq_in_index: 1
  Column_name: id
    Collation: A
  Cardinality: 0
     Sub_part: NULL
       Packed: NULL
         Null:
   Index_type: BTREE
      Comment:
Index_comment:
*************************** 2. row ***************************
        Table: student
   Non_unique: 1
     Key_name: index_name
 Seq_in_index: 1
  Column_name: name
    Collation: A
  Cardinality: 0
     Sub_part: NULL
       Packed: NULL
         Null:
   Index_type: BTREE
      Comment:
Index_comment:
2 rows in set (0.00 sec)
```

还可以通过表结构来查看是否创建了表索引，如图 13-4 所示。

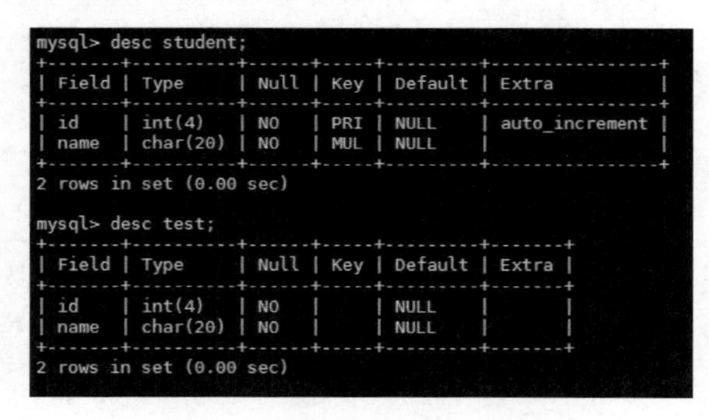

```
mysql> desc student;
+-------+----------+------+-----+---------+----------------+
| Field | Type     | Null | Key | Default | Extra          |
+-------+----------+------+-----+---------+----------------+
| id    | int(4)   | NO   | PRI | NULL    | auto_increment |
| name  | char(20) | NO   | MUL | NULL    |                |
+-------+----------+------+-----+---------+----------------+
2 rows in set (0.00 sec)

mysql> desc test;
+-------+----------+------+-----+---------+-------+
| Field | Type     | Null | Key | Default | Extra |
+-------+----------+------+-----+---------+-------+
| id    | int(4)   | NO   |     | NULL    |       |
| name  | char(20) | NO   |     | NULL    |       |
+-------+----------+------+-----+---------+-------+
2 rows in set (0.00 sec)
```

图13-4　通过表结构查看表索引

对比两个表结构就可以发现，已创建索引的列在 key 中显示“MUL”，没有创建索引的列则显示为空。

方法二：建表后创建索引。

```
mysql> alter table test add index index_test(name);
Query OK, 0 rows affected (0.08 sec)
Records: 0  Duplicates: 0  Warnings: 0
mysql> show index from test\G
*************************** 1. row ***************************
        Table: test
   Non_unique: 1
     Key_name: index_test
 Seq_in_index: 1
```

```
    Column_name: name
      Collation: A
    Cardinality: 0
       Sub_part: NULL
         Packed: NULL
           Null:
     Index_type: BTREE
        Comment:
  Index_comment:
  1 row in set (0.00 sec)
```

13.4　表数据操作

13.4.1　插入数据

向表中插入数据命令的语法如下。

```
insert into 表名  字段名1 字段名2 ...  values(值1),(值2) ...
```

更多相关的用法可以登录数据库后输入“help insert”命令查看帮助信息。

插入数据的方法有很多种，比如向指定的列插入数据、批量插入数据等。

实例操作如下。

```
mysql> insert into test(id,name) values(1,'mingongge');
Query OK, 1 row affected (0.06 sec)

mysql> select * from test\G
*************************** 1. row ***************************
  id: 1
name: mingongge
1 row in set (0.00 sec)
```

上面的方式是向各指定的列中插入数据。

```
mysql> insert into test  values(2,'mingongge'),(3,'mgg'),(4,'xiaoke');
Query OK, 3 rows affected (0.06 sec)
Records: 3  Duplicates: 0  Warnings: 0

mysql> select * from test;
+----+-----------+
| id | name      |
+----+-----------+
|  1 | mingongge |
|  2 | mingongge |
|  3 | mgg       |
|  4 | xiaoke    |
+----+-----------+
4 rows in set (0.00 sec)
```

上面的方式是批量插入数据。

13.4.2　查询数据

查询表中数据命令的语法格式如下。

```
select [字段名][*] .... 表名   where 条件表达式
```

实例操作如下。

```
mysql> select * from test;
+----+-----------+
| id | name      |
+----+-----------+
|  1 | mingongge |
|  2 | mingongge |
|  3 | mgg       |
|  4 | xiaoke    |
+----+-----------+
4 rows in set (0.00 sec)
```

上面的操作是查询 test 表里所有的数据。

```
mysql> select name from test where name='mingongge';
+-----------+
| name      |
+-----------+
| mingongge |
| mingongge |
+-----------+
2 rows in set (0.01 sec)
```

上面的操作是查询 test 表里字段名为 name 且值为 mingongge 的数据。

```
mysql> select name from test where id='2' and name='mingongge';
+------------+
| name       |
+------------+
| mingongge  |
+------------+
1 row in set (0.00 sec)
```

上面的操作是查询 test 表里字段名为 name、值为 mingongge 且 id 是 2 的数据。

13.4.3　修改（更新）数据

修改表中数据命令的语法格式如下。

```
update 表名 set 字段名='new values'   where 条件表达式
```

实例操作如下。

```
mysql> select * from test;
+----+-----------+
| id | name      |
+----+-----------+
|  1 | mingongge |
|  2 | mingongge |
|  3 | mgg       |
|  4 | xiaoke    |
+----+-----------+
4 rows in set (0.00 sec)

mysql> update test set name='Mgg' where id='2';
Query OK, 1 row affected (0.07 sec)
Rows matched: 1  Changed: 1  Warnings: 0
```

```
mysql> select * from test where id='2';
+----+------+
| id | name |
+----+------+
|  2 | Mgg  |
+----+------+
1 row in set (0.00 sec)
```

注意：在更新、修改表数据时，一定要加上条件，否则全表数据都将被更改，示例如下。

```
mysql> select * from test;
+-----+-----------+
| id  | name      |
+-----+-----------+
|  1  | mingongge |
|  2  | Mgg       |
|  3  | mgg       |
|  4  | xiaoke    |
+-----+-----------+
4 rows in set (0.00 sec)

mysql> update test set name='mmmm';
Query OK, 4 rows affected (0.00 sec)
Rows matched: 4  Changed: 4  Warnings: 0
mysql> select * from test;
+-----+------+
| id  | name |
+-----+------+
|  1  | mmmm |
|  2  | mmmm |
|  3  | mmmm |
|  4  | mmmm |
+-----+------+
4 rows in set (0.00 sec)
```

这种操作是很危险的，切记。

13.4.4　删除数据

删除表中数据命令的语法格式如下。

```
delete  from 表名 where 条件表达式
```

实例操作如下。

```
mysql> select * from test;
+----+-----------+
| id | name      |
+----+-----------+
|  1 | mgg       |
|  2 | mingongge |
|  3 | mmmm      |
|  4 | MinGongGe |
+----+-----------+
4 rows in set (0.00 sec)

mysql> delete from test where id=3;
Query OK, 1 row affected (0.07 sec)

mysql> select * from test;
```

```
+----+-----------+
| id | name      |
+----+-----------+
|  1 | mgg       |
|  2 | mingongge |
|  4 | MinGongGe |
+----+-----------+
3 rows in set (0.00 sec)
```

13.4.5 表字段的增删

表字段的增删命令语法格式如下。

```
alter table 表名 [add][drop] 字段名 类型 others
```

实例操作如下。

1. 增加字段

命令如下。

```
mysql> desc test;
+----------+------------+------+---------+-----------+-------+
| Field  | Type     | Null | Key   | Default | Extra |
+--------+------------+------+---------+----------+-------+
| id     | int(4)   | NO   |       | NULL   |        |
| name | char(20) | NO   | MUL | NULL   |        |
+-------+----------+--------+-------+---------+---------+
2 rows in set (0.00 sec)
mysql> alter table test add sex char(6);
Query OK, 0 rows affected (0.16 sec)
Records: 0  Duplicates: 0  Warnings: 0

mysql> desc test;
+-------+----------+------+-----+---------+-------+
| Field | Type     | Null | Key | Default | Extra |
+-------+----------+------+-----+---------+-------+
| id    | int(4)   | NO   |     | NULL    |       |
| name  | char(20) | NO   | MUL | NULL    |       |
| sex   | char(6)  | YES  |     | NULL    |       |
+-------+----------+------+-----+---------+-------+
3 rows in set (0.00 sec)
```

新增加的列默认是在所有已存在的列的最后面。当然，也可以指定在某列后新增列，示例如下。

```
mysql> alter table test add age int(3) after name;
Query OK, 0 rows affected (0.19 sec)
Records: 0  Duplicates: 0  Warnings: 0

mysql> desc test;
+--------+-----------+--------+---------+----------+---------+
| Field | Type      | Null   | Key   | Default  |  Extra |
+--------+-----------+---------+--------+----------+---------+
| id    | int(4)   | NO   |     | NULL    |       |
| name  | char(20) | NO   | MUL | NULL    |       |
| age   | int(3)   | YES  |     | NULL    |       |
| sex   | char(6)  | YES  |     | NULL    |       |
+---------+----------+---------+--------+-----------+----------+
4 rows in set (0.00 sec)
```

2．删除字段

命令如下。

```
mysql> alter table test drop sex;
Query OK, 0 rows affected (0.22 sec)
Records: 0  Duplicates: 0  Warnings: 0

mysql> desc test;
+-------+-------------+------+-------+--------------+------------+
| Field | Type---     | Null | Key | Default | Extra |
+-------+------------+--------+---------+-------------+------------+
| id    | int(4)    | NO   |     | NULL     |         |
| name  | char(20)  | NO   | MUL | NULL     |         |
| age   | int(3)    | YES  |     | NULL     |         |
+-------+--------------+--------+--------+-------------+-----------+
3 rows in set (0.00 sec)
```

13.4.6　表更名

表更名命令的语法格式如下。

```
rename table  原表名 to 新表名
```

实例操作如下。

```
mysql> show tables;
+--------------------+
| Tables_in_test_db1 |
+--------------------+
| mingongge          |
| student            |
| table1             |
| test               |
+--------------------+
4 rows in set (0.00 sec)

mysql> rename table table1 to xuesheng;
Query OK, 0 rows affected (0.05 sec)

mysql> show tables;
+--------------------+
| Tables_in_test_db1 |
+--------------------+
| mingongge          |
| student            |
| test               |
| xuesheng           |
+--------------------+
4 rows in set (0.00 sec)
```

13.4.7　删除表

删除表命令的语法格式如下。

```
drop table 表名
```

实例操作如下。

```
mysql> show tables;
+--------------------+
| Tables_in_test_db1 |
+--------------------+
| mingongge          |
| student            |
| test               |
| xuesheng           |
+--------------------+
4 rows in set (0.00 sec)

mysql> drop table test;
Query OK, 0 rows affected (0.04 sec)

mysql> show tables;
+--------------------+
| Tables_in_test_db1 |
+--------------------+
| mingongge          |
| student            |
| xuesheng           |
+--------------------+
3 rows in set (0.00 sec)
```

第 14 章 MySQL 数据库的备份与恢复

在实际生产环境中，对于任何一家公司来说，数据都是生命线。因此，数据库的备份与恢复尤为重要。本章就来介绍 MySQL 数据库的备份与恢复。

14.1 数据库备份概述

14.1.1 全量与增量备份

熟悉或者操作过 SQL Server 数据库的人员一定知道全量备份与增量备份这两个名词。同样，MySQL 数据库也有全量备份与增量备份。

1．全量备份

顾名思义，全量备份就是将数据库里所有的数据全部备份。

也就是说，无论数据库的大小、表的多少，只要是全量备份时，就将全部的数据备份。此种备份方式比较占用磁盘空间，每次的全量备份文件中都存在冗余的数据。在实际生产操作环境中，一般每天会有一次定时的全量备份。

2．增量备份

增量备份是备份上次全量备份之后所更新的数据。

例如，上一次全量备份的时间为 00:00，现在时间是早晨 8:00。如果现在执行增量备份，也就是备份从 00:00 全量备份后到 8:00 所产生的数据。这种备份方法在实际生产环境中比较常用，好处是可以在恢复时只恢复某个时间段的数据，从而减少执行恢复的时间，提高恢复效率。

MySQL 数据库的增量备份是备份数据库的二进制日志文件，二进制日志文件记录的是对数据库更新操作的 SQL 语句，但不包括查询操作。二进制日志文件的产生需要在配置文件中开启，配置如下。

```
[mysqld]
-----------
log-bin = /usr/local/mysql/data/mysql-bin
```

当对数据库表更新和插入数据时，手工刷新 binlog 日志时会产生新的二进制日志文件。

14.1.2　数据库备份方法

比较常用的数据库备份方法是物理备份和逻辑备份。

1．物理备份

物理备份是使用相关的复制命令（如 cp、tar 等）直接将数据库的数据目录中的数据复制一份或多份副本。

此种备份方法的缺点是，当复制数据目录中的数据时，数据库仍然会有写入等操作，因此可能会造成一部分数据丢失。在数据库需要进行停机、停服迁移时，直接使用物理备份方法比较好。

2．逻辑备份

逻辑备份是使用 MySQL 服务自带的 mysqldump 命令把需要的数据以 SQL 语句的形式存储。在恢复数据库时，使用 mysql 恢复命令将 SQL 语句重新在数据库执行一次。

14.2　MySQL 数据库备份操作

14.2.1　库备份

1．单库备份

单库备份是指只备份指定的某一个数据库，操作如下。

```
[root@mysql ~]# mysqldump -uroot -p test_db1 >/backup/test_db1_bak_$(date +%F).sql
Enter password:
[root@mysql ~]# ll /backup/
total 4
-rw-r--r-- 1 root root 3031 Aug 21 09:16 test_db1_bak_2018-08-21.sql
```

将备份文件中的一些不必要输出过滤掉，具体如下。

```
[root@mysql ~]# egrep -v "^--|\*|^$" /backup/test_db1_bak_2018-08-21.sql
DROP TABLE IF EXISTS 'mingongge';
CREATE TABLE 'mingongge' (
  'id' int(4) NOT NULL,
  'name' char(20) NOT NULL
) ENGINE=InnoDB DEFAULT CHARSET=utf8;
LOCK TABLES 'mingongge' WRITE;
UNLOCK TABLES;
DROP TABLE IF EXISTS 'student';
CREATE TABLE 'student' (
  'id' int(4) NOT NULL AUTO_INCREMENT,
  'name' char(20) NOT NULL,
  PRIMARY KEY ('id'),
  KEY 'index_name' ('name')
) ENGINE=InnoDB DEFAULT CHARSET=utf8;
LOCK TABLES 'student' WRITE;
UNLOCK TABLES;
DROP TABLE IF EXISTS 'xuesheng';
CREATE TABLE 'xuesheng' (
  'id' int(4) NOT NULL AUTO_INCREMENT,
```

```
  'name' char(20) NOT NULL,
  'age' char(3) NOT NULL,
  PRIMARY KEY ('id')
) ENGINE=InnoDB DEFAULT CHARSET=utf8;
LOCK TABLES 'xuesheng' WRITE;
UNLOCK TABLES;
```

从上述结果可以看出，mysqldump 命令的备份原理就是将一系列更新和插入等操作的 SQL 语句导出。

这里需要注意的是，在恢复上述备份文件时必须事先建立好新库，否则无法恢复数据，因为上述语句中没有建库的语句。解决方法是执行备份操作时加上“-B”参数，备份命令可以写成如下形式。

```
mysqldump -uroot -p -B test_db1 >/backup/test_db1_bak_$(date +%F).sql
```

2. 多库备份

多库备份就是同时备份多个库，也可以将整个 MySQL 数据库全部备份。需要注意的是，这种备份方法存在一个很严重的问题，如果恢复时只需恢复其中某一个或某几个库，那么就不容易操作。一般不建议用这种方式进行备份。

备份多个库的操作命令如下。

```
mysqldump -uroot -p test_db1 testdb mysql  >/backup/data_bak_$(date +%F).sql
```

备份所有库的操作命令如下，其中-A 参数就是 all 的含义。

```
mysqldump -uroot -p -A -B  >/backup/all_bak_$(date +%F).sql
```

3. 分库备份

分库备份是为了解决上面多库备份在同一个备份文件造成的问题。分库备份的实质也就是针对单库进行备份。

这种备份方法在实际生产环境中是比较常用的。一般分库备份会使用脚本，然后将脚本加入定时任务定期执行。接下来，以一个简单的分库备份脚本为例，来实现自动分库备份的功能，具体如下。

```
[root@mysql ~]#  cd /server/scripts/
[root@mysql scripts]# vim fenku_bak.sh
#!/bin/sh
#This scripts is for auto backup databases
#create by mingongge at 2018-08-21
MYSQL_CMD=/usr/local/mysql/bin/mysqldump
MYSQL_USER=root
MYSQL_PWD=123456
DATA='date +%F'

for DBname in test testdb testDB1
do
   ${MYSQL_CMD} -u${MYSQL_USER} -p${MYSQL_PWD} --compact -B ${DBname} | gzip >/backup/
${DBname}_${DATA}.sql.gz
done
```

执行脚本后，查看结果如下。

```
[root@mysql scripts]# chmod +x fenku_bak.sh
[root@mysql scripts]# sh fenku_bak.sh
[root@mysql scripts]# ll /backup/
total 12
-rw-r--r-- 1 root root 115 Aug 22 02:22 test_2018-08-22.sql.gz
-rw-r--r-- 1 root root 120 Aug 22 02:22 testDB1_2018-08-22.sql.gz
-rw-r--r-- 1 root root 309 Aug 22 02:22 testdb_2018-08-22.sql.gz
```

通过查看备份目录可以看出，已经成功按库进行备份。但上面的脚本中数据库的数量只有 3 个，在实际生产环境中，如果数据库的数量较多，那么此脚本后期改写比较烦琐。因此，需要对脚本文件进行优化，优化的目标是使用命令的方式自动获取库名，然后套用 for 循环自动备份每一个数据库。

前面介绍过 mysql 命令的非交互式操作方法，自动获取数据库名也采用此种方法，具体操作如下。

第一步：获取所有数据库。

利用 mysql 命令的非交互式的方法获取所有数据库，命令操作结果如图 14-1 所示。

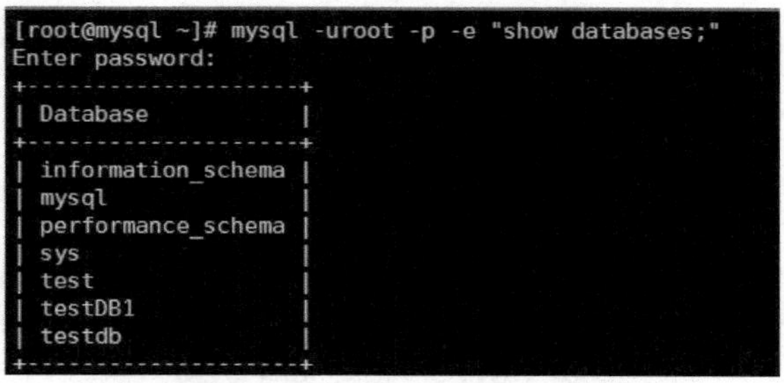

```
[root@mysql ~]# mysql -uroot -p -e "show databases;"
Enter password:
+--------------------+
| Database           |
+--------------------+
| information_schema |
| mysql              |
| performance_schema |
| sys                |
| test               |
| testDB1            |
| testdb             |
+--------------------+
```

图14-1　获取所有数据库

第二步：使用命令截取需要的数据库名。

前 4 个数据库是安装 MySQL 服务后自带的，一般不需要进行备份，所以这里只需要截取后创建的数据库名。截取操作如下。

```
[root@mysql ~]# mysql -uroot -p -e "show databases;" | sed '1,5d'
Enter password:
test
testDB1
testdb
```

第三步：定义变量。

将截取的结果直接定义成变量，操作如下。

```
Dbname=' mysql -uroot -p123456  -e "show databases;" | sed '1,5d''
```

分库备份最终脚本如图 14-2 所示。

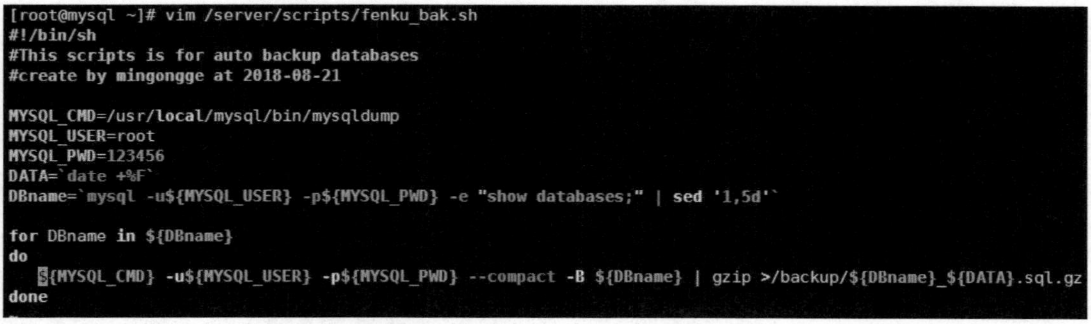

```
[root@mysql ~]# vim /server/scripts/fenku_bak.sh
#!/bin/sh
#This scripts is for auto backup databases
#create by mingongge at 2018-08-21

MYSQL_CMD=/usr/local/mysql/bin/mysqldump
MYSQL_USER=root
MYSQL_PWD=123456
DATA=`date +%F`
DBname=`mysql -u${MYSQL_USER} -p${MYSQL_PWD} -e "show databases;" | sed '1,5d'`

for DBname in ${DBname}
do
   ${MYSQL_CMD} -u${MYSQL_USER} -p${MYSQL_PWD} --compact -B ${DBname} | gzip >/backup/${DBname}_${DATA}.sql.gz
done
```

图14-2　分库备份最终脚本

14.2.2　数据库表和表结构备份

1．表备份

在实际生产环境中，对某个库的单表备份很常见。这种备份方法易于及时恢复单表数据，而且可以在不影响其他表数据写入的情况下进行。

实例操作如下。

```
[root@mysql ~]# mysqldump -uroot -p test_db1 student >/backup/testdb1_student_bak_
$(date +%F).sql
Enter password:
[root@mysql ~]# ll /backup/testdb1_student_bak_2018-08-21.sql
-rw-r--r-- 1 root root 1865 Aug 21 09:40 /backup/testdb1_student_bak_2018-08-21.sql
```

2．表结构备份

备份表结构一般用于在不同的库用到相同的表的场景，能够省去建表的一些操作，特别适用于表字段较多时。备份表结构是备份建表的 SQL 语句，但不包括表里的数据。

实例操作如下。

```
[root@mysql ~]# mysqldump -uroot -p -d test_db1 student >/backup/testdb1_student_
$(date +%F).sql
Enter password:
[root@mysql ~]# ll /backup/testdb1_student_2018-08-21.sql
-rw-r--r-- 1 root root 1682 Aug 21 09:44 /backup/testdb1_student_2018-08-21.sql
[root@mysql ~]# egrep -v "#|\*|^$" /backup/testdb1_student_2018-08-21.sql
-- MySQL dump 10.13  Distrib 5.7.16, for linux-glibc2.5 (x86_64)
--
-- Host: localhost    Database: test_db1
-- ------------------------------------------------------
-- Server version 5.7.16
--
-- Table structure for table 'student'
--
DROP TABLE IF EXISTS 'student';
CREATE TABLE 'student' (
  'id' int(4) NOT NULL AUTO_INCREMENT,
  'name' char(20) NOT NULL,
  PRIMARY KEY ('id'),
  KEY 'index_name' ('name')
) ENGINE=InnoDB DEFAULT CHARSET=utf8;
-- Dump completed on 2018-08-21  9:44:23
```

14.2.3　备份优化

查看前面的备份文件结果，可以看出对于用户来说有一些信息其实是不必要的输出信息。为了减少备份时的输出信息，提高备份效率，需要对备份操作进行一些优化。

1．压缩备份

压缩备份是为了减小备份文件的大小，节约磁盘使用空间。

实例操作如下。

```
[root@mysql ~]# mysqldump -uroot -p -A -B |gzip >/backup/all_bak_$(date +%F).sql.gz
```

```
Enter password:
[root@mysql ~]# ls -lh /backup/all_bak_2018-08-21.sql*
-rw-r--r-- 1 root root 1.1M Aug 21 09:30 /backup/all_bak_2018-08-21.sql
-rw-r--r-- 1 root root 271K Aug 21 09:50 /backup/all_bak_2018-08-21.sql.gz
```

结果一目了然，压缩后的备份文件只有 271KB 大小，这就是压缩的效果。

2．优化输出信息

使用--compact 参数来优化输出信息。

实例操作如下。

```
[root@mysql ~]# mysqldump -uroot -p --compact test_db1 >/backup/test_db1_bak2_$(date +
%F).sql
Enter password:
[root@mysql ~]# egrep -v "#|\*|^$" /backup/test_db1_bak2_2018-08-21.sql
CREATE TABLE 'mingongge' (
  'id' int(4) NOT NULL,
  'name' char(20) NOT NULL
) ENGINE=InnoDB DEFAULT CHARSET=utf8;
CREATE TABLE 'student' (
  'id' int(4) NOT NULL AUTO_INCREMENT,
  'name' char(20) NOT NULL,
  PRIMARY KEY ('id'),
  KEY 'index_name' ('name')
) ENGINE=InnoDB DEFAULT CHARSET=utf8;
CREATE TABLE 'xuesheng' (
  'id' int(4) NOT NULL AUTO_INCREMENT,
  'name' char(20) NOT NULL,
  'age' char(3) NOT NULL,
  PRIMARY KEY ('id')
) ENGINE=InnoDB DEFAULT CHARSET=utf8;
```

14.2.4　不同数据库引擎备份的注意事项

1．MyISAM 引擎

由于 MyISAM 引擎为表级锁，因此，为了防止数据写入造成数据不一致的情况，需要在备份时使用“--lock-all-tables”参数进行锁表操作。

```
[root@mysql ~]# mysqldump -uroot -p --lock-all-tables --compact test_db1|gzip >/backup/
test_db1_bak2_$(date +%F).sql.gz
```

2．InnoDB 引擎

由于 InnoDB 引擎为行锁，因此进行数据库备份时可以不对库执行锁操作，可以使用参数“--single-transaction”来保持数据一致性。

```
[root@backup ~]# mysqldump --single-transaction -B -A -F |gzip >/backup/databak.$
(date +%F).sql.g
```

14.3　MySQL 数据库的恢复

对于 MySQL 数据库的恢复，除了使用第三方软件工具外，一般也使用 source 命令或

mysql 命令进行恢复操作。

14.3.1 使用 source 命令

使用 source 命令恢复，首先需要正常登录数据库，然后通过命令进行恢复操作。具体操作如下。

```
mysql> source /backup/all_bak_2018-08-21.sql
```

如果是压缩备份文件，需要在恢复之前先将其解压缩，再进入数据库使用命令恢复。

14.3.2 使用 mysql 命令

mysql 命令恢复，又称为非交互式恢复数据库，即无须登录数据库就可以执行恢复操作。具体操作如下。

```
[root@mysql ~]# mysql -uroot -p </backup/all_bak_2018-08-21.sql
```

MySQL 数据库的恢复非常简单，操作也很容易。只是在恢复之前需要备份好数据，否则无法正常实现恢复数据的目的。

14.4 MySQL 物理备份工具 XtraBackup

前面介绍了使用 MySQL 本身自带的命令对数据库进行备份与恢复的操作。除了使用自带命令外，在实际生产环境中还会使用第三方服务软件工具来实现数据库的数据备份与恢复。本节就来介绍使用 XtraBackup 实现数据库数据的备份与恢复。

14.4.1 什么是 XtraBackup

XtraBackup 是 Percona 旗下一款开源、免费的数据库热备份软件，官方显示 Percona XtraBackup 拥有超过 300 万次的下载量。XtraBackup 支持对 InnoDB、XtraDB 和 HailDB 存储引擎的在线完全非阻塞备份，但是对于 MyISAM 引擎的备份仍然需要锁表。

MySQL 自带的 mysqldump 备份方式采用的是逻辑备份，其最大的缺陷是备份和恢复的速度比较慢，一旦数据库的数据量较大时（比如数据大小超过 50GB），就不太适合 mysqldump 这种备份方式。

XtraBackup 安装完成后会生成 4 个可执行文件，其中两个比较重要的备份工具是 innobackupex 和 xtrabackup，各执行文件的作用说明如下。

（1）xtrabackup 是专门用来备份 InnoDB 表的，和 MySQL Server 没有交互。

（2）innobackupex 是一个封装 XtraBackup 的 Perl 脚本，支持同时备份 InnoDB 和 MyISAM，但在对 MyISAM 备份时需要加一个全局的读锁。

（3）xbcrypt 是加密解密备份工具。

（4）xbstream 是流式打包传输工具，类似 tar 命令的功能。

14.4.2　XtraBackup 的特点

XtraBackup 是由 C 语言编写的，具有以下特点。

（1）备份速度快，物理备份可靠。

（2）支持全量、增量、部分备份。

（3）备份过程不会中断正在执行的事务（无须锁表）。

（4）能够基于压缩等功能节约磁盘空间和流量。

（5）自动备份校验。

（6）还原和恢复数据速度快。

（7）可以进行流式备份并传输到另一台机器上。

（8）可以在不增加服务器负载的情况下备份数据。

14.4.3　XtraBackup 的备份过程

XtraBackup 备份数据的整个过程如图 14-3 所示。

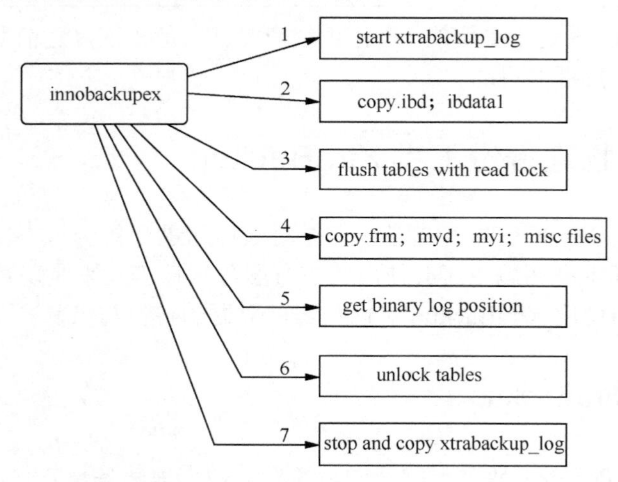

图14-3　XtraBackup备份过程

整个备份过程如下。

（1）innobackupex 在启动后，先 fork 一个进程，然后启动 xtrabackup_log 后台实时监测进程来监控 MySQL redo 的变化，一旦发现有新日志写入，立即将日志写入日志文件 xtrabackup_log 中。

（2）复制数据库的数据文件和系统表空间文件到指定的备份目录。

（3）复制完成后，执行 flush tables with read lock 操作。

（4）复制.frm、.myd、.myi 文件。

（5）获取到 binary log 位置点后，就会停止 redo 的复制线程，然后通知 innobackupex redo log 复制完成。

（6）innobackupex 收到 redo 备份完成的通知后，执行 unlock tables 操作。

（7）进程进入释放资源、写备份元数据的状态，最终停止进程退出。

14.4.4 XtraBackup 的增量备份

XtraBackup 的增量备份只能针对 InnoDB 存储引擎。InnoDB 每个 page 都有一个 LSN 号，且 LSN 号是全局递增的，表空间的 page 中的 LSN 号越大，说明数据越新。每完成一次备份后，会记录当前备份到的 LSN 号到 xtrabackup_checkpoints 文件中，执行增量备份时，会比较当前点的 LSN 号是否大于上次备份的 LSN 号，若大于则备份。需要注意的是，第一次增量备份是基于上一次的全量备份，第二次增量备份是基于上一次的增量备份。

XtraBackup 增量备份的优点如下。

（1）如果数据库太大，没有足够的空间进行全量备份，则增量备份能有效节省空间。

（2）支持热备份，备份过程不锁表（针对 InnoDB 而言），不阻塞数据库的读写。

（3）每日备份只产生少量数据，也可采用远程备份，节省本地空间。

（4）备份恢复基于文件操作，降低直接对数据库操作的风险。

（5）备份效率和恢复效率更高。

14.4.5 XtraBackup 的恢复

XtraBackup 的恢复理解起来相对简单，原理是将 XtraBackup 日志文件 xtrabackup_log 进行回放，然后将提交的事务信息及变更应用到数据库或表空间中，同时回滚未提交的事务，最终实现数据的一致。

14.4.6 XtraBackup 的安装环境

安装 XtraBackup 的环境信息包括系统环境和 MySQL 环境。

1. 系统环境

```
[root@mysql ~]# cat /etc/redhat-release
CentOS Linux release 7.4.1708 (Core)
[root@mysql ~]# uname -r
3.10.0-693.el7.x86_64
```

2. MySQL 环境

```
[root@mysql ~]# mysql -V
mysql  Ver 14.14 Distrib 5.7.17, for linux-glibc2.5 (x86_64) using  EditLine wrapper
[root@mysql ~]# ps -ef|grep mysqld
root   2129    1  0 02:47 pts/1    00:00:00 /bin/sh /usr/local/mysql/bin/mysqld_safe
--datadir=/data --pid-file=/data/mysql.pid
mysql   2301   2129  0 02:47 pts/1    00:00:11 /usr/local/mysql/bin/mysqld --basedir=
/usr/local/mysql --datadir=/data --plugin-dir=/usr/local/mysql/lib/plugin --user=
mysql --log-error=/data/mysql.err --pid-file=/data/mysql.pid --socket=/data/mysql.
sock --port=3306
root   2757   1190  0 04:54 pts/1    00:00:00 grep --color=auto mysqld
[root@mysql ~]# lsof -i :3306
COMMAND  PID  USER   FD   TYPE DEVICE SIZE/OFF NODE NAME
mysqld  2301 mysql   16u  IPv6  22800      0t0  TCP *:mysql (LISTEN)
```

14.4.7　安装 XtraBackup

在官方网站下载相应的版本，需要注意的是 MySQL 5.7 后的版本需要下载 XtraBackup 2.4 以上的版本才可以使用。本节采用 XtraBackup-2.4.9 版本进行安装。

1. 查看下载的安装文件

命令如下。

```
[root@mysql download]# ll
total 64152
-rw-r--r-- 1 root root 65689600 Nov 29 2017 Percona-XtraBackup-2.4.9-ra467167cdd4-
el6-x86_64-bundle.tar
```

2. 解压安装

命令如下。

```
[root@mysql download]# tar xf Percona-XtraBackup-2.4.9-ra467167cdd4-el6-x86_64-bundle.tar
[root@mysql download]# ls
percona-xtrabackup-24-2.4.9-1.el6.x86_64.rpm                percona-xtrabackup-24
-debuginfo-2.4.9-1.el6.x86_64.rpm
Percona-XtraBackup-2.4.9-ra467167cdd4-el6-x86_64-bundle.tar  percona-xtrabackup-
test-24-2.4.9-1.el6.x86_64.rpm
[root@mysql download]# yum install percona-xtrabackup-24-2.4.9-1.el6.x86_64.rpm -y
[root@mysql download]# which xtrabackup
/usr/bin/xtrabackup
[root@mysql download]# innobackupex -v
innobackupex version 2.4.9 Linux (x86_64) (revision id: a467167cdd4)
```

14.4.8　XtraBackup 的命令介绍

XtraBackup 的命令参数很多，本节只简单介绍与备份、恢复相关的 innobackupex 命令的常用参数，读者也可以在系统中直接查看命令的在线帮助文档。

innobackupex 命令的常用参数及其说明见表 14-1。

表 14-1　innobackupex 命令的常用参数及其说明

参数	说明
--defaults-file=[MY.CNF]	指定配置文件，只能从这个指定的文件中去读取默认的配置选项，且必须为innobackupex命令的第一个选项。这个配置文件必须是真实的文件，不能是一个符号链接
--databases=LIST	指定备份数据库的列表，具体的列表格式为：dbname1 [.table_name1] dbname2 [.table_name2]。如果未指定，则备份所有库与所有表的数据
--user=USER_NMAE	指定备份操作的用户（即连接到服务器时使用的MySQL用户名）
--password=PASSWORD	指定备份操作用户的密码（指定用户连接到数据库时要使用的密码）
--port=PORT	指定需要备份数据库的端口
--host=HOST	指定需要备份数据库的主机或IP地址

续表

参数	说明
--compact	优化备份输出的内容，忽略其他无关的信息
--compress	压缩备份数据文件，会生成*.qp的文件
--no-timestamp	直接将备份文件存在指定的备份目录下，不再创建时间戳目录。如果未加此选项，则默认会在备份目录下创建一个时间戳目录来存储备份文件
--apply-log	应用备份目录中xtrabackup_logfile事务日志文件。一般情况下，在备份完成后，此时的数据是不能用于直接恢复数据库操作的，因为备份的数据中可能会有尚未提交的事务或已提交但没有同步至数据文件中的事务。那么，这时的数据文件处于一个不一致的状态下。此选项的作用是通过回滚未提交的事务及同步已经提交事务至数据文件，使数据文件处于一致性状态
--copy-back	复制之前备份的所有数据文件到它原始的目录下。复制之前需要确保原始目录下不能有任何目录或文件。除非指定--force-non-empty-directories选项
--force-non-empty-directories	此选项与--copy-back或--move-back配合使用，即可复制文件到非空目录下，但原始目录下不可有与恢复的文件中同名的文件，否则恢复失败
--backup DIRNAME	指定备份数据的存储目录
--incremental DIRNAME	创建一个增量备份，并指定数据的存储目录
--incremental-basedir=DIRECTORY	指定作为增量备份的基本数据集的完全备份目录（后面接上一次全量备份或者上一次增量备份的数据目录），它与--incremental一起使用
--redo-only	在“全量备份”和“合并所有增量备份（除最后一次增量备份）”时使用此选项
--version	打印版本并退出

14.4.9 XtraBackup 全量备份与数据恢复

1. 全量备份

操作过程如下。

```
[root@mysql ~]# innobackupex --defaults-file=/etc/my.cnf --user=root --password=
123456 --backup /backup/
180822 14:49:56 innobackupex: Starting the backup operation
IMPORTANT: Please check that the backup run completes successfully.
           At the end of a successful backup run innobackupex
           prints "completed OK!".
180822 14:49:57  version_check Connecting to MySQL server with DSN 'dbi:mysql:;mysql_
read_default_group=xtrabackup;host=localhost' as 'root'  (using password: YES).
180822 14:49:57  version_check Connected to MySQL server
180822 14:49:57  version_check Executing a version check against the server...
180822 14:49:57  version_check Done.
180822 14:49:57 Connecting to MySQL server host: localhost, user: root, password:
set, port: not set, socket: not set
Using server version 5.7.17
innobackupex version 2.4.9 based on MySQL server 5.7.13 Linux (x86_64) (revision
id: a467167cdd4)
```

```
xtrabackup: uses posix_fadvise().
xtrabackup: cd to /data
xtrabackup: open files limit requested 0, set to 1024
xtrabackup: using the following InnoDB configuration:
xtrabackup:   innodb_data_home_dir = .
xtrabackup:   innodb_data_file_path = ibdata1:12M:autoextend
xtrabackup:   innodb_log_group_home_dir = ./
xtrabackup:   innodb_log_files_in_group = 2
xtrabackup:   innodb_log_file_size = 50331648
InnoDB: Number of pools: 1
180822 14:49:57 >> log scanned up to (2543087)
xtrabackup: Generating a list of tablespaces
InnoDB: Allocated tablespace ID 2 for mysql/plugin, old maximum was 0
180822 14:49:57 [01] Copying ./ibdata1 to /backup/2018-08-22_14-49-56/ibdata1
……（中间部分内容省略）
180822 14:49:59 Finished backing up non-InnoDB tables and files
180822 14:49:59 Executing FLUSH NO_WRITE_TO_BINLOG ENGINE LOGS...
xtrabackup: The latest check point (for incremental): '2543078'
xtrabackup: Stopping log copying thread.
.180822 14:49:59 >> log scanned up to (2543087)
180822 14:49:59 Executing UNLOCK TABLES
180822 14:49:59 All tables unlocked
180822 14:49:59 [00] Copying ib_buffer_pool to /backup/2018-08-22_14-49-56/ib_buffer_pool
180822 14:49:59 [00]        ...done
180822 14:49:59 Backup created in directory '/backup/2018-08-22_14-49-56/'
180822 14:49:59 [00] Writing /backup/2018-08-22_14-49-56/backup-my.cnf
180822 14:49:59 [00]        ...done
180822 14:49:59 [00] Writing /backup/2018-08-22_14-49-56/xtrabackup_info
180822 14:49:59 [00]        ...done
xtrabackup: Transaction log of lsn (2543078) to (2543087) was copied.
180822 14:49:59 completed OK!
```

从输出日志可以看出已备份完成，接下来查看备份文件存储目录是否有备份文件。

```
[root@mysql ~]# tree -L 1 /backup/2018-08-22_14-49-56/
/backup/2018-08-22_14-49-56/
├── backup-my.cnf
├── ib_buffer_pool
├── ibdata1
├── mysql
├── performance_schema
├── sys
├── testdb
├── xtrabackup_checkpoints
├── xtrabackup_info
└── xtrabackup_logfile
4 directories, 6 files
```

2. 删除数据测试恢复

操作过程如下。

```
mysql> select * from test;
+----+-------+-----+
| id | name  | age |
+----+-------+-----+
|  1 | zhao  |  25 |
|  2 | lisi  |  28 |
|  3 | zhang |  21 |
+----+-------+-----+
3 rows in set (0.01 sec)
```

```
mysql> delete from test where id = '2';
Query OK, 1 row affected (0.01 sec)
mysql> select * from test;
+----+-------+------+
| id | name  | age |
+----+-------+------+
|  1 | zhao  |  25 |
|  3 | zhang |  21 |
+----+-------+------+
2 rows in set (0.00 sec)
```

3. 全量备份后的数据恢复

（1）停止服务并将数据目录清空。

```
[root@mysql ~]# /etc/init.d/mysqld stop
Shutting down MySQL.... SUCCESS!
[root@mysql ~]# lsof -i :3306
[root@mysql ~]# cd /data/
[root@mysql data]# mv ./* /tmp/
[root@mysql data]# ls
```

（2）执行回滚操作。

```
[root@mysql data]# innobackupex --apply-log /backup/2018-08-22_14-49-56/
180822 14:58:13 innobackupex: Starting the apply-log operation
IMPORTANT: Please check that the apply-log run completes successfully.
           At the end of a successful apply-log run innobackupex
           prints "completed OK!".
innobackupex version 2.4.9 based on MySQL server 5.7.13 Linux (x86_64) (revision
id: a467167cdd4)
xtrabackup: cd to /backup/2018-08-22_14-49-56/
xtrabackup: This target seems to be not prepared yet.
InnoDB: Number of pools: 1
xtrabackup: xtrabackup_logfile detected: size=8388608, start_lsn=(2543078)
xtrabackup: using the following InnoDB configuration for recovery:
……（中间部分内容省略）
InnoDB: Doing recovery: scanned up to log sequence number 2543637 (0%)
InnoDB: Doing recovery: scanned up to log sequence number 2543637 (0%)
InnoDB: Database was not shutdown normally!
InnoDB: Starting crash recovery.
InnoDB: Removed temporary tablespace data file: "ibtmp1"
InnoDB: Creating shared tablespace for temporary tables
InnoDB: Setting file './ibtmp1' size to 12 MB. Physically writing the file full;
Please wait ...
InnoDB: File './ibtmp1' size is now 12 MB.
InnoDB: 96 redo rollback segment(s) found. 1 redo rollback segment(s) are active.
InnoDB: 32 non-redo rollback segment(s) are active.
InnoDB: Waiting for purge to start
InnoDB: 5.7.13 started; log sequence number 2543637
xtrabackup: starting shutdown with innodb_fast_shutdown = 1
InnoDB: FTS optimize thread exiting.
InnoDB: Starting shutdown...
InnoDB: Shutdown completed; log sequence number 2543656
180822 14:58:18 completed OK!
```

（3）执行全量备份恢复。

```
[root@mysql ~]# innobackupex --defaults-file=/etc/my.cnf --copy-back /backup/2018-
08-22_14-49-56/
```

最终输出结果如图 14-4 所示。

```
180822 15:00:43 [01] Copying ./performance_schema/user_variables_by_thread.frm to /data/performance_schema/user_variables_by_thread.frm
180822 15:00:43 [01]        ...done
180822 15:00:43 [01] Copying ./performance_schema/variables_by_thread.frm to /data/performance_schema/variables_by_thread.frm
180822 15:00:43 [01]        ...done
180822 15:00:43 [01] Copying ./performance_schema/global_variables.frm to /data/performance_schema/global_variables.frm
180822 15:00:43 [01]        ...done
180822 15:00:43 [01] Copying ./performance_schema/session_variables.frm to /data/performance_schema/session_variables.frm
180822 15:00:43 [01]        ...done
180822 15:00:43 [01] Copying ./performance_schema/status_by_thread.frm to /data/performance_schema/status_by_thread.frm
180822 15:00:43 [01]        ...done
180822 15:00:43 [01] Copying ./performance_schema/status_by_user.frm to /data/performance_schema/status_by_user.frm
180822 15:00:43 [01]        ...done
180822 15:00:43 [01] Copying ./performance_schema/status_by_host.frm to /data/performance_schema/status_by_host.frm
180822 15:00:43 [01]        ...done
180822 15:00:43 [01] Copying ./performance_schema/status_by_account.frm to /data/performance_schema/status_by_account.frm
180822 15:00:43 [01]        ...done
180822 15:00:43 [01] Copying ./performance_schema/global_status.frm to /data/performance_schema/global_status.frm
180822 15:00:43 [01]        ...done
180822 15:00:43 [01] Copying ./performance_schema/session_status.frm to /data/performance_schema/session_status.frm
180822 15:00:43 [01]        ...done
180822 15:00:43 [01] Copying ./ib_buffer_pool to /data/ib_buffer_pool
180822 15:00:43 [01]        ...done
180822 15:00:43 [01] Copying ./xtrabackup_info to /data/xtrabackup_info
180822 15:00:43 [01]        ...done
180822 15:00:43 [01] Copying ./ibtmp1 to /data/ibtmp1
180822 15:00:43 [01]        ...done
180822 15:00:43 completed OK!
```

图14-4　恢复操作最终输出结果

（4）启动服务。

```
[root@mysql ~]# chown -R mysql.mysql /data/
[root@mysql ~]# /etc/init.d/mysqld start
Starting MySQL. SUCCESS!
[root@mysql ~]# lsof -i :3306
COMMAND  PID  USER   FD   TYPE DEVICE SIZE/OFF NODE NAME
mysqld  5554 mysql   20u  IPv6  31783      0t0  TCP *:mysql (LISTEN)
```

（5）登录数据库查看数据。

登录数据库并查看数据是否恢复成功，查看结果如图 14-5 所示，可以看出，数据恢复成功。

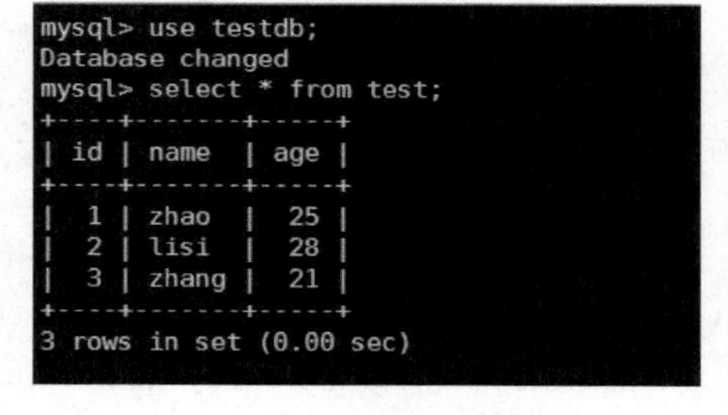

```
mysql> use testdb;
Database changed
mysql> select * from test;
+----+-------+-----+
| id | name  | age |
+----+-------+-----+
|  1 | zhao  |  25 |
|  2 | lisi  |  28 |
|  3 | zhang |  21 |
+----+-------+-----+
3 rows in set (0.00 sec)
```

图14-5　全量备份恢复结果

14.4.10　XtraBackup 增量备份与数据恢复

1．创建数据

登录数据库创建数据，模拟全量备份后有数据写入，如图 14-6 所示。

```
mysql> select * from test;
+----+-------+-----+
| id | name  | age |
+----+-------+-----+
|  1 | zhao  |  25 |
|  2 | lisi  |  28 |
|  3 | zhang |  21 |
+----+-------+-----+
3 rows in set (0.00 sec)

mysql>  insert into test values('4','zhangsan','22'),('5','san','26');
Query OK, 2 rows affected (0.02 sec)
Records: 2  Duplicates: 0  Warnings: 0

mysql> select * from test;
+----+----------+-----+
| id | name     | age |
+----+----------+-----+
|  1 | zhao     |  25 |
|  2 | lisi     |  28 |
|  3 | zhang    |  21 |
|  4 | zhangsan |  22 |
|  5 | san      |  26 |
+----+----------+-----+
5 rows in set (0.00 sec)
```

图14-6　创建数据

2. 增量备份

操作过程如下。

```
[root@mysql ~]# mkdir /backup/zenliang
[root@mysql ~]# innobackupex --defaults-file=/etc/my.cnf --user=root --password=
123456 --incremental  --incremental-basedir=/backup/2018-08-22_14-49-56/ /backup/zenliang/
180822 15:15:41 innobackupex: Starting the backup operation
IMPORTANT: Please check that the backup run completes successfully.
           At the end of a successful backup run innobackupex
           prints "completed OK!".
180822 15:15:41  version_check Connecting to MySQL server with DSN 'dbi:mysql:;mysql_
read_default_group=xtrabackup;host=localhost' as 'root'  (using password: YES).
180822 15:15:41  version_check Connected to MySQL server
180822 15:15:41  version_check Executing a version check against the server...
180822 15:15:41  version_check Done.
180822 15:15:41 Connecting to MySQL server host: localhost, user: root, password:
set, port: not set, socket: not set
Using server version 5.7.17
innobackupex version 2.4.9 based on MySQL server 5.7.13 Linux (x86_64) (revision
id: a467167cdd4)
incremental backup from 2543078 is enabled.
xtrabackup: uses posix_fadvise().
xtrabackup: cd to /data
xtrabackup: open files limit requested 0, set to 1024
xtrabackup: using the following InnoDB configuration:
xtrabackup:   innodb_data_home_dir = .
xtrabackup:   innodb_data_file_path = ibdata1:12M:autoextend
xtrabackup:   innodb_log_group_home_dir = ./
xtrabackup:   innodb_log_files_in_group = 2
xtrabackup:   innodb_log_file_size = 50331648
InnoDB: Number of pools: 1
180822 15:15:41 >> log scanned up to (2547074)
xtrabackup: Generating a list of tablespaces
InnoDB: Allocated tablespace ID 2 for mysql/plugin, old maximum was 0
xtrabackup: using the full scan for incremental backup
180822 15:15:42 >> log scanned up to (2547074)
180822 15:15:43 >> log scanned up to (2547074)
……（中间部分内容省略）
180822 15:15:46 Finished backing up non-InnoDB tables and files
180822 15:15:46 Executing FLUSH NO_WRITE_TO_BINLOG ENGINE LOGS...
xtrabackup: The latest check point (for incremental): '2547065'
xtrabackup: Stopping log copying thread.
.180822 15:15:46 >> log scanned up to (2547074)
180822 15:15:46 Executing UNLOCK TABLES
180822 15:15:46 All tables unlocked
180822 15:15:46 [00] Copying ib_buffer_pool to /backup/zenliang/2018-08-22_15-15-
41/ib_buffer_pool
180822 15:15:46 [00]        ...done
180822 15:15:46 Backup created in directory '/backup/zenliang/2018-08-22_15-15-41/'
180822 15:15:46 [00] Writing /backup/zenliang/2018-08-22_15-15-41/backup-my.cnf
180822 15:15:46 [00]        ...done
180822 15:15:46 [00] Writing /backup/zenliang/2018-08-22_15-15-41/xtrabackup_info
180822 15:15:46 [00]        ...done
xtrabackup: Transaction log of lsn (2547065) to (2547074) was copied.
180822 15:15:47 completed OK!
```

增量备份完成。

3. 删除数据

登录数据库删除部分数据，如图 14-7 所示。

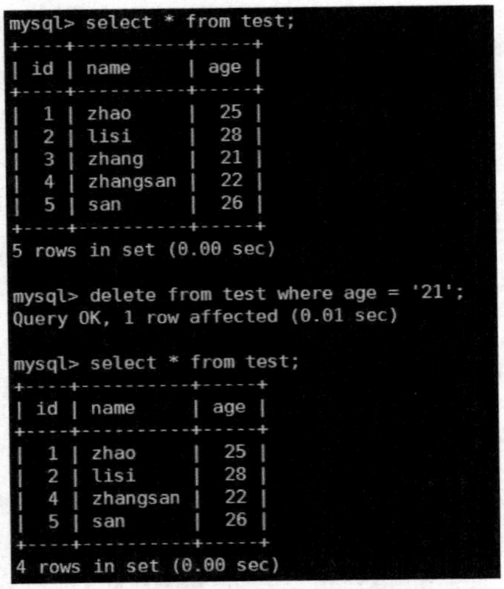

```
mysql> select * from test;
+----+----------+-----+
| id | name     | age |
+----+----------+-----+
|  1 | zhao     |  25 |
|  2 | lisi     |  28 |
|  3 | zhang    |  21 |
|  4 | zhangsan |  22 |
|  5 | san      |  26 |
+----+----------+-----+
5 rows in set (0.00 sec)

mysql> delete from test where age = '21';
Query OK, 1 row affected (0.01 sec)

mysql> select * from test;
+----+----------+-----+
| id | name     | age |
+----+----------+-----+
|  1 | zhao     |  25 |
|  2 | lisi     |  28 |
|  4 | zhangsan |  22 |
|  5 | san      |  26 |
+----+----------+-----+
4 rows in set (0.00 sec)
```

图14-7　删除部分数据

4. 执行增量备份恢复

（1）停止服务并清空数据目录。

```
[root@mysql ~]# /etc/init.d/mysqld stop
Shutting down MySQL.... SUCCESS!
[root@mysql ~]# lsof -i :3306
[root@mysql ~]# cd /data/
[root@mysql data]# mv ./* /tmp/
[root@mysql data]# ls
```

（2）执行回滚操作。

```
[root@mysql ~]# innobackupex --apply-log --redo-only /backup/2018-08-22_14-49-56/
180822 15:23:14 innobackupex: Starting the apply-log operation
IMPORTANT: Please check that the apply-log run completes successfully.
           At the end of a successful apply-log run innobackupex
           prints "completed OK!".
innobackupex version 2.4.9 based on MySQL server 5.7.13 Linux (x86_64) (revision id:
a467167cdd4)
xtrabackup: cd to /backup/2018-08-22_14-49-56/
xtrabackup: This target seems to be already prepared.
InnoDB: Number of pools: 1
xtrabackup: notice: xtrabackup_logfile was already used to '--prepare'.
xtrabackup: using the following InnoDB configuration for recovery:
xtrabackup:   innodb_data_home_dir = .
xtrabackup:   innodb_data_file_path = ibdata1:12M:autoextend
xtrabackup:   innodb_log_group_home_dir = .
xtrabackup:   innodb_log_files_in_group = 2
xtrabackup:   innodb_log_file_size = 50331648
xtrabackup: using the following InnoDB configuration for recovery:
xtrabackup:   innodb_data_home_dir = .
xtrabackup:   innodb_data_file_path = ibdata1:12M:autoextend
xtrabackup:   innodb_log_group_home_dir = .
xtrabackup:   innodb_log_files_in_group = 2
xtrabackup:   innodb_log_file_size = 50331648
xtrabackup: Starting InnoDB instance for recovery.
xtrabackup: Using 104857600 bytes for buffer pool (set by --use-memory parameter)
InnoDB: PUNCH HOLE support available
InnoDB: Mutexes and rw_locks use GCC atomic builtins
```

```
InnoDB: Uses event mutexes
InnoDB: GCC builtin __sync_synchronize() is used for memory barrier
InnoDB: Compressed tables use zlib 1.2.3
InnoDB: Number of pools: 1
InnoDB: Using CPU crc32 instructions
InnoDB: Initializing buffer pool, total size = 100M, instances = 1, chunk size = 100M
InnoDB: Completed initialization of buffer pool
InnoDB: page_cleaner coordinator priority: -20
InnoDB: Highest supported file format is Barracuda.
xtrabackup: starting shutdown with innodb_fast_shutdown = 1
InnoDB: Starting shutdown...
InnoDB: Shutdown completed; log sequence number 2543665
InnoDB: Number of pools: 1
180822 15:23:16 completed OK!
```

（3）执行增量备份到全量备份回滚操作。

```
[root@mysql ~]# innobackupex --apply-log /backup/2018-08-22_14-49-56/ --incremental-dir=/backup/zenliang/2018-08-22_15-15-41/
180822 15:24:52 innobackupex: Starting the apply-log operation
IMPORTANT: Please check that the apply-log run completes successfully.
           At the end of a successful apply-log run innobackupex
           prints "completed OK!"
innobackupex version 2.4.9 based on MySQL server 5.7.13 Linux (x86_64) (revision id: a467167cdd4)
incremental backup from 2543078 is enabled.
xtrabackup: cd to /backup/2018-08-22_14-49-56/
xtrabackup: This target seems to be already prepared with --apply-log-only.
InnoDB: Number of pools: 1
xtrabackup: xtrabackup_logfile detected: size=8388608, start_lsn=(2547065)
xtrabackup: using the following InnoDB configuration for recovery:
xtrabackup:   innodb_data_home_dir = .
xtrabackup:   innodb_data_file_path = ibdata1:12M:autoextend
xtrabackup:   innodb_log_group_home_dir = /backup/zenliang/2018-08-22_15-15-41/
xtrabackup:   innodb_log_files_in_group = 1
xtrabackup:   innodb_log_file_size = 8388608
xtrabackup: Generating a list of tablespaces
……（中间部分内容省略）
InnoDB: 5.7.13 started; log sequence number 2543665
xtrabackup: starting shutdown with innodb_fast_shutdown = 1
InnoDB: FTS optimize thread exiting.
InnoDB: Starting shutdown...
InnoDB: Shutdown completed; log sequence number 2543684
180822 15:24:57 completed OK!
```

这里需要注意执行最后一次增量回滚操作时，是否需要加"--redo-only"参数。上面的增量备份只有一次，所以执行增量回滚操作时不需要加这个参数。

（4）执行增量恢复。

```
[root@mysql ~]# innobackupex --defaults-file=/etc/my.cnf --copy-back /backup/2018-08-22_14-49-56/
```

增量恢复最终输出信息如图 14-8 所示。

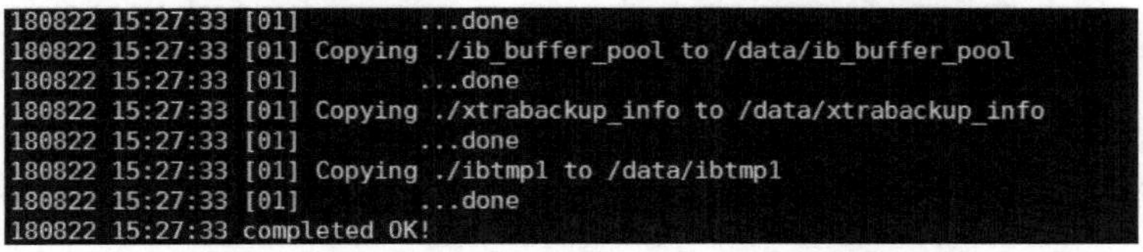

```
180822 15:27:33 [01]        ...done
180822 15:27:33 [01] Copying ./ib_buffer_pool to /data/ib_buffer_pool
180822 15:27:33 [01]        ...done
180822 15:27:33 [01] Copying ./xtrabackup_info to /data/xtrabackup_info
180822 15:27:33 [01]        ...done
180822 15:27:33 [01] Copying ./ibtmp1 to /data/ibtmp1
180822 15:27:33 [01]        ...done
180822 15:27:33 completed OK!
```

图14-8 增量恢复最终输出信息

（5）启动服务。

```
[root@mysql ~]# chown -R mysql.mysql /data/
[root@mysql ~]# /etc/init.d/mysqld start
Starting MySQL.Logging to '/data/mysql.err'.
 SUCCESS!
[root@mysql ~]# lsof -i :3306
COMMAND  PID  USER   FD   TYPE DEVICE SIZE/OFF NODE NAME
mysqld  5923 mysql   20u  IPv6  32413      0t0  TCP *:mysql (LISTEN)
```

（6）查看数据。

登录数据库，查看数据是否恢复完成，最终数据结果如图 14-9 所示。

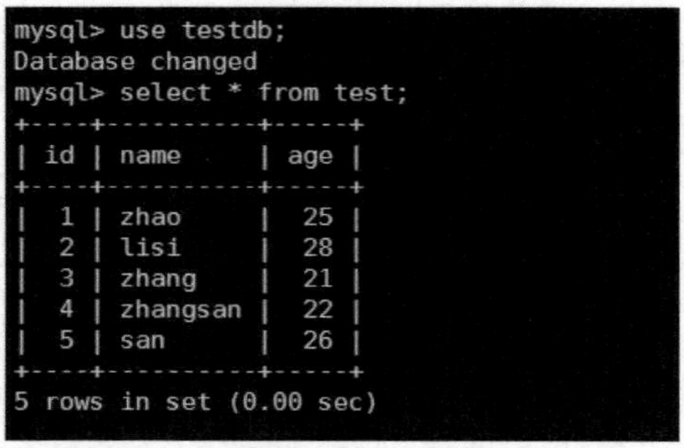

```
mysql> use testdb;
Database changed
mysql> select * from test;
+----+----------+-----+
| id | name     | age |
+----+----------+-----+
|  1 | zhao     |  25 |
|  2 | lisi     |  28 |
|  3 | zhang    |  21 |
|  4 | zhangsan |  22 |
|  5 | san      |  26 |
+----+----------+-----+
5 rows in set (0.00 sec)
```

图14-9　增量恢复结果

从图 14-9 的结果中可以看出，增量恢复成功。

第 15 章 无人值守批量安装操作系统

在中小型企业的运维环境中，有一些常见的机械式重复的工作内容，例如，公司自有机房同时上线几十台服务器，要求我们在一定的时间内完成系统安装。日常最常用的方法是通过系统安装光盘或制作 U 盘进行系统安装，但这种方法耗时耗力，而且重复性的内容较多。因此，批量安装操作系统工具就有了用武之地。本章就来介绍在 Linux 系统通过 PXE+DHCP+TFTP+KickStart 组合的方法实现无人值守批量安装服务器操作系统。

15.1 PXE 技术概述

15.1.1 什么是 PXE 技术

PXE（Preboot Execute Environment）又称预启动执行环境，是由 Intel 公司开发的一项技术，使用 Client/Server 的网络模式工作。PXE 客户端通过网络从远端服务器下载镜像文件，并通过网络启动操作系统。在启动过程中，PXE 客户端会请求 DHCP 服务器分配 IP 地址，再通过 TFTP 或其他协议去下载一个启动软件包到本机内存中执行，通过这个软件包来完成客户端的基本配置，最终引导预先安装的操作系统。PXE 可支持引导多种操作系统，如 Windows 2003/2008/XP、Win 7、Win 8、Linux 等。

15.1.2 PXE 的工作过程

PXE 的工作过程如图 15-1 所示。

整个过程如下。

第一步：PXE 客户端发送请求。

将支持 PXE 网络接口的计算机 BIOS 设置成以 PXE 方式启动，此时 PXE 客户端通过 PXE boot ROM 以 UDP 的形式发送一个广播请求，请求 DHCP 服务器分配 IP 地址。

第二步：DHCP 服务器应答请求。

DHCP 服务器收到请求后，验证是否来自合法的 PXE 客户端，验证通过后，回应 PXE 客户端，回应信息中包括分配的 IP 地址、pxelinux 启动程序（TFTP）的位置以及配置文件所在的位置。

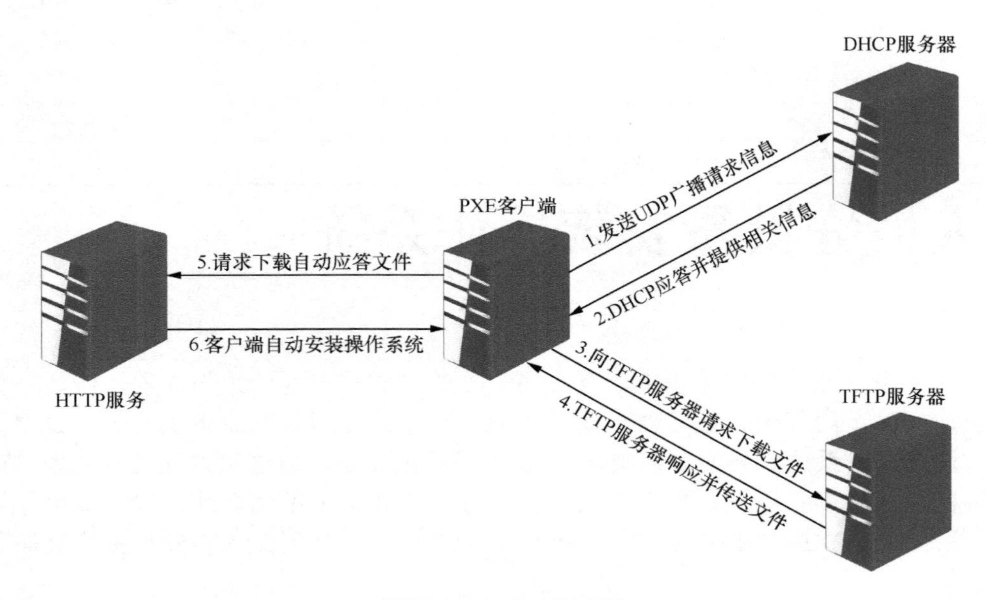

图15-1　PXE工作过程

第三步：PXE 客户端请求下载启动文件。

PXE 客户端收到回应后，会向 TFTP 服务器请求下载所需的启动系统安装文件，其中包括 pxelinux.0、pxelinux.cfg/default、vmlinuz、initrd.img 等文件。

第四步：TFTP 服务器响应请求并传送文件。

当 TFTP 服务器收到 PXE 客户端的请求后，会响应并应答请求，传送相关请求的文件给 PXE 客户端。

第五步：PXE 客户端请求下载自动应答文件。

PXE 客户端通过 pxelinux.cfg/default 文件成功引导 Linux 安装内核后，安装程序必须先确定通过什么介质来安装 Linux。如果通过网络安装，则会在此时进行网络初始化，并定位安装系统所需的二进制包以及配置文件的位置，接着会读取该文件中指定的自动应答文件 ks.cfg，然后根据文件位置请求下载文件。

第六步：PXE 客户端安装操作系统。

PXE 客户端将 ks.cfg 下载到本地，通过文件找到存放安装系统文件 ISO 的位置，并按照文件配置请求下载安装过程中所需的软件包。系统文件服务器与客户端建立连接后，将开始传输软件包，客户端将开始安装操作系统，安装完成后，将会重新启动引导计算机，这时将第一启动改成硬盘启动即可。

15.2　KickStart 简介

KickStart 是系统实现无人值守自动化安装的一种安装方式。它的工作原理是在安装过程中记录人工干预的各种参数，将其生成到 KickStart 的配置文件（ks.cfg）中。在安装操作系统时，客户端的安装程序会预先去读取这个配置文件并全自动化地完成整个安装过程，因此只需要安装程序请求时告知其从何处下载这个配置文件（ks.cfg）。

15.3 无人值守安装准备

15.3.1 配置环境

本章采用两台服务器进行无人值守安装，服务器规划见表 15-1。

表 15-1 服务器规划

服务器主机名	IP 地址	用途
kickstart	192.168.22.254	DHCP、TFTP、KickStart服务器端
默认	DHCP分配	PXE客户端

kickstart 服务器的系统环境如下。

```
[root@kickstart ~]# hostname
kickstart
[root@kickstart ~]# ifconfig ens33|awk -F "[ :]+" 'NR==2 {print $3}'
192.168.22.254
[root@kickstart ~]# cat /etc/redhat-release
CentOS Linux release 7.4.1708 (Core)
[root@kickstart ~]# uname -r
3.10.0-693.el7.x86_64
```

15.3.2 配置 HTTP 服务

这里使用 Apache 服务作为 HTTP 服务器，对外提供服务，主要目的是发布光盘镜像文件。

```
[root@kickstart ~]# yum install httpd -y
[root@kickstart ~]# systemctl start httpd
[root@kickstart ~]# lsof -i :80
COMMAND  PID   USER   FD   TYPE DEVICE SIZE/OFF NODE NAME
httpd   6289   root    4u  IPv6  36381      0t0  TCP *:http (LISTEN)
httpd   6290 apache    4u  IPv6  36381      0t0  TCP *:http (LISTEN)
httpd   6291 apache    4u  IPv6  36381      0t0  TCP *:http (LISTEN)
httpd   6292 apache    4u  IPv6  36381      0t0  TCP *:http (LISTEN)
httpd   6293 apache    4u  IPv6  36381      0t0  TCP *:http (LISTEN)
httpd   6294 apache    4u  IPv6  36381      0t0  TCP *:http (LISTEN)
[root@kickstart ~]# mkdir /var/www/html/centos7
[root@kickstart ~]# mount /dev/cdrom /var/www/html/centos7/
mount: /dev/sr0 is write-protected, mounting read-only
[root@kickstart ~]# df -mh
Filesystem               Size  Used Avail Use% Mounted on
/dev/mapper/centos-root   17G  4.9G   13G  29% /
devtmpfs                 639M     0  639M   0% /dev
tmpfs                    650M     0  650M   0% /dev/shm
tmpfs                    650M  8.6M  641M   2% /run
tmpfs                    650M     0  650M   0% /sys/fs/cgroup
/dev/sda1               1014M  125M  890M  13% /boot
tmpfs                    130M     0  130M   0% /run/user/0
/dev/sr0                 792M  792M     0 100% /var/www/html/centos7
[root@kickstart ~]# ll /var/www/html/centos7/
total 106
-rw-rw-r-- 3 root root   14 Sep  5  2017 CentOS_BuildTag
drwxr-xr-x 3 root root 2048 Sep  5  2017 EFI
```

```
-rw-rw-r-- 3 root root   227 Aug 30  2017 EULA
-rw-rw-r-- 3 root root 18009 Dec  9  2015 GPL
drwxr-xr-x 3 root root  2048 Sep  5  2017 images
drwxr-xr-x 2 root root  2048 Sep  5  2017 isolinux
drwxr-xr-x 2 root root  2048 Sep  5  2017 LiveOS
drwxrwxr-x 2 root root 69632 Sep  5  2017 Packages
drwxr-xr-x 2 root root  4096 Sep  5  2017 repodata
-rw-rw-r-- 3 root root  1690 Dec  9  2015 RPM-GPG-KEY-CentOS-7
-rw-rw-r-- 3 root root  1690 Dec  9  2015 RPM-GPG-KEY-CentOS-Testing-7
-r--r--r-- 1 root root  2883 Sep  5  2017 TRANS.TBL
```

浏览器访问结果如图 15-2 所示。

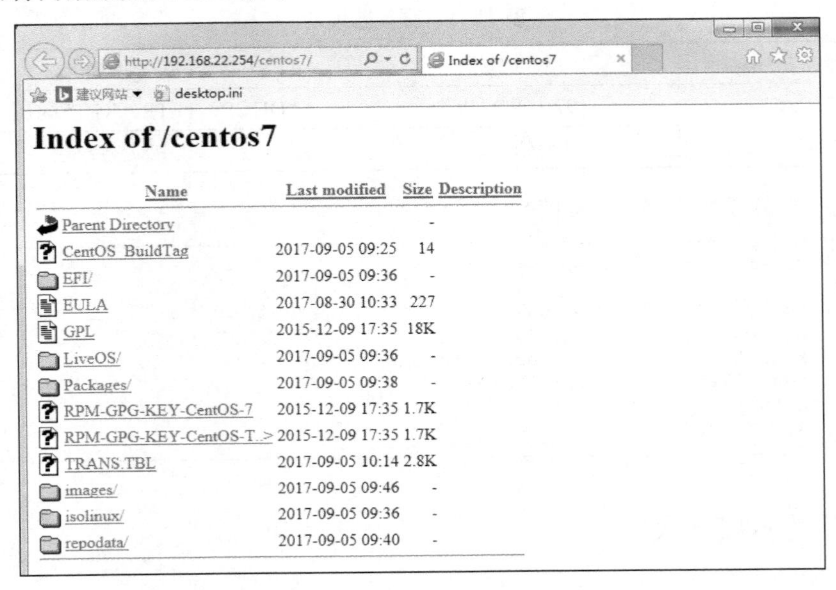

图15-2　浏览器访问结果

15.3.3　安装与配置 TFTP 服务

简单文件传输协议（Trivial File Transfer Protocol，TFTP）是 TCP/IP 协议族中的一个用来在客户机与服务器之间进行简单文件传输的协议，提供不复杂、开销不大的文件传输服务，端口号为 69。

1．安装 TFTP 服务

命令如下。

```
[root@kickstart ~]# yum install tftp-server xinetd -y
```

2．修改默认配置文件

命令如下。

```
[root@kickstart ~]# vim /etc/xinetd.d/tftp
# default: off
# description: The tftp server serves files using the trivial file transfer \
#       protocol.  The tftp protocol is often used to boot diskless \
#       workstations, download configuration files to network-aware printers, \
#       and to start the installation process for some operating systems.
```

```
service tftp
{
        socket_type             = dgram
        protocol                = udp
        wait                    = yes
        user                    = root
        server                  = /usr/sbin/in.tftpd
        server_args             = -s /var/lib/tftpboot
        disable                 = no  #将原来的yes改成no
        per_source              = 11
        cps                     = 100 2
        flags                   = IPv4
}
[root@kickstart ~]# systemctl start xinetd.service
[root@kickstart ~]# lsof -i :69
COMMAND  PID USER   FD   TYPE DEVICE SIZE/OFF NODE NAME
xinetd  6378 root    5u  IPv4  37116      0t0  UDP *:tftp
```

15.3.4 安装与配置 DHCP 服务

DHCP 服务用于给 PXE 客户端分配 IP 地址。

1. 安装 DHCP 服务

命令如下。

```
[root@kickstart ~]# yum install dhcp -y
```

2. 配置 DHCP 服务

操作过程如下。

```
[root@kickstart ~]# vim /etc/dhcp/dhcpd.conf
# DHCP Server Configuration file.
#   see /usr/share/doc/dhcp*/dhcpd.conf.example
#   see dhcpd.conf(5) man page
#
subnet 192.168.22.0 netmask 255.255.255.0 {
        range 192.168.22.240 192.168.22.254;   #可分配的IP地址范围
        option subnet-mask 255.255.255.0;      #指定子网掩码
        default-lease-time 21600;              #指定默认IP地址租用期限
        max-lease-time 43200;                  #指定IP地址最长租用期限
        next-server 192.168.22.254;            #告诉客户端TFTP服务器地址
        filename "/pxelinux.0";                #告诉客户端从TFTP根目录下载pxelinux.0文件
}
[root@kickstart ~]# systemctl start dhcpd
[root@kickstart ~]# ps -ef|grep dhcp
dhcpd   6460 1  0 01:07 ?  00:00:00 /usr/sbin/dhcpd -f -cf /etc/dhcp/dhcpd.conf -us
er dhcpd -group dhcpd --no-pid
root       6462   6180  0 01:07 pts/0    00:00:00 grep --color=auto dhcp
[root@kickstart ~]# netstat -lntup|grep 6460
udp    0   0 0.0.0.0:67     0.0.0.0:*          6460/dhcpd
```

15.4 KickStart 部署

KickStart 部署、配置和客户端无人值守安装操作系统的过程如下。

15.4.1　配置 PXE 引导

PXE 引导文件是由 syslinux 提供的，syslinux 是一个功能强大的引导加载程序，而且兼容各种介质，它的目的是缩短首次安装 Linux 的时间，并建立修护或其他特殊用途的启动盘。如果没有找到 pxelinux.0 这个文件，可以按照如下步骤安装。

1．安装 syslinux

命令如下。

```
[root@kickstart ~]# yum install syslinux -y
```

2．复制启动菜单程序文件

命令如下。

```
[root@kickstart ~]# cp /usr/share/syslinux/pxelinux.0 /var/lib/tftpboot/
[root@kickstart ~]# ll /var/lib/tftpboot/
total 28
-rw-r--r-- 1 root root 26764 Aug 23 01:16 pxelinux.0
[root@kickstart ~]# cp /var/www/html/centos7/isolinux/* /var/lib/tftpboot/
[root@kickstart ~]# ll /var/lib/tftpboot/
total 53456
-r--r--r-- 1 root root     2048 Aug 23 01:17 boot.cat
-rw-r--r-- 1 root root       84 Aug 23 01:17 boot.msg
-rw-r--r-- 1 root root      281 Aug 23 01:17 grub.conf
-rw-r--r-- 1 root root 48434768 Aug 23 01:17 initrd.img
-rw-r--r-- 1 root root    24576 Aug 23 01:17 isolinux.bin
-rw-r--r-- 1 root root     3032 Aug 23 01:17 isolinux.cfg
-rw-r--r-- 1 root root   190896 Aug 23 01:17 memtest
-rw-r--r-- 1 root root    26764 Aug 23 01:16 pxelinux.0
-rw-r--r-- 1 root root      186 Aug 23 01:17 splash.png
-r--r--r-- 1 root root     2215 Aug 23 01:17 TRANS.TBL
-rw-r--r-- 1 root root   152976 Aug 23 01:17 vesamenu.c32
-rwxr-xr-x 1 root root  5877760 Aug 23 01:17 vmlinuz
```

15.4.2　修改客户端配置文件

1．新建 pxelinux.cfg 目录，存放客户端的配置文件

命令如下。

```
[root@kickstart ~]# mkdir /var/lib/tftpboot/pxelinux.cfg
[root@kickstart ~]# cd /var/lib/tftpboot/pxelinux.cfg/
[root@kickstart pxelinux.cfg]# cp /var/www/html/centos7/isolinux/isolinux.cfg ./default
[root@kickstart pxelinux.cfg]# ll
total 4
-rw-r--r-- 1 root root 3032 Aug 23 01:20 default
```

2．精简 default 配置文件

命令如下。

```
[root@kickstart pxelinux.cfg]# cp default default.bak
[root@kickstart pxelinux.cfg]# vim default
default kickstart
```

```
timeout 600
display boot.msg

label kickstart
  menu label ^Install CentOS 7
  kernel vmlinuz
  append initrd=initrd.img ks=http://192.168.22.254/ksconfig/ks.cfg
#告知安装程序ks.cfg文件的位置
```

15.4.3 配置 ks.cfg 文件

配置 ks.cfg 文件的操作步骤如下。

```
[root@kickstart ~]# cd /var/www/html/
[root@kickstart html]# mkdir ksconfig
[root@kickstart html]# cp /root/anaconda-ks.cfg ./ksconfig/ks.cfg
[root@kickstart html]# cd ksconfig/
[root@kickstart ksconfig]# ll
total 4
-rw------- 1 root root 1328 Aug 23 01:41 ks.cfg
[root@kickstart ksconfig]# chmod 644 ks.cfg
[root@kickstart ksconfig]# ll
total 4
-rw-r--r-- 1 root root 1328 Aug 23 01:41 ks.cfg
```

修改配置文件如下。

```
[root@kickstart ksconfig]# cat ks.cfg
install
url --url="http://192.168.22.254/centos7/"
text
# System authorization information
auth --enableshadow --passalgo=sha512
# Run the Setup Agent on first boot
firstboot --disabled
firewalld --disabled
# Keyboard layouts
keyboard --vckeymap=us --xlayouts='us'
# System language
lang en_US.UTF-8

# Network information
network  --bootproto=dhcp  --gateway=192.168.22.1  --netmask=255.255.255.0
network  --hostname=test
# Root password
rootpw 123456
# System services
services --enabled="chronyd"
# System timezone
timezone Asia/Shanghai -isUtc
# System bootloader configuration
bootloader --append=" rhgb quiet" --location=mbr --boot-drive=sda

# Partition clearing information
clearpart --all --initlabel
zerombr
part /boot --fstype=ext4 --size=500
part /swap --size=1024
part / --fstype=ext4 --size=500
```

```
reboot
%packages
@^minimal
@core
chrony
kexec-tools
@development
tree
net-tools
lrzsz
telnet
wget
lsof
%end
```

ks.cfg 配置文件参数说明见表 15-2。

表 15-2　ks.cfg 配置文件参数说明

参数	说明
install	告诉安装程序，这是一次全新的安装
url --url	通过FTP或HTTP方式从远端服务上下载镜像文件
nfs	通过NFS方式从远端服务上下载镜像文件
text	使用文本模式安装
lang	指定安装过程中的默认系统语言
firstboot	指定是否在系统第一次引导时启动“设置代理”，一般禁用
firewalld	防火墙配置选项，--enabled或 --disabled，一般禁用
selinux	SELinux选项配置，禁用即可
keyboard	指定系统键盘类型
zerombr	清除MBR引导信息
rootpw	指定安装系统主机的root用户密码
network	网络配置信息，配置信息需在同一行，不可换行 --ip：指定安装系统的IP地址，也可以直接由DHCP分配 --gateway：指定安装系统默认的网关地址 --netmask：指定安装系统默认的子网掩码 --hostname：指定安装系统主机的主机名
bootloader	指定引导记录写入的位置
timezone	指定系统时区
part	分区配置 --fstype：设置分区的文件类型 --size：设置分区的大小
clearpart	从系统中清空分区
reboot	重启服务器
%packages	指定安装哪些软件包
@development	指定安装哪些命令或开发程序

15.4.4 客户端无人值守安装

准备好一台需要安装系统的服务器，打开服务器电源，开始安装过程，如图 15-3 所示。

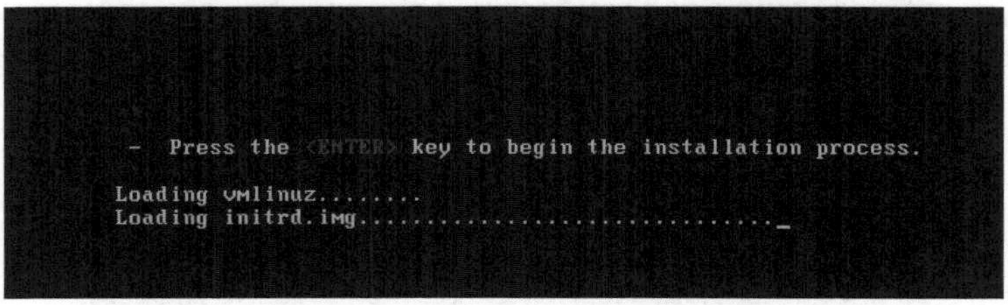

图15-3 开始安装

服务器会自动加载相关配置，过程如图 15-4 所示。

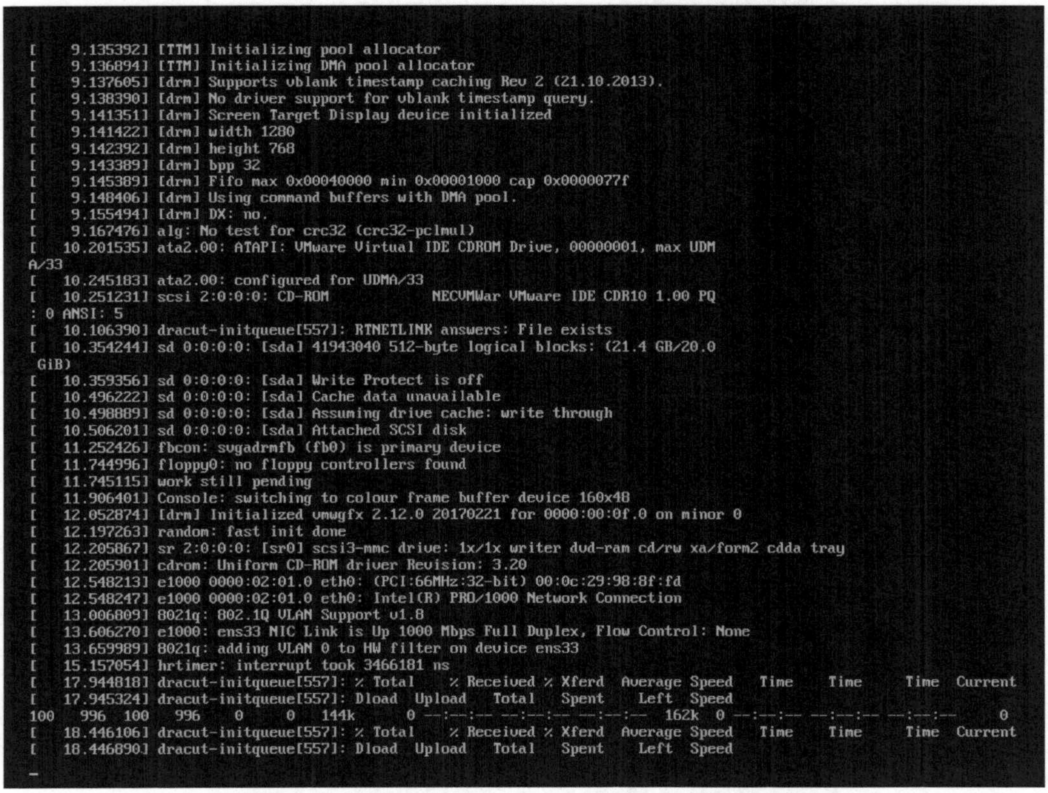

图15-4 加载配置过程

加载完成相关的配置后，就会自动安装客户端操作系统，具体安装过程如图 15-5 和图 15-6 所示。

安装完成界面如图 15-7 所示。

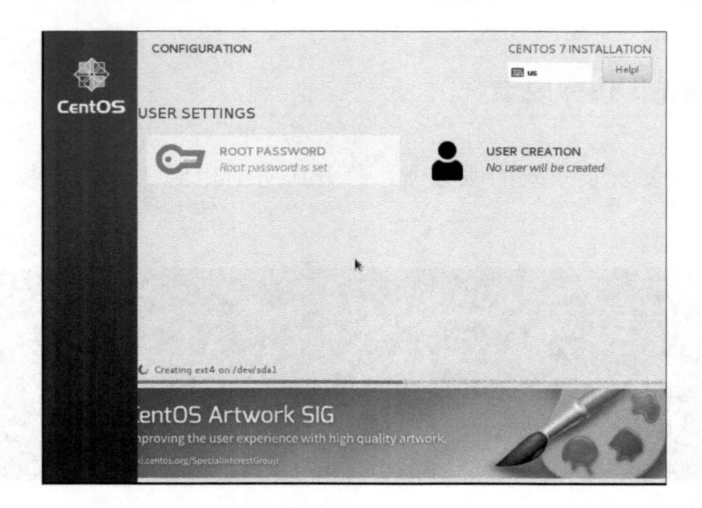

图15-5　安装过程一

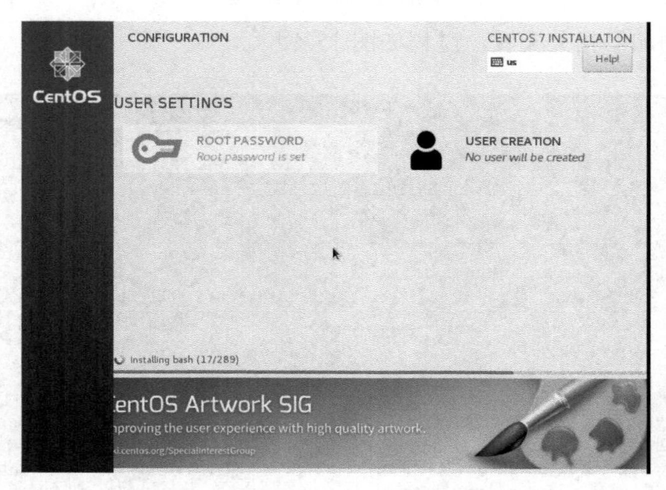

图15-6　安装过程二

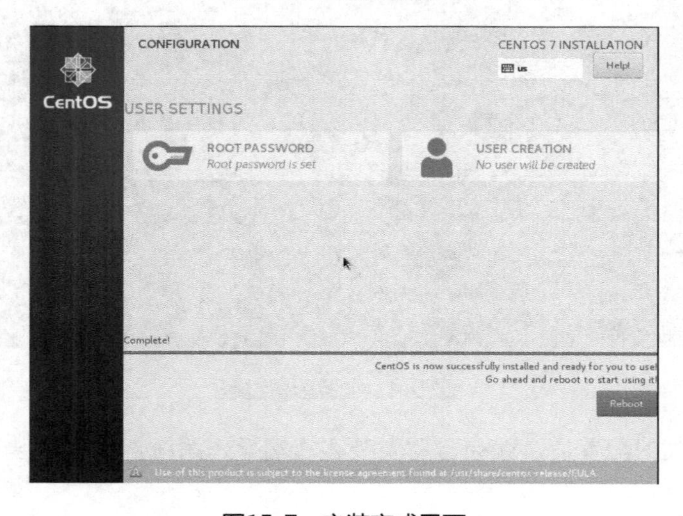

图15-7　安装完成界面

单击“Reboot”按钮，重启操作系统后，就可以通过设置的密码进行登录了，如图 15-8 所示。

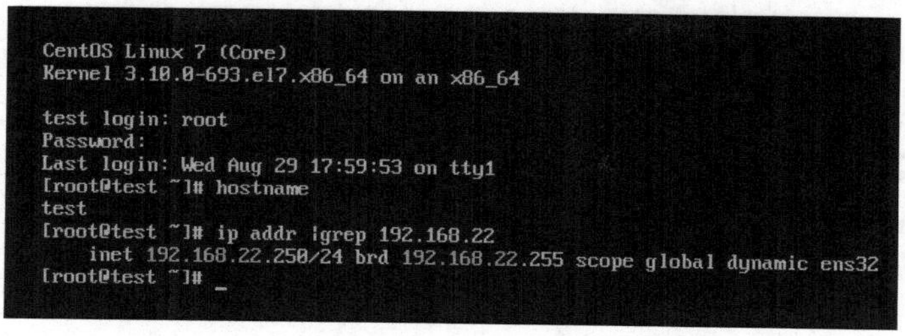

```
CentOS Linux 7 (Core)
Kernel 3.10.0-693.el7.x86_64 on an x86_64

test login: root
Password:
Last login: Wed Aug 29 17:59:53 on tty1
[root@test ~]# hostname
test
[root@test ~]# ip addr |grep 192.168.22
    inet 192.168.22.250/24 brd 192.168.22.255 scope global dynamic ens32
[root@test ~]# _
```

图15-8 登录系统

从图 15-8 中可以看出，DHCP 已经给客户端分配了 IP 地址。接着查看相关的命令是否安装完成，操作如下。

```
[root@test ~]# hostname
test
[root@test ~]# tree
.
├── anaconda-ks.cfg
└── original-ks.cfg
0 directories, 2 files
[root@test ~]# which ifconfig
/usr/sbin/ifconfig
[root@test ~]# which netstat
/usr/bin/netstat
```

从检查结果中可以看出，配置文件里指定的相关命令也已经正确安装完成。关于 ks.cfg 文件的配置，有兴趣的读者可以参考官方网站，常见的有安装系统命令配置、安装系统后的优化配置等。

第16章 集群架构技术

作者之前浏览过一个网站（TOP 500），此网站 TOP 500 榜单是对全球已经安装的超级计算机的配置性能做排名，由美国与德国超算专家联合编制。榜单每半年更新发布一次，作者编写本章时，看到目前排名第一的超级计算机的配置如图 16-1 所示。

Home / DOE/SC/Oak Ridge Natio... / Summit - IBM Power System ...

Summit - IBM Power System AC922, IBM POWER9 22C 3.07GHz, NVIDIA Volta GV100, Dual-rail Mellanox EDR Infiniband

Site:	DOE/SC/Oak Ridge National Laboratory
System URL:	http://www.olcf.ornl.gov/olcf-resources/compute-systems/summit/
Manufacturer:	IBM
Cores:	2,282,544
Memory:	2,801,664 GB
Processor:	IBM POWER9 22C 3.07GHz
Interconnect:	Dual-rail Mellanox EDR Infiniband
Performance	
Linpack Performance (Rmax)	122,300 TFlop/s
Theoretical Peak (Rpeak)	187,659 TFlop/s
Nmax	13,989,888
HPCG [TFlop/s]	2,925.75
Power Consumption	
Power:	8,805.50 kW (Submitted)
Power Measurement Level:	3
Measured Cores:	2,282,544
Software	
Operating System:	RHEL 7.4
Compiler:	XLC 13.1, nvcc 9.2
Math Library:	ESSL, CUBLAS 9.2
MPI:	Spectrum MPI

图16-1　世界排名第一的超级计算机的配置

从图 16-1 中可以清楚地看出这台超级计算机的配置，包括核心数、内存、处理器、性能参数、功率、系统等信息。但是这类超级计算机肯定价格不菲，一般企业很难支付得起。随着业务规模的发展，企业原来的服务器架构（单机单服务模式或单机多服务模式）已不能满足日常的业务需求，这时就需要组建服务器集群，集群架构随之诞生。

16.1 集群概述

16.1.1 什么是集群

计算机的集群是一种计算机系统，它将一组松散集成的计算机软件或硬件连接起来，高度紧密地协作完成计算任务，可以被看作一台计算机。整个集群中单个的计算机通常称为节点，通过网络进行互联互通，相互协作完成任务。集群计算机通常用来提高计算机系统的性能和可靠性。

16.1.2 集群架构的特性

集群架构一般有以下特性。

1．高性能

在实际工作和生产环境中，很多工作需要由具有很强处理能力的计算机来完成，如天气预报、火箭发射、高科技精密实验等工作中的计算任务。单个独立计算机的处理能力往往不能满足这些需求，而将一组或多组计算机连接起来组成一个集群，便具有了更高的性能，从而可以顺利完成这些计算工作。

2．低成本

前面也提到了，超级计算机的费用不是每个企业都能接受的。在相同需求的条件下，采用计算机集群比用同等计算性能的大型计算机或超级计算机的成本更低，性价比更高。

3．扩展性强

集群中的节点数目可以增长到几千，甚至上万，其扩展性远超单台超级计算机。

当服务器的负载压力增高时，集群的架构模式方便增加服务器来应对这种压力；如果负载比原来低了，也可以将某一组服务器协调出来为其他的应用服务，调配方便。在满足需求的同时，这种扩展还不会降低原来的服务质量与用户体验。

4．高可用性

很多企业的业务需要支持 7×24 小时不间断的服务，当服务器硬件出现问题时，集群架构仍能满足这种需求。

集群架构在硬件和软件上都有冗余，通过检测软硬件的故障，将故障屏蔽，由存活节点提供服务，可实现高可用性。

16.2 集群的分类

集群常见的分类有以下 3 类。

（1）负载均衡集群（Load Balancing Cluster，LBC）。

（2）高可用集群（High Availability Cluster，HAC）。

（3）高性能计算集群（High Perfomance Cluster，HPC）。

负载均衡集群和高可用集群是目前互联网企业常用的集群模式，也是运维人员必须掌握与熟悉配置使用的两类集群，下面分别来介绍。

16.2.1　负载均衡集群

1．负载均衡集群简介

负载均衡集群为企业提供了更为实用、性价比更高的系统架构解决方案。负载均衡集群把很多客户集中访问的请求负载压力尽可能平均地分摊到计算机集群中处理。客户请求负载通常包括“应用程序处理负载”和“网络流量负载”。这样的系统非常适合使用同一组应用程序为大量用户提供服务，每个节点都可以承担一定的访问请求负载压力，并且可以实现访问请求在各节点之间动态分配，以实现负载均衡。

负载均衡运行时，一般通过一个或多个前端负载均衡服务器将客户访问请求分发到后端一组服务器上，从而达到整个系统的高性能和高可用性。计算机集群有时也被称为服务器群。一般高可用集群和负载均衡集群会使用类似的技术，或同时具有高可用性与负载均衡的特点。

一般负载均衡集群架构如图 16-2 所示。

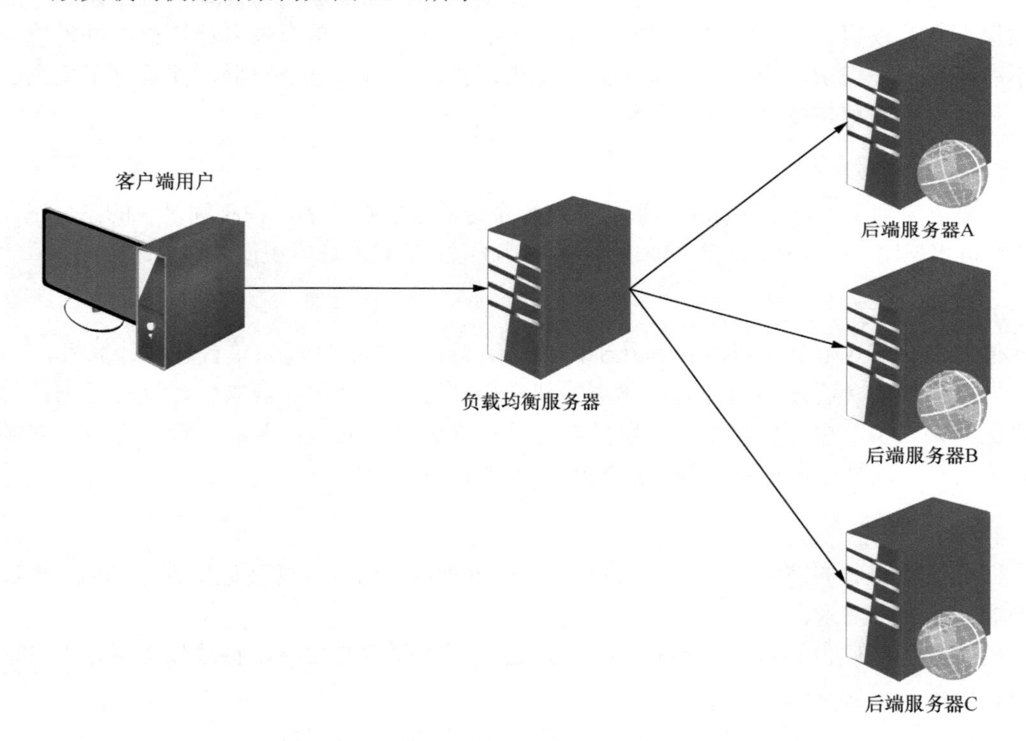

图16-2　负载均衡集群架构

2．负载均衡集群的作用

（1）分担访问流量（负载均衡）。

（2）保持业务的连续性（高可用性）。

16.2.2 高可用集群

1．高可用集群简介

当高可用集群中的任意一个节点失效时，该节点上的所有任务会自动转移到其他正常的节点上，并且此过程不影响整个集群的运行和业务的提供。

这类集群中运行着两个或两个以上一样的节点，当某个主节点出现故障时，其他从节点就会接替主节点的任务。从节点可以接管主节点的资源（IP 地址、架构身份等），此时用户不会发现提供服务的对象从主节点转移到从节点。

一般高可用集群架构如图 16-3 所示。

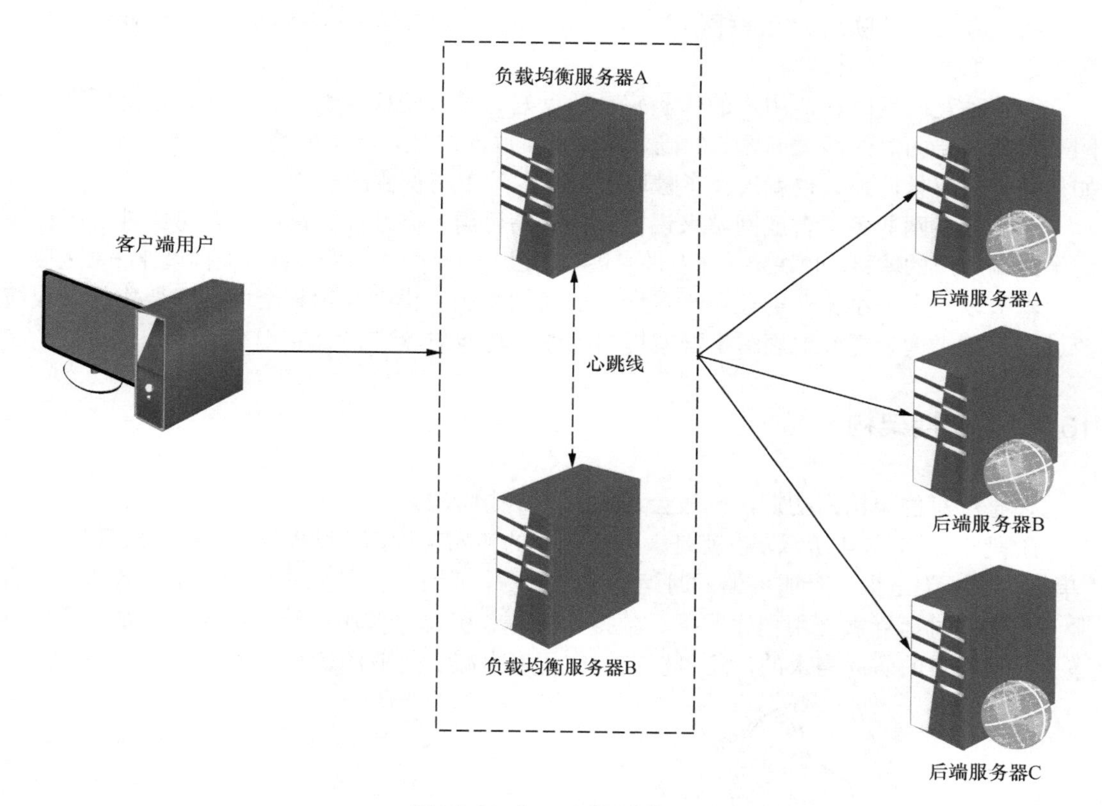

图16-3 高可用集群架构

在图 16-3 中，负载均衡服务器 A 与 B 组成一个高可用集群，后端服务器 A、B、C 之间同样也是一个高可用集群。也就是说，在集群内部的任何一台服务器故障宕机都不会影响整个集群对外提供服务。

2．高可用集群的作用

（1）当一台服务器宕机时，另一台服务器进行接管。

（2）保证服务的可用性不受影响。

16.2.3　常用集群软硬件

常用集群软件与硬件分别如下。

- 常用集群软件有 LVS、Keepalived、HAProxy、Nginx、Apache、Heartbeat。
- 常用集群硬件有 F5、A10、NetScaler、Radware。

常用集群软件一般使用开源软件比较多；集群硬件属于商业设备，都需要付费使用。一般中小企业使用开源的集群软件即可满足需求。

16.3　企业集群架构迭代过程

在如今移动互联网、“互联网+”、大数据的时代，各类互联网网站、互联网业务平台异军突起，如同雨后春笋。

在移动互联网时代，用户的体验感是否良好？平台的稳定性是否良好？这是所有互联网平台都需要面对的两大问题。的确，在移动互联网时代，流量就是市场价值，就是收益。如果失去了流量，那么也就失去了赚取收益与占领市场份额的机会。

对于互联网业务平台或网站来说，业务的高可用、高性能、高并发、可靠性等因素决定了终端用户的体验，也决定了平台的发展。所以，一个企业的平台整体架构设计非常重要。

本节以一个中小企业的业务平台服务器架构为例，详细介绍整个服务器架构的迭代演变过程，便于读者更好地理解集群架构的特性、功能与优势。

16.3.1　初期架构

在整个集群架构的初期，一般会经历以下 3 个阶段。

阶段一如图 16-4 所示，也就是大多数企业的初始架构，可以称为“单机多服务”时代。“单机多服务”是指一台服务器同时运行多个服务，例如，在开始阶段业务流量不大，一台服务器会同时运行着应用程序服务、数据库服务、资源存储服务等。这种架构是完全能够满足日常用户的访问需求的，还可以在一定程度上减少企业的运营成本。

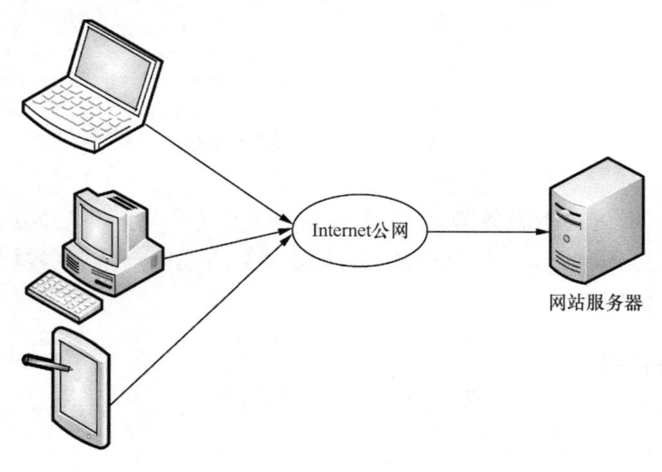

图16-4　阶段一

阶段二如图 16-5 所示。随着日常流量与用户访问的递增，初始的架构已不再能满足业务需求，因此需要将比较重要的服务（如数据库）拆分重新部署到新的服务器上，用这种方式来减少单台服务器的负载压力，也可以在一定程度上提升整个应用程序的运行性能与用户体验。

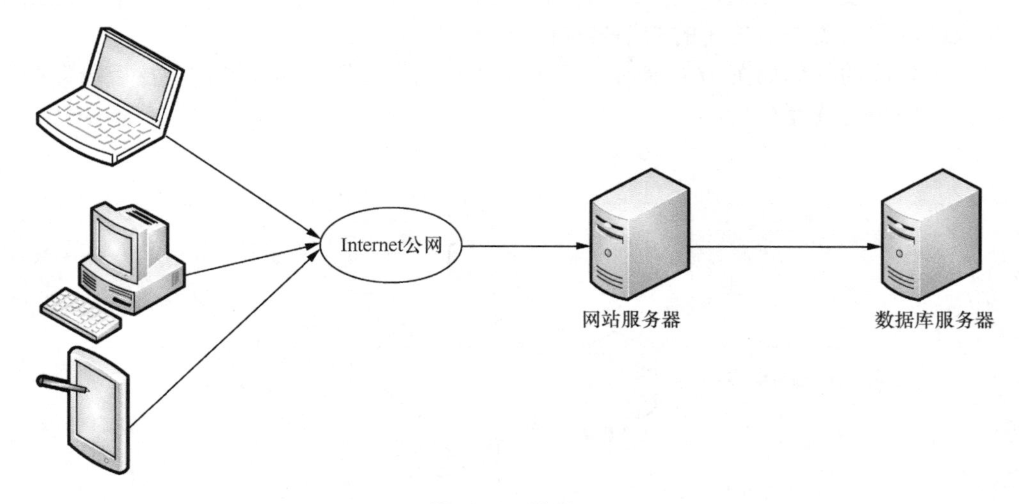

图16-5 阶段二

阶段三如图 16-6 所示。经过前面两个阶段的发展，业务平台的运行逐渐成熟。此时，网站服务器用来处理大量的业务逻辑任务，需要配置性能强大的 CPU 来处理各类逻辑运算；数据库服务器则需要快速地进行数据检索与数据缓存，对磁盘的 I/O 和服务器内存就有更高的要求；随着业务量的增大，用户或业务产生的一些资源文件也非常重要，因此需要扩展一台专业存储资源文件的服务器。资源服务器对磁盘存储空间的要求比较高，可以购买大容量的磁盘来提高磁盘整体容量。

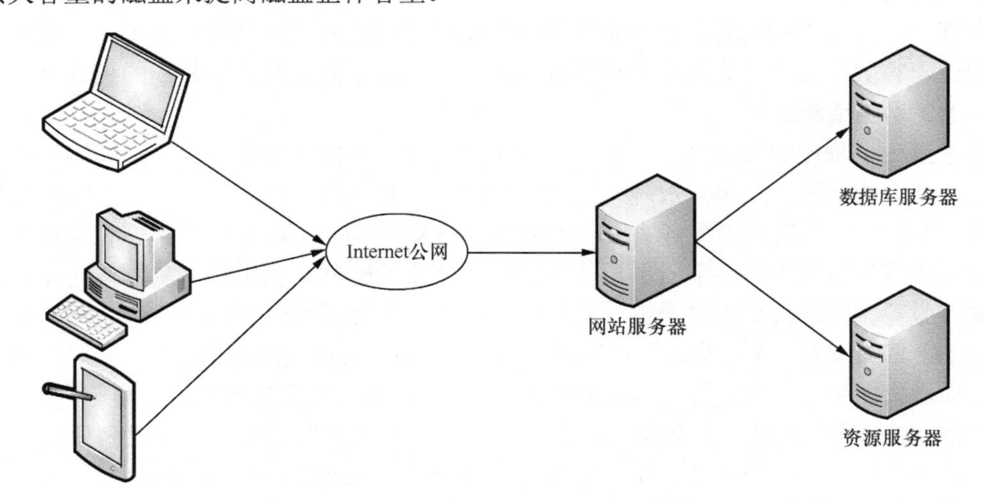

图16-6 阶段三

整个集群架构经过上面 3 个阶段的发展，应用与数据库分离，各个服务器运行不同的服务，各司其职且更加专一，整个网站的运行性能得到进一步的提升。

16.3.2 中期架构

随着业务的发展、壮大，用户的访问量也随之增大。传统的初期架构肯定是无法满足业务需求的，因此需要对传统的初期架构做一定的优化与迭代。

第一个阶段的优化如图 16-7 所示，引入了负载均衡与服务器集群，以及后端数据层数据库的主从同步与读写分离。

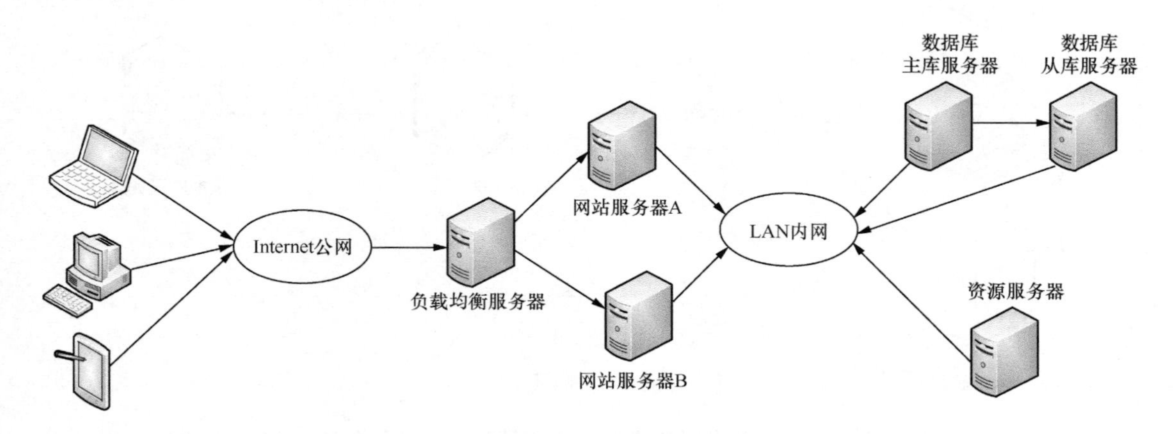

图16-7 中期架构优化一

当用户访问流量达到一定的量时，单台网站服务器是难以支撑的，此时就会引入前端负载均衡和后端网站服务器集群，用来接收终端用户的并发访问。负载均衡的作用在于将终端用户的流量分发到后端不同的服务器上，从而减小单台服务器的负载压力，提高网站服务器的可用性。

同理，流量增大的同时，也会给后端的数据库造成压力，如高频率的写入、查询动作等。因此，将数据的读、写动作进行拆分，通过主从数据同步及主写从读的模式来响应网站服务器的数据请求。

经过第一个阶段的优化之后，整个集群架构各方面的性能会得到进一步的提升。但是存在一个最大的问题就是单点故障，比如负载均衡、数据库故障。解决单点故障问题是第一要务，为此引入负载均衡高可用集群（如 Nginx+Keepalived 架构）。然后，利用双主库多从库数据库服务器来实现主主同步与故障切换，以及通过 VIP 来实现主从数据同步，最终的数据库服务器架构就是主主同步、主从同步及主写从读、读写分离。

对于中期大流量、高并发的用户访问，一般还会引入 CDN 加速来过滤一些用户的静态资源（如加载图片）请求流量。国内的 CDN 厂商有很多，如阿里巴巴、网宿等。

CDN 加速只能过滤一小部分的请求流量，真正的大流量还是会被分发到后端的服务器，这时就会引入缓存服务（例如，Redis 可以通过 Master/Slave 以 Sentinel 方式实现高可用性）。

第二个阶段优化之后的整体架构如图 16-8 所示。

引入缓存的目的是让一些用户频繁访问的资源尽可能靠近用户，当用户请求访问这些资源时，可以直接从缓存服务器中调用，缓存还有助于节省带宽资源。

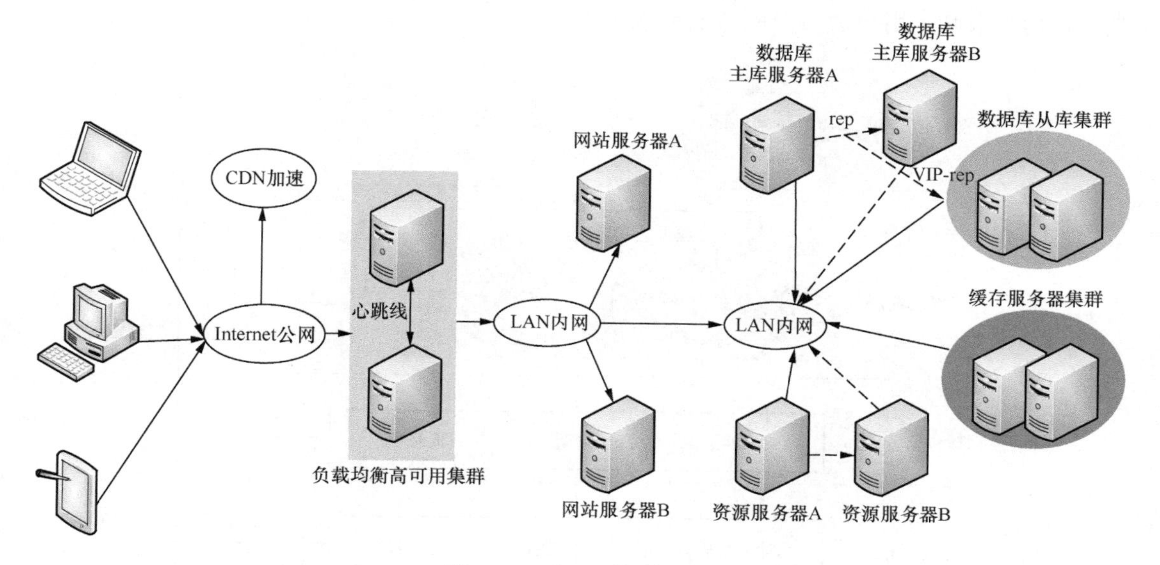

图16-8 中期架构优化二

缓存主要用来存放那些读写比较频繁、很少变化的数据，如热点词汇、商品类目、UUID等。应用程序读取数据时，先到缓存中读取，如果缓存中读取不到或者数据失效，再访问数据库，并将数据写入缓存。

缓存分为本地缓存与服务器缓存，本地缓存是当用户第一次连接请求后，就将相关的数据直接缓存在用户本地，以便下次访问时直接调用本地缓存里的数据，再也无须通过公网去访问源站数据；服务器缓存是将用户频繁访问的数据缓存在离用户较近的服务器中，以便下次用户访问时能比较快速地响应。

16.3.3 终期架构

企业集群架构的迭代到达一定的程度后，单纯靠服务器横向扩展已经不再能满足日常业务需求了，因此又需要进行一系列的改进。传统的架构都会逐渐演变成分层、拆分服务的架构类型，如图16-9所示。

架构引入分层的概念，无非就是将整个业务逻辑中的各个关联服务拆分开，在一定程度上使其相互依赖性减弱，可变动性、可扩展性增强。从运维的角度来看，各个服务的维护难度进一步降低。分层架构还能使各个服务之间相互影响的可能性大大降低，各个业务模块可独立完成开发、上线、迭代升级及其他维护工作。

下面对图16-9中的各个层级做简单的说明。

第一层聚集各终端用户的访问请求，简称用户访问层，也是流量的请求发源地。

第二层是负载均衡层，负载均衡将起到流量分发的作用，大型架构还会使用硬件负载加软件负载的架构。比较常见的硬件负载是F5，常用的软件负载有Nginx、HAProxy等，相互之间采用4层+7层的负载均衡模式。

第三层是缓存服务层，通过使用静态页面、CDN缓存、页面缓存的模式将不常变动且用户经常访问的数据缓存起来（如用户图像、个人资料或者一些图文报道信息等）。通过这类缓存功能来减少用户对后面服务的请求压力。

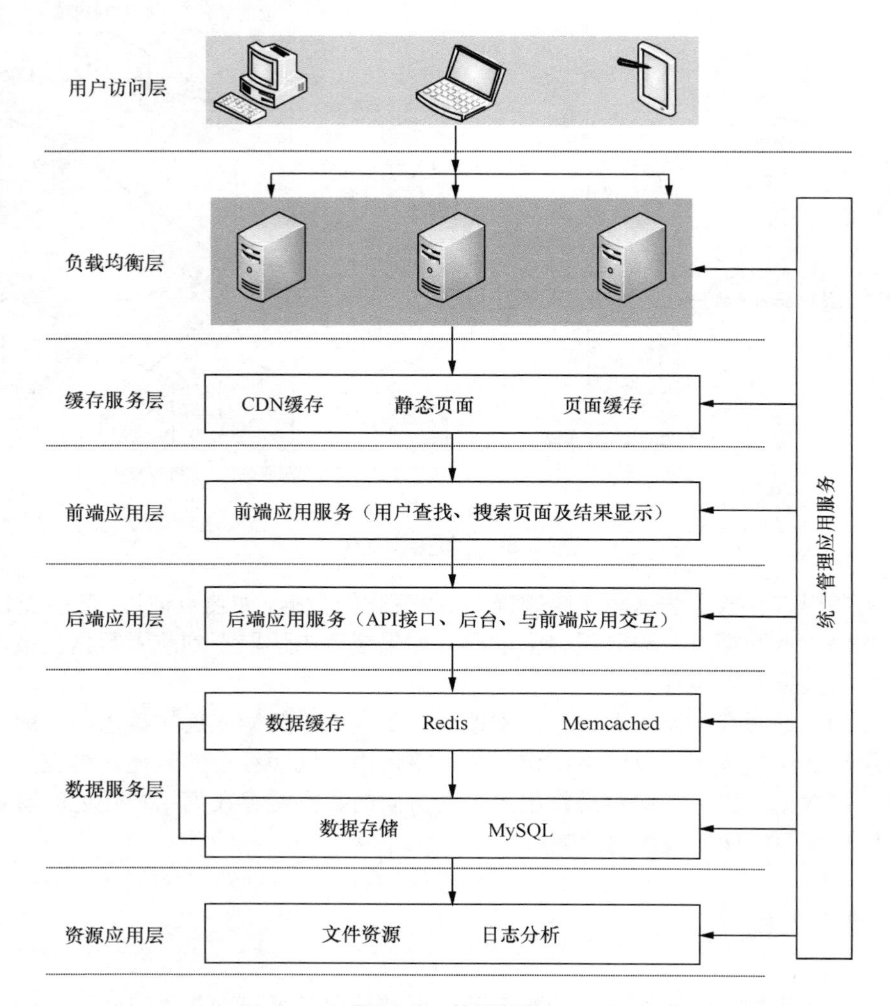

图16-9　终期架构

第四层是前端应用层，也就是通常所讲的前后端分离，即前端页面来展示相关的后端逻辑运算结果，例如，显示用户的一些基础信息、查找、搜索结果展示等。

第五层是后端应用层，也就是接收前面发来的请求进行逻辑运算，然后将一系列的结果返回给前面的应用，从而展示给用户。这种前后端分离的模式在实际环境中很常用，也很实用。将一个大的业务系统拆分成多个服务，即将复杂业务化大为小，减少各业务之间的耦合性，降低关联性，使每个业务模块之间的依赖性降低。在这种模式下，各模块之间的通信、运行状态、错误分析、调优与监控是重点，也是难点。

第六层是数据服务层，功能是进行数据存储与数据读写。随着数据量的增大，传统的主从架构或者多从架构都难以满足用户请求，这时也会引用分库和分表的做法。分库和分表也分水平分库分表与垂直分库分表，这类做法可能会涉及对前面一些应用程序的修改，还是有些复杂性操作的。在此阶段也会同步引入缓存方案，将用户常用的热点数据缓存起来（这里的缓存不同前面的缓存，数据量太大，不太可能将数据缓存在本地），存入缓存服务器。大型架构还会引入分布式缓存，这时需要考虑到数据的一致性要求。

第七层是资源应用层，用于存储一些常用的静态资源（如用户上传的文件、图片等信息），以及一些备份数据的存储、日志收集、存储、分析等。

最终，将这些服务统一进行管理、配置、监控等。

所有的架构始终都需要以企业实际业务需求为主，本节的架构演变和迭代过程只是一个大体的演进方向，同时提供给读者一个架构方案设计思路，并不能将其生搬硬套至实际的企业生产环境中去。

第 17 章 Nginx 负载均衡

前面的章节提到了负载均衡的概念，负载均衡服务是运维人员必备的技术点之一，而且随着架构的迭代演变，也会引入不同的负载均衡服务。

17.1 负载均衡概述

17.1.1 为什么要使用负载均衡

为什么要使用负载均衡？这是一个很重要的问题。

在实际生产环境中，当单台服务器已不再能满足日常用户访问压力时，就需要横向扩展增加一台运行相同服务的服务器，但前端用户访问如何分流至这两台服务器就是当前需要解决的问题。因此，负载均衡服务随之产生，它将用户的访问请求以自己特有的计算方式分流到后端不同的服务器上（或者说功能相同的集群节点上），从而减少单台服务器的访问压力，提升用户体验。

17.1.2 负载均衡简介

负载均衡（Load Balance）是建立在现有的网络架构之上的，通过一种有效的方法来扩展网络设备和服务器的性能，增强对外提供服务的能力。

负载均衡的意义是分摊流量到各个分支上去执行，实际环境中常见的有 Web 服务器、网关服务器、数据库服务器等业务服务器，通过负载均衡将用户请求分摊到这些有着相同功能的服务器上，由它们共同完成用户请求的任务。

17.1.3 负载均衡分类

负载均衡通常分为硬件与软件两种。

- 硬件负载均衡：F5 设备、7 层或 4 层网络代理设备。
- 软件负载均衡：Nginx 和 HAProxy 等开源的软件。

软件负载均衡是指在一台或多台服务器上安装相应的软件来实现这个功能。它的特点是基于一定的环境，配置简单，成本较低，同时还能满足需求。软件负载均衡服务的缺点也很多，它需要在每台服务器上（执行负载均衡功能）安装软件服务，由此会消耗一定的服务器资源，当然软件本身的负载能力也是一个重要瓶颈。

硬件负载均衡，简而言之就是硬件设备，它是独立于服务器和网络设备之外的，也有独立的操作系统，以及多种负载均衡的策略和算法，在一定程度上性能优于软件负载均衡，缺点是成本较高。

负载均衡的算法通常有轮询法、随机法、源地址哈希法、加权轮询法、加权随机法、最小连接数法算。

17.2 Nginx 负载均衡简介

第 9 章介绍了 Nginx 服务的概况、安装与配置过程及其相关的性能优化，其中提到了 Nginx 是一款负载均衡服务软件，有着强大的功能。

前面介绍集群架构迭代时提到了一些数据层面的负载分流，如数据库分离、动静态资源分离等。但是，有时来自用户的访问压力第一时间到达 Web 前端，这种负载压力是无法通过数据层面进行分流的。如何将用户通过域名访问的流量分流到不同的服务器上？这时要引入另一种负载均衡，像 Nginx 就可以实现此种功能，而且部署和配置相当简单。

Nginx 不仅是一个强大的 Web 服务器，也是一个反向代理服务器，可以按照调度规则实现动态和静态页面的分离，按照轮询、IP 哈希、URL 哈希、权重等多种方式对后端服务器做负载均衡，还支持后端服务器的健康检查。

17.3 Nginx 实现负载均衡的方式

Nginx 服务通过自身的 upstream 模块的配置来实现负载均衡的功能，通常实现负载均衡的方式有以下 5 种。

（1）轮询（默认）

每个请求按时间顺序逐一分配到不同的后端服务器，后端服务器宕机时，能被自动剔除，且请求响应情况不会受到任何影响。

（2）weight

指定轮询概率，weight 和访问比率成正比，用于后端服务器性能不均的情况。权重越高，被访问的概率就越大，常用于服务上线发布场景。

（3）ip_hash

每个请求按访问 IP 的 hash 结果分配，这样每个访客固定访问一个后端服务器，可以解决 session 的问题。

（4）fair

动态根据后端服务器处理请求的响应时间来进行负载分配，响应时间短的优先分配，响应时间长的服务器分配的请求会减少。但是 Nginx 服务默认不支持这个算法，如果需要使用这个调度算法，则需要安装 upstream_fair 模块。

（5）url_hash

根据访问的 URL 计算出的 hash 结果来分配请求。每个请求的 URL 会指向后端某个固定的服务器，通常用在 Nginx 作为静态资源服务器的场景，可以提高缓存的效率。Nginx 默认不支持这种调度算法，使用前需要安装 Nginx 的 hash 软件包。

17.4　Nginx 负载均衡应用配置

17.4.1　环境准备

既然是负载均衡应用的配置，那么后端服务器至少是 2 台的一个集群，前端服务器安装 Nginx 服务并配置调度策略来实现负载均衡。整个环境见表 17-1。

表 17-1　配置 Nginx 负载均衡环境

机器名	服务器 IP	用途	备注
nginx-LB	192.168.22.254	负载均衡服务器	—
serverA	192.168.22.252	后端服务器A	提供HTTP服务
serverB	192.168.22.253	后端服务器B	提供HTTP服务

后端服务器配置 Web 服务，提供简单的页面作为测试页面，具体如图 17-1 所示。

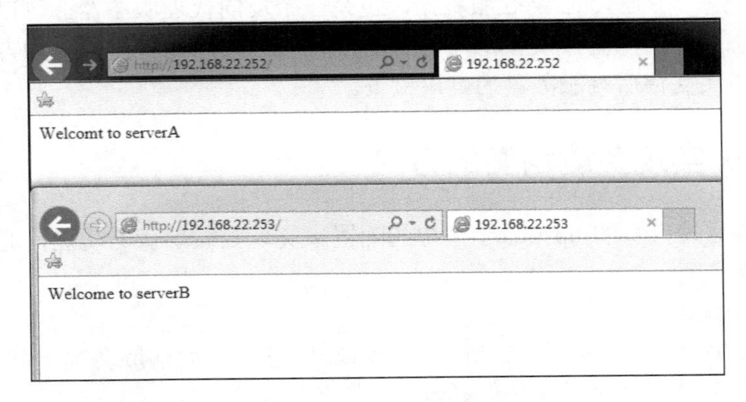

图17-1　访问测试页面结果

17.4.2　Nginx 轮询模式负载均衡配置

Nginx 的负载均衡配置相当简单，主要是针对 proxy_pass 和 upstream 的使用配置。

1. 编辑配置文件

命令如下。

```
[root@nginx-LB conf]# vim upstream.conf
upstream  web-server
{
    server   192.168.22.252:80;
    server   192.168.22.253:80;
}
server
{
    listen  80;
    server_name  www.mingongge.com;
    location / {
```

```
        proxy_pass        http://web-server;
    }
}
```

2. 检查语法并重启

命令如下。

```
[root@nginx-LB conf]# /usr/local/nginx/sbin/nginx -t
nginx: the configuration file /usr/local/nginx/conf/nginx.conf syntax is ok
nginx: configuration file /usr/local/nginx/conf/nginx.conf test is successful
[root@nginx-LB conf]# /usr/local/nginx/sbin/nginx -s reload
[root@nginx-LB conf]# lsof -i :80
COMMAND   PID   USER   FD   TYPE DEVICE SIZE/OFF NODE NAME
nginx   12992   root   6u   IPv4  50274      0t0  TCP *:http (LISTEN)
nginx   13021 nobody   6u   IPv4  50274      0t0  TCP *:http (LISTEN)
```

3. 测试负载均衡

命令如下。

```
[root@manager conf]# curl www.mingongge.com
Welcomt to serverA
[root@manager conf]# curl www.mingongge.com
Welcome to serverB
[root@manager conf]# curl www.mingongge.com
Welcomt to serverA
[root@manager conf]# curl www.mingongge.com
Welcome to serverB
```

浏览器访问结果如图 17-2 所示。

图17-2　浏览器访问结果

按<F5>键刷新后，结果如图 17-3 所示。

图17-3　刷新后的结果

由两次的测试结果可知，默认轮询算法下的结果就是后端两台服务器轮流响应前端的用户请求。

17.4.3　Nginx 权重模式负载均衡配置

Nginx 默认的算法是轮询，接下来测试权重模式下的负载均衡。其配置也相当简单，只需要将配置文件做一些相应的修改，加上权重的配置。

1. 配置过程

命令如下。

```
[root@manager conf]# vim vhost/upstream.conf
upstream  web-server
{
    server   192.168.22.252:80 weight=3;
    server   192.168.22.253:80 weight=7;
}
server
{
    listen  80;
    server_name  www.mingongge.com;
    location / {
        proxy_pass        http://web-server;
    }
}
[root@manager conf]# /usr/local/nginx/sbin/nginx -t
nginx: the configuration file /usr/local/nginx/conf/nginx.conf syntax is ok
nginx: configuration file /usr/local/nginx/conf/nginx.conf test is successful
[root@manager conf]# /usr/local/nginx/sbin/nginx -s reload
[root@manager conf]# ps -ef|grep nginx
root       1012      1  0 20:46 ?        00:00:00 nginx: master process /usr/local
/nginx/sbin/nginx
nobody     1416   1012  0 22:56 ?        00:00:00 nginx: worker process
root       1418    993  0 22:56 pts/0    00:00:00 grep --color=auto nginx
[root@manager conf]# lsof -i :80
COMMAND  PID   USER   FD   TYPE DEVICE SIZE/OFF NODE NAME
nginx   1012   root   8u  IPv4  20298      0t0  TCP *:http (LISTEN)
nginx   1416 nobody   8u  IPv4  20298      0t0  TCP *:http (LISTEN)
```

2. 负载均衡测试

命令如下。

```
[root@manager ~]# for i in 'seq 10';do echo $i && curl www.mingongge.com;done
1
Welcome to serverB
2
Welcomt to serverA
3
Welcome to serverB
4
Welcome to serverB
5
Welcomt to serverA
6
Welcome to serverB
7
Welcome to serverB
8
Welcome to serverB
9
Welcomt to serverA
10
Welcome to serverB
```

从测试结果中可以看出，一共测试访问 10 次用户请求，分流至 serverB 服务器上的有 7 次，分流至 serverA 服务器上的只有 3 次，表明权重的配置生效。

17.4.4 Nginx ip_hash 模式负载均衡配置

在前面两种模式下会存在一个问题，在负载均衡时，如果用户在后端某服务器上登录了，此用户第二次请求访问时，负载均衡服务器可能会将该用户的请求分流至另一台服务器上，那么此用户之前的登录信息将丢失，需要重新进行登录。在实际的环境中，肯定是不允许这种现象的。

为了解决此问题，我们可以使用 ip_hash 模式。当用户已经访问了后端某台服务器后，如果再次访问，负载均衡服务器会将该请求通过散列算法自动定位至原来的服务器上。每个请求按访问 IP 的 hash 结果分配，这样每个用户固定访问一个后端服务器，可以解决 session 的问题。

1. 配置过程

操作如下。

```
[root@manager ~]# cd /usr/local/nginx/conf/vhost/
[root@manager vhost]# vim upstream.conf
upstream  web-server
{
    ip_hash;
    server   192.168.22.252:80;
    server   192.168.22.253:80;
}
server
{
    listen  80;
    server_name  www.mingongge.com;
    location / {
        proxy_pass        http://web-server;
    }
}
```

2. 测试负载均衡

下面使用不同的客户端访问进行测试。

```
[root@manager ~]# ip addr |grep 192.168
    inet 192.168.22.254/24 brd 192.168.22.255 scope global ens33
[root@manager ~]# curl www.mingongge.com
Welcome to serverB
[root@manager ~]# curl www.mingongge.com
Welcome to serverB
[root@manager ~]# curl www.mingongge.com
Welcome to serverB
[root@java-test ~]# ip addr|grep 192.168
    inet 192.168.3.71/24 brd 192.168.3.255 scope global ens160
[root@java-test ~]# curl www.mingongge.com
Welcomt to serverA
[root@java-test ~]# curl www.mingongge.com
Welcomt to serverA
```

ip_hash 模式是根据 IP 因子来分配后端服务器的，故它也有一定的缺点，不能在以下两种情况下使用。

（1）Nginx 不是最前端的服务器。ip_hash 模式要求 Nginx 一定是最前端的服务器，否则 Nginx 拿不到正确的 IP，就无法根据 IP 因子来分配后端服务器。

（2）Nginx 的后端还存在其他方式的负载均衡。也就是说用户的请求通过 Nginx 负载后，又经过其他的负载均衡进行分流了，这样某个客户端的请求就无法精准地定位到之前访问的同一台服务器上。

为了解决 ip_hash 模式在上述两种情况下的问题，可以借助 upstream_hash 这个第三方模块，此模块一般情况下使用 url_hash，具体的使用方法可以参考 Nginx 的官方文档说明。

17.4.5 Nginx 负载均衡模块参数

Nginx 通常使用 upstream_module 和 http_proxy_module 这两个模块来实现负载均衡的需求。两个模块的参数配置可参考官方文档的详细说明，本节只简单介绍实际环境常用的几个参数。

1. upstream_module 模块

upstream_module 模块用来定义可以被引用的服务器组，该模块应放于 nginx.conf 配置文件的 http{}标签内。此模块常用的参数及其说明见表 17-2。

表 17-2 upstream_module 模块常用的参数及其说明

参数	说明
weight=number	设置服务器的权重值，默认是1。权重越高，被访问的概率越高
max_conns=number	配置服务器同时连接的最大值（最大连接数），默认为0，表示没有任何限制
max_fails=number	设置在fail_timeout参数配置的时间内与服务器尝试重连的次数。默认情况下设置值为1，设置值为0就是禁用重试连接（禁止失败尝试连接），一般实际企业环境中设置为2～3，但还是需要根据业务需求去配置
fail_timeout=time	连接失败超时时间，默认是10s。如果默认时间内无法正常连接，则表示该服务器不可用。该参数需要根据实际业务场景去配置
backup	将该服务器指定为备用服务器。当前面主服务器不可用时，会将不可用信息传递给备用服务器，这时备用服务器自动启动。属于后端服务器节点热备的一个功能
down	将指定的服务器设置为永远不可用状态，此参数与ip_hash配合使用

2. http_proxy_module 模块

http_proxy_module 模块用来定义允许将请求传递给一台或一组服务器。此模块常用的参数及其说明见表 17-3。

表 17-3 http_proxy_module 模块常用的参数及其说明

参数	说明
proxy_pass URL	将请求直接转发给后端服务器主机
proxy_body_buffer_size	指定客户端请求主体的缓冲区大小，可以理解成先保存到本地，再传递给用户
proxy_connect_timeout	指定与后端服务器连接超时的时间

续表

参数	说明
proxy_send_timeout	指定后端服务器回传数据的时间，即在指定时间内后端服务器必须回传所有请求数据，否则Nginx会将此连接断开
proxy_read_timeout	指定Nginx从后端服务器读取信息的时间，表示与后端服务器建立连接成功之后，Nginx等待后端服务器的响应时间
proxy_buffer_size	指定缓冲区的大小，默认这个缓冲区的大小与proxy_buffers设置的大小相同
proxy_buffers	指定缓存的数据量和大小。Nginx从后端服务器获取的响应信息都会保存在缓冲区中
proxy_busy_buffers_size	指定系统繁忙时可以使用的proxy_buffers的大小。官方推荐值为proxy_buffers值的2倍
proxy_tmep_file_write_size	指定Proxy缓存临时文件的大小
proxy_next_upstream	指定请求出错后，转向下一节点
proxy_cache_path	设置缓存数据的目录路径和其他参数
proxy_cache_valid	设置不同响应代码的对应缓存时间。例如，proxy_cache_valid 200 302 10m表示将HTTP状态码200、302响应设置为10分钟的缓存
proxy_set_body value	允许重新定义传递给代理服务器的请求正文。该value可以包含文本、变量以及它们的组合
proxy_pass_request_headers	指定是否将原始的请求头转发给后端服务器，默认设置为on
proxy_set_header value	允许将字段重新定义或附加传递给代理服务器的请求头部。该value可以包含文本、变量以及它们的组合。例如，当后端服务器配置了多个虚拟主机时，需要用header来区分反向代理给哪台主机。后端服务器还可以通过此参数来获取真实用户的访问IP地址以及代理的真实IP地址
proxy_redirect	指定修改被代理服务器返回的响应头中的location头域跟refresh头域数值
proxy_ssl_certificate file	指定使用证书文件的目录路径
proxy_ssl_certificate_key file	指定使用密钥文件的目录路径
proxy_ssl_protocols	指定启用特定的加密协议，Nginx在1.1.13和1.0.12版本后默认是ssl_protocols SSLv3 TLSv1 TLSv1.1 TLSv1.2，TLSv1.1与TLSv1.2要确保OpenSSL≥1.0.1，SSLv3现在还有很多地方在用，但有不少被攻击的漏洞
proxy_ssl_ciphers	选择加密码套件，如HIGH:!aNULL:!MD5，这些就是所指定的套件的加密算法
proxy_ssl_trusted_certificate	指定可信证书文件的目录路径
proxy_ssl_verify on|off	启用或禁用HTTPS服务器证书的验证
proxy_ssl_verify_depth	指定HTTPS服务器证书链中的验证深度
proxy_ssl_session_reuse	配置是否基于SSL协议与后端服务器建立连接

17.5 Nginx 的 7 层代理负载均衡

在实际生产环境中，随着 Web 端的流量增加，常见的处理方式是进行动静态分离（比如图片服务器独立于其他动态资源服务器），根据用户访问的 URL 匹配情况来实现负载均衡，此种方法要求事先进行相关设置来判断 URL 中携带的字符串内容。

Nginx 的 7 层代理负载均衡逻辑架构如图 17-4 所示。

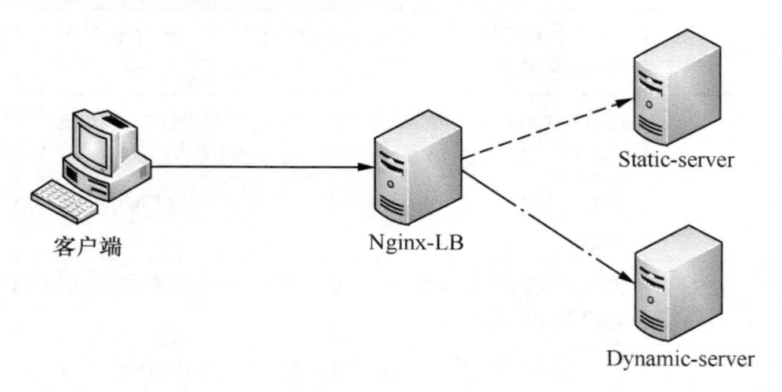

图17-4　Nginx的7层代理负载均衡逻辑架构

17.5.1　根据目录实现动静态分离

根据目录实现动静态分离的操作步骤如下。

1．配置后端服务器

命令如下。

```
[root@serverA html]# mkdir static
[root@serverA html]# echo "This is a static page">>./static/index.html
[root@serverB html]# mkdir dynamic
[root@serverB html]# echo "This is a dynamic page">>./dynamic/index.html
```

2．编辑配置文件

命令如下。

```
[root@manager vhost]# vim upstream.conf
upstream  static-server
{
      server 192.168.22.252:80;
}
upstream dynamic-server
{
      server 192.168.22.253:80;
}
server
{
    listen  80;
    server_name  www.mingongge.com;
    location /dynamic/ {
    proxy_pass http://dynamic-server;
     }
    location /static/ {
    proxy_pass http://static-server;
     }
}
```

3．检查语法并重启

命令如下。

```
[root@manager vhost]# /usr/local/nginx/sbin/nginx -t
nginx: the configuration file /usr/local/nginx/conf/nginx.conf syntax is ok
nginx: configuration file /usr/local/nginx/conf/nginx.conf test is successful
[root@manager vhost]# /usr/local/nginx/sbin/nginx -s reload
[root@manager vhost]# lsof -i :80
COMMAND  PID   USER    FD   TYPE DEVICE SIZE/OFF NODE NAME
nginx   1012   root    8u   IPv4  20298      0t0  TCP *:http (LISTEN)
nginx   1619 nobody    8u   IPv4  20298      0t0  TCP *:http (LISTEN)
```

4. 测试动静态分离

命令如下。

```
[root@manager vhost]# curl www.mingongge.com/dynamic/
This is a dynamic page
[root@manager vhost]# curl www.mingongge.com/static/
This is a static page
```

浏览器测试结果如图 17-5 所示。

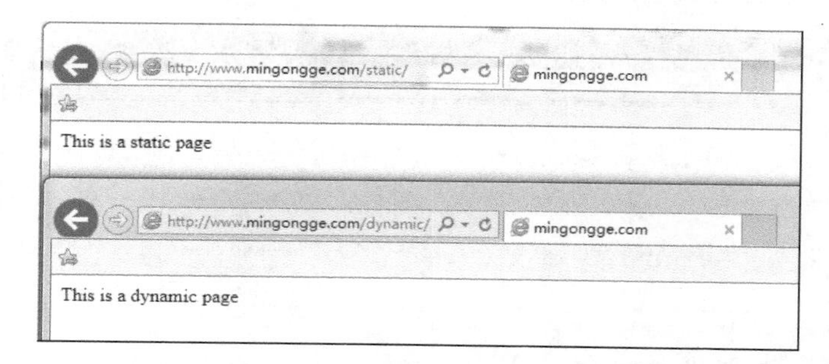

图17-5 浏览器测试动静态分离结果

17.5.2 通过匹配扩展名实现动静态分离

通过匹配扩展名来实现动静态分离的操作步骤如下。

1. 配置后端服务器

命令如下。

```
[root@serverA html]# ll
total 8
-rwxrwxrwx 1 root root   19 Sep  9 23:14 index.html
-rw-r--r-- 1 root root 2103 Sep 11  2018 nginx.png
[root@serverB html]# ll
total 4
-rw-r--r-- 1 root root 19 Sep 10 14:27 index.php
[root@serverB html]# cat index.php
Welcome to serverB
```

2. 修改配置文件

命令如下。

```
[root@manager vhost]# vim upstream.conf
upstream  static-server
{
      server 192.168.22.252:80;
```

```
}
upstream dynamic-server
{
      server 192.168.22.253:80;
}
server
{
    listen  80;
    server_name  www.mingongge.com;
    location ~ \.php?$ {
    proxy_pass http://dynamic-server;
     }
    location ~ \.(jpg|png|ipge|gif)?$ {
    proxy_pass http://static-server;
     }
}
```

3. 测试访问

测试访问结果如图 17-6 所示。

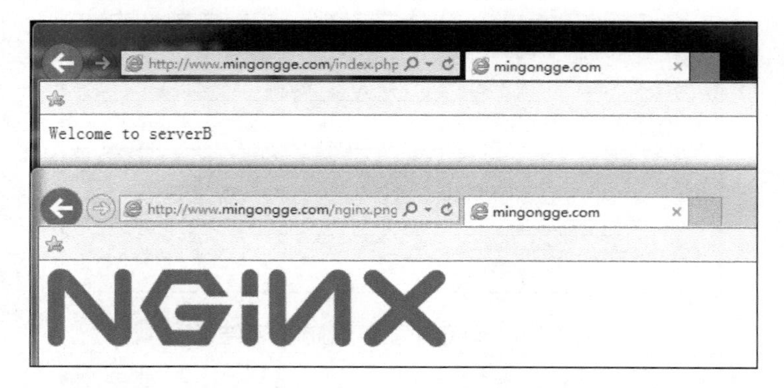

图17-6　通过匹配扩展名实现动静态分离访问结果

Nginx 的 7 层代理负载均衡配置过程很简单。Nginx 处理静态页面的能力较强，动态内容的处理能力较差一些。

在实际生产环境中，一般动、静内容会使用独立的域名进行区分，例如，图片会使用 image.xxx.com。像这类环境只需配置不同的 server 段，然后根据不同的域名转发访问请求到不同的后端服务器。

第 18 章 LVS 负载均衡

上一章介绍了 Nginx 的负载均衡，开源的负载均衡软件其实有很多，本章会着重介绍另一款开源的负载均衡服务软件 LVS。

18.1 LVS 服务概述

18.1.1 LVS 服务简介

LVS 是 Linux Virtual Server 的缩写，即 Linux 虚拟服务器，是一个虚拟的服务器集群系统，可以在 UNIX/Linux 平台下实现负载均衡集群功能。该项目在 1998 年 5 月由章文嵩博士组织成立，是国内最早出现的自由软件项目之一。

通过 LVS 的负载均衡技术和 Linux 操作系统可以实现一个高性能、高可用的 Linux 服务器集群，它具有良好的可靠性、可扩展性和可操作性。LVS 架构从逻辑上可分为调度层、Server 集群层和共享存储层。

18.1.2 LVS 的发展与组成

1．IPVS（LVS）的发展史

（1）在 Linux 2.2 内核时，IPVS 就已经以内核补丁的形式出现。

（2）从 Linux 2.4.24 版本以后，IPVS 便成为 Linux 官方标准内核的一部分。

2．LVS 的组成

LVS 由两部分程序组成，即 IPVS 和 IPVSADM。

- IPVS：IP Virtual Server 的缩写，其代码工作在系统内核空间，也是实现调度的代码段。
- IPVSADM：工作在用户空间，负责为 IPVS 内核框架编写规则，定义谁是前端集群服务器，谁是后端真实服务器（Real Server）。

18.1.3 LVS 相关的术语

在学习 LVS 服务时，首先要了解 LVS 中相关的专业术语，以便更好地理解与掌握 LVS 服务。LVS 相关术语及其说明见表 18-1。

表 18-1　LVS 相关术语及其说明

术语	说明
DS（Director Server）	前端负载均衡节点服务器
RS（Real Server）	后端真实服务器
DIP（Director Server IP）	用于与内部主机通信的IP地址
VIP（Virtual IP）	向外部直接面向用户请求，用于用户请求的目标IP地址
RIP（Real Server IP）	后端真实服务器的IP地址
CIP（Client IP）	访问客户端的IP地址

18.1.4　为什么需要 LVS

既然前面介绍了 Nginx 可以提供负载均衡服务，那么为什么又需要 LVS 呢？它们的性能如何呢？

简单来说，当并发连接数超过了 Nginx 的负载上限时，就需要使用 LVS 了。就目前实际环境来讲，日均页面访问量在 1000 万～2000 万或并发量在 1 万以下时都可以使用 Nginx。流量超过这个标准或一些大型的门户网站、电商平台也会使用 LVS，这是因为它们的流量或并发量随时可能存在高峰时段，或者说可能在某个点会超过以往所有的流量峰值。

LVS 与 Nginx 的功能对比如下。

（1）LVS 比 Nginx 具有更强的抗负载能力，性能比较高（能达到 F5 性能的 60%左右），且对内存和 CPU 资源消耗比较低。

（2）LVS 工作在网络的传输层，具体的流量操作由系统内核来处理。Nginx 则工作在网络的应用层，可以针对 HTTP 应用实施一些分流策略。

（3）LVS 安装配置相对复杂，对网络的依赖较大，但稳定性较高。Nginx 安装配置比较简单，对网络的依赖较小。

（4）LVS 不支持正则匹配处理，不能做动静态分离，而 Nginx 具有这方面的功能。

（5）LVS 适用的协议范围较广。Nginx 仅能支持 HTTP、HTTPS、Email 协议，因此适用范围就大大缩小了。

总之，衡量一款负载均衡服务的好坏，关键看以下 3 个要素。

（1）会话率：单位时间内的处理请求数量。

（2）会话并发能力：处理并发连接的能力。

（3）数据率：处理数据的能力。

18.2　LVS 的工作模式

18.2.1　网络地址转换模式

在网络地址转换（Network Address Translation，NAT）模式下，调度器（LB）重写请求报文中的目标地址（也可能改写目标端口），然后根据相关算法将请求分流至后端真实主机服务器（Real Server），真实主机服务器响应请求报文后返回给调度器，再经过调度器重写报文的源地址，从而返回给请求的客户端用户，完成整个数据请求传输过程。

LVS 网络地址转换模式的逻辑架构如图 18-1 所示。

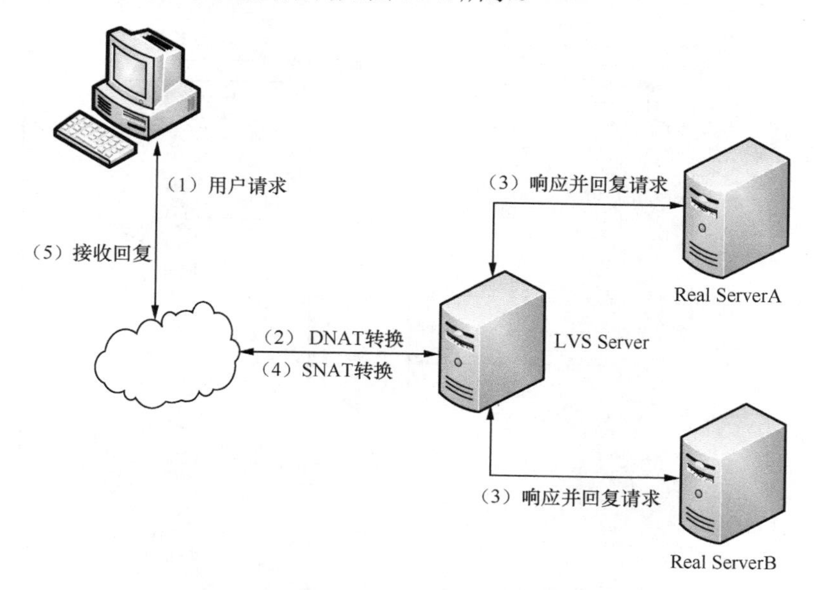

图18-1 LVS网络地址转换模式的逻辑架构

1．整个过程描述

（1）客户端发出请求的数据包（假定客户端 CIP:10.0.0.1:80 是数据包源地址，目标地址是 VIP:20.0.0.1:80）。

（2）用户请求的数据经过调度器（LB），目标的地址会被调度器改写成后端其中某个真实主机的地址（假定为 RIPA：192.168.1.1:80）。

（3）后端真实服务器收到请求数据后，对比发现目标地址是自己，响应并返回应答信息给调度器。此时源地址是 RIPA，目标地址是 VIP。

（4）调度器收到后端服务器请求后，将源地址改写成 VIP 地址（实际地址是 RIPA），然后将数据返回给请求的客户端用户。

（5）客户端收到返回的数据包，整个请求过程完成。

2．LVS 网络地址转换模式的特点

（1）后端真实主机使用私有地址，但网关必须指向 DIP，且 DIP 和 RIP 必须在同一网段内。

（2）请求和返回的数据报文都需要过 DS 主机，在高负载场景中，DS 主机很容易成为全局的性能瓶颈。一般来说，DS 主机支持 20 台左右的服务器节点。

（3）支持端口映射，且后端 RS 主机可以使用任意的操作系统，比较灵活。

18.2.2 隧道模式

隧道（Tunneling，TUN）模式是调度器（LB）在收到客户端请求后，将报文通过 IP 隧

道转发至后端真实主机服务器，这样调度器就只需要处理用户请求的入站报文，此模式对提高访问效率起着很大的作用。

LVS 隧道模式的逻辑架构如图 18-2 所示。

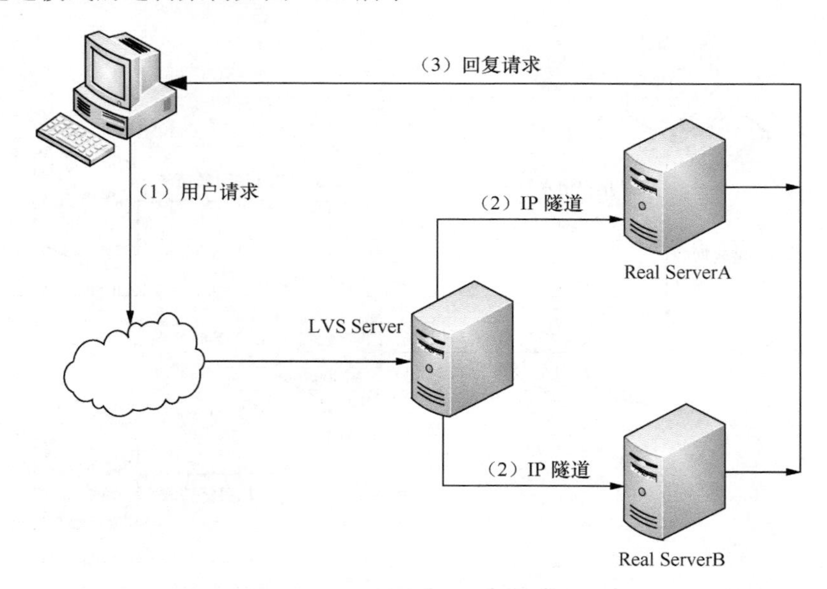

图18-2　LVS隧道模式的逻辑架构

1．整个过程描述

（1）客户端发出请求数据包（假定源地址是客户端 CIP:10.0.0.1:80，目标地址是 VIP:20.0.0.1:80）。

（2）用户请求数据报文到达调度器后，调度器将数据报文重新封装成另一个 IP 包（源地址、目标地址不变，只是增加了一个 IP 头），然后通过 IP 隧道转发至后端真实主机服务器。

（3）后端真实服务器收到数据包后进行解包操作，最终发现目标地址不是自己，而是绑定在 LO 接口上的 VIP 地址（所以需要先绑定 VIP 地址），此时真实服务器开始处理请求，处理完成后，通过 LO 接口将数据传递给真实服务器的出接口，最终再向外传递（此时源地址是 VIP，目标地址是 CIP）。

（4）客户端收到返回的信息，完成整个过程。

2．LVS 隧道模式的特点

（1）后端服务器 RIP、绑定的 VIP、DIP 必须是公网地址，且后端服务器的网关不指向 DIP。

（2）所有的客户端请求数据报文都经过调度器，但响应返回的数据不必经过调度器。

（3）不支持端口映射，且后端 RS 主机的系统必须要支持隧道协议。

注意：细心的读者看到这里可能会发现一个小问题，那就是此模式后端服务器都需要绑定一个相同的 VIP 地址。用户请求的数据包经转发到达内网后，内网会有多台主机服务器回应此数据包请求，而用户端收到的是最快回应的内网后端主机返回的数据，这样看来数据包没有经过调度器，那么所谓的负载均衡也就不存在了。所以，内网后端主机需要做抑制 ARP 的配置，使所有的后端主机服务器不再响应目标地址是 VIP 的请求，而是由调度器来响应用户端的这类请求，从而达到负载均衡的目的。一般在实际的生产环境中，这个模式很少使用。

18.2.3 直接路由模式

直接路由（Direct Routing，DR）模式通过改写请示报文中的目标 MAC 地址（将请求报文中的目标 MAC 改写成后端某台 RS 主机的 MAC），将请求发到后端真实主机服务器，而真实主机服务器响应后的数据直接返回给请求的客户端。此模式要求调度器与真实主机服务器要有一块网卡是连接在同一网段中的。

LVS 直接路由模式的逻辑架构如图 18-3 所示。

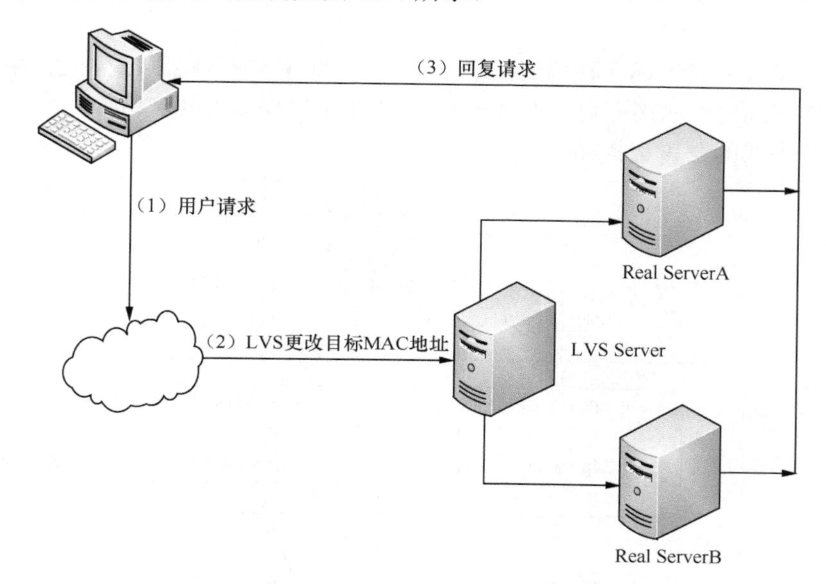

图18-3 LVS直接路由模式的逻辑架构

1．整个过程描述

（1）客户端发出请求的数据包（假定客户端 CIP:10.0.0.1:80 是数据包源地址，目标地址是 VIP:20.0.0.1:80）。

（2）调度器接收到请求数据包后，不转换其地址及端口，也不进行重新封装操作，只是将请求数据报文中的源 MAC 地址改写成 DIP 的 MAC 地址，将目标的 MAC 地址改写成 RIP 的 MAC 地址，但此时的源 IP 和目标 IP 是不改变的，然后将数据包转发出去。

（3）后端真实主机服务器收到数据包，发现目标的 MAC 地址是自己，继续解包发现目标 IP 是 VIP（事先在本机 LO 端口绑定 VIP，开启抑制 ARP 功能），从而接收数据报文信息进行处理，处理完成后通过 LO 接口传递给外网口，再向外发送。这样真实主机服务器是直接对客户端的请求做出响应并回复的。

（4）客户端收到回复的数据包，整个过程完成。

2．LVS 直接路由模式的特点

（1）此模式可保证客户端访问目标地址为 VIP 的数据报文全部由 DS 服务器接收，而非后端真实主机服务器。

（2）RS 主机与 DS 主机必须在同一个物理网络中，RS 主机可以使用公网或私网地址，如果使用公网地址，此时可以通过公网对 RIP 进行直接访问。

（3）此模式不支持地址转换与端口映射。

（4）后端 RS 主机可以使用一些常见的操作系统。RS 主机网关禁止指向 DIP，且 RS 主机 LO 接口必须配置 VIP 地址与开启抑制 ARP 功能。

企业实际环境中常用的是 DR 模式，NAT 模式配置上比较简单，TUN 模式不常用。

18.2.4　Full NAT 模式

Full NAT 模式针对上述 3 种模式的缺点而设计，使真实服务器能够跨越 VLAN 进行通信，只需要连接到内网网络即可。此模式是 LVS 在淘宝环境中的应用。

Full NAT 模式的逻辑架构如图 18-4 所示。

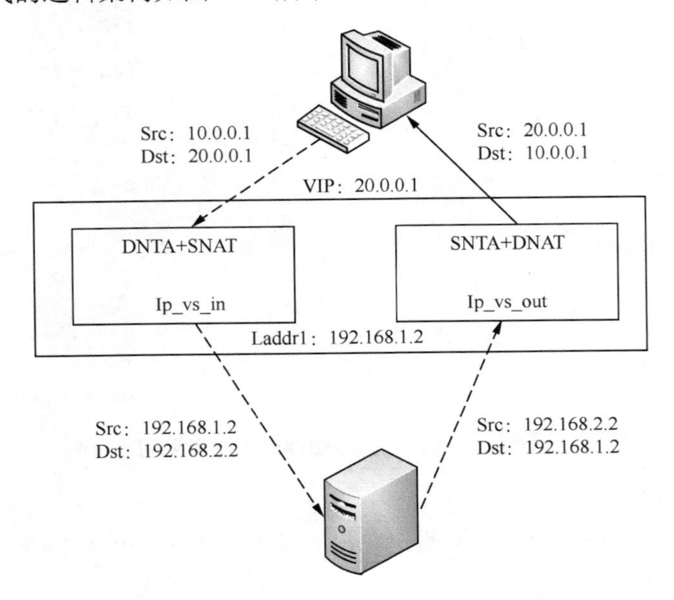

图18-4　Full NAT模式的逻辑架构

此模式过程描述如下。

（1）入站时，目标 IP 更改成后端真实服务器的 IP，源 IP 更改成内网本地的 IP。

（2）出站时，目标 IP 更改成客户端的 IP 地址，而源 IP 则更改成 VIP 地址。

Full NAT 模式主要是把网关和其他的机器通信更改成一般普通类的网络通信，从而解决前面无法跨越 VLAN 的问题。使用这种模式，LVS 和 RS 的安装部署在 VLAN 中将不再受任何限制，提高了部署与运维的便捷度。

18.3　LVS 调度算法

LVS 的强大功能也来自于其调度算法，LVS 调度算法决定了如何在后端集群节点之间分流负载压力，从而提升用户体验。

常用的 LVS 的调度算法有以下 10 种，下面将逐一对其进行介绍。

1．轮询（RR）

轮询算法是最简单的，这在介绍 Nginx 负载均衡时也提到过。轮询调度按照依次交替循环的方式将用户请求转发到后端不同的服务器上，调度器会将所有的请求平均分配给后端的每个主机服务器。这种算法比较适用于集群中各个节点的处理能力均衡的情况。

2．加权轮询（WRR）

加权轮询算法是在轮询算法的基础之上增加了一个权重的概念，就是给后端服务器配置权重，权重越高，调度器分配给它的请求就越多，权重的取值范围为 0～100。这种算法相当于是对轮询调度算法的一种优化，这样前端的调度器会在分发请求时考虑到服务器的性能，性能高的权重值高，性能低的权重值低，同时也可以保证请求响应的及时性。

3．最少连接（LC）

最少连接算法最容易理解，就是调度器会根据后端服务器的连接数来决定将请求分发给哪一个服务器，同一时间内优先分发请求给连接数少的服务器。

4．加权最少连接（WLC）

加权最少连接算法一般用于在集群系统中各服务器的性能相差较大的场景中，默认也是采用这种算法。调度器利用此算法来优化负载均衡各方面的性能，有较高权重值的服务器将承担较大的负载连接。调度器还可以自动获取后端服务器的真实负载情况，以便动态地调整其权重值。

5．基于局部性的最少连接（LBLC）

基于局部性的最少连接调度算法是针对目标 IP 地址的负载均衡，多用于 Cache 集群系统。该算法根据请求的目标 IP 地址找出该目标 IP 地址最近使用的服务器，如果这台服务器的负载不高并有处理请求的能力，调度器就会分发请求到该服务器。若该服务器负载过高，没有处理能力，则调度器会继续选择其他的可用服务器来分发请求。

6．复杂的基于局部性的最少连接（LBLCR）

复杂的基于局部性的最少连接调度算法也是针对目标 IP 地址的负载均衡，主要用于 Cache 集群系统。与基于局部性的最少连接算法不同，它需要维护从一个目标 IP 地址到一组服务器之间的映射关系。该算法根据请求的目标IP地址找出该目标地址对应的服务器组，按“最少连接”的规则从服务器组中选择出一台服务器，如果该服务器负载较小，则将请求分发到该服务器上；如果该服务器负载较大，则重新从集群服务器中按规则选择一台服务器，并将该服务器加入此服务器组中，然后将请求分发到该服务器上。这种算法可以减少单台服务器负载过高情况的发生次数。

7．目标地址散列调度（DH）

这种算法根据请求的目标 IP 地址，作为散列键（Hash Key）从静态分配的散列表中找出对应的服务器，如果该服务器负载不高，则将请求分发给该服务器，否则返回空。

8．源地址散列调度（SH）

这种算法根据请求的源 IP 地址，作为散列键（Hash Key）从静态分配的散列表中找出对应的服务器，如果该服务器负载不高，则将请求分发给该服务器，否则返回空。

9．最短延迟调度（SED）

最短延迟调度（Shortest Expected Delay，SED）算法是在加权最少连接的基础上改进的，Overhead =（ACTIVE+1）×256/权重，不再考虑非活动状态，把当前处于活动状态的数目+1 来实现，数目最小的，接受下次请求，+1 的目的是考虑加权时非活动连接过多的缺陷：当权限过大时，会倒置空闲服务器一直处于无连接状态。

10．永不排队/最少队列调度（NQ）

这种算法无需队列。如果有一台后端服务器的连接数为 0，就将请求直接分配过去，不需要再进行 SED 运算，保证不会有一个主机很空闲。在 SED 基础上无论加几，第二次一定将请求分发给下一个主机。不考虑非活动连接时才用 NQ，SED 要考虑活动状态连接。对于 DNS 的 UDP，不需要考虑非活动连接，而 httpd 的处于保持状态的服务需要考虑非活动连接给服务器的压力。

注意：RR、WRR、DH、SH 这 4 种算法称为 LVS 的静态调度算法，LC、WLC、LBLC、LBLCR、SED、NQ 这 6 种算法称为 LVS 的动态调度算法。静态调度只根据算法进行调度选择，而没有考虑后端服务器实际的连接及负载情况；动态调度会根据后端服务器的实际连接及负载情况来分发请求。

根据作者的工作经验，一般实际生产环境常用的调度算法有 RR、WRR、WLC，常用于 HTTP、MySQL、Mail 等服务中。

要获取更多资料，请读者参考 LVS 官方网站。

18.4　LVS 负载均衡部署

前面介绍了什么是 LVS 服务、LVS 服务的发展及组成、LVS 服务与 Nginx 服务在负载均衡功能上的性能比较、LVS 的工作模式与调度算法，本节介绍 LVS 的前 3 种模式的部署过程。

18.4.1　LVS 服务 DR 模式部署

LVS 服务 DR 模式部署的操作步骤如下。

1．服务器环境准备

服务器规划见表 18-2。

表 18-2　服务器规划

服务器角色	服务器 IP 地址	备注
LVS	192.168.22.254	提供VIP：192.168.22.250对外服务
RS节点A	192.168.22.252	后端真实主机服务器A
RS节点B	192.168.22.253	后端真实主机服务器B

服务器系统环境如下。

```
[root@LVS ~]# cat /etc/redhat-release
CentOS Linux release 7.4.1708 (Core)
[root@LVS ~]# uname -r
3.10.0-693.el7.x86_64
```

2. 部署后端服务器

后端主机 RSA 和 RSB 安装 Apache 服务，启动服务并检查，操作如下。

```
[root@serverA ~]# yum install httpd -y
[root@serverA ~]# curl 127.0.0.1
Welcomt to the Real ServerA
[root@serverB ~]# yum install httpd -y
[root@serverB ~]# curl 127.0.0.1:80
Welcome to The Real serverB
```

3. 系统配置

（1）创建内核的软件链接文件。

```
[root@LVS ~]# uname -r
3.10.0-693.el7.x86_64
[root@LVS ~]# cd /usr/src/kernels/
[root@LVS kernels]# ls
```

（2）如果发现缺少 kernel-devel 的软件包，则需要使用“yum install kernel-devel -y”命令安装，本服务器也是需要安装的，操作如下。

```
[root@LVS kernels]# yum install kernel-devel -y
[root@LVS kernels]# ll
total 4
drwxr-xr-x 22 root root 4096 Sep 11 15:42 3.10.0-862.11.6.el7.x86_64
[root@LVS kernels]# ln -s /usr/src/kernels/3.10.0-862.11.6.el7.x86_64 /usr/src/linux
[root@LVS kernels]# ll ../
total 0
drwxr-xr-x. 2 root root  6 Apr 11 00:59 debug
drwxr-xr-x. 3 root root 40 Apr 11 00:59 kernels
lrwxrwxrwx 1 root root 43 Sep 14 04:25 linux -> /usr/src/kernels/3.10.0-862.11.6.
el7.x86_64
```

4. 部署 LVS 软件

前往 LVS 官方网站下载指定版本的软件，本节下载的是 ipvsadm-1.26.tar.gz。读者在下载软件时一定要注意选择与系统内核相匹配的版本，官方网站有相关的说明。

```
[root@LVS download]# ll
total 44
-rw-r--r-- 1 root root 41700 Feb  7  2011 ipvsadm-1.26.tar.gz
[root@LVS ~]# cd /download/
[root@LVS download]# tar zxf ipvsadm-1.26.tar.gz
[root@LVS download]# cd ipvsadm-1.26
[root@LVS ipvsadm-1.26]# make && make install
[root@LVS ipvsadm-1.26]# echo $?
0
```

注意：如果在 make && make install 的过程中报错，则需要解决相关问题。

```
[root@LVS ipvsadm-1.26]# ipvsadm          #执行加载命令
IP Virtual Server version 1.2.1 (size=4096)
Prot LocalAddress:Port Scheduler Flags
```

```
  -> RemoteAddress:Port           Forward Weight ActiveConn InActConn
[root@LVS ipvsadm-1.26]# lsmod |grep ip_vs
ip_vs                  141092  0
nf_conntrack           133387  1 ip_vs
libcrc32c               12644  3 xfs,ip_vs,nf_conntrack
```

5. 配置 LVS DR 模式负载均衡

（1）LVS 服务器配置 VIP 地址，对外提供服务。

```
[root@LVS ~]# ifconfig ens33:250 192.168.22.250/24
[root@LVS ~]# ifconfig ens33:250
ens33:250: flags=4163<UP,BROADCAST,RUNNING,MULTICAST>  mtu 1500
        inet 192.168.22.250  netmask 255.255.255.0  broadcast 192.168.22.255
        ether 00:0c:29:43:00:ae  txqueuelen 1000  (Ethernet)
[root@LVS ~]# ping 192.168.22.250
PING 192.168.22.250 (192.168.22.250) 56(84) bytes of data.
64 bytes from 192.168.22.250: icmp_seq=1 ttl=64 time=0.328 ms
64 bytes from 192.168.22.250: icmp_seq=2 ttl=64 time=0.050 ms
^C
--- 192.168.22.250 ping statistics ---
2 packets transmitted, 2 received, 0% packet loss, time 1001ms
rtt min/avg/max/mdev = 0.050/0.189/0.328/0.139 ms
```

（2）配置 LVS 服务，过程如下。

```
[root@LVS ~]# ipvsadm -C       #清空原来的所有配置
[root@LVS ~]# ipvsadm -A -t 192.168.22.250:80 -s wrr #配置VIP与调度算法
[root@LVS ~]# ipvsadm -L -n    #查看配置
IP Virtual Server version 1.2.1 (size=4096)
Prot LocalAddress:Port Scheduler Flags
  -> RemoteAddress:Port           Forward Weight ActiveConn InActConn
TCP  192.168.22.250:80 wrr
```

（3）添加后端真实主机服务器。

```
[root@LVS ~]# ipvsadm -a -t 192.168.22.250:80 -r 192.168.22.252 -g -w 1
[root@LVS ~]# ipvsadm -a -t 192.168.22.250:80 -r 192.168.22.253 -g -w 1
[root@LVS ~]# ipvsadm -L -n
IP Virtual Server version 1.2.1 (size=4096)
Prot LocalAddress:Port Scheduler Flags
  -> RemoteAddress:Port           Forward Weight ActiveConn InActConn
TCP  192.168.22.250:80 wrr
  -> 192.168.22.252:80            Route   1      0          0
  -> 192.168.22.253:80            Route   1      0          0
```

6. 后端服务器配置抑制 ARP 功能与绑定 VIP 地址

命令如下。

```
[root@ServerA ~]# echo "1">/proc/sys/net/ipv4/conf/lo/arp_ignore
[root@ServerA ~]# echo "2">/proc/sys/net/ipv4/conf/lo/arp_announce
[root@ServerA ~]# echo "1">/proc/sys/net/ipv4/conf/all/arp_ignore
[root@ServerA ~]# echo "2">/proc/sys/net/ipv4/conf/all/arp_announce
[root@ServerA ~]# ifconfig lo:250 192.168.22.250/32
[root@ServerA ~]# ifconfig lo:250
lo:250: flags=73<UP,LOOPBACK,RUNNING>  mtu 65536
        inet 192.168.22.250  netmask 0.0.0.0
        loop  txqueuelen 1  (Local Loopback)
[root@ServerB ~]# echo "1">/proc/sys/net/ipv4/conf/lo/arp_ignore
[root@ServerB ~]# echo "2">/proc/sys/net/ipv4/conf/lo/arp_announce
```

```
[root@ServerB ~]# echo "1">/proc/sys/net/ipv4/conf/all/arp_ignore
[root@ServerB ~]# echo "2">/proc/sys/net/ipv4/conf/all/arp_announce
[root@ServerB ~]# ifconfig lo:250 192.168.22.250/32
[root@ServerB ~]# ifconfig lo:250
lo:250: flags=73<UP,LOOPBACK,RUNNING>  mtu 65536
        inet 192.168.22.250  netmask 0.0.0.0
        loop  txqueuelen 1  (Local Loopback)
```

7. 测试负载均衡效果

命令如下。

```
[root@LVS ~]# curl 192.168.22.250
Welcomt to the Real ServerA
[root@LVS ~]# curl 192.168.22.250
Welcomt to the Real ServerB
```

外网用户浏览器访问结果如图 18-5 所示。

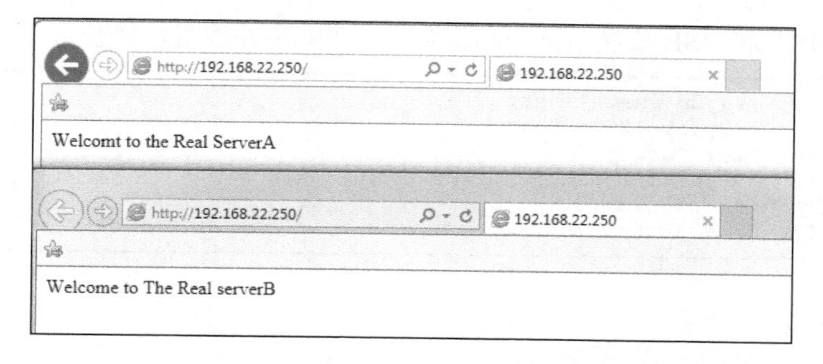

图18-5　浏览器访问结果

查看 LVS 调度情况，结果如下。

```
[root@LVS ~]# ipvsadm -L -n
IP Virtual Server version 1.2.1 (size=4096)
Prot LocalAddress:Port Scheduler Flags
  -> RemoteAddress:Port           Forward Weight ActiveConn InActConn
TCP  192.168.22.250:80 wrr
  -> 192.168.22.252:80            Route   3      0          3
  -> 192.168.22.253:80            Route   3      0          3
[root@LVS ~]# ipvsadm -L -n --stats
IP Virtual Server version 1.2.1 (size=4096)
Prot LocalAddress:Port            Conns   InPkts  OutPkts  InBytes OutBytes
  -> RemoteAddress:Port
TCP  192.168.22.250:80            20       72     35     3872         1392
  -> 192.168.22.252:80            10       34     18     1816         742
  -> 192.168.22.253:80            10       38     17     2056         650
```

18.4.2　LVS 服务 NAT 模式部署

LVS 服务 NAT 模式部署的操作步骤如下。

1. 服务器环境准备

服务器规划见表 18-3。

表 18-3　服务器规划

服务器角色	服务器 IP 地址	备注
LVS	ens33:192.168.22.254	VIP:192.168.22.250对外服务
	ens37:10.0.0.2（内网地址）	
RS节点A	ens37:10.0.0.3（内网地址）	网关指向10.0.0.2
RS节点B	ens37:10.0.0.4（内网地址）	网关指向10.0.0.2

服务器系统环境如下。

```
[root@LVS ~]# cat /etc/redhat-release
CentOS Linux release 7.4.1708 (Core)
[root@LVS ~]# uname -r
3.10.0-693.el7.x86_64
```

2．部署后端服务器

后端主机 RSA 和 RSB 安装 Apache 服务，启动服务并检查，操作如下。

```
[root@serverA ~]# yum install httpd -y
[root@serverA ~]# curl 127.0.0.1
Welcomt to the Real ServerA
[root@serverB ~]# yum install httpd -y
[root@serverB ~]# curl 127.0.0.1:80
Welcome to The Real serverB
```

3．环境检测

命令如下。

```
[root@LVS ~]# ping 10.0.0.3
PING 10.0.0.3 (10.0.0.3) 56(84) bytes of data.
64 bytes from 10.0.0.3: icmp_seq=1 ttl=64 time=3.95 ms
64 bytes from 10.0.0.3: icmp_seq=2 ttl=64 time=1.25 ms
^C
--- 10.0.0.3 ping statistics ---
2 packets transmitted, 2 received, 0% packet loss, time 1002ms
rtt min/avg/max/mdev = 1.253/2.602/3.951/1.349 ms
[root@LVS ~]# ping 10.0.0.4
PING 10.0.0.4 (10.0.0.4) 56(84) bytes of data.
64 bytes from 10.0.0.4: icmp_seq=1 ttl=64 time=14.2 ms
64 bytes from 10.0.0.4: icmp_seq=2 ttl=64 time=2.98 ms
^C
--- 10.0.0.4 ping statistics ---
2 packets transmitted, 2 received, 0% packet loss, time 1002ms
rtt min/avg/max/mdev = 2.989/8.623/14.258/5.635 ms
```

4．开启内核转发

NAT 模式下需要开启内核转发，才能使 LVS NAT 的配置生效，但只需要在服务端配置，后端真实主机不需要配置。

```
[root@LVS ~]# vim /etc/sysctl.conf
# sysctl settings are defined through files in
# /usr/lib/sysctl.d/, /run/sysctl.d/, and /etc/sysctl.d/.
#
# Vendors settings live in /usr/lib/sysctl.d/.
# To override a whole file, create a new file with the same in
# /etc/sysctl.d/ and put new settings there. To override
```

```
# only specific settings, add a file with a lexically later
# name in /etc/sysctl.d/ and put new settings there.
#
# For more information, see sysctl.conf(5) and sysctl.d(5).
net.ipv4.ip_forward = 1     #开启路由转发功能
[root@LVS ~]# sysctl -p     #执行命令使配置生效
net.ipv4.ip_forward = 1
```

5. 配置 LVS NAT 模式

（1）配置 VIP 地址。

```
[root@LVS ~]# ifconfig ens33:250 192.168.22.250/24 up
[root@LVS ~]# ifconfig ens33:250
ens33:250: flags=4163<UP,BROADCAST,RUNNING,MULTICAST>  mtu 1500
        inet 192.168.22.250  netmask 255.255.255.0  broadcast 192.168.22.255
        ether 00:0c:29:43:00:ae  txqueuelen 1000  (Ethernet)
[root@LVS ~]# ipvsadm -A -t 192.168.22.250:80 -s wrr -p 300
```

（2）添加后端主机。

```
[root@LVS ~]# ipvsadm -a -t 192.168.22.250:80 -r 10.0.0.3:80 -m -w 1
[root@LVS ~]# ipvsadm -a -t 192.168.22.250:80 -r 10.0.0.4:80 -m -w 1
[root@LVS ~]# ipvsadm -L -n
IP Virtual Server version 1.2.1 (size=4096)
Prot LocalAddress:Port Scheduler Flags
  -> RemoteAddress:Port           Forward Weight ActiveConn InActConn
TCP  192.168.22.250:80 wrr
  -> 10.0.0.3:80                  Masq    1      0          0
  -> 10.0.0.4:80                  Masq    1      0          0
```

6. 测试 NAT 模式负载均衡

命令如下。

```
[root@LVS ~]# curl 192.168.22.250
Welcomt to the Real ServerA
[root@LVS ~]# curl 192.168.22.250
Welcomt to the Real ServerB
```

查看 LVS 调度情况，结果如下。

```
[root@LVS ~]# ipvsadm -L -n
IP Virtual Server version 1.2.1 (size=4096)
Prot LocalAddress:Port Scheduler Flags
  -> RemoteAddress:Port           Forward Weight ActiveConn InActConn
TCP  192.168.22.250:80 wrr
  -> 10.0.0.3:80                  Masq    1      0          2
  -> 10.0.0.4:80                  Masq    1      0          2
[root@LVS ~]# ipvsadm -L -n --stats
IP Virtual Server version 1.2.1 (size=4096)
Prot LocalAddress:Port               Conns   InPkts  OutPkts  InBytes OutBytes
  -> RemoteAddress:Port
TCP  192.168.22.250:80                31      79       37      4660     2780
  -> 10.0.0.3:80                      15      39       18      2296     1370
  -> 10.0.0.4:80                      16      40       19      2364     1410
```

18.4.3　LVS 服务 TUN 模式部署

LVS 服务 TUN 模式部署的操作步骤如下。

1．服务器环境准备

服务器规划见表 18-4。

表 18-4　服务器规则

服务器角色	服务器 IP 地址	备注
LVS	192.168.22.254	VIP:192.168.22.250对外服务
RS节点A	192.168.22.252	后端真实主机服务器A
RS节点B	192.168.22.253	后端真实主机服务器B

服务器系统环境如下。

```
[root@LVS ~]# cat /etc/redhat-release
CentOS Linux release 7.4.1708 (Core)
[root@LVS ~]# uname -r
3.10.0-693.el7.x86_64
```

2．部署后端服务器

后端主机 RSA 和 RSB 安装 Apache 服务，启动服务并检查，操作如下。

```
[root@serverA ~]# yum install httpd -y
[root@serverA ~]# curl 127.0.0.1
Welcomt to the Real ServerA
[root@serverB ~]# yum install httpd -y
[root@serverB ~]# curl 127.0.0.1:80
Welcome to The Real serverB
```

3．配置 TUN 模式

命令如下。

```
[root@LVS ~]# modprobe ipip
[root@LVS ~]# ifconfig tunl0 192.168.22.250 broadcast 192.168.22.250 netmask 255.
255.255.255 up
[root@LVS ~]# route add -host 192.168.22.250 dev tunl0
[root@LVS ~]# ipvsadm -A -t 192.168.22.250:80 -s wrr
[root@LVS ~]# ipvsadm -a -t 192.168.22.250:80 -r  192.168.22.252 -i -w 1
[root@LVS ~]# ipvsadm -a -t 192.168.22.250:80 -r  192.168.22.253 -i -w 1
[root@LVS ~]# ipvsadm -L -n
IP Virtual Server version 1.2.1 (size=4096)
Prot LocalAddress:Port Scheduler Flags
  -> RemoteAddress:Port           Forward Weight ActiveConn InActConn
TCP  192.168.22.250:80 wrr
  -> 192.168.22.252:80            Tunnel  1      0          0
  -> 192.168.22.253:80            Tunnel  1      0          0
```

4．客户端配置

命令如下。

```
[root@ServerA ~]# modprobe ipip
[root@ServerA ~]# ifconfig tunl0 192.168.22.250 broadcast 192.168.22.250 netmask
255.255.255.255 up
[root@ServerA ~]# route add -host 192.168.22.250 dev tunl0
[root@ServerA ~]# echo "1">/proc/sys/net/ipv4/conf/tunl0/arp_ignore
[root@ServerA ~]# echo "2">/proc/sys/net/ipv4/conf/tunl0/arp_announce
```

```
[root@ServerA ~]# echo "0">/proc/sys/net/ipv4/conf/tunl0/rp_filter
[root@ServerA ~]# echo "1">/proc/sys/net/ipv4/conf/tunl0/forwarding
[root@ServerA ~]# echo "1">/proc/sys/net/ipv4/conf/all/arp_ignore
[root@ServerA ~]# echo "2">/proc/sys/net/ipv4/conf/all/arp_announce
[root@ServerB ~]# modprobe ipip
[root@ServerB ~]# ifconfig tunl0 192.168.22.250 broadcast 192.168.22.250 netmask
255.255.255.255 up
[root@ServerB ~]# route add -host 192.168.22.250 dev tunl0
[root@ServerB ~]# echo "1">/proc/sys/net/ipv4/conf/tunl0/arp_ignore
[root@ServerB ~]# echo "2">/proc/sys/net/ipv4/conf/tunl0/arp_announce
[root@ServerB ~]# echo "0">/proc/sys/net/ipv4/conf/tunl0/rp_filter
[root@ServerB ~]# echo "1">/proc/sys/net/ipv4/conf/tunl0/forwarding
[root@ServerB ~]# echo "1">/proc/sys/net/ipv4/conf/all/arp_ignore
[root@ServerB ~]# echo "2">/proc/sys/net/ipv4/conf/all/arp_announce
```

5．测试 TUN 模式负载均衡

命令如下。

```
[root@LVS ~]# curl 192.168.22.250
Welcomt to the Real ServerA
[root@LVS ~]# curl 192.168.22.250
Welcomt to the Real ServerB
```

查看 LVS 调度情况，结果如下。

```
[root@LVS ~]# ipvsadm -L -n --stats
IP Virtual Server version 1.2.1 (size=4096)
Prot LocalAddress:Port      Conns   InPkts  OutPkts  InBytes OutBytes
  -> RemoteAddress:Port
TCP  192.168.22.250:80       3        15        9     892        550
  -> 192.168.22.252:80       1         7        3     420        260
  -> 192.168.22.253:80       2         8        6     472        295
```

18.5 ipvsadm 命令及参数介绍

部署和配置 LVS 服务会经常用到一些命令，如 ipvsadm，可以使用“ipvsadm --help”命令查看使用帮助。ipvsadm 命令的常用参数及其说明见表 18-5。

表 18-5 ipvsadm 命令的常用参数及其说明

参数	说明
-C	清空配置列表
-A	增加虚拟服务
-E	编辑虚拟服务
-D	删除虚拟服务
-a	添加真实主机
-e	编辑真实主机配置
-d	删除真实主机配置
-L	显示详细列表信息
-h	显示帮助信息

续表

参数	说明
-s	指定算法
-g	指定DR模式（默认的模式）
-i	指定TUN模式
-m	指定NAT模式
-w	指定权重参数
-c	查看连接数
--timeout	查看超时
--daemon	进程输出信息
--states	输出静态信息
-n	以数字形式输出信息

ipvsadm 命令还有其他一些不常用的参数，这里不再赘述，有兴趣的读者可以访问官方网站了解。

第 19 章 Keepalived 高可用集群服务

在第 16 章介绍了集群高可用的服务，集群的高可用是整个业务环境架构中的重点。高可用决定了用户体验，用户体验决定了业务发展的稳定性等。无论是前端负载均衡，还是后端服务器，都需要考虑高可用性。本章介绍 Keepalived 高可用集群服务。

19.1 高可用概述

19.1.1 什么是高可用

在日常运维环境中，我们经常听到很多公司对系统平台的运行要求，例如，目标 4 个 9、5 个 9 等，这些其实都是对系统运行的宕机时间的一个限定目标，也就是所谓的系统高可用性要求。

高可用（High Availability，HA）是系统架构设计中必须考虑的要素之一。通过一些软、硬件设计与配置，来减少系统宕机和无法提供服务的时间，这就是高可用设计。

19.1.2 如何构建高可用

既然日常工作中需要高可用，且系统的高可用性是架构中的重要因素之一，那么如何构建高可用呢？

我们知道，架构之初都是单台服务器单应用，在这种情况下，只要这台服务器出现故障，那么上面所运行的服务都会处于暂停服务的状态，这就是我们通常说的单点故障。单点故障是高可用的最大风险点，在架构设计的过程中应该尽量避免单点存在。

所以，系统高可用架构设计的一个核心点就是冗余。

服务或服务器有了冗余备份之后，就不会再出现单点故障。但随之而来的问题是，每次出现服务或服务器故障时，都需要人工干预或手工进行恢复操作，还是会出现服务不可用的时间。所以，对于高可用的设计又提出一个核心的技术点：自动故障切换。

通过服务或服务器冗余与自动故障切换来构建系统的高可用，这就是系统高可用架构设计的两个核心原则。

19.2　Keepalived 高可用服务

19.2.1　Keepalived 服务介绍

Keepalived 是一个用 C 语言编写的路由软件，主要目的是为 Linux 系统和基于 Linux 系统的基础架构提供强大的负载均衡和高可用功能。

Keepalived 刚开始是专门为 LVS 服务设计的，用来监控 LVS 集群系统各个服务器节点的状态，之后又加入虚拟路由器冗余协议（Virtual Route Redundancy Protocol，VRRP）。VRRP 用于解决单点故障，它有两个强大的功能：健康检查与故障切换（主、备之间的故障快速切换）。

Keepalived 高可用服务的逻辑架构如图 19-1 所示。

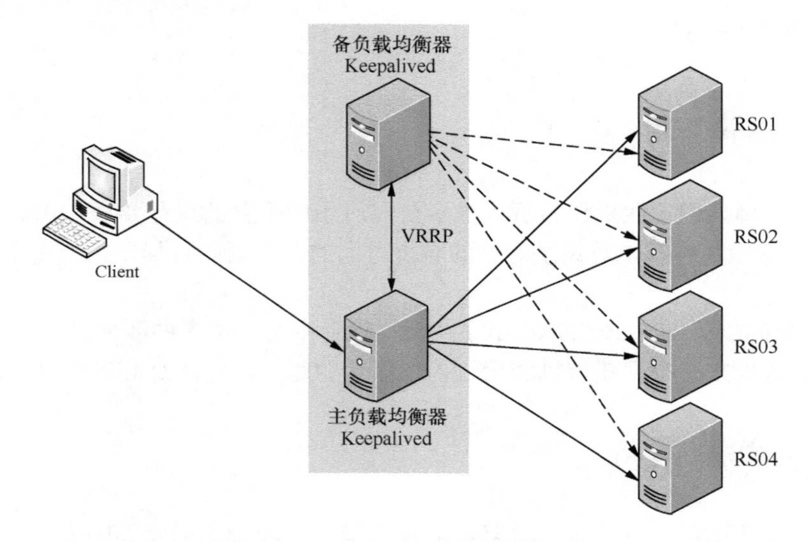

图19-1　Keepalived高可用逻辑架构

主负载均衡器和备负载均衡器相互监控各自的运行状态，一旦发现主负载均衡器宕机，备负载均衡器会立即接收主负载均衡器的所有资源（主负载均衡器的 IP 资源与 VIP 资源），然后接管主负载均衡器来运行负载均衡的功能。只要主负载均衡器恢复，备负载均衡器便会将接收过来的资源归还给主负载均衡器，从而完成整个主、备故障切换。这就是 VRRP 的故障自动切换功能。

健康检查主要针对后端 RS 节点服务器，对其运行状态进行健康性检查，一旦发现有故障或服务不可用时，它不会再将客户端的请求转发至这个 RS 节点服务器。

19.2.2　Keepalived 故障切换原理

Keepalived 服务是模块化设计，不同的模块负责不同的功能。

下面是 Keepalived 服务的模块。

（1）core：Keepalived 的核心，负责主进程的启动、维护以及全局配置文件的加载和解析等。

（2）check：负责健康检查，包括了各种健康检查方式，以及对应的配置的解析（包括LVS 的配置解析）。

（3）vrrp：VRRPD 子进程，用来实现 VRRP 协议。

（4）libipfwc：iptables(ipchains)库，配置 LVS 会用到。

（5）libipvs*：配置 LVS 会用到。

Keepalived 服务启动后会有 3 个进程，分别如下。

（1）父进程：负责管理内存和子进程等。

（2）子进程：VRRP 的子进程。

（3）子进程：healthchecker（健康检查）的子进程。

Keepalived 故障切换主要是通过 VRRP 来实现的。Keepalived 服务启动后，主节点会按一定的时间间隔发送心跳广播包信息，告知备节点自己的存活状态。当主节点出现故障时，备节点就无法接收到主节点的心跳广播包信息，从而调用自己的接管程序，将主节点的 IP 资源及服务资源接管过来，完成主、备故障切换。当主节点恢复时，备节点会立即释放所有接管资源，恢复到接管前的状态，主节点完成故障恢复后正常运行。

要获取更多资料，请读者参考 Keepalived 官方网站。

19.3 Keepalived 服务的部署与配置

19.3.1 部署环境

Keepalived 部署前的服务器规划与系统环境如下。

1. 服务器规划

Keepalived 服务器规划见表 19-1。

表 19-1 Keepalived 服务器规划

服务器角色	服务器 IP 地址	备注
Keepalived主服务器	192.168.22.254	提供VIP:192.168.22.249对外访问
Keepalived备服务器	192.168.22.253	
后端真实主机A	192.168.22.252	—
后端真实主机B	192.168.22.253	—

2. 系统环境

命令如下。

```
[root@keepalived-M ~]# cat /etc/redhat-release
CentOS Linux release 7.4.1708 (Core)
[root@keepalived-M ~]# uname -r
```

3. 10.0-693.el7.x86_64

所有服务器环境均保持一致。

19.3.2　Keepalived 服务的部署

Keepalived 服务的部署的操作步骤如下。

1. 准备 Keepalived 软件

直接访问官方网站，在下载界面中下载需要的版本，本节使用官方最新版本：keepalived-2.0.7.tar.gz。主、备服务器版本必须保持一致。

```
[root@keepalived-M ~]# ll keepalived-2.0.7.tar.gz
-rw-r--r-- 1 root root 873480 Aug 23 11:18 keepalived-2.0.7.tar.gz
```

2. 部署 Keepalived 服务

（1）安装部署前检查内核的软件链接文件是否存在，之前在安装 LVS 服务时介绍过，这里不再赘述。查看文件信息如下。

```
[root@keepalived-M kernels]# ll /usr/src/
total 0
drwxr-xr-x. 2 root root  6 Nov  5  2016 debug
drwxr-xr-x. 3 root root 35 Sep 20 03:47 kernels
lrwxrwxrwx  1 root root 38 Sep 20 03:47 linux -> /usr/src/kernels/3.10.0-693.el7.x86_64
```

（2）安装依赖包软件。

```
[root@keepalived-M ~]# yum install openssl-devel popt-devel -y
```

（3）安装 Keepalived 软件。

```
[root@keepalived-M ~]# tar zxf keepalived-2.0.7.tar.gz
[root@keepalived-M ~]# cd keepalived-2.0.7
[root@keepalived-M keepalived-2.0.7]# ./configure
Keepalived configuration
------------------------
Keepalived version       : 2.0.7
Compiler                : gcc
Preprocessor flags       :  -I/usr/include/libnl3
Compiler flags          : -Wall -Wunused -Wstrict-prototypes -Wextra -Winit-self -g
-D_GNU_SOURCE -fPIE -Wformat -Werror=format-security -Wp,-D_FORTIFY_SOURCE=2-fexceptions
 -fstack-protector-strong --param=ssp-buffer-size=4 -grecord-gcc-switches -O2
Linker flags             :  -pie
Extra Lib               : -lcrypto  -lssl  -lnl-genl-3 -lnl-3
Use IPVS Framework      : Yes
IPVS use libnl               : Yes
IPVS syncd attributes          : No
IPVS 64 bit stats              : No
HTTP_GET regex support       : No
fwmark socket support          : Yes
Use VRRP Framework           : Yes
Use VRRP VMAC              : Yes
Use VRRP authentication         : Yes
With ip rules/routes              : Yes
Use BFD Framework            : No
SNMP vrrp support              : No
SNMP checker support           : No
SNMP RFCv2 support           : No
SNMP RFCv3 support           : No
DBUS support                 : No
SHA1 support                 : No
Use Json output                : No
```

```
libnl version                  : 3
Use IPv4 devconf              : No
Use libiptc                   : No
Use libipset                  : No
init type                     : systemd
Strict config checks           : No
Build genhash                 : Yes
Build documentation           : No
```

出现上面的提示，表示编译成功，可进行下一步操作。

```
[root@keepalived-M keepalived-2.0.7]# make && make install
[root@keepalived-M keepalived-2.0.7]# echo $?
0
```

3．复制配置文件

命令如下。

```
[root@keepalived-M ~]# cp /root/keepalived-2.0.7/keepalived/etc/init.d/keepalived
/etc/init.d/                    #启动脚本配置文件
[root@keepalived-M ~]# cp //root/keepalived-2.0.7/keepalived/etc/sysconfig/keepalived
/etc/sysconfig/                 #配置启动脚本参数
[root@keepalived-M ~]# mkdir /etc/keepalived       #创建配置文件存储目录
[root@keepalived-M ~]# cp /root/keepalived-2.0.7/keepalived/etc/keepalived/
keepalived.conf /etc/keepalived/
#配置文件模板
[root@keepalived-M ~]# cp /usr/local/sbin/keepalived /usr/sbin/     #启动命令
```

19.3.3 Keepalived 配置文件详解

Keepalived 服务的配置文件分为全局配置模块（global_defs）、VRRPD 配置模块、LVS 配置模块三部分。下面对 Keepalived 的配置文件中的参数做逐一说明。

```
[root@keepalived-M keepalived]# cat  keepalived.conf
! Configuration File for keepalived
global_defs {                       #全局配置模块
   notification_email {             #配置通知邮件地址
     acassen@firewall.loc           #指定发送邮件的用户地址，下同
     failover@firewall.loc
     sysadmin@firewall.loc
   }
   notification_email_from Alexandre.Cassen@firewall.loc     #指定邮件服务器地址
   smtp_server 192.168.200.1
   smtp_connect_timeout 30          #指定SMTP服务器连接超时时间，单位是秒
   router_id LVS_DEVEL              #虚拟路由器ID，全网唯一
   vrrp_skip_check_adv_addr
#接收的消息与上一个接收的消息都来自相同的master路由器，则不执行检查（跳过检查）
   vrrp_strict                      #严格遵守VRRP协议
   vrrp_garp_interval 0             #在一个接口发送的两个ARP之间的延迟，默认是0
   vrrp_gna_interval 0              #在一个接口上每组na消息之间的延迟，默认是0
}
vrrp_instance VI_1 {                #定义VRRP实例，VL_1是实例名称
    state MASTER                    #指定角色（主/备）
    interface eth0                  #发送心跳检测的接口
    virtual_router_id 51            #虚拟路由器ID，同一集群保持一致
    priority 100                    #优先级
    advert_int 1                    #两个Keepalived服务器之间的通知时间间隔，单位是秒
```

```
    authentication {            #两个Keepalived服务器之间的认证
        auth_type PASS          #指定认证类型
        auth_pass 1111          #指定密码
    }
    virtual_ipaddress {         #指定VIP地址配置模块
        192.168.200.16          #指定VIP地址
        192.168.200.17
        192.168.200.18
    }
}
virtual_server 192.168.200.100 443 {    #虚拟主机配置模块
    delay_loop 6                #健康检测时间间隔，单位是秒
    lb_algo rr                  #LVS调度算法
    lb_kind NAT                 #LVS的工作模式
    persistence_timeout 50      #持久化超时时间，单位是秒，默认是6分钟
    protocol TCP                #协议类型
    real_server 192.168.201.100 443 {    #后端真实主机配置模块
        weight 1                #服务器权重，默认是1
        SSL_GET {
            url {
              path /
              digest ff20ad2481f97b1754ef3e12ecd3a9cc
            }
            url {
              path /mrtg/
              digest 9b3a0c85a887a256d6939da88aabd8cd
            }
            connect_timeout 3       #连接超时时间，单位是秒
            retry 3                 #超时重试连接次数
            delay_before_retry 3    #在重试之前的延迟时间，单位是秒
        }
    }
}
```

19.3.4 Keepalived 实例配置

下面介绍 Keepalived 服务的实例配置操作。

1. Keepalived 单实例配置操作

这里配置一个简单的 Keepalived 单实例来模拟主、备故障切换的情况，当主服务器故障时，检测用户对 VIP 的访问是否会中断，即 VIP 是否能成功被备服务器接管。

（1）主服务器的配置文件修改如下。

```
! Configuration File for keepalived
global_defs {
   notification_email {
     admin@mingongge.com
   }
   notification_email_from mail.mingongge.com
   smtp_server 192.168.200.1
   smtp_connect_timeout 30
   router_id LVS_254
   vrrp_skip_check_adv_addr
   vrrp_garp_interval 0
   vrrp_gna_interval 0
}
vrrp_instance VI_1 {
    state MASTER
```

```
    interface ens33
    virtual_router_id 249
    priority 150
    advert_int 1
    authentication {
        auth_type PASS
        auth_pass 1111
    }
    virtual_ipaddress {
        192.168.22.249
    }
}
```

（2）备服务器的配置文件修改如下。

```
! Configuration File for keepalived
global_defs {
   notification_email {
     admin@mingongge.com
   }
   notification_email_from mail.mingongge.com
   smtp_server 192.168.200.1
   smtp_connect_timeout 30
   router_id LVS_253
   vrrp_skip_check_adv_addr
   vrrp_garp_interval 0
   vrrp_gna_interval 0
}
vrrp_instance VI_1 {
    state BACKUP
    interface ens33
    virtual_router_id 249
    priority 100
    advert_int 1
    authentication {
        auth_type PASS
        auth_pass 1111
    }
    virtual_ipaddress {
        192.168.22.249
    }
}
```

注意：修改主、备服务器的配置文件时，router_id 需全网唯一，不可重复；state 与 priority 这两个配置不能相同，virtual_router_id 要相同。

（3）同时启动主、备服务器，操作如下。

```
[root@keepalived-M ~]# /etc/init.d/keepalived start
Starting keepalived (via systemctl):                       [  OK  ]
[root@keepalived-M ~]# ps -ef|grep keep
root      16681      1  0 03:27 ?      00:00:00 /usr/local/sbin/keepalived -D
root      16682  16681  0 03:27 ?      00:00:00 /usr/local/sbin/keepalived -D
root      16683  16681  0 03:27 ?      00:00:00 /usr/local/sbin/keepalived -D
root      16744   1011  0 03:28 pts/0  00:00:00 grep --color=auto keep
[root@keepalived-S ~]# /etc/init.d/keepalived start
Starting keepalived (via systemctl):                       [  OK  ]
[root@keepalived-S ~]# ps -ef|grep keep
root       4811      1  0 03:28 ?      00:00:00 /usr/local/sbin/keepalived -D
root       4812   4811  0 03:28 ?      00:00:00 /usr/local/sbin/keepalived -D
root       4813   4811  0 03:28 ?      00:00:00 /usr/local/sbin/keepalived -D
root       4864   1015  0 03:28 pts/0  00:00:00 grep --color=auto keep
```

（4）查看 VIP 绑定情况，操作如下。

```
[root@keepalived-M ~]# ip add |grep 249
    inet 192.168.22.249/32 scope global ens33
[root@keepalived-S ~]# ip add|grep 249
[root@keepalived-S ~]# ip add|grep ens33
2: ens33: <BROADCAST,MULTICAST,UP,LOWER_UP> mtu 1500 qdisc pfifo_fast state UP qlen
1000
    inet 192.168.22.253/24 brd 192.168.22.255 scope global ens33
```

备服务器没有 VIP 地址，因为主服务器优先级高，说明配置是正确的。接下来使用客户端直接测试与 VIP 地址的连通情况，如图 19-2 所示。

```
管理员: C:\Windows\system32\cmd.exe
Microsoft Windows [版本 6.1.7601]
版权所有 (c) 2009 Microsoft Corporation。保留所有权利。

C:\Users\Administrator>ping 192.168.22.249

正在 Ping 192.168.22.249 具有 32 字节的数据:
来自 192.168.22.249 的回复: 字节=32 时间<1ms TTL=64
来自 192.168.22.249 的回复: 字节=32 时间<1ms TTL=64
来自 192.168.22.249 的回复: 字节=32 时间<1ms TTL=64
来自 192.168.22.249 的回复: 字节=32 时间<1ms TTL=64

192.168.22.249 的 Ping 统计信息:
    数据包: 已发送 = 4, 已接收 = 4, 丢失 = 0 (0% 丢失),
往返行程的估计时间(以毫秒为单位):
    最短 = 0ms, 最长 = 0ms, 平均 = 0ms

C:\Users\Administrator>
```

图19-2　测试客户端与VIP地址的连通情况

（5）将主服务器关闭，模拟主服务器宕机，来测试 VIP 地址的故障切换情况。

```
[root@keepalived-M ~]# shutdown -h
Shutdown scheduled for Fri 2018-09-21 03:51:09 EDT, use 'shutdown -c' to cancel.
[root@keepalived-M ~]#
Broadcast message from root@keepalived-M (Fri 2018-09-21 03:50:09 EDT):
The system is going down for power-off at Fri 2018-09-21 03:51:09 EDT!
[root@keepalived-S ~]# ip add|grep 249
    inet 192.168.22.249/32 scope global ens33
[root@keepalived-S ~]# ip add|grep ens33
2: ens33: <BROADCAST,MULTICAST,UP,LOWER_UP> mtu 1500 qdisc pfifo_fast state UP qlen
1000
    inet 192.168.22.253/24 brd 192.168.22.255 scope global ens33
    inet 192.168.22.249/32 scope global ens33
```

发现 VIP 资源已经被备服务器全部接管，客户端与 VIP 的连通情况如图 19-3 所示。

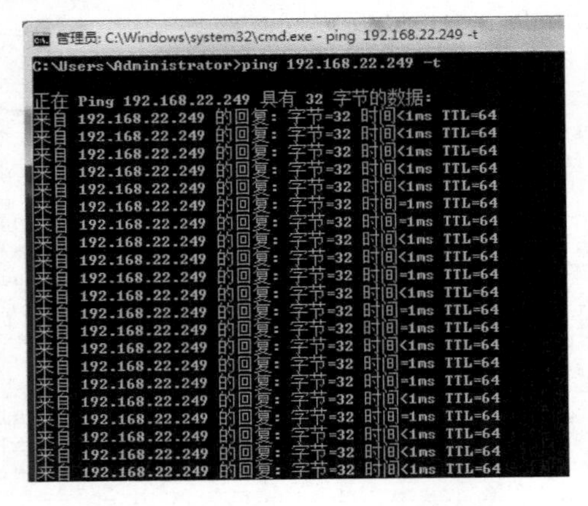

图19-3　客户端与VIP的连通情况

从图 19-3 的结果中可以看出，客户端与 VIP 之间的连通并没有因为主服务器的宕机而受影响。

2. Keepalived 多实例配置

多实例的配置也是相当简单的，就是在配置文件中增加一个实例的配置，具体如下。

（1）主服务器配置文件如下。

```
[root@keepalived-M ~]# vim /etc/keepalived/keepalived.conf
! Configuration File for keepalived
global_defs{
   notification_email {
     acassen@firewall.loc
     failover@firewall.loc
     sysadmin@firewall.loc
   }
   notification_email_from Alexandre.Cassen@firewall.loc
   smtp_server 192.168.200.1
   smtp_connect_timeout 30
   router_id LVS_254
   vrrp_skip_check_adv_addr
   #vrrp_strict
   vrrp_garp_interval 0
   vrrp_gna_interval 0
}
vrrp_instance VI_1 {
    state MASTER
    interface ens33
    virtual_router_id 249
    priority 150
    advert_int 1
    authentication {
        auth_type PASS
        auth_pass 1111
    }
    virtual_ipaddress {
        192.168.22.249
    }
}
vrrp_instance VI_2 {
    state BACKUP
    interface ens33
    virtual_router_id 248
    priority 100
    advert_int 1
    authentication {
        auth_type PASS
        auth_pass 1111
    }
    virtual_ipaddress {
        192.168.22.248
    }
}
```

（2）从服务器配置文件如下。

```
[root@keepalived-S ~]# vim /etc/keepalived/keepalived.conf
! Configuration File for keepalived
global_defs{
   notification_email {
     acassen@firewall.loc
```

```
      failover@firewall.loc
      sysadmin@firewall.loc
    }
    notification_email_from Alexandre.Cassen@firewall.loc
    smtp_server 192.168.200.1
    smtp_connect_timeout 30
    router_id LVS_253
    vrrp_skip_check_adv_addr
    #vrrp_strict
    vrrp_garp_interval 0
    vrrp_gna_interval 0
}
vrrp_instance VI_1 {
    state BACKUP
    interface ens33
    virtual_router_id 249
    priority 100
    advert_int 1
    authentication {
        auth_type PASS
        auth_pass 1111
    }
    virtual_ipaddress {
        192.168.22.249
    }
}
vrrp_instance VI_2 {
    state MASTER
    interface ens33
    virtual_router_id 248
    priority 150
    advert_int 1
    authentication {
        auth_type PASS
        auth_pass 1111
    }
    virtual_ipaddress {
        192.168.22.248
    }
}
```

（3）重启主、备服务器，并查看 VIP 绑定情况，操作如下。

```
[root@keepalived-M ~]# /etc/init.d/keepalived restart
Restarting keepalived (via systemctl):                     [  OK  ]
[root@keepalived-M ~]# ip add |grep 249
    inet 192.168.22.249/32 scope global ens33
[root@keepalived-M ~]# ip add |grep 248
[root@keepalived-S ~]# /etc/init.d/keepalived restart
Restarting keepalived (via systemctl):                     [  OK  ]
[root@keepalived-S ~]# ip add|grep 249
[root@keepalived-S ~]# ip add|grep 248
    inet 192.168.22.248/32 scope global ens33
```

测试客户端与两个实例的 VIP 之间的连通情况，结果如图 19-4 所示。

（4）将备服务器 Keepalived 服务停止，VIP 切换情况如下。

```
[root@keepalived-S ~]# /etc/init.d/keepalived stop
Stopping keepalived (via systemctl):                 [  OK  ]
[root@keepalived-S ~]# ip add|grep 248
[root@keepalived-S ~]# ip add|grep 249
[root@keepalived-M ~]# ip add |grep 249
    inet 192.168.22.249/32 scope global ens33
```

```
[root@keepalived-M ~]# ip add |grep 248
    inet 192.168.22.248/32 scope global ens33
```

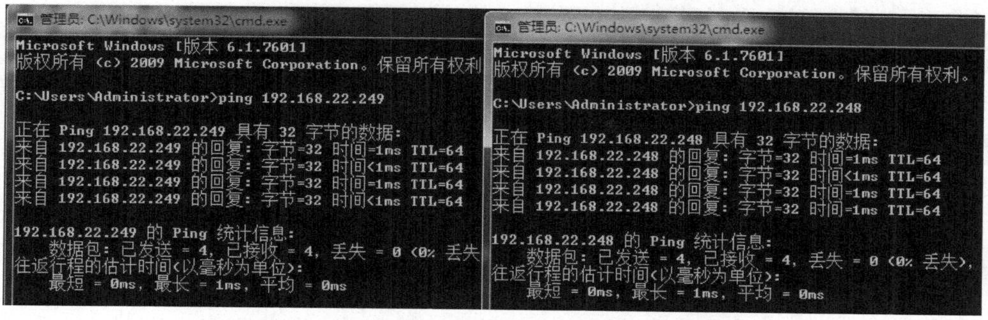

图19-4 客户端与多实例VIP的连通性测试结果

测试两个 VIP 的连通情况，结果如图 19-5 所示。

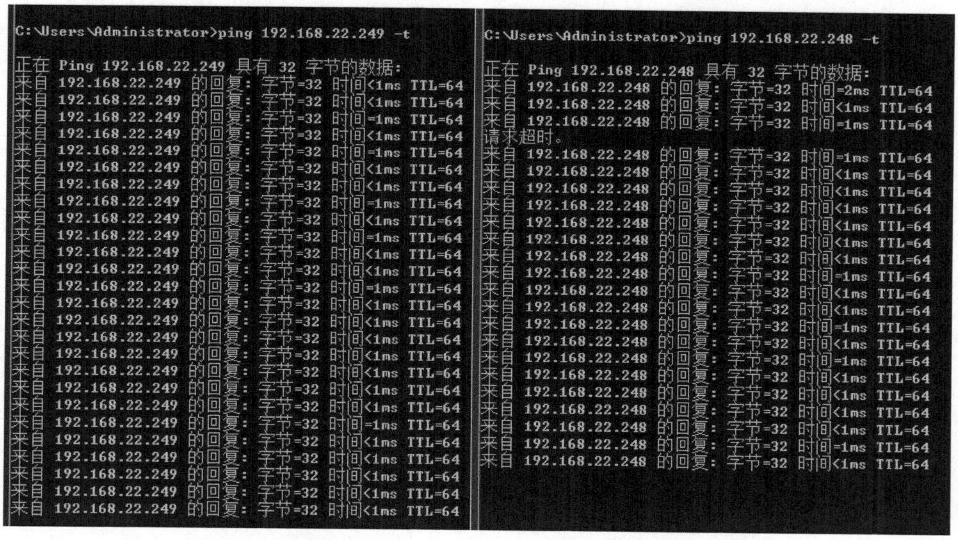

图19-5 客户端与VIP连通性测试结果

从图 19-5 中的结果可以看出，VIP:192.168.22.248 与客户端的连通在切换过程中出现一个超时情况，这类情况在实际生产环境中是不会影响正常的数据访问的。

第 20 章
NoSQL 数据库服务的部署与管理

数据库分为两种：关系型数据库与非关系型数据库。随着网站的发展与壮大，传统的关系型数据库有时很难应对日益增长的流量需求，特别是一些大流量、高并发的平台，同时暴露出来关系型数据库的一些问题。非关系型数据库因此走入人们的视线，成为解决一些场景问题必不可少的技术方向之一。

20.1 NoSQL 数据库简介

20.1.1 什么是 NoSQL 数据库

NoSQL（Not Only SQL），泛指非关系型数据库。可以说，它是数据库界的创新与革命，也是一种里程碑式的产品。

NoSQL 数据库并没有一个统一的架构，每种 NoSQL 数据库都各不相同，各有所长，在各自不同的场景与领域发挥着不同的用途。

20.1.2 NoSQL 数据库的分类

NoSQL 数据库总体分四大类：键值（key-value）对数据库、列存储数据库、文档数据库、图形数据库。

1．键值对数据库

键值对数据库主要是维护一个哈希表，表里存储着一个特定键值对。这类数据库操作简单，易用、易部署，但对于部分键值的维护（比如更新操作）效率比较低下。常见的键值对数据库有 Redis 和 Tokyo 等。

2．列存储数据库

列存储数据库通常用于分布式存储场景中。常见的列存储数据库是 HBase。

3．文档数据库

文档数据库与键值对数据库类似，它没有特定的格式、结构，但比键值对数据库的效率要高。常见的文档数据库是 MongoDB。

4．图形数据库

图形数据库很容易理解，也就是存储一些图像的数据库。它使用比较灵活的图形模型，可以扩展到多台服务器上。常见的图形数据库有 Graph 和 Neo4j。

20.1.3　NoSQL 数据库的使用场景

NoSQL 数据库的性能决定了它的使用场景，它比较适用以下几种场景。

（1）数据模型较简单的场景。

（2）灵活性要求较高的场景。

（3）对数据库性能要求较高的场景。

（4）对数据的一致性要求较低的场景。

（5）给定 key，比较容易映射复杂值的场景。

总体来说，NoSQL 数据库解决了关系型数据库不能解决的问题，同时在一定的场景下对提升关系型数据的性能有一定帮助。

20.2　Memcached 服务的部署与配置

20.2.1　什么是 Memcached

Memcached 是一个开源、高性能的、具有分布式内存对象的缓存系统，由 Live Journal 在 2003 年开发完成，一般用于存储经常读取的对象或数据，如同服务器将一些内容缓存到客户端本地一样。

Memcached 也是一套数据缓存系统，用于动态应用系统中缓存数据库的数据，降低数据库的访问压力，从而达到提升整体性能的目的。在实际应用环境中，Memcached 多用于数据库的 Cache 的应用，它通过预分配指定的内存空间来存储数据。

Memcached 可以基于键值来存储小块的任意数据（字符串、对象）。Memcached 功能强大，便于快速开发，同时也解决了大数据量缓存的很多问题。Memcached 的 API 兼容大多数流行的开发语言。

Memcached 分为服务器端与客户端，可以配置多个服务器端和客户端。

20.2.2　Memcached 的工作流程

Memcached 的工作流程分为以下 4 个步骤。

（1）检查客户端请求的数据是否在 Memcached 服务器中存在，如果存在，直接把相关数据返回，不再对数据进行任何操作。

（2）如果数据不在 Memcached 服务器中，会去数据库进行查询，把从数据库中获取的数据返回给客户端，同时将数据缓存到 Memcached 服务器中。

（3）数据库更新（更新或删除数据）的同时，也会更新 Memcached 服务器中的数据，从而保持数据一致。

（4）如果分配给 Memcached 服务器的内存使用完了，会使用 LRU（最近最少使用）和过期策略，失效的数据就会被替换掉，然后替换掉最近未使用的数据。

Memcached 的工作流程逻辑图如图 20-1 所示。

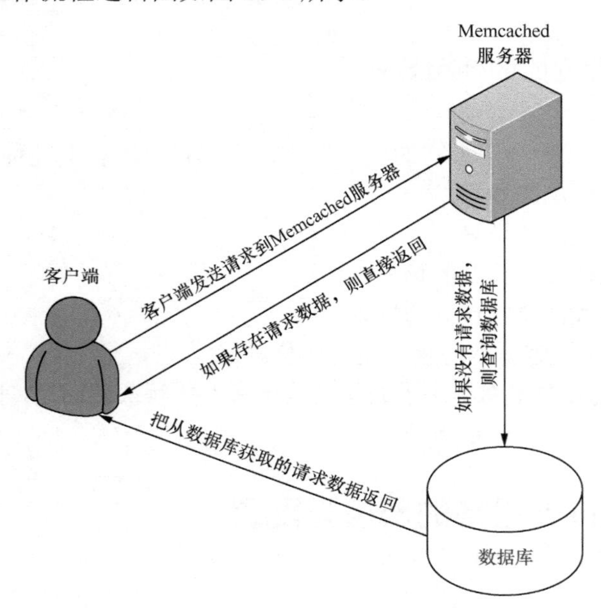

图20-1　Memcached工作流程逻辑图

20.2.3　Memcached 的特性与应用场景

1．Memcached 的特性

（1）协议简单。使用基于文本行的协议，能直接通过 Telnet 在 Memcached 服务器上存取数据，实现比较简单。

（2）基于 Libevent 的事件处理。Libevent 是基于 C 语言开发的程序库，Memcached 利用这个库处理异步事件。

（3）内置内存管理方式。Memcached 有一套自己的管理内存方式，而且非常高效，所有数据都保存在 Memcached 内置的内存中。当存入的数据占满空间时，会使用 LRU 算法来清除不使用的缓存数据，从而来重用过期数据的内存空间，但重启服务器数据将丢失。

（4）具有分存式特点。各个 Memcached 服务器之间互不通信，独立存取数据，通过客户端的设计让其具有分存式特点，支持大量缓存和大规模应用。

2．Memcached 的应用场景

Memcached 的应用场景可以分为以下 3 种。

（1）分布式应用场景。Memcached 本身就基于分布式的系统，所以特别适用于大型的分布式系统。

（2）数据库前端缓存。数据库一直是各类平台系统运行的常见瓶颈，当数据库面对大量的并发访问时，经常会造成网站无法访问、数据库宕机等问题。比如，如果平台有需要大量消耗资源的动态页面，一旦遇到大量的并发用户访问，数据库的负载会瞬时增高。一般大部分的请求是对数据库的读操作，Memcached 作为数据的前端缓存，可以非常明显地减少数据库的这类负载。还有一种是频繁被访问的小文件、临时数据，同样也可以利用

Memcached 缓存减少对数据库的写操作。

（3）服务器间数据共享。这种应用最常见的是缓存 session 数据。例如，平台登录系统和查询系统是两个独立的应用，处于不同的服务器上，我们可以利用 Memcached 将用户的登录信息缓存起来，以便登录系统和查询系统都可以正常获取用户的登录信息。

要获取更多资料，请读者参考 Memcached 官方网站。

20.2.4 Memcached 的部署与配置

Memcached 服务部署与配置的操作步骤如下。

1．安装环境准备

Memcached 的安装很简单，首先需要下载 Libevent 与 Memcached 软件，下载过程就不再介绍了。

安装 Libevent 的命令如下（也可直接 Yum 安装）。

```
[root@ ~]# tar zxf libevent-1.4.13-stable.tar.gz
[root@libevent-1.4.13-stable]# cd libevent-1.4.13-stable
[root@libevent-1.4.13-stable]# ./configure
[root@libevent-1.4.13-stable]# make && make install
```

2．Memcached 的安装与部署

（1）安装 Memcached。

```
[root@~]# tar zxf memcached-1.4.20.tar.gz
[root@~]# cd memcached-1.4.20
[root@ memcached-1.4.20]# ./configure
[root@ memcached-1.4.20]# make && make install
```

（2）启动 Memcached。

```
[root@~]# /usr/local/bin/memcached -p 11211 -u root -c 1024 -d
```

启动相关参数介绍如下。

- -p：指定端口。
- -c：最大并发数。
- -d：后台模式。

注意：如果启动出现报错，提示找不到 libevent-1.4.so.xx 文件，解决方法如下。

```
[root@~]# echo "/usr/local/lib">>/etc/ld.so.conf
ldconfig
```

（3）检查端口。

```
[root@~]# lsof -i :11211
COMMAND     PID USER   FD   TYPE DEVICE SIZE/OFF NODE NAME
memcached 15744 root   26u  IPv4  25499   0t0  TCP *:memcache (LISTEN)
memcached 15744 root   27u  IPv6  25500   0t0  TCP *:memcache (LISTEN)
memcached 15744 root   28u  IPv4  25503   0t0  UDP *:memcache
memcached 15744 root   29u  IPv4  25503    0t0  UDP *:memcache
memcached 15744 root   30u  IPv4  25503    0t0  UDP *:memcache
memcached 15744 root   31u  IPv4  25503     0t0  UDP *:memcache
```

3. Memcached 的连接

Memcached 的连接有以下两种方式。

（1）通过 Telnet 方式连接 Memcached。

```
[root@ ~]# telnet 127.0.0.1 11211
Trying 127.0.0.1...
Connected to 127.0.0.1.
Escape character is '^]'.
set key 0 0 10
#添加数据
test654321
STORED        #数据保存成功后输出，失败则输出ERROR信息
get key
#查询数据
VALUE key 0 10
test654321
END
delete key
#删除数据
DELETED
get key
END
```

（2）通过 nc 方式连接 Memcached。

```
[root@~]# printf "set key001 0 0 10\r\ntest123456\r\n"|nc 127.0.0.1 11211
#添加数据，10个字节数，后面要一致，否则添加不成功
STORED
[root@~]# printf "get key001\r\n"|nc 127.0.0.1 11211
#查询数据
VALUE key001 0 10
test123456
END
[root@~]# printf "delete key001\r\n"|nc 127.0.0.1 11211
#删除数据
DELETED
[root@~]# printf "get key001\r\n"|nc 127.0.0.1 11211
END
```

20.2.5　Memcached 操作命令

Memcached 操作命令一般分为以下 3 类。

- Memcached 存储命令。
- Memcached 查找命令。
- Memcached 统计命令。

1. Memcached 存储命令

（1）set 命令。

Memcached set 命令的作用是将 value 存储在指定的 key 中。如果指定的 key 存在，那么此命令就是更新此 key 所对应的旧数据，相当于实现更新数据的作用。

set 命令的基本语法格式如下。

```
set key flags exptime bytes [noreply]
value
```

set 命令的参数说明见表 20-1。

表 20-1 set 命令的参数说明

参数	说明
key	key-value键值对中的key，用于查找缓存值
flags	键值对的整型参数，存储键值对额外的信息
exptime	键值对在缓存中的保存时间，单位是秒，0表示永久保存
bytes	缓存中存储的字节数
noreply	通知服务器不需要返回数据，可选参数
value	存储的值

（2）add 命令。

Memcached add 命令的作用是将值存储到指定的键中。如果指定的键存在，则不会更新数据（但过期的键会被更新），并且返回 NOT_STORED 信息。

add 命令的基本语法格式如下。

```
add key flags exptime bytes [noreply]
value
```

add 命令的参数和 set 命令相同。

（3）replace 命令。

Memcached replace 命令用于替换已经存在的键的值。如果 key 不存在，则替换失败，并且返回 NOT_STORED 信息。

replace 命令的基本语法格式如下。

```
replace key flags exptime bytes [noreply]
value
```

replace 命令的参数和 set 命令相同。

（4）append 命令。

Memcached append 命令用于向已经存在的键的值后追加数据。

append 命令的基本语法格式如下。

```
append key flags exptime bytes [noreply]
value
```

append 命令的参数和 set 命令相同。

2. Memcached 查找命令

（1）get 命令。

Memcached get 命令用于获取存储在键中的值。如果 key 不存在，则返回空。

get 命令的语法格式如下。

```
get key                    #获取一个key的value
get key1 key2 key3 …       #获取多个key的value
```

（2）delete 命令。

Memcached delete 命令用于删除已存在的键。

delete 命令的语法格式如下。

```
delete key [noreply]
```

delete 命令执行后，会有以下 3 种输出信息。

- DELETED：输出此信息，表示删除成功。
- ERROR：输出此信息，表示语法错误或删除失败。
- NO_FOUND：输出此信息，表示键不存在。

3．Memcached 统计命令

（1）stats 命令。

Memcached stats 命令用于返回统计信息，如 PID 进程号、版本号、连接数等信息。

stats 命令的语法格式如下。

```
stats
```

（2）flush_all 命令。

Memcached flush_all 命令用于清理缓存中所有的键值对。

flush_all 命令的语法格式如下。

```
flush_all time [noreply]
```

其中，参数 time 用于在指定的时间后执行清理缓存操作。

20.3　Redis 服务的部署与配置

20.3.1　什么是 Redis

Redis 是一个开源的使用 ANSI C 语言编写、遵守 BSD 协议、支持网络、可基于内存亦可持久化的日志型、key-value 数据库，并提供多种语言的 API。它通常被称为数据结构服务器，因为值（value）可以是字符串（string）、列表（list）、集合（sets）和有序集合（sorted sets）等类型。

Redis 是基于键值对的 NoSQL 数据库，关于键有以下几点规则。

（1）任何二进制的序列都可以作为键使用。

（2）Redis 有统一的规则来设计键。

（3）键、值允许的最大长度都是 512MB。

20.3.2　Redis 的应用场景

（1）最常用的是会话缓存。

（2）消息队列，比如支付。

（3）活动排行榜或计数。

（4）发布、订阅消息（消息通知）。

（5）商品列表、评论列表等。

20.3.3 Redis 服务的部署

首先去官方网站下载相应的版本，本节准备的软件版本是 redis-2.8.24。下面是 Redis 服务部署的操作步骤。

1．解压编译安装 Redis

命令如下。

```
[root@redis-m tools]#tar zxf redis-2.8.24.tar.gz
[root@redis-m tools]#cd redis-2.8.24
[root@redis-m redis-2.8.24]#make
[root@redis-m redis-2.8.24]#make PREFIX=/usr/local/redis-2.8.24 install
[root@redis-m redis-2.8.24]#ln -s /usr/local/redis-2.8.24 /usr/local/redis
[root@redis-m tools]# tree /usr/local/redis
/application/redis
`-- bin
    |-- redis-benchmark #性能测试工具
    |-- redis-check-aof #检测更新日志
    |-- redis-check-dump #检查本地数据库rdb文件
    |-- redis-cli #命令行客户端操作工具
    |-- redis-sentinel -> redis-server
    `-- redis-server #服务的启动程序
```

2．配置环境变量

命令如下。

```
[root@redis-m tools]# echo "PATH=/usr/local/redis/bin:$PATH">>/etc/profile
[root@redis-m tools]# source /etc/profile
[root@redis-m tools]# which redis-server
/usr/local/redis/bin/redis-server
```

3．查看帮助文档

命令如下。

```
[root@redis-m tools]# redis-server --help
Usage: ./redis-server [/path/to/redis.conf] [options]
       ./redis-server - (read config from stdin)
       ./redis-server -v or --version
       ./redis-server -h or --help
       ./redis-server --test-memory <megabytes>
Examples:
       ./redis-server (run the server with default conf)
       ./redis-server /etc/redis/6379.con
       ./redis-server --port 7777
       ./redis-server --port 7777 --slaveof 127.0.0.1 8888
       ./redis-server /etc/myredis.conf --loglevel verbose
```

20.3.4 Redis 服务的启动与关闭

以下介绍 Redis 服务的启动、关闭操作。

1．启动服务

命令如下。

```
[root@redis-m ~]# cd /usr/local/redis
[root@redis-m redis]# ll
total 4
drwxr-xr-x 2 root root 4096 Mar 22 04:50 bin
[root@redis-m redis]# mkdir conf
[root@redis-m redis]# cp /download/tools/redis-2.8.24/redis.conf ./conf/
[root@redis-m redis]# redis-server /usr/local/redis/conf/redis.conf &
[6072] 22 Mar 05:00:51.373 # Server started, Redis version 2.8.24
[6072] 22 Mar 05:00:51.374 # WARNING overcommit_memory is set to 0! Background
save may fail under low memory condition. To fix this issue add 'vm.overcommit_
memory = 1' to /etc/sysctl.conf and then reboot or run the command 'sysctl vm.overcommit_
memory=1' for this to take effect.
#内存不足的时候，数据加载到磁盘可能失效，可以使用命令解决或修改配置文件
[6072] 22 Mar 05:00:51.375 # WARNING: The TCP backlog setting of 511 cannot be
enforced because /proc/sys/net/core/somaxconn is set to the lower value of 128.
[6072] 22 Mar 05:00:51.375 * The server is now ready to accept connections on port 6379
[root@redis-m redis]# lsof -i :6379
COMMAND PID USER FD   TYPE DEVICE SIZE/OFF NODE NAME
redis-ser 6072 root 4u IPv6  24271 0t0   TCP *:6379 (LISTEN)
redis-ser 6072 root 5u IPv4 24273 0t0   TCP *:6379 (LISTEN)
vm.overcommit_memory
```

overcommit_memory 参数的可选值为 0、1、2。

- 0：表示内核将检查是否有足够的可用内存供应用进程使用。如果有足够的可用内存，内存申请允许；否则，内存申请失败，并把错误返回给应用进程。
- 1：表示内核允许最大限度地使用内存。
- 2：表示内核允许分配超过所有物理内存和交换空间总和的内存。

2．关闭服务

命令如下。

```
[root@redis-m redis]# redis-cli shutdown
[6072] 22 Mar 05:09:32.699 # User requested shutdown...
[6072] 22 Mar 05:09:32.699 * Saving the final RDB snapshot before exiting.
[6072] 22 Mar 05:09:32.710 * DB saved on disk
[6072] 22 Mar 05:09:32.711 # Redis is now ready to exit, bye bye...
[1]+  Done   redis-server /usr/local/redis/conf/redis.conf
```

20.3.5　Redis 的数据类型

Redis 支持的数据类型共有 5 类，分别如下。

1．string（字符串）

string 是 Redis 最基本的数据类型。它的一个键对应一个值，一个键值的最大存储是 512MB。string 相关的操作如下。

```
127.0.0.1:6379> set key "hello world"
OK
127.0.0.1:6379> get key
"hello world"
127.0.0.1:6379> getset key "nihao"
"hello world"
127.0.0.1:6379> mset key1 "hi" key2 "nihao" key3 "hello"
OK
127.0.0.1:6379> get key1
"hi"
```

```
127.0.0.1:6379> get key2
"nihao"
127.0.0.1:6379> get key3
"hello"
```

上述各命令的功能如下。

- set：为一个键设置值。
- get：获得某个键对应的值。
- getset：为一个键设置值，并返回对应的值。
- mset：为多个键设置值。

2. hash（哈希）

Redis hash 是一个键值对的集合，相关操作如下。

```
127.0.0.1:6379> hset redishash 1 "001"
(integer) 1
127.0.0.1:6379> hget redishash 1
"001"
127.0.0.1:6379> hmset redishash 1 "001" 2 "002"
OK
127.0.0.1:6379> hget redishash 1
"001"
127.0.0.1:6379> hget redishash 2
"002"
127.0.0.1:6379> hmget redishash 1 2
1) "001"
2) "002"
```

上述各命令的功能如下。

- hset：将键对应的 hash 中的 field 配置为值，如果 hash 不存在，则自动创建。
- hget：获得某个 hash 中的 field 配置的值。
- hmset：批量配置同一个 hash 中的多个 field 值。
- hmget：批量获得同一个 hash 中的多个 field 值。

3. list（列表）

list 是 Redis 简单的字符串列表，按照插入顺序排序，相关操作如下。

```
127.0.0.1:6379> lpush word  hi
(integer) 1
127.0.0.1:6379> lpush word  hello
(integer) 2
127.0.0.1:6379> rpush word  world
(integer) 3
127.0.0.1:6379> lrange word 0 2
1) "hello"
2) "hi"
3) "world"
127.0.0.1:6379> llen word
(integer) 3
```

上述各命令的功能如下。

- lpush：向指定的列表左侧插入元素，返回插入后列表的长度。
- rpush：向指定的列表右侧插入元素，返回插入后列表的长度。
- llen：返回指定列表的长度。
- lrange：返回指定列表中指定范围的元素值。

4．set（集合）

set 是 string 类型的无序集合，不可以重复，相关操作如下。

```
127.0.0.1:6379> sadd redis redisset
(integer) 1
127.0.0.1:6379> sadd redis redisset1
(integer) 1
127.0.0.1:6379> sadd redis redisset2
(integer) 1
127.0.0.1:6379> smembers redis
1) "redisset1"
2) "redisset"
3) "redisset2"
127.0.0.1:6379> sadd redis redisset2
(integer) 0
127.0.0.1:6379> smembers redis
1) "redisset1"
2) "redisset"
3) "redisset2"
127.0.0.1:6379> smembers redis
1) "redisset1"
2) "redisset3"
3) "redisset"
4) "redisset2"
127.0.0.1:6379> srem redis redisset
(integer) 1
127.0.0.1:6379> smembers redis
1) "redisset1"
2) "redisset3"
3) "redisset2"
```

上述各命令的功能如下。

- sadd：添加一个 string 元素到键对应的 set 集合中，成功，则返回 1；如果元素存在，则返回 0。
- smembers：返回指定的集合中所有的元素。
- srem：删除指定集合的某个元素。

5．zset（sorted set，有序集合）

zset 是 string 类型的有序集合，不可以重复。

zset 中的每个元素都需要指定一个分数，根据分数对元素进行升序排序。如果多个元素有相同的分数，则以字典序进行升序排序。因此，zset 非常适合实现排名，其相关操作如下。

```
127.0.0.1:6379> zadd nosql 0 001
(integer) 1
127.0.0.1:6379> zadd nosql 0 002
(integer) 1
127.0.0.1:6379> zadd nosql 0 003
(integer) 1
127.0.0.1:6379> zcount nosql 0 0
(integer) 3
127.0.0.1:6379> zcount nosql 0 3
(integer) 3
127.0.0.1:6379> zrem nosql 002
(integer) 1
127.0.0.1:6379> zcount nosql 0 3
(integer) 2
127.0.0.1:6379> zscore nosql 003
"0"
127.0.0.1:6379> zrangebyscore nosql 0 10
1) "001"
```

```
2) "003"
127.0.0.1:6379> zadd nosql 1 003
(integer) 0
127.0.0.1:6379> zadd nosql 1 004
(integer) 1
127.0.0.1:6379> zrangebyscore nosql 0 10
1) "001"
2) "003"
3) "004"
127.0.0.1:6379> zadd nosql 3 005
(integer) 1
127.0.0.1:6379> zadd nosql 2 006
(integer) 1
127.0.0.1:6379> zrangebyscore nosql 0 10
1) "001"
2) "003"
3) "004"
4) "006"
5) "005"
```

上述各命令的功能如下。

- zadd：向指定的有序集合中添加 1 个或多个元素。
- zrem：从指定的有序集合中删除 1 个或多个元素。
- zcount：查看指定的有序集合中指定分数范围内的元素数量。
- zscore：查看指定的有序集合中指定分数的元素。
- zrangebyscore：查看指定的有序集合中指定分数范围内的所有元素。

20.3.6 Redis 的管理命令

下面介绍 Redis 相关的管理命令。

1．键值管理命令

键值管理命令的功能如下。

- exists：确认 key 是否存在。
- del：删除 key。
- expire：设置 key 过期时间（单位是秒）。
- persist：移除 key 过期时间的配置。
- rename：重命名 key。
- type：返回值的类型。

键值管理相关的操作如下。

```
127.0.0.1:6379> exists key
(integer) 1
127.0.0.1:6379> exists key1
(integer) 1
127.0.0.1:6379> exists key100
(integer) 0
127.0.0.1:6379> get key
"nihao,hello"
127.0.0.1:6379> get key1
"hi"
127.0.0.1:6379> del key1
(integer) 1
127.0.0.1:6379> get key1
(nil)
```

```
127.0.0.1:6379> rename key key0
OK
127.0.0.1:6379> get key
(nil)
127.0.0.1:6379> get key0
"nihao,hello"
127.0.0.1:6379> type key0
string
```

2．服务管理命令

服务管理命令的功能如下。

- select：选择数据库（数据库编号 0～15）。
- quit：退出连接。
- info：获得服务的信息与统计。
- monitor：实时监控。
- config get：获得服务配置。
- flushdb：删除当前选择的数据库中的键。
- flushall：删除所有数据库中的键。

服务管理相关的操作如下。

```
127.0.0.1:6379> select 0
OK
127.0.0.1:6379> info
# Server
redis_version:3.0.6
redis_git_sha1:00000000
redis_git_dirty:0
redis_build_id:347e3eeef5029f3
redis_mode:standalone
os:Linux 3.10.0-693.el7.x86_64 x86_64
arch_bits:64
multiplexing_api:epoll
gcc_version:4.8.5
process_id:31197
run_id:8b6ec6ad5035f5df0b94454e199511084ac6fb12
tcp_port:6379
uptime_in_seconds:8514
uptime_in_days:0
hz:10
lru_clock:14015928
config_file:/usr/local/redis/redis.conf
127.0.0.1:6379> config get 0
(empty list or set)
127.0.0.1:6379> config get 15
(empty list or set)
```

20.3.7　Redis 事务与安全配置

1．Redis 事务

Redis 事务可以一次执行多条命令，并且具备以下 3 个特征。

（1）发送 exec 命令前放入队列缓存，结束事务。

（2）收到 exec 命令后执行事务操作，如果某一个命令执行失败，其他命令仍然可以继续执行。

（3）一个事务执行的过程中，其他客户端提交的请求不会被插入当前事务执行的命令列表中。

一个事务都会经历以下 3 个阶段。

（1）事务开始阶段（命令：multi）。

（2）命令执行阶段。

（3）事务结束阶段（命令：exec）。

下面是一个事务执行的实例。

```
127.0.0.1:6379> MULTI
OK
127.0.0.1:6379> set key key1
QUEUED
127.0.0.1:6379> get key
QUEUED
127.0.0.1:6379> rename key key001
QUEUED
127.0.0.1:6379> exec
1) OK
2) "key1"
3) OK
```

2．Redis 安全配置

Redis 在默认情况下是没有安全认证配置的，任何人都可以直接登录到 Redis 服务器上进行操作，这样在实际生产环境中很不安全，因此安全配置是有必要的。

可以通过修改配置文件设备的密码参数来提高安全性。

```
# requirepass foobared          #去掉注释#号就可以配置密码
```

没有配置密码的情况下查询如下。

```
127.0.0.1:6379> CONFIG GET requirepass
1) "requirepass"
2) ""
```

配置密码之后，就需要进行认证。

```
127.0.0.1:6379> CONFIG GET requirepass
(error) NOAUTH Authentication required.
127.0.0.1:6379> AUTH foobared #认证
OK
127.0.0.1:6379> CONFIG GET requirepass
1) "requirepass"
2) "foobared"
```

20.3.8 Redis 持久化、备份与恢复

1．Redis 持久化

Redis 持久有两种方式：Snapshotting（快照）和 Append Only File（AOF）。

（1）Snapshotting 方式。

Snapshotting 方式是将存储在内存的数据以快照的方式写入二进制文件中，如默认的

dump.rdb 中。

Snapshotting 方式持久化操作示例及说明如下。

- save 900 1：900 秒内如果超过 1 个键被修改，则启动快照保存。
- save 300 10：300 秒内如果超过 10 个键被修改，则启动快照保存。
- save 60 10000：60 秒内如果超过 10000 个键被修改，则启动快照保存。

（2）Append Only File 方式。

使用 AOF 方式持久时，服务会将收到的每个写命令通过 write 函数追加到文件（appendonly.aof）中。

AOF 方式持久化存储操作及说明如下。

- appendonly yes：开启 AOF 持久化存储方式。
- appendfsync always：收到写命令后就立即写入磁盘，效率最差，效果最好。
- appendfsync everysec：每秒写入磁盘一次，效率与效果居中。
- appendfsync no：完全依赖 OS，效率最佳，效果无法保证。

2．Redis 备份和恢复

（1）dump.rdb 备份。

Redis 服务默认的自动备份方式（在 AOF 没有开启的情况下），在服务启动时，就会自动从 dump.rdb 文件中去加载数据。其配置在 redis.conf 文件中，具体如下。

```
save 900 1
save 300 10
save 60 10000
```

（2）手动备份。

当然，也可以手工执行 save 命令或 bgsave 命令实现手动备份，操作如下。

```
127.0.0.1:6379> set name key
OK
127.0.0.1:6379> SAVE
OK
127.0.0.1:6379> set name key1
OK
127.0.0.1:6379> BGSAVE
Background saving started
#Redis快照到dump文件时，会自动生成dump.rdb文件
# The filename where to dump the DB
dbfilename dump.rdb          #在redis.conf配置文件中配置
# Note that you must specify a directory here, not a file name.
dir /usr/local/redisdata/    #指定备份文件存储路径
[root@test ~]# ls -l /usr/local/redisdata/
-rw-r--r-- 1 root root   253 Apr 17 20:17 dump.rdb
```

save 与 bgsave 两个命令的作用说明如下。

- save 命令：使用主进程将当前数据库快照到 dump 文件。
- bgsave 命令：主进程会 fork 一个子进程来进行快照备份。

注意：两种备份不同之处，前者会阻塞主进程，后者不会。

（3）AOF 自动备份。

Redis 服务默认是关闭了此项配置，所以需要修改配置文件，具体如下。

```
###### APPEND ONLY MODE ##########
```

```
appendonly no
# The name of the append only file (default: "appendonly.aof")
appendfilename "appendonly.aof"
# appendfsync always
appendfsync everysec
# appendfsync no
```

AOF 自动备份是备份所有的历史记录以及执行过的命令，和 MySQL binlog 很相似，在恢复时会重新执次一次之前执行的命令。需要注意的是，在恢复之前，和数据库恢复一样，需要手工删除执行过的 del 命令或误操作的命令。

对于 AOF 与 dump 备份，服务读取文件的优先顺序不同，会按照以下优先级进行启动。

- 如果只配置了 AOF，启动时将加载 AOF 文件恢复数据。
- 如果同时配置了 RBD 和 AOF，启动时只加载 AOF 文件恢复数据。
- 如果只配置了 RBD，启动时将加载 dump 文件恢复数据。

注意：虽然配置了 AOF，但是没有 AOF 文件，这时启动的数据库是空的。

（4）恢复数据。

```
127.0.0.1:6379> CONFIG GET dir
1) "dir"
2) "/usr/local/redisdata"
127.0.0.1:6379> set key 001
OK
127.0.0.1:6379> set key1 002
OK
127.0.0.1:6379> set key2 003
OK
127.0.0.1:6379> save
OK
[root@test ~]# ll /usr/local/redisdata/
total 4
-rw-r--r-- 1 root root 49 Apr 17 21:24 dump.rdb
[root@test ~]# date
Tue Apr 17 21:25:38 CST 2018
[root@test ~]# cp ./dump.rdb /tmp/     #删除数据前将备份文件复制到其他目录
```

下面删除数据。

```
127.0.0.1:6379> del key1
(integer) 1
127.0.0.1:6379> get key1
(nil)
```

关闭服务，将原备份文件复制回 save 备份目录。

```
[root@test ~]# redis-cli -a foobared shutdown
[root@test ~]# lsof -i :6379
[root@test ~]# cp /tmp/dump.rdb /usr/local/redisdata/
cp: overwrite '/usr/local/redisdata/dump.rdb'? y
[root@test ~]# redis-server /usr/local/redis/redis.conf &
[1] 31487
```

登录查看数据是否恢复。

```
[root@test ~]# redis-cli -a foobared
127.0.0.1:6379> mget key key1 key2
1) "001"
2) "002"
3) "003"
```

第21章 Java Web 应用服务器 Tomcat 服务

当我们浏览任何一个网站，单击网站上的某一个菜单时，网站会返回给我们一个相应的页面或数据，存储这些应用程序或供我们访问数据的服务器就是 Web 服务器。目前主流的 3 个 Web 服务器是 Apache、Nginx 和 IIS。网站的应用程序是由开发语言开发而成的，如 C、ASP.NET、PHP、JSP 语言等。近些年来，Java 开发语言非常火爆，因此运维人员必须了解与掌握 Java Web 应用服务器，本章就来介绍 Java Web 应用服务器 Tomcat 服务。

21.1 Tomcat 服务概述

21.1.1 Tomcat 服务简介

Tomcat 是 Apache 软件基金会的 Jakarta 项目中的一个核心项目，由 Apache、Sun 和其他一些公司、个人爱好者共同开发而成。Tomcat 支持 Servlet 和 JSP，而且性能稳定、免费，非常受 Java 爱好者的欢迎，是目前比较流行的 Web 应用服务器之一。

Tomcat 是一个开放源代码的 Web 应用服务器，属于轻量级的应用服务器，在各中小型系统或并发访问量不高的场景中应用非常普遍。和 IIS Web 服务器一样，Tomcat 具有处理 HTML 页面的功能，它还是一个 Servlet 和 JSP 容器。

21.1.2 Tomcat 名称的由来

Tomcat 最初是由 Sun 的软件架构师詹姆斯·邓肯·戴维森开发的，后来他将其变为开源项目，并由 Sun 贡献给 Apache 软件基金会。由于大部分开源项目 O'Reilly 出版公司都会出一本相关的书，并且将其封面设计成某个动物的素描，因此戴维森希望将此项目以一个动物的名字命名。戴维森希望这种动物能够自己照顾自己，最终，他将其命名为 Tomcat（英语公猫或其他雄性猫科动物）。O'Reilly 出版的介绍 Tomcat 的图书 *Tomcat：The Definitve Guide*，其封面上有一只公猫的形象，而 Tomcat 的标志兼吉祥物也被设计成了一只公猫。

21.1.3 Tomcat 常用版本介绍

1．Apache Tomcat 9.x 版本

目前官方最新版本是 Apache Tomcat 9.x。

Apache Tomcat 9.x 构建于 Tomcat 8.0.x 和 8.5.x 之上，并且实现了 Servlet 4.0、JSP 2.3、EL 3.0、WebSocket 1.1 和 JASPIC 1.1 规范（Java EE 8 平台所需的版本）。除此之外，它还添加了对 HTTP/2 的支持。需要在 Java 9 上运行（自 Apache Tomcat 9.0.0.M18 以来）或正在安装的 Tomcat Native 库。

2. Apache Tomcat 8.x 版本

Apache Tomcat 8.0.x 构建于 Tomcat 7.0.x 之上，并实现了 Servlet 3.1、JSP 2.3、EL 3.0 和 WebSocket 1.1 规范。除此之外，它还包括以下重大改进。

- 单个公共资源实现，用于替换早期版本中提供的多个资源扩展功能。

Tomcat 8.5 被认为是 Tomcat 8.0 的替代品。Apache Tomcat 8.5.x 包括以下重要改进。

- 添加对 HTTP/2 的支持（需要 Tomcat 本机库）。
- 通过 JSSE 连接器（NIO 和 NIO2）添加对使用 OpenSSL 进行 TLS 支持的支持。
- 添加对 TLS 虚拟主机（SNI）的支持。

Apache Tomcat 8.5.x 中删除了以下技术。

- BIO 实现 HTTP 和 AJP 连接器。
- 支持 Comet API。

3. Apache Tomcat 7.x

Apache Tomcat 7.x 构建于 Tomcat 6.0.x 之上，并实现了 Servlet 3.0、JSP 2.2、EL 2.2 和 WebSocket 1.1 规范。除此之外，它还包括以下改进。

- Web 应用程序内存泄漏检测和预防。
- 提高了 Manager 和 Host Manager 应用程序的安全性。
- 通用 CSRF 保护。
- 支持将外部内容直接包含在 Web 应用程序中。
- 重构（连接器、生命周期）和大量内部代码清理。

作者目前在生产环境中常用的版本是 Apache Tomcat 8.5.x，其他旧版本如 6.x、5.x、4.x、3.x，有兴趣的读者可以参考 Apache Tomcat 官方网站的介绍。

21.2 Tomcat 服务的部署

21.2.1 环境准备

本章采用 Apache Tomcat 8.5.x 版本部署，Apache Tomcat 8.5.x 要求 JDK 版本不低于 JDK 1.7。下面首先安装部署 JDK。

访问 JDK 官方网站，下载页面如图 21-1 所示。

我们下载使用的 JDK 文件是 jdk-8u191-linux-x64.tar.gz。以下是安装部署 JDK 的操作步骤。

```
[root@server ~]# tar zxf jdk-8u191-linux-x64.tar.gz -C /usr/local/
[root@server ~]# ln -s /usr/local/jdk1.8.0_191 /usr/local/jdk
[root@server ~]# cat >>/etc/profile<<EOF
export JAVA_HOME=/usr/local/jdk
export CLASSPATH=.:$JAVA_HOME/lib/tools.jar:$JAVA_HOME/lib/dt.jar
```

```
export PATH=$PATH:$JAVA_HOME/bin
EOF
[root@server ~]# source /etc/profile
[root@server ~]# java -version
java version "1.8.0_191"
Java(TM) SE Runtime Environment (build 1.8.0_191-b12)
Java HotSpot(TM) 64-Bit Server VM (build 25.191-b12, mixed mode)
```

Java SE Development Kit 8u191

You must accept the Oracle Binary Code License Agreement for Java SE to download this software.

Thank you for accepting the Oracle Binary Code License Agreement for Java SE; you may now download this software.

Product / File Description	File Size	Download
Linux ARM 32 Hard Float ABI	72.97 MB	jdk-8u191-linux-arm32-vfp-hflt.tar.gz
Linux ARM 64 Hard Float ABI	69.92 MB	jdk-8u191-linux-arm64-vfp-hflt.tar.gz
Linux x86	170.89 MB	jdk-8u191-linux-i586.rpm
Linux x86	185.69 MB	jdk-8u191-linux-i586.tar.gz
Linux x64	167.99 MB	jdk-8u191-linux-x64.rpm
Linux x64	182.87 MB	jdk-8u191-linux-x64.tar.gz
Mac OS X x64	245.92 MB	jdk-8u191-macosx-x64.dmg
Solaris SPARC 64-bit (SVR4 package)	133.04 MB	jdk-8u191-solaris-sparcv9.tar.Z
Solaris SPARC 64-bit	94.28 MB	jdk-8u191-solaris-sparcv9.tar.gz
Solaris x64 (SVR4 package)	134.04 MB	jdk-8u191-solaris-x64.tar.Z
Solaris x64	92.13 MB	jdk-8u191-solaris-x64.tar.gz
Windows x86	197.34 MB	jdk-8u191-windows-i586.exe
Windows x64	207.22 MB	jdk-8u191-windows-x64.exe

图21-1　JDK下载页面

出现上述结果，表明 JDK 安装部署完成。

21.2.2　安装和启动 Tomcat

1. 安装 Tomcat

安装 Tomcat 的方法有很多种，最快速的方法是下载已经编译过的二进制安装包，然后解压到指定目录。

本章下载的 Tomcat 安装包是 apache-tomcat-8.5.23.tar.gz。直接在官方网站下载后，解压安装操作如下。

```
[root@server ~]# tar zxf apache-tomcat-8.5.23.tar.gz -C /usr/local/
[root@server ~]# ln -s /usr/local/apache-tomcat-8.5.23 /usr/local/tomcat
```

2. 启动 Tomcat

Tomcat 的启动和停止都依赖于 bin 目录下的脚本。bin 目录下存在很多脚本文件，在 Linux 系统中，只需要直接调用 shell 脚本文件（.sh 结尾），就可以启动或停止 Tomcat 服务。而在 Windows 系统中，则是调用批处理文件（.bat）来启动或停止 Tomcat 服务。

```
[root@server ~]# cd /usr/local/tomcat/bin/
[root@server bin]# ./startup.sh
Using CATALINA_BASE:   /usr/local/tomcat
Using CATALINA_HOME:   /usr/local/tomcat
Using CATALINA_TMPDIR: /usr/local/tomcat/temp
Using JRE_HOME:        /usr/local/jdk
Using CLASSPATH:    /usr/local/tomcat/bin/bootstrap.jar:/usr/local/tomcat/bin/tomcat
-juli.jar
Tomcat started.
```

3. 查看端口和进程

```
[root@server bin]# lsof -i :8080
COMMAND   PID USER   FD   TYPE DEVICE SIZE/OFF NODE NAME
java    12965 root   49u  IPv6  50215      0t0  TCP *:webcache (LISTEN)
[root@server bin]# ps -ef|grep tomcat
root     12965     1  9 10:50 pts/0    00:00:05 /usr/local/jdk/bin/java -Djava.
util.logging.config.file=/usr/local/tomcat/conf/logging.properties -Djava.util.
logging.manager=org.apache.juli.ClassLoaderLogManager -Djdk.tls.ephemeralDHKeySize
=2048 -Djava.protocol.handler.pkgs=org.apache.catalina.webresources -Dorg.apache.
catalina.security.SecurityListener.UMASK=0027 -Dignore.endorsed.dirs= -classpath /
usr/local/tomcat/bin/bootstrap.jar:/usr/local/tomcat/bin/tomcat-juli.jar -Dcatalina.
base=/usr/local/tomcat -Dcatalina.home=/usr/local/tomcat -Djava.io.tmpdir=/usr/local/
tomcat/temp org.apache.catalina.startup.Bootstrap start
root     13057 12877  0 10:51 pts/0    00:00:00 grep --color=auto tomcat
```

Tomcat 服务默认端口是 8080，从查看端口和进程的结果中可知，Tomcat 服务已经启动完成。需要注意的是，在启动前要保证服务器上的 8080 端口没有被其他应用占用。

下面我们通过浏览器访问 Tomcat 服务的默认页面，结果如图 21-2 所示。

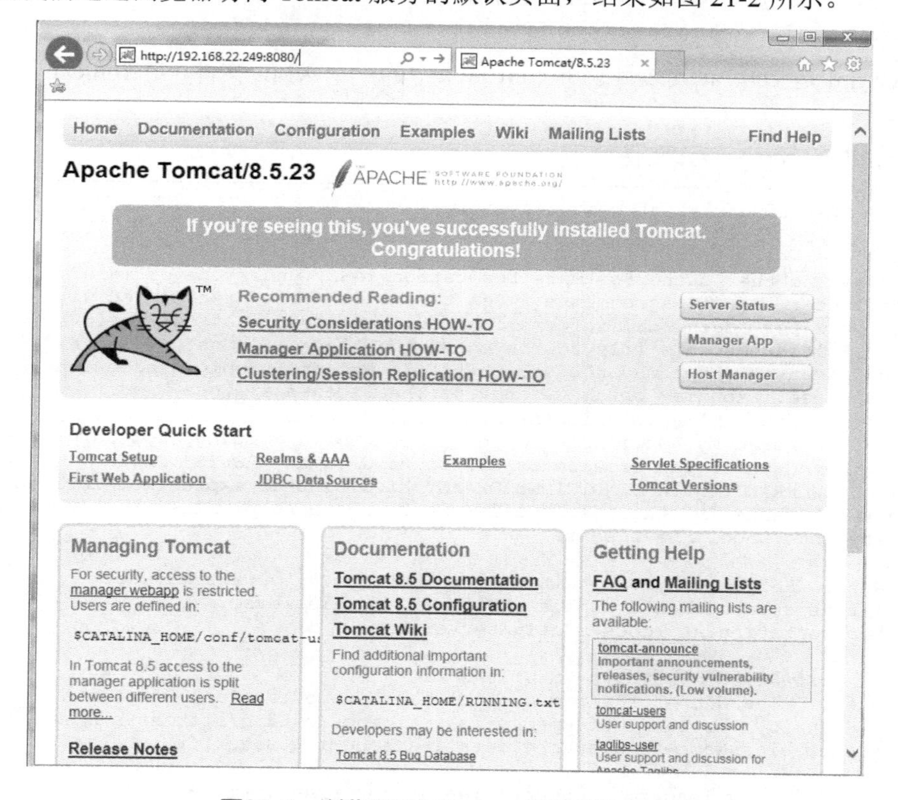

图21-2 浏览器访问Tomcat服务默认页面

21.3 Tomcat 服务的配置

21.3.1 Tomcat 目录结构及功能

Tomcat 安装部署完成后，接下来我们来了解 Tomcat 的目录结构及其功能。

```
[root@server ~]# cd /usr/local/tomcat/
[root@server tomcat]# tree -L 1
.
├── bin                  #服务相关的脚本，如启动、关闭脚本
├── BUILDING.txt
├── conf                 #存储不同的配置文件，如server.xml、web.xml
├── lib                  #Tomcat运行需要的库文件
├── LICENSE
├── logs                 #Tomcat运行的日志文件存储目录
├── NOTICE
├── README.md
├── temp                 #Tomcat存储临时文件的目录
├── webapps              #Tomcat的主要Web发布目录
└── work                 #存储JSP编译后的class文件的目录
7 directories, 7 files
```

21.3.2　Tomcat server.xml 配置文件简介

server.xml 是 Tomcat 安装目录下 conf 目录中的一个 XML 文件，是 Tomcat 服务启动的配置文件。

一个完整的 server.xml 文件如下。

```
[root@server tomcat]# cat conf/server.xml
<?xml version="1.0" encoding="UTF-8"?>
<!--
  Licensed to the Apache Software Foundation (ASF) under one or more
  contributor license agreements.  See the NOTICE file distributed with
  this work for additional information regarding copyright ownership.
  The ASF licenses this file to You under the Apache License, Version 2.0
  (the "License"); you may not use this file except in compliance with
  the License.  You may obtain a copy of the License at
      http://www.apache.org/licenses/LICENSE-2.0
  Unless required by applicable law or agreed to in writing, software
  distributed under the License is distributed on an "AS IS" BASIS,
  WITHOUT WARRANTIES OR CONDITIONS OF ANY KIND, either express or implied.
  See the License for the specific language governing permissions and
  limitations under the License.
-->
<!-- Note:  A "Server" is not itself a "Container", so you may not
     define subcomponents such as "Valves" at this level.
     Documentation at /docs/config/server.html
 -->
<Server port="8005" shutdown="SHUTDOWN">
  <Listener className="org.apache.catalina.startup.VersionLoggerListener" />
  <!-- Security listener. Documentation at /docs/config/listeners.html
  <Listener className="org.apache.catalina.security.SecurityListener" />
  -->
  <!--APR library loader. Documentation at /docs/apr.html -->
  <Listener className="org.apache.catalina.core.AprLifecycleListener" SSLEngine=
"on" />
  <!-- Prevent memory leaks due to use of particular java/javax APIs-->
  <Listener className="org.apache.catalina.core.JreMemoryLeakPreventionListener" />
  <Listener className="org.apache.catalina.mbeans.GlobalResourcesLifecycleListener" />
  <Listener className="org.apache.catalina.core.ThreadLocalLeakPreventionListener" />
  <Service name="Catalina">
    <Connector port="8080" protocol="HTTP/1.1"
               connectionTimeout="20000"
               redirectPort="8443" />
    <Connectorport="8443" protocol="org.apache.coyote.http11.Http11AprProtocol"
               maxThreads="150" SSLEnabled="true" >
```

```
        <UpgradeProtocol className="org.apache.coyote.http2.Http2Protocol" />
        <SSLHostConfig>
            <Certificate certificateKeyFile="conf/localhost-rsa-key.pem"
                         certificateFile="conf/localhost-rsa-cert.pem"
type="RSA" />
        </SSLHostConfig>
    </Connector>
    <!-- Define an AJP 1.3 Connector on port 8009 -->
    <Connector port="8009" protocol="AJP/1.3" redirectPort="8443" />
    <Engine name="Catalina" defaultHost="localhost">
      <Host name="localhost"  appBase="webapps"
            unpackWARs="true" autoDeploy="true">
      </Host>
    </Engine>
  </Service>
</Server>
```

Tomcat 是一个高度模块化的服务，各个模块之间都有嵌套的父子关系。这个 server.xml 配置文件的结构刚好能反映出 Tomcat 的模块结构，大概的结构如下。

```
<Server >
  <Service >
    <Connector port />
    <Engine >
      <Host name="localhost"  appBase="webapps">
            <Context path=""  docBase="webapps">
            <Context />
      </Host>
    </Engine>
  </Service>
</Server>
```

下一小节将对各个模块逐一进行详细说明。

21.3.3 Tomcat 核心组件

本节将分别介绍 Tomcat 核心组件的作用、特点及配置等。

1. Server

Server 元素代表整个 Tomcat 容器，因此它必须是 server.xml 配置文件中唯一一个最外层的元素。Server 提供一个接口让其他应用程序能够访问这个 Service 集合，同时它还要维护所包含的所有的 Service 的生命周期，包括所有 Service 如何初始化、如何结束服务、如何查找其他需要访问的 Service 等。

2. Service

Service 的作用是在 Connector 和 Engine 外面包了一层，把它们组装在一起，对外提供服务。一个 Service 可以包含多个 Connector，但是只能包含一个 Engine。其中，Connector 的作用是从客户端接收请求，Engine 的作用是处理接收来的请求。

3. Connector

Connector 的主要功能是接收连接请求，创建 Request 和 Response 对象用于和请求端交换数据；然后分配线程让 Engine 来处理这个请求，并把产生的 Request 和 Response 对象传给 Engine。

通过配置 Connector，可以控制请求 Service 的协议及端口号。

Tomcat 有两个典型的 Connector，一个用来监听浏览器的 HTTP，另一个用来监听 WebServer。

- Coyote HTTP/1.1 Connector 在端口 8080 处监听来自客户浏览器的 HTTP 请求。
- Coyote AJP/1.3 Connector 在端口 8009 处监听来自其他 WebServer(Apache)的 Servlet/JSP 代理请求。

Tomcat 默认端口号是 8080，一般在实际生产环境会直接使用默认端口号，因为很少将 Tomcat 对外网直接开放访问，常见的是在 Tomcat 和客户端之间加入一层代理服务器（如 Nginx），用于对客户端的请求转发和负载均衡等。

4．Engine

在 Service 中只有一个 Engine 组件，它是 Service 中的请求处理组件。Engine 组件从一个或多个 Connector 中接收请求并处理，然后将完成后的响应返回给 Connector，最终传递给客户端。

5．Host

Host 是 Engine 的子容器。Engine 组件中可以内嵌一个或多个 Host 组件，每个 Host 组件代表 Engine 中的一个虚拟主机。Host 组件至少有一个，且其中一个的 name 必须与 Engine 组件的 defaultHost 属性相匹配。

Host 虚拟主机的作用是运行多个 Web 应用（一个 Context 代表一个 Web 应用），并负责安装、展开、启动和结束每个 Web 应用。

客户端通常使用主机名来标识它们希望连接的服务器，该主机名也会包含在 HTTP 请求头中。Tomcat 从 HTTP 头中提取出主机名，寻找名称匹配的主机。如果没有匹配，请求将发送至默认主机。因此，默认主机不需要是在 DNS 服务器中注册的网络名，因为任何与所有 Host 名称不匹配的请求都会路由至默认主机。

6．Context

Context 代表在特定的虚拟主机上运行的一个应用。Context 是 Host 的子容器，每个 Host 中可以自定义多个 Context 元素。

当 Context 获得请求时，将会在自己的映射表（mapping table）中查找相匹配的 Servlet 类，如果找到，则执行该类，获得请求的回应，然后将其返回。

要获取更多资料，请读者参考 Apache Tomcat 官方网站。

21.3.4　Tomcat 日志切割

随着业务的增长，Tomcat 的 catalina.out 日志文件会越来越大，占用的磁盘空间越来越多，造成资源浪费，而且后期查询某个时间段的日志很不方便，所以日常日志切割十分必要。在实际生产环境中，一般会按天（每天 0:00）切割日志，将每天的日志按一定的固定格式命名存储。

Tomcat 日志切割方法有 3 种，分别如下。

（1）使用 cronolog 工具。

（2）使用 log4j 配置。

（3）编写 Shell 脚本，配置定时任务。

具体使用何种方法，读者可自行选择并配置。作者在实际生产环境中使用的是第三种方法，其脚本如下。

```
#!/bin/sh
LOGDIR='/usr/local/tomcat/logs'
TODAY=`date +%Y%m%d`
D7=`date -d '7 day ago' +%Y%m%d `

cd ${ LOGDIR }
/bin/cp catlina.out catlina-${TODAY}.out && echo "" >catlina.out
if [ $0 -eq 0 ]; then
    /usr/bin/mv  catlina-${D7}.out  /tmp/
fi
```

注意：脚本中也可以使用删除命令“rm -rf”删除 7 天以前的文件，建议在实际生产环境中先移动、后手工删除。

最后将脚本写入定时任务，每天 0:00 执行，这样日志就按天分割了。

21.4 Tomcat 性能优化

对于 Tomcat 的性能优化，一般会从以下 4 个方面着手。

（1）服务器系统层面。

（2）网络层面。

（3）服务层面。

（4）集群化。

21.4.1 服务器系统优化

这里介绍的服务器系统只针对 Linux 系统。

1．修改最大文件描述符

在 Linux 系统中，open files 和 max user processes 默认都是 1024。

```
[root@server tomcat]# ulimit -n
1024
[root@server tomcat]# ulimit -u
1024
```

这说明 Server 最多只允许同时打开 1024 个文件，处理 1024 个用户进程。当服务器负载较高时，会出现“error:too many open files”这类报错信息。所以需要修改默认配置来解决此问题，方法如下。

方法一：临时修改允许同时打开的文件数。

```
[root@server tomcat]# ulimit -n 65535
[root@server tomcat]# ulimit -n
65535
```

此方法可即时生效，但服务器重启后失效，只是一个临时的修改方法。

方法二：修改配置文件，具体如下。

```
[root@server tomcat]# cat >>/etc/security/limits.conf <<EOF
* soft nofile 65535
* hard nofile 65535
* soft nproc 65535
* hard nproc 65535
EOF
[root@server tomcat]# tail -4 /etc/security/limits.conf
* soft nofile 65535
* hard nofile 65535
* soft nproc 65535
* hard nproc 65535
```

2．系统内核优化

net.ipv4.tcp_syncookies = 1，开启 SYN Cookies。当出现 SYN 等待队列溢出时，启用 Cookies 来处理，可防范少量 SYN 攻击。

net.ipv4.tcp_tw_reuse = 1，开启重用，允许将 TIME-WAIT sockets 重新用于新的 TCP 连接，默认为 0。

net.ipv4.tcp_tw_recycle = 1，开启 TCP 连接中 TIME-WAIT sockets 的快速回收，默认为 0，表示关闭。

net.ipv4.tcp_fin_timeout = 30，如果套接字由本端要求关闭，这个参数决定了它保持在 FIN-WAIT-2 状态的时间。

net.ipv4.tcp_keepalive_time = 1200，当 keepalive 启用时，TCP 发送 keepalive 消息的频度，默认是 2 小时，这里改为了 20 分钟。

net.ipv4.tcp_keepalive_probes = 3，probe 3 次（每次 30 秒）不成功，内核才彻底放弃。

net.ipv4.ip_local_port_range = 1024 65000，用于向外连接的端口范围。默认情况下很小，是 32768～61000，这里改为 1024～65000。

net.ipv4.tcp_max_syn_backlog = 8192，SYN 队列的长度，默认为 1024，这里加大队列长度为 8192，可以容纳更多等待连接的网络连接数。

net.ipv4.netdev_max_backlog = 1000，表示进入包的最大设备队列，默认为 300，这里加大。

net.core.tcp_max_tw_buckets = 5000，系统同时保持 TIME_WAIT 套接字的最大数量，如果超过这个数字，TIME_WAIT 套接字将立刻被清除并打印警告信息。默认为 180000，这里改为 5000。

/proc/sys/net/core/wmem_max，最大 socket 写 buffer，可参考的优化值：873200。

/proc/sys/net/core/rmem_max，最大 socket 读 buffer，可参考的优化值：873200。

/proc/sys/net/ipv4/tcp_wmem，TCP 写 buffer，可参考的优化值：8192 436600 873200。

/proc/sys/net/ipv4/tcp_rmem，TCP 读 buffer，可参考的优化值：32768 436600 87320。

内核优化还需要参考实际服务器环境及硬件配置等要求，有兴趣的读者可阅读 Linux 官方文档，研究详细的内核优化参数配置。

21.4.2　网络优化

针对网络优化，首先需要保证内网数据传输的可达性，减少丢包率，优化相关的网络硬件配置。然后是 Tomcat 服务本身针对网络的优化，Tomcat 服务有阻塞与非阻塞模式，Tomcat 8 取消了 BIO 模式。

- BIO 模式：阻塞式 I/O 操作，一个线程处理一个请求，高并发时，线程数会增多，浪费服务器资源，Tomcat 7 默认使用这种模式。
- NIO 模式：非阻塞式 I/O 操作，利用 Java 的异步 I/O 处理，可以通过少量的线程来处理大量的请求，Tomcat 8 默认使用这种模式。

最后可以开启压缩功能，减少网络传输大小，具体配置如下。

```
<Connector port="8080" protocol="HTTP/1.1"
          connectionTimeout="20000"
           redirectPort="8443"
           compression="on"          #开启压缩功能
           compressionMinSize="50"
#启用压缩的输出内容大小，当被压缩的对象大小大于等于该配置值时才会被压缩，默认2KB
           noCompressionUserAgents="gozilla,traviata"   #对配置的浏览器不启用压缩
           compressableMimeType="text/html,text/xml,text/javascript,application/x-
javascript,application/javascript,text/css,text/plain"/>   #被压缩的文件类型
```

21.4.3　服务自身优化

1. 并发优化

一提到并发，很多人会想到连接数与线程数。下面先了解几个概念。

（1）连接数：maxConnections（最大连接数）。

（2）处理线程：maxThreads（最大线程数）。

（3）等候队列：acceptCount（排队数量），指最大连接数已经满了的时候，允许多少请求排队。

对于并发的优化，主要还是针对 server.xml 配置文件进行修改。

并发优化配置（一）：

```
<Executor name="tomcatThreadPool" namePrefix="catalina-exec-" maxThreads="500"
minSpareThreads="100"
prestartminSpareThreads = "true"
maxQueueSize = "100"
 />
```

相关配置说明见表 21-1。

表 21-1　Tomcat 并发优化配置（一）说明

参数	说明
maxThreads="500"	最大线程数配置，默认是200。一般生产环境中可取500～800，根据硬件与业务需求判断
minSpareThreads="100"	初始化时创建的线程数（最小空闲线程数），默认是25
prestartminSpareThreads = "true"	Tomcat初始化 minSpareThreads设置的参数值，如果设置的不是true，则minSpareThreads设置的参数值无效
maxQueueSize = "100"	线程数满时，最大允许等待的队列数，超过此配置值则会拒绝连接请求

并发优化配置（二）：

```
<Connector executor="tomcatThreadPool" port="8080"
protocol="org.apache.coyote.http11.Http11Nio2Protocol" connectionTimeout="20000"
minSpareThreads="100"
maxSpareThreads="1000"
 minProcessors="100"
maxProcessors="1000"
maxConnections="1000" redirectPort="8443"
enableLookups="false"
maxPostSize="10485760"
compression="on" disableUploadTimeout="true" compressionMinSize="2048"
acceptorThreadCount="2"
/>
```

相关配置说明见表 21-2。

表 21-2　Tomcat 并发优化配置（二）说明

参数	说明
protocol="org.apache.coyote.http11.Http11Nio2Protocol"	Tomcat 8设置NIO2更好， Tomcat 6、7设置NIO更好， 配置如org.apache.coyote.http11.Http11NioProtocol
connectionTimeout="20000"	连接超时，单位是毫秒，设置为0表示永不超时
maxSpareThreads="1000"	最大空闲线程数
minSpareThreads="100"	最小空闲线程数
maxProcessors="1000"	最大空闲连接线程数
minProcessors="100"	最小空闲连接线程数
maxConnections="1000"	最大连接数，即最大并发处理的最大请求数
enableLookups="false"	禁用DNS查询，提高性能
maxPostSize="10485760"	以 FORM URL为参数的POST提交方式，限制提交数的大小，默认是2097152(2M)，它使用的单位是字节。10485760 为 10M。如果要禁用限制，则可以设置为-1
acceptorThreadCount="2"	用于接收连接的线程的数量，默认值是1。一般这个值需要改动，是因为该服务器是一个多核CPU，多核CPU一般配置为2

2．底层优化

Tomcat 服务的底层优化一般是针对 JVM 参数的优化。JVM 参数的优化主要是对堆内存的优化，对堆内存的概念有兴趣的读者可以查看相关的官方文档。堆内存又分为年轻代化、老年代、永久代这 3 种。

在 Linux 系统中，我们需要对 catalina.sh 进行修改并配置，具体如下。

```
JAVA_OPTS="-Dfile.encoding=UTF-8 \
-server -Xms1024m -Xmx2048m \
-XX:NewSize=512m -XX:MaxNewSize=1024m \
-XX:PermSize=256m -XX:MaxPermSize=512m \
-XX:MaxTenuringThreshold=10 -XX:NewRatio=2 \
-XX:+DisableExplicitGC"
```

详细的配置参数说明见表 21-3。

表 21-3 JVM 配置参数说明

参数	说明
-Dfile.encoding=UTF-8	设置默认文件编码
-Xms1024m	设置JVM的最小内存
-Xmx2048m	设置JVM的最大可用内存
-XX:NewSize=512m	设置年轻代大小
-XX:MaxNewSize=1024m	设置年轻代最大内存大小
-XX:PermSize=256m	设置永久代大小
-XX:MaxPermSize=512m	设置永久代最大内存大小
-XX:MaxTenuringThreshold=10	垃圾回收的最大年龄，默认值是15
-XX:NewRatio=2	年轻代与老年代的比值，2表示年轻代与老年代比值是1：2
-XX:+DisableExplicitGC	应用程序将忽略收到调用GC的代码

21.4.4 集群化

当并发连接请求达到一定的数量时，单靠上面的一些基础优化很难应对，这时就需要考虑部署集群。部署 Tomcat 集群需要考虑到 session 共享问题，如果 Tomcat 实例数少于 4 个，可以使用自身内部的集群 session 共享，否则需要采用 Redis 方式。

Tomcat 集群部署的架构图如图 21-3 所示。

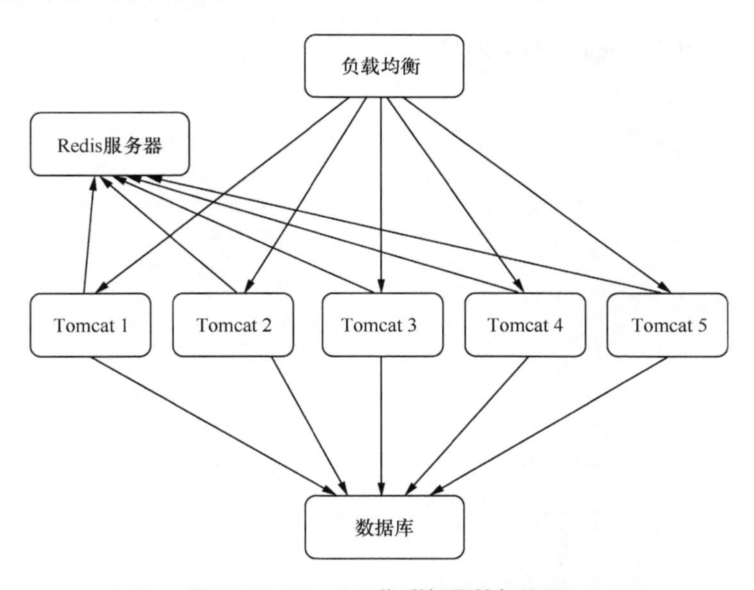

图21-3 Tomcat集群部署的架构图

Redis 与 Tomcat 实现 session 共享的原理图如图 21-4 所示。

具体的配置步骤如下。

（1）下载下面的依赖包，放到 Tomcat 的 lib 目录下。

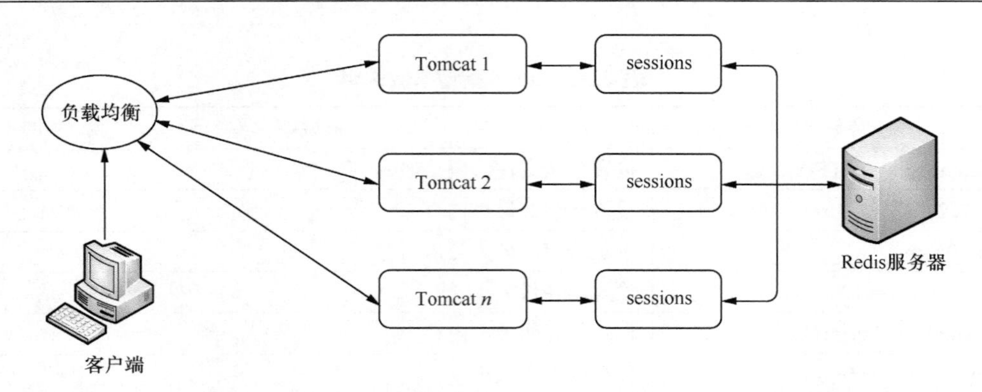

图21-4　Redis与Tomcat实现session共享的原理图

```
TomcatRedisSessionManager-1.1.jar
Jedis-2.9.0.jar
Commons-pool2-2.4.1.jar
```

注意：每个 Tomcat 实例的 lib 目录都需要。

（2）配置 Tomcat context.xml。

在 context.xml 文件中加入以下配置即可。

```
<Valve className="com.radiadesign.catalina.session.RedisSessionHandlerValve" />
<Manager className="com.radiadesign.catalina.session.RedisSessionManager"
host="localhost"
port="6379"
password="123456"
database="0"
maxInactiveInterval="60" />
```

配置完成后，重启 Tomcat 服务即可。

第 22 章 Zabbix 监控服务

22.1 监控体系概述

22.1.1 为什么需要监控

服务器系统安装完成，部署完所需的服务之后，随着数据量、访问量的增大，随之而来的就是故障问题。快速有效、及时地发现问题，并第一时间得到问题故障的报警信息，就成为了运维人员的首要任务，因此需要引入监控服务。对主机的监控、对系统的监控、对服务的监控等，都是生产环境中的日常需求。

22.1.2 监控目标与流程

1．监控的目标

对于使用监控来说，首先要确立目标是什么，需要达到什么效果。作者根据实际工作经验，将监控的目标总结如下。

（1）对系统、服务或平台实行不间断监控。

（2）实时反映系统、服务或平台的运行状态信息。

（3）提前预知可能存在的故障风险。

（4）实现故障预警报警功能。

2．监控的流程

监控流程一般可分为 4 个步骤，分别如下。

（1）配置、收集监控数据。

（2）存储监控数据。

（3）分析、展示监控数据。

（4）阈值报警（短信报警、微信报警、邮件报警等）。

22.1.3 监控的对象

了解完监控的目标、流程之后，还需要了解到底监控哪些内容，也就是被监控的对象。在生产环境中，监控一般可以分为以下几种。

1．CPU 监控

（1）监控 CPU 整体使用情况：用户态与内核态、空闲率等。

（2）监控单个 CPU 的使用情况。

2．磁盘监控

（1）监控磁盘容量：分区使用量（已用与可用容量）。

（2）监控磁盘 I/O。

（3）监控磁盘的数据读写。

3．内存监控

监控内存使用量：已用、可用。

4．网络监控

（1）监控内网卡出入流量。

（2）监控外网卡出入流量。

（3）监控 TCP 状态。

5．系统重要进程监控

（1）监控系统进程状态。

（2）监控系统服务进程开销。

6．应用服务监控

（1）监控应用的进程状态。

（2）监控应用端口状态。

（3）监控一些个性化的需求。

7．硬件设备监控

（1）监控网络设备：路由器、交换机、网关设备等。

（2）监控服务器状态。

8．安全监控

安全监控在实际生产环境中用得也比较多，一般会使用第三方监控产品，个人开发或开源的产品不常见，主要监控内容如下。

（1）恶意攻击。

（2）程序漏洞。

（3）异常流量。

9．API 接口监控

在一些复杂、大型的系统中，API 的调用是非常频繁的，因此对 API 接口的监控非常重要，重点是监控其 GET、POST、PUT 等请求的相关指标，主要监控内容如下。

（1）API 接口的可用性。

（2）API 接口的正确率。

（3）API 接口的响应时间。

10．业务监控

业务监控在实际生产环境中是重中之重，特别是一些电商平台和互金平台。众所周知的是每年“双 11”购物节，监控在此场景中起到了决定性的作用。业务监控内容主要有如下几点。

（1）日、周、月新增注册用户数量。

（2）日、周、月订单完成数量。

（3）日、周、月交易额。

（4）日、周、月的活跃用户。

22.1.4 监控工具

下面介绍一下目前实际环境中常用的一些监控工具。每个工具的功能和特性都各有千秋，也因此有着不同的应用场景。

目前，实际环境应用最多的监控工具有两大类：开源产品、商用产品。

开源产品有以下几种。

- Cacti
- Nagios
- MRTG
- Zabbix
- Open-Falcon（小米开源产品）
- Lepus（天兔）

作者在实际生产环境中常使用的是最后 3 个，关于这些开源监控工具的详细介绍，有兴趣的读者可以访问其官方网站查阅文档。

商用产品如下。

- 听云
- 监控宝

本章要介绍的监控服务是目前比较流行的 Zabbix 监控服务。

22.2 Zabbix 简介

22.2.1 什么是 Zabbix

Zabbix 由 Alexei Vladishev 创建，目前由 Zabbix SIA 开发与维护。

Zabbix 是一个企业级开源分布式监控解决文案。Zabbix 是根据 GPL 通用公共许可证版本二编写和分发的，这意味着它的源代码是免费开放的，可供公众使用。

Zabbix 的功能非常强大，能保证服务器系统安全、稳定地运行。Zabbix 提供灵活的报警机制，这使系统管理员能够及时得知故障，并快速定位与解决存在的各类问题。Zabbix 还可以提供友好的数据可视化功能，使你关心的数据和指标一目了然。

Zabbix 支持的服务器系统很多，它可以运行在 Linux、Solaris、HP-UX、AIX、Free BSD、Open BSD、OS X 等平台上。

Zabbix 由两部分构成：Zabbix Server 与可选组件 Zabbix Agent。

- Zabbix Server：通过收集 Agent 传递过来的数据，写入数据库（MySQL 等），最终通过 PHP+Apache 在 Web 界面进行前端展示。
- Zabbix Agent：通过被监控主机安装 Agent 的方式来采集数据（需要监控的数据）。

22.2.2　Zabbix 的功能

Zabbix 的功能非常强大，而且配置非常灵活。

1．数据收集

（1）具有可用性和性能检查功能。

（2）支持 SNMP（捕获和轮询）。

2．数据存储

（1）可以存储历史数据。

（2）可以存储配置数据。

（3）可以存储监控数据。

3．灵活的阈值定义

用户可以非常灵活地定义监控阈值，Zabbix 也称为触发器。

4．可配置的报警

可以配置多种报警媒介，如邮件、短信、微信等。

5．实时的可视化图形展示

（1）使用自带的图形工具，实时展示被监控的项目。

（2）具有多种 Web 可视化功能选择。

22.2.3　Zabbix 的工作原理

Zabbix 监控系统运行的大概流程如下。

Zabbix Agent 安装在被监控的主机上，负责收集需要的各项数据，并将数据发送到 Zabbix Server 端，Zabbix Server 将传递过来的数据存储到数据库中，Zabbix Web 端根据数据来展示和绘图。

Zabbix Agent 收集数据有主动和被动两种模式。

- 主动模式：Agent 端请求 Server 端获取主动的监控项的列表，然后主动将监控项内需要检测的数据提交给 Server 端。
- 被动模式：Server 端主动向 Agent 端请求获取监控项的数据，Agent 端返回所需的数据。

要获取更多资料，请读者参考 Zabbix 官方网站。

22.3 Zabbix 服务的部署与配置

22.3.1 部署环境

安装部署 Zabbix 服务所需要的系统环境和基础环境介绍如下。

1．系统环境

这里介绍的是 Zabbix 服务器端。

```
[root@zabbix-server ~]# cat /etc/redhat-release
CentOS Linux release 7.4.1708 (Core)
[root@zabbix-server ~]# uname -r
3.10.0-693.el7.x86_64
```

2．基础环境

安装 Zabbix 前需要有数据库环境和 PHP+Apache 环境，基础环境的服务的安装方式有很多种，前面的章节也有具体介绍。

本章使用的数据库版本如下。

```
[root@zabbix-server ~]# mysql -V
mysql  Ver 14.14 Distrib 5.7.17, for linux-glibc2.5 (x86_64) using  EditLine wrapper
```

22.3.2 部署 Zabbix

安装部署 Zabbix 服务的操作步骤如下。

1．导入 Zabbix rpm 包仓库并安装 Zabbix

命令如下。

```
[root@zabbix-server ~]# rpm -i https://repo.zabbix.com/zabbix/3.0/rhel/7/x86_64/
zabbix-release-3.0-1.el7.noarch.rpm
[root@zabbix-server ~]#  yum install zabbix-server-mysql zabbix-web-mysql zabbix-agent -y
```

2．初始化数据库

命令如下。

```
[root@zabbix-server ~]# mysql -uroot -p
Enter password:
Welcome to the MySQL monitor.  Commands end with ; or \g.
Your MySQL connection id is 7
Server version: 5.7.17 MySQL Community Server (GPL)
Copyright (c) 2000, 2016, Oracle and/or its affiliates. All rights reserved.
Oracle is a registered trademark of Oracle Corporation and/or its
affiliates. Other names may be trademarks of their respective
owners.
Type 'help;' or '\h' for help. Type '\c' to clear the current input statement.
mysql> create database zabbix character set utf8 collate utf8_bin;
Query OK, 1 row affected (0.00 sec)
mysql> grant all privileges on zabbix.* to zabbix@localhost identified by 'Zabbix';
Query OK, 0 rows affected, 1 warning (0.00 sec)
```

```
mysql> flush privileges;
Query OK, 0 rows affected (0.00 sec)
mysql> quit;
[root@zabbix-server ~]# zcat /usr/share/doc/zabbix-server-mysql-3.0.23/create.sql.
gz |mysql -uzabbix -p zabbix
Enter password:
```

3．修改配置文件

（1）修改 zabbix_server.conf 配置文件。

打开/etc/zabbix/zabbix_server.conf 这个文件，将# DBPassword= 修改成如下配置。

```
DBPassword=Zabbix
```

（2）修改 zabbix.conf 配置文件。

打开/etc/httpd/conf.d/zabbix.conf 配置文件，将 php_value date.timezone 修改成如下配置。

```
php_value date.timezone Asia/Shanghai
```

保存并退出即可。

4．启动服务

```
[root@zabbix-server ~]# systemctl start zabbix-server zabbix-agent httpd
[root@zabbix-server ~]# systemctl enable zabbix-server zabbix-agent httpd
Created symlink from /etc/systemd/system/multi-user.target.wants/zabbix-server.
service to /usr/lib/systemd/system/zabbix-server.service.
Created symlink from /etc/systemd/system/multi-user.target.wants/zabbix-agent.
service to /usr/lib/systemd/system/zabbix-agent.service.
Created symlink from /etc/systemd/system/multi-user.target.wants/httpd.service to
/usr/lib/systemd/system/httpd.service.
```

5．Web 端安装

（1）打开浏览器，输入 http://server-ip/zabbix 即可进入安装初始界面，如图 22-1 所示。

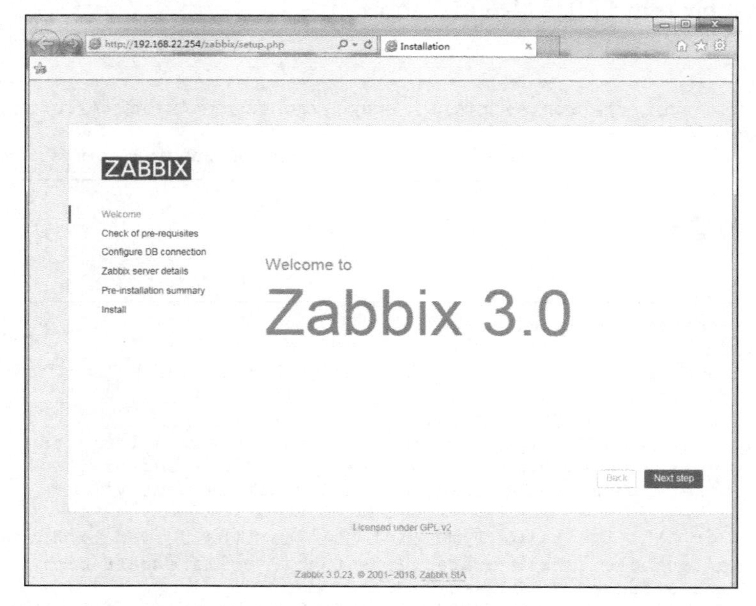

图22-1　安装初始界面

（2）单击“Next step”按钮，进入依赖组件检测界面，如图 22-2 所示。

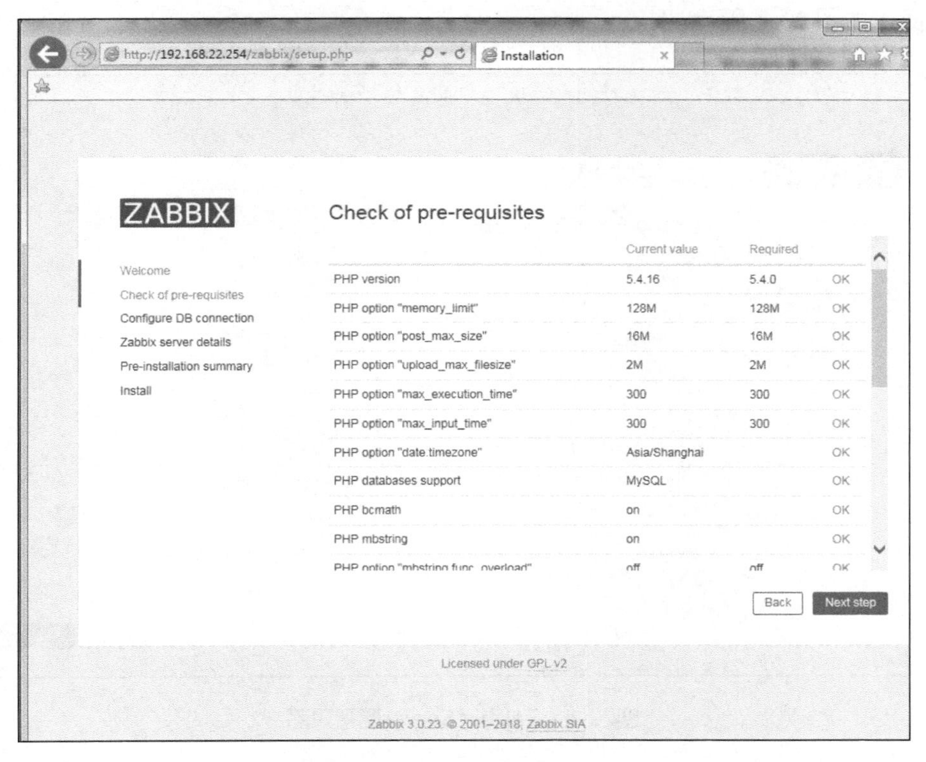

图22-2　依赖组件检测界面

（3）Zabbix 会依次检测所需的组件，如果出现错误，必须解决后才能进行下一步操作。检测完成后，单击“Next step”按钮，进入数据库信息填写界面，如图 22-3 所示。

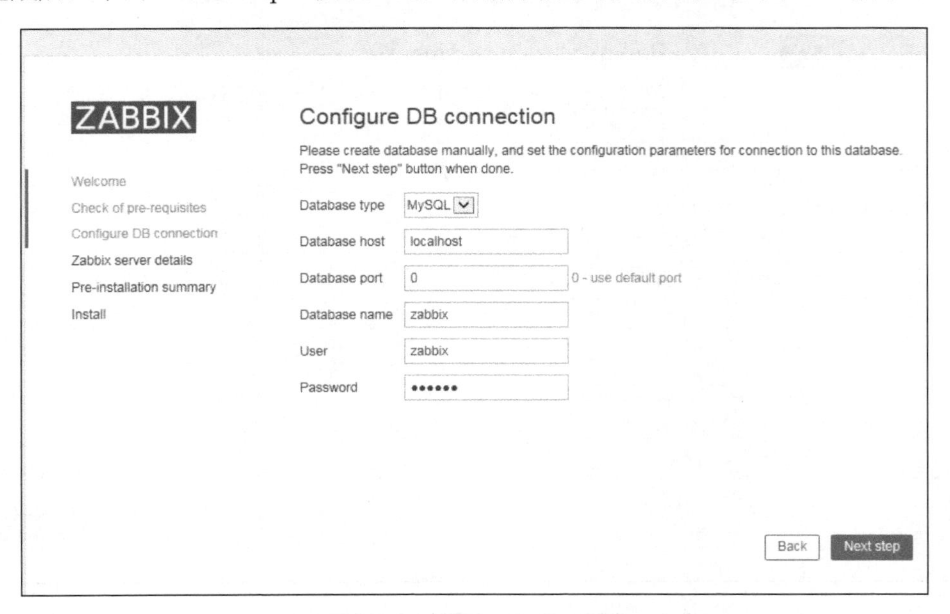

图22-3　数据库信息填写界面

（4）按实际环境配置填写完成数据库信息，然后单击“Next step”按钮，进入 Zabbix Server 配置界面，如图 22-4 所示。

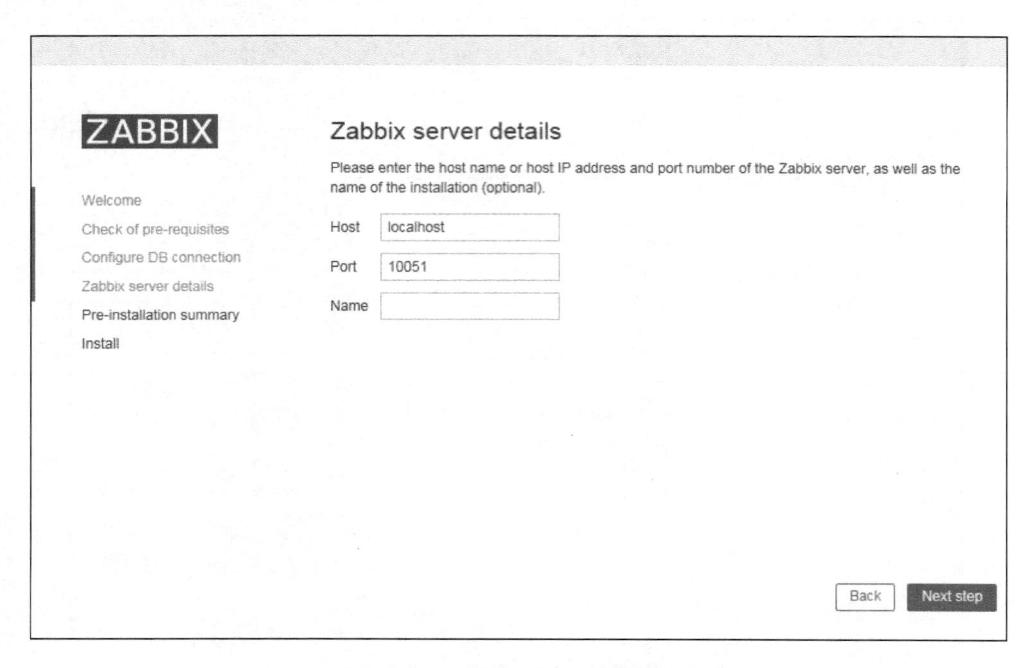

图22-4　Zabbix Server配置界面

（5）这里可以采用默认配置，单击“Next step”按钮，进入安装配置汇总界面，如图 22-5 所示。

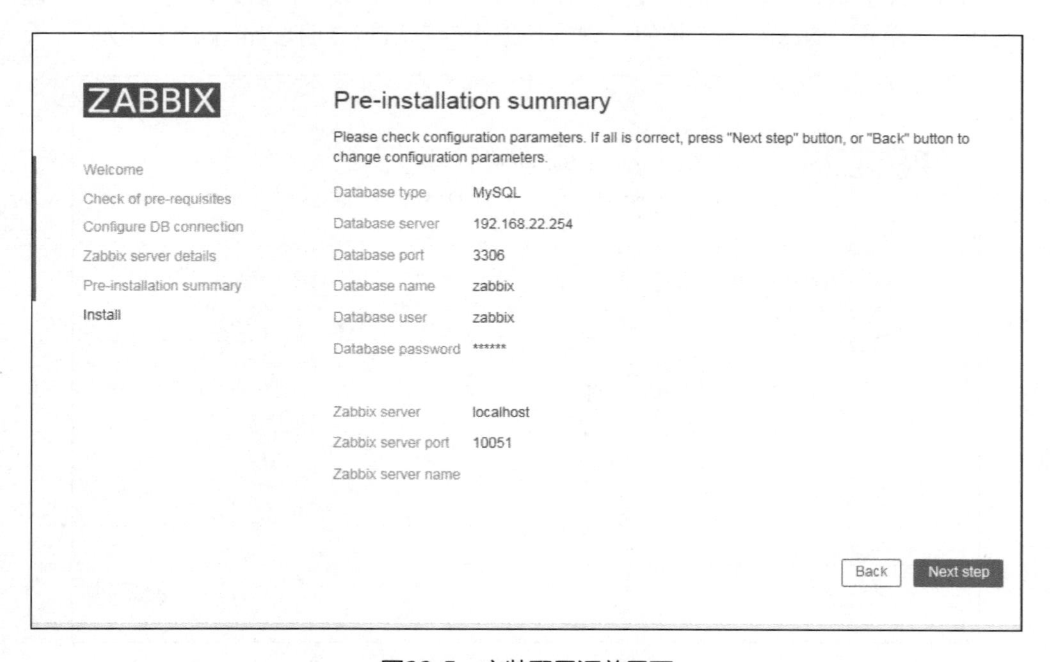

图22-5　安装配置汇总界面

（6）单击“Next step”按钮，进入 Install（安装）界面，如图 22-6 所示。

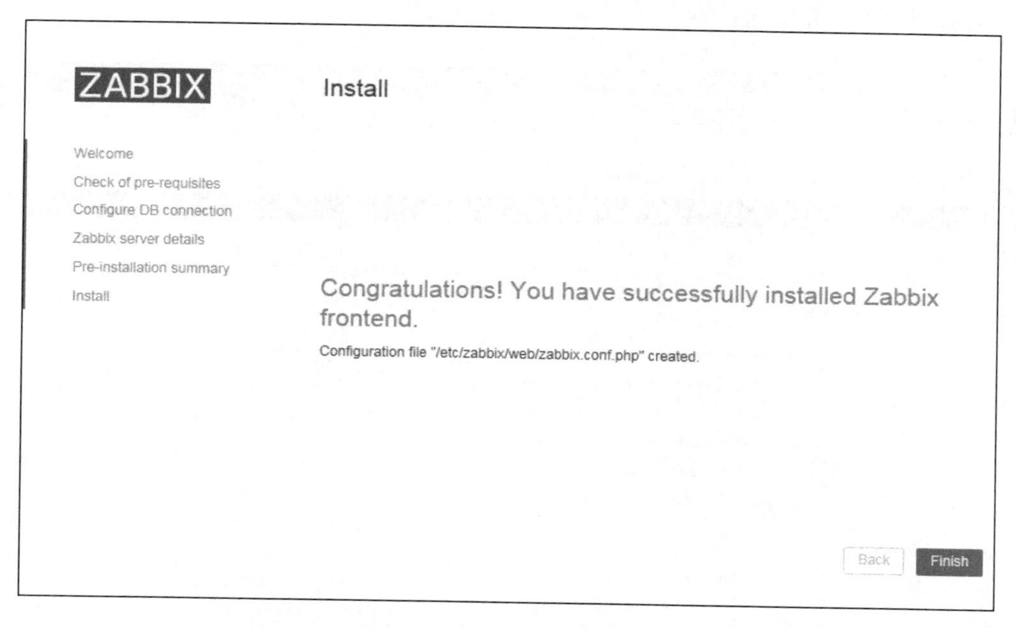

图22-6　Install（安装）界面

（7）等待安装完成后，单击“Finish”按钮，进入 Zabbix Web 登录界面，如图 22-7 所示。

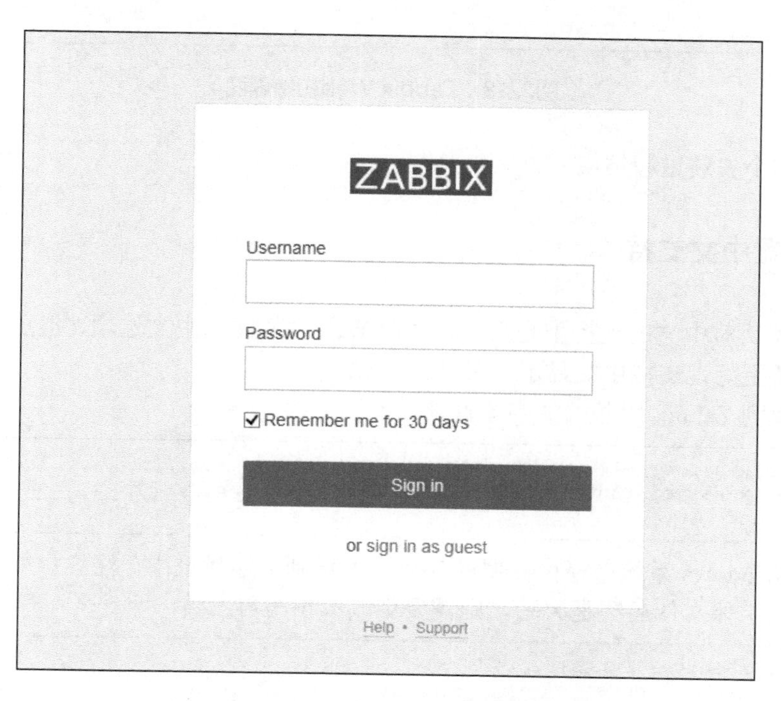

图22-7　Zabbix Web登录界面

默认用户为 Admin、密码为 zabbix。输入完成后，单击“Sign in”按钮，进入 Zabbix Web 初始界面，如图 22-8 所示。

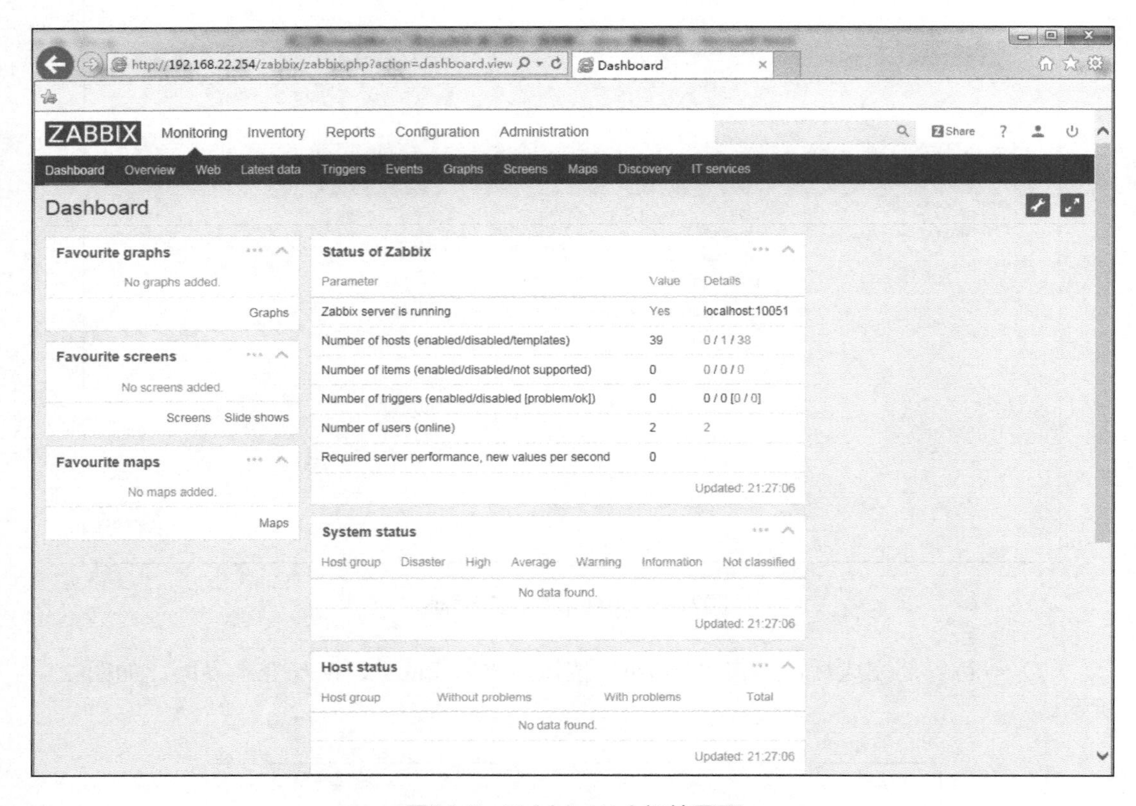

图22-8　Zabbix Web初始界面

至此，整个安装过程结束。

22.3.3　配置中文支持

Zabbix 默认对中文的支持不是很好，尽管 Web 端界面有中文选项，但还需要进行相应的配置，以便更好地支持中文显示。具体操作如下。

（1）切换到 Zabbix 服务端的字体目录。

```
[root@zabbix-server ~]# cd /usr/share/zabbix/fonts/
[root@zabbix-server fonts]# ls
graphfont.ttf
```

（2）在 Windows 系统选择你需要的字体，上传到上述目录中。注意：如果在 Windows 系统中所需的字体文件后缀是大写，则需要更改成小写再上传。

```
[root@zabbix-server fonts]# pwd
/usr/share/zabbix/fonts
[root@zabbix-server fonts]# ll
total 11512
lrwxrwxrwx 1 root root  33 Sep 21 06:42 graphfont.ttf -> /etc/alternatives/zabbix-
```

```
web-font
-rw-r--r-- 1 root root 11785184 Jun 10  2009 simkai.ttf
```

（3）上传完成后，需要修改配置文件/usr/share/zabbix/include/defines.inc.php。

```
define('ZBX_GRAPH_FONT_NAME',       'graphfont'); // font file name
define('ZBX_FONT_NAME', 'graphfont');
```

更改成如下配置。

```
define('ZBX_GRAPH_FONT_NAME',       'simkai'); // font file name
define('ZBX_FONT_NAME', 'simkai');
```

无须重启服务。

22.4 Zabbix 相关组件与概念

在正式配置使用 Zabbix 监控服务之前，我们需要了解 Zabbix 服务相关的组件，以便更快速地学习和掌握 Zabbix 服务的配置与使用。

22.4.1 Zabbix 的组件

本节介绍 Zabbix 的几个重要组件。

（1）Zabbix Server

Zabbix Server 负责接收 Agent 发送的数据及报告信息，并负责组织所有的配置、统计数据、操作数据。

（2）Database Storage

Database Storage 用于存储所有的配置信息以及收集的数据信息。

（3）Web interface

Web interface 是 Zabbix GUI 的接口。

（4）Agent

Agent 安装部署在被监控的主机上，负责接收被监控主机的数据，并发往 Zabbix Server 端或 Proxy 端。

（5）Proxy

Proxy 是一个可选组件，用在分布式监控环境中，负责代理 Zabbix Server 收集被监控主机的相关监控数据，并统一发往 Zabbix Server 端。

22.4.2 Zabbix 重要概念简介

在正式配置之前，需要了解 Zabbix 的一些重要概念。

（1）主机（host）

主机是指需要被监控的网络设备，可以是设备的 IP 地址，也可以是设备的主机名等。

（2）主机组（host group）

主机组是主机的逻辑容器，包含主机和模板，但同一个组内的主机和模板之间不能互相链接。主机组常用于给指定用户或用户组分配指定监控权限。

（3）监控项（item）

监控项是一个指定监控指标的相关数据，这些数据来自于被监控的对象。监控项是 Zabbix 进行数据收集的核心组件，对于特定的某个监控对象来讲，每个监控项都由“key”标识。监控项也是 Zabbix 学习和配置中比较重要的内容。

（4）触发器（trigger）

触发器是一个表达式，用于评估被监控对象指定的 item 内接收到的数据是否在指定合理的范围内，也就是我们所说的阈值。当接收的数据值大于指定阈值时，触发器的状态将从“OK”变成“Problem”；当数据恢复到合理范围时，状态会转变成“OK”。

（5）事件（event）

Agent 宕机、重新上线、自动注册，触发器的状态改变，都属于一个事件。

（6）动作（action）

动作是对于指定的事件预先定义的处理方法，例如，发送通知或报警邮件，指定时间执行指定的操作。

（7）媒介（media）

媒介是发送通知或报警信息的介质，如邮件、短信、微信等。

（8）模板（template）

模板是用于快速配置被监控主机的预设条目的集合，通常包括 item、trigger、graph、screen 等。模板可以直接链接到某个主机。

（9）通知（notification）

通知是通过指定的媒介向用户发送相关的事件的信息。

（10）报警升级（escalation）

报警升级是指发送报警或执行远程命令的自定义文案，例如，每隔 30 秒发送一次报警信息，一共发送 5 次。

（11）远程命令（remote command）

远程命令是自定义的命令，在被监控的主机处于某个特定的条件时执行此命令。

要获取更多资料，请读者参考 Zabbix 官方网站。

22.5　Zabbix 监控实战操作

下面演示如何添加第一台被监控主机的操作。

22.5.1　Agent 端的部署与配置

1．部署 Agent 端

```
[root@node1 ~]# rpm -i https://repo.zabbix.com/zabbix/3.0/rhel/7/x86_64/zabbix-rel
ease-3.0-1.el7.noarch.rpm
[root@node1 ~]# yum install zabbix-agent -y
```

2. 修改配置文件

修改/etc/zabbix/zabbix_agentd.conf 配置文件，修改如下。

```
Server=192.168.22.254              #Zabbix服务端的IP地址
ServerActive=192.168.22.254        #Zabbix服务端的IP地址
Hostname=node1                     #Zabbix客户端的主机名
```

3. 启动 Agent 服务

```
[root@node1 ~]# systemctl start zabbix-agent.service
[root@node1 ~]# ps -ef|grep zabbix
zabbix   10265 1 0 05:56 ?  00:00:00 zabbix_agentd -c /etc/zabbix/zabbix_agentd.conf
zabbix   10266  10265  0 05:56 ?  00:00:00 zabbix_agentd: collector [idle 1 sec]
zabbix   10267  10265  0 05:56 ?  0:00:00 zabbix_agentd: listener #1 [waiting for connection]
zabbix   10268  0265  0 05:56 ?  00:00:00 zabbix_agentd: listener #2 [waiting for connection]
zabbix   10269  10265  0 05:56 ?  00:00:00 zabbix_agentd: listener #3 [waiting for connection]
zabbix   10270  10265  0 05:56 ? 00:00:00 zabbix_agentd: active checks #1 [idle 1 sec]
root    10272  10173  0 05:56 pts/0  00:00:00 grep --color=auto zabbix
```

22.5.2 Web 端添加被监控主机

在 Web 端添加被监控的主机，操作过程如下。

（1）登录 Web 端界面，选择“配置”→“主机”，如图 22-9 所示。

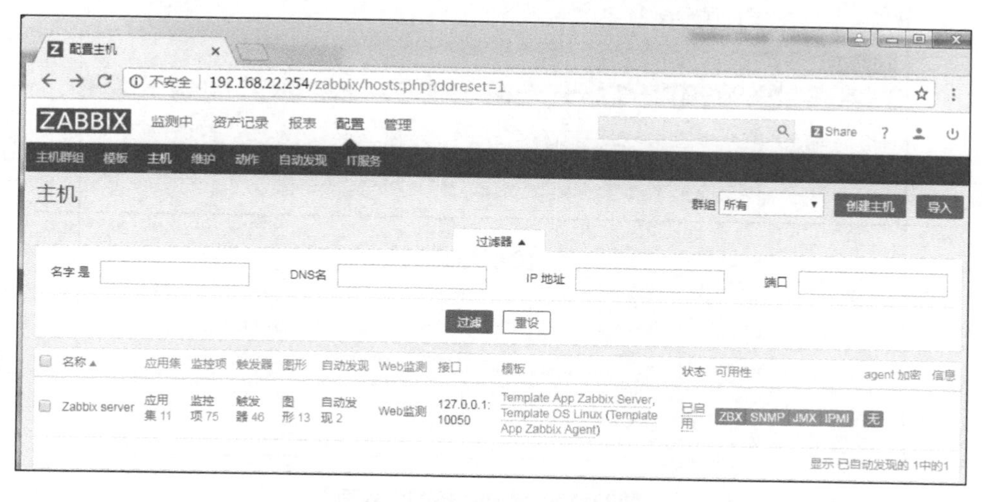

图22-9 添加主机初始配置界面

（2）单击“创建主机”按钮，进入填写所需创建的主机信息界面，如图 22-10 所示。

（3）按实际情况填写主机的相关信息，填写完成后，单击“添加”按钮返回添加主机列表界面，如图 22-11 所示。

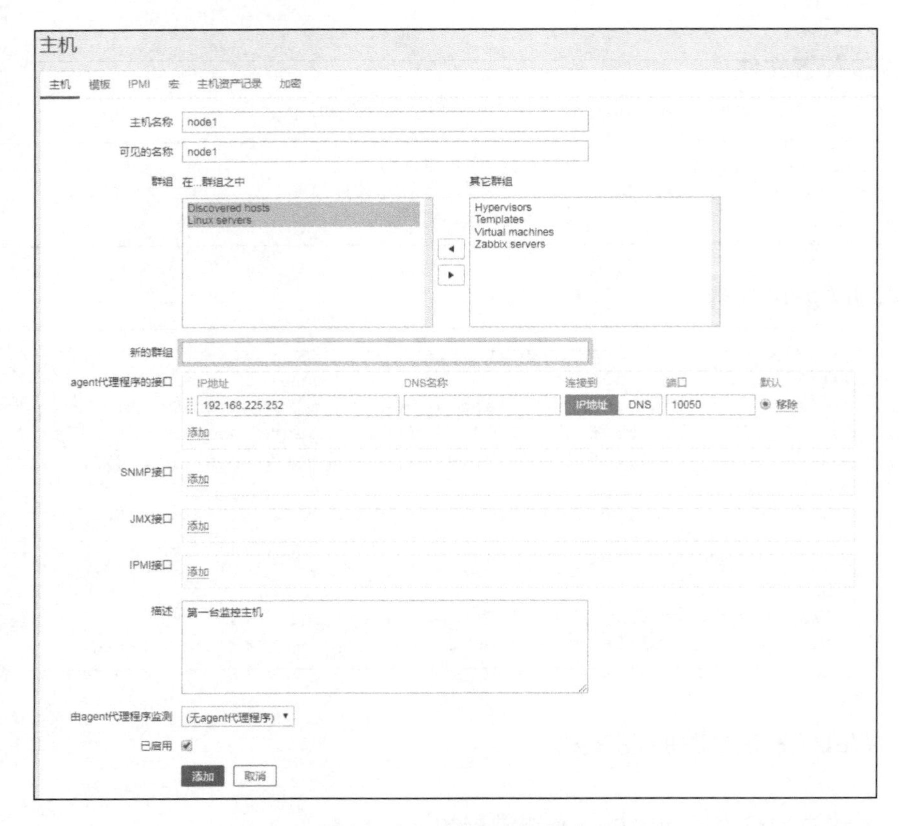

图22-10　填写主机信息

图22-11　添加主机列表界面

22.5.3　绘制图形展示

（1）在 Web 端界面选择“监测中”→“聚合图形”，进入创建图形初始界面，如图 22-12 所示。

图22-12　创建图形初始界面

（2）单击“创建聚合图形”按钮，进入创建聚合图形界面，在其中填写相关信息，如图 22-13 所示。

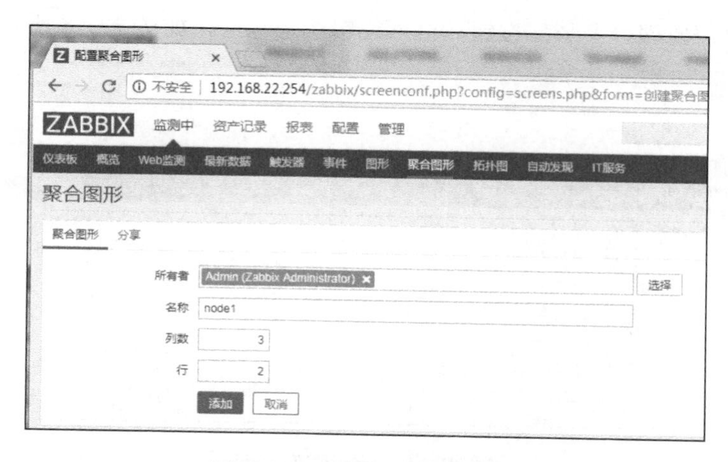

图22-13　创建聚合图形界面

（3）填写完相关信息后，单击“添加”按钮，完成创建，返回创建聚合图形完成后的界面，如图 22-14 所示。

图22-14　创建完成后的界面

（4）单击名称“node1”，显示该聚合图形的初始界面，如图 22-15 所示。

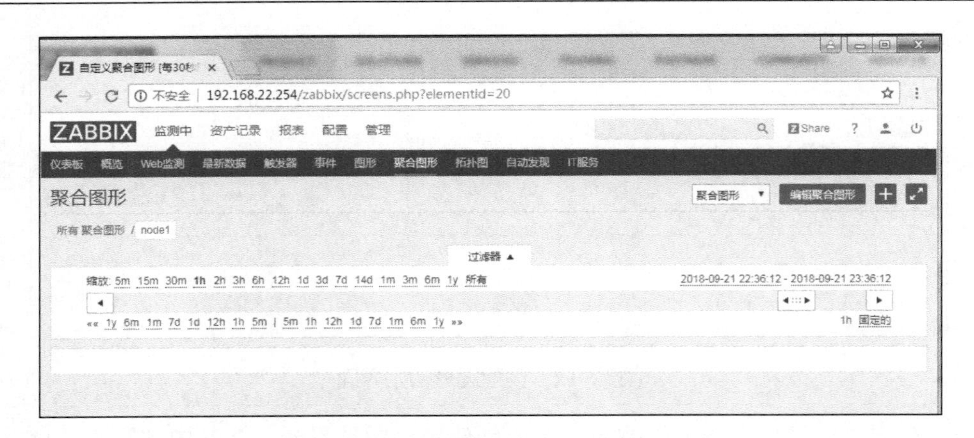

图22-15　聚合图形node1的初始界面

（5）单击“编辑聚合图形”按钮，进入编辑图形界面，如图 22-16 所示。

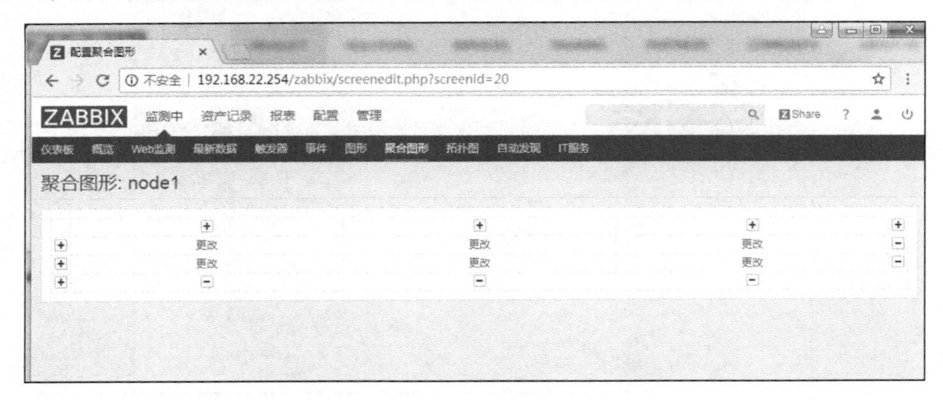

图22-16　编辑图形界面

（6）单击“更改”按钮，进入单个图形编辑界面，如图 22-17 所示。

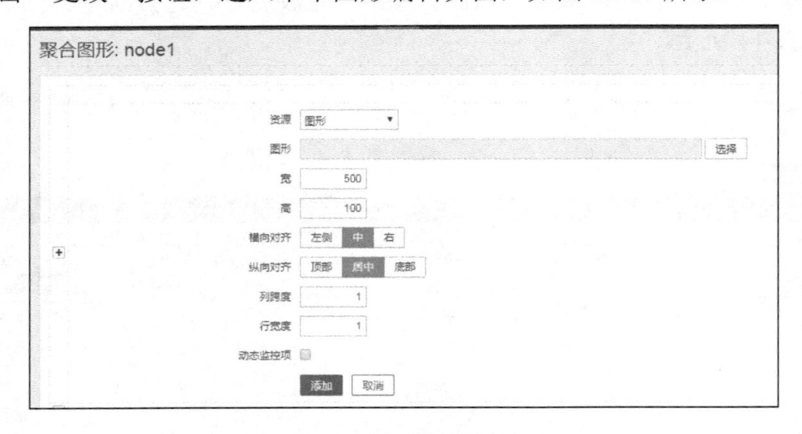

图22-17　单个图形编辑界面

（7）单击“选择”按钮，进入选择监控项界面，如图 22-18 所示。

（8）单击选择需要的监控项，然后单击“添加”按钮，返回聚合图形创建完成的界面，如图 22-19 所示。

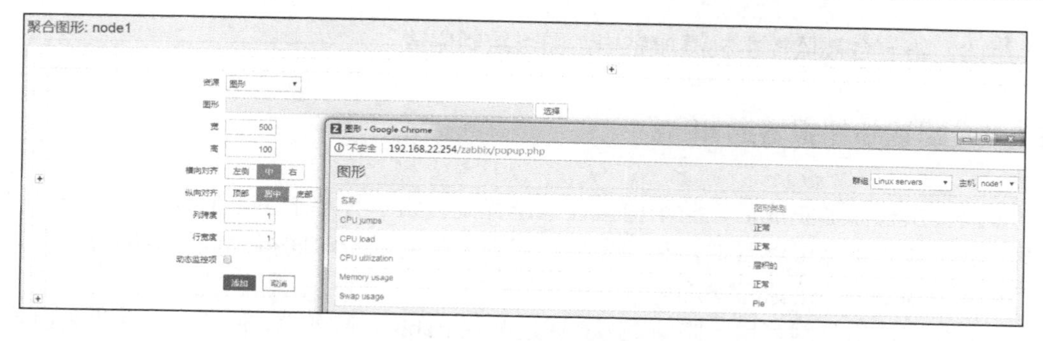

图22-18　选择监控项界面

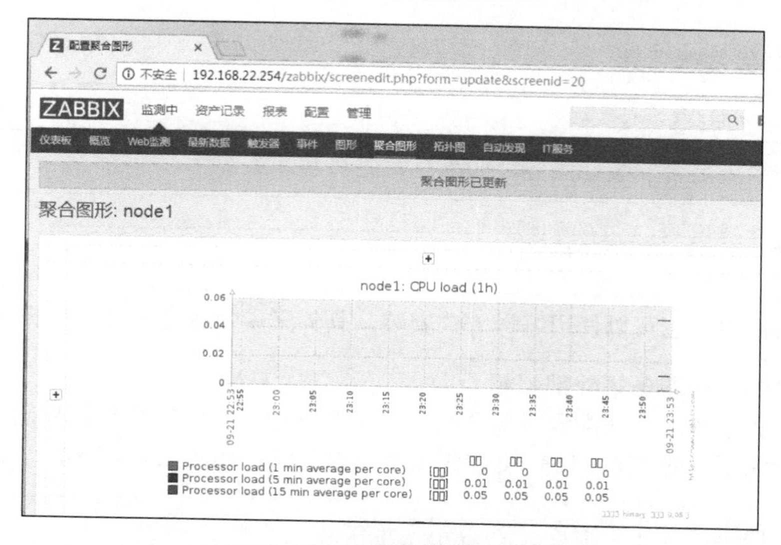

图22-19　聚合图形创建完成的界面

（9）按照上述方法逐一创建其他需要创建的聚合图形。最终编辑好的图形界面如图 22-20 所示。

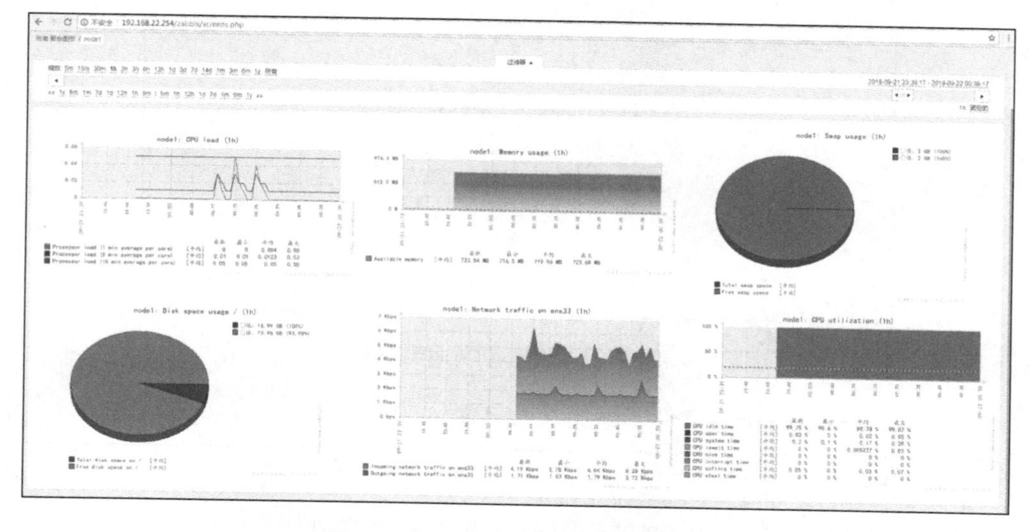

图22-20　node1主机监控图形界面

至此，第一台被监控主机添加完毕，图形绘制完成。

22.5.4　配置邮件报警通知

被监控主机添加完成后，整个的监控系统算是正常运行起来了。但收集被监控主机的数据和展示数据不是最终目的，目的是要在问题发生时第一时间得到通知并响应，所以就需要配置 Zabbix 提供的报警功能。

本节介绍使用外网可用的邮箱账号，通过配置 Zabbix 服务端，使其在触发报警时第一时间将报警信息发送至指定邮箱。

1．安装邮件发送工具

```
[root@zabbix-server ~]# rpm -qa |grep mailx
```

首先检查系统是否安装此服务，如果有，先将其卸载。

```
[root@zabbix-server ~]# yum install mailx -y
[root@zabbix-server ~]# mailx -V
12.5 7/5/10
```

安装非常简单，也可以使用编译方式安装，具体采用何种方式可以根据习惯选择。

2．配置 Zabbix 服务端外部邮箱

（1）使用外部邮箱，在配置时需要验证登录客户端邮箱的客户端授权码，所以需要提前设置，作者测试过的 126、163、QQ 邮箱都需要配置，如图 22-21 所示。

图22-21　设置客户端授权码

（2）编辑/etc/mail.rc 配置文件，添加下列配置。

```
[root@zabbix-server ~]# tail -4 /etc/mail.rc
set from=ciscoxiaochu@163.com smtp=smtp.163.com      #邮件服务器配置
set smtp-auth-user=ciscoxiaochu@163.com     #向外发送邮件的邮箱账号
set smtp-auth-password=mgg2018             #客户端授权码
```

```
set smtp-auth=login                              #表示登录后进行发邮件操作
```

（3）手工测试发送邮件。

```
[root@zabbix-server ~]# echo "zabbix test mail" |mail -s "this is a test mail" six
xxxxx@163.com
```

（4）登录邮箱查看是否收到了测试邮件，如图 22-22 所示。

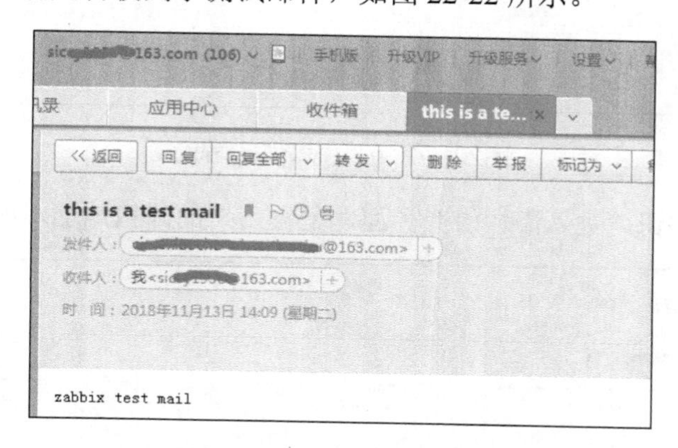

图22-22　查看接收邮件内容

3．配置 Web 端

（1）创建媒介类型。

登录 Zabbix Web 管理端，依次选择“管理”→“报警媒介类型”→“创建媒介类型”，进入创建媒介类型界面，如图 22-23 所示。

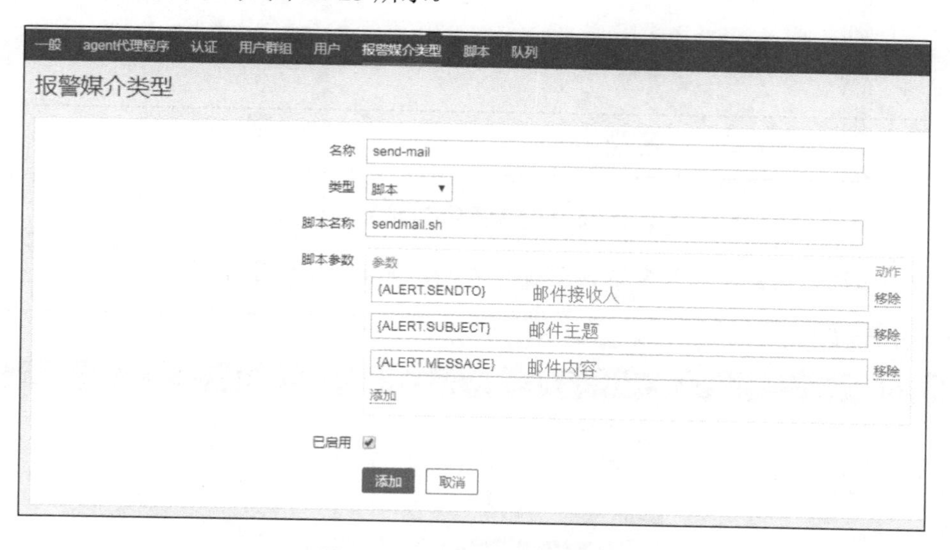

图22-23　创建媒介类型界面

填写完信息，单击“添加”按钮返回初始界面。

（2）配置用户的邮箱地址。

在 Web 管理界面，依次单击“管理”→“用户”→“Admin”→“报警媒介”，进入配置报警媒介界面，如图 22-24 所示。

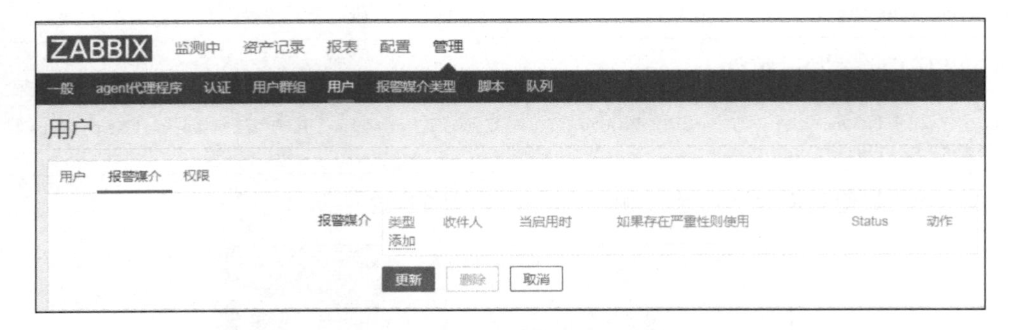

图22-24 配置报警媒介界面

单击“添加”按钮，进入添加媒介界面，配置用户的邮箱地址，如图 22-25 所示。

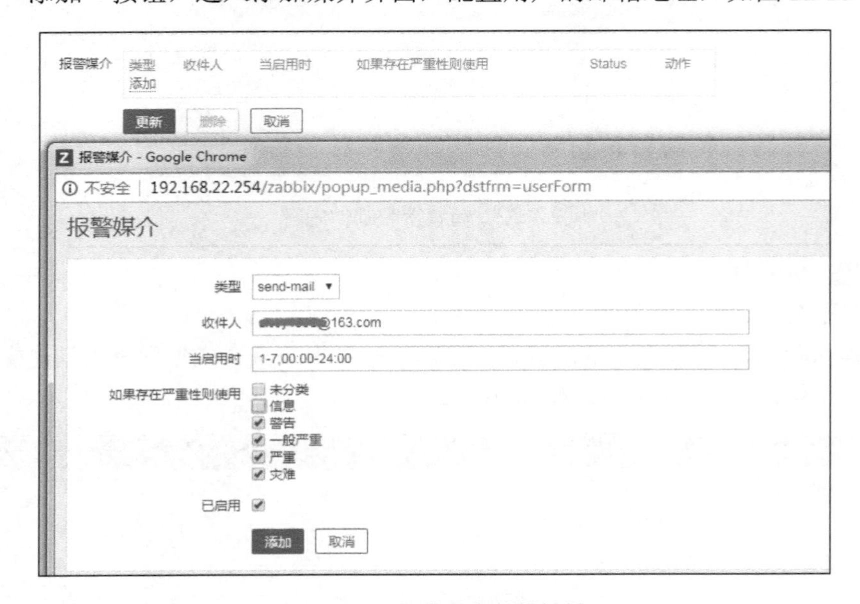

图22-25 配置用户邮箱地址

单击“添加”按钮，返回配置报警媒介界面，如图 22-26 所示。

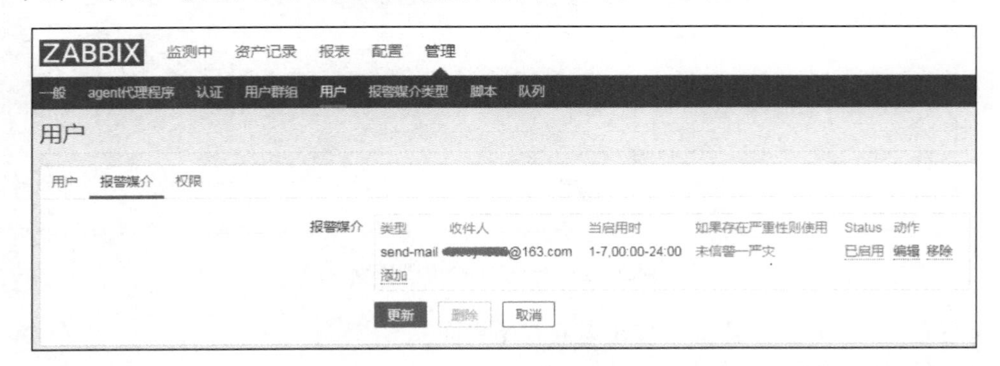

图22-26 配置报警媒介界面

单击“更新”按钮，即可完成配置。

（3）配置报警触发动作。

在 Web 管理界面，依次单击“配置”→“动作”→“动作”，创建动作如图 22-27 所示。

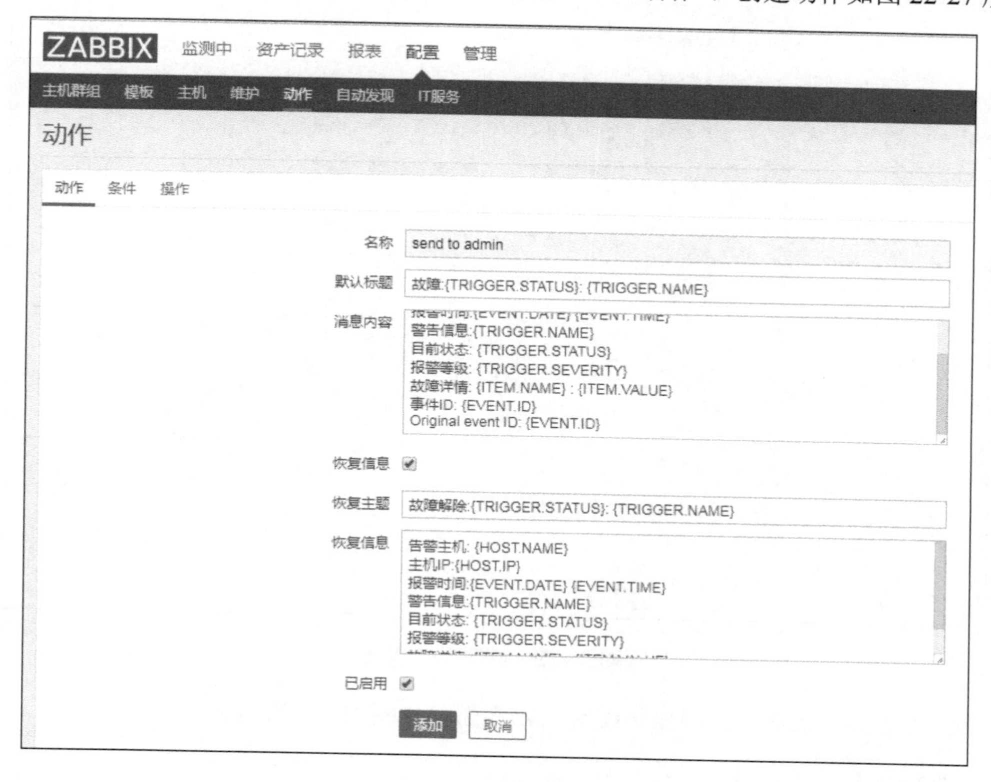

图22-27　创建动作

在报警触发条件界面选择默认配置即可，如图 22-28 所示。

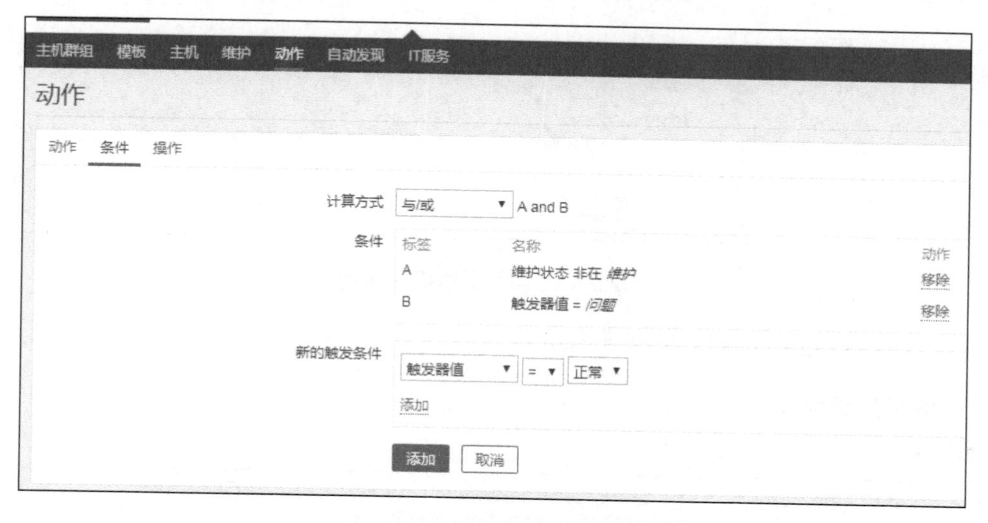

图22-28　报警触发条件配置

单击“操作”，进入操作界面，配置操作信息，如图 22-29 所示。

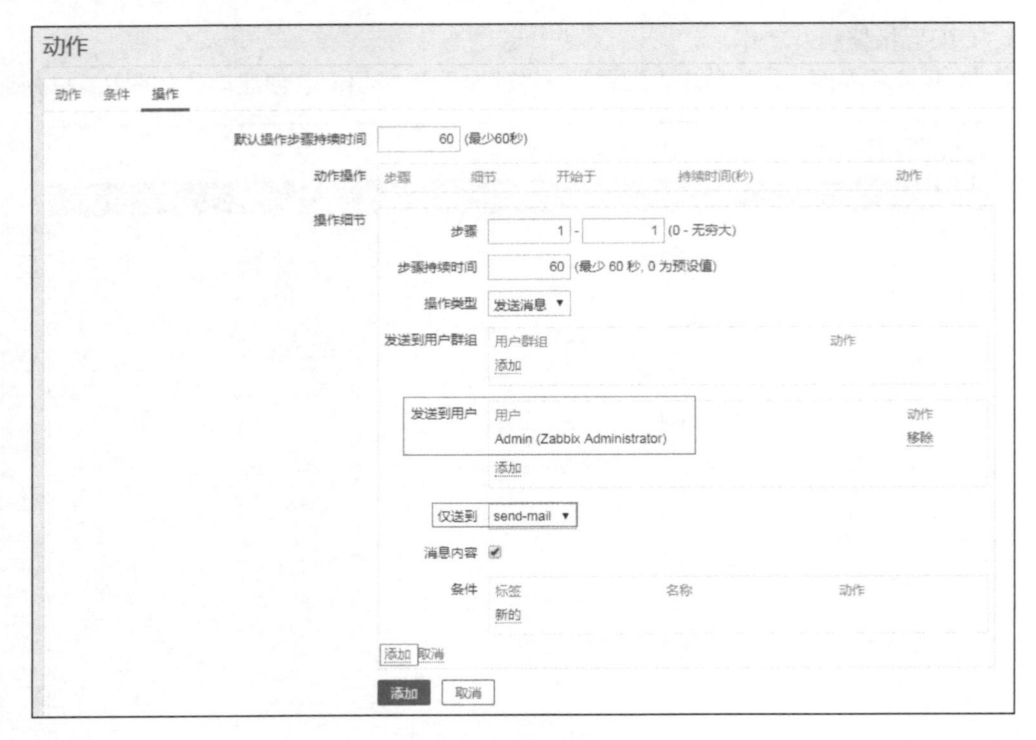

图22-29　配置操作信息

单击“添加”按钮，返回操作配置初始界面，如图 22-30 所示。

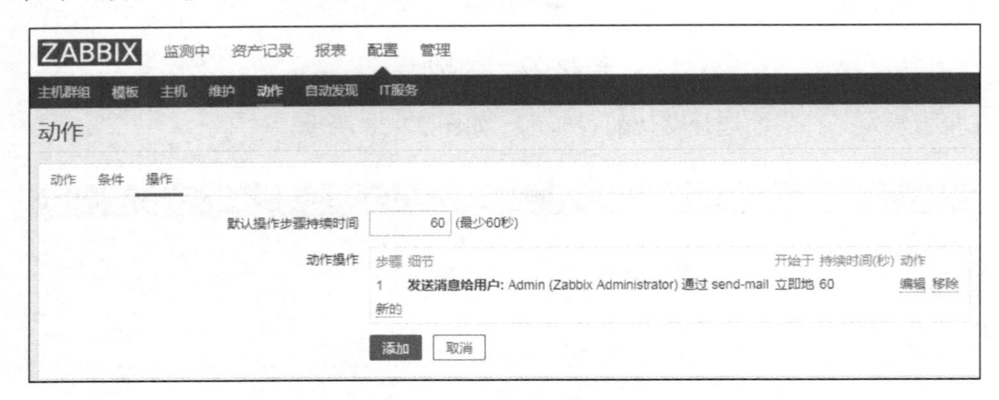

图22-30　操作配置初始界面

单击“添加”按钮，即可完成所有配置。

4．编写报警脚本

操作如下。

```
[root@zabbix-server ~]# cd /usr/lib/zabbix/alertscripts/
[root@zabbix-server alertscripts]# vim sendmail.sh
#!/bin/sh
echo "$3" | mail -s "$2" $1
[root@zabbix-server alertscripts]# chmod +x sendmail.sh
[root@zabbix-server alertscripts]# chown zabbix.zabbix ./sendmail.sh
```

5. 测试故障报警

将 node1 服务器 agent 服务停止，用来模拟被监控服务器故障，来测试报警邮件发送情况。

```
[root@node1 ~]# systemctl stop zabbix-agent.service
[root@node1 ~]# ps -ef|grep zabbix
root      14588  12863  0 12:30 pts/0    00:00:00 grep --color=auto zabbix
```

登录邮箱，发现报警信息内容变成了附件格式，如图 22-31 所示。

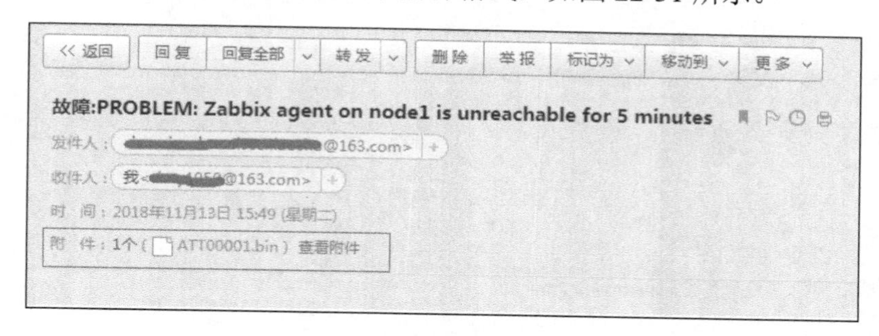

图22-31 查看报警邮件

解决方案如下。

（1）安装 dos2unix 转换工具。

```
[root@zabbix-server alertscripts]# yum install dos2unix -y
```

（2）修改脚本内容如下。

```
[root@zabbix-server alertscripts]# vim sendmail.sh
#!/bin/sh
export LANG=en_US.UTF-8
FILE=/usr/lib/zabbix/alertscripts/mail.txt
echo "$3" >${FILE}
dos2unix -k ${FILE}
/bin/mail -s "$2" "$1" < ${FILE}
[root@zabbix-server alertscripts]# touch mail.txt
[root@zabbix-server alertscripts]# chown zabbix.zabbix ./mail.txt
```

重新测试，开启 Agent 端服务，测试恢复邮件发送情况。

```
[root@node1 ~]# systemctl start zabbix-agent.service
[root@node1 ~]# ps -ef|grep zabbix
zabbix 14760     1  0 13:11 ? 00:00:00 /usr/sbin/zabbix_agentd -c /etc/zabbix/zabbix
_agentd.conf
zabbix 14761  14760  0 13:11 ? 00:00:00 /usr/sbin/zabbix_agentd: collector [idle 1
 sec]
zabbix 14762  14760  0 13:11 ? 00:00:00 /usr/sbin/zabbix_agentd: listener #1 [wait
ing for connection]
zabbix 14763  14760  0 13:11 ? 00:00:00 /usr/sbin/zabbix_agentd: listener #2 [wait
ing for connection]
zabbix 14764  14760  0 13:11 ? 00:00:00 /usr/sbin/zabbix_agentd: listener #3 [wait
ing for connection]
zabbix 14765  14760  0 13:11 ? 00:00:00 /usr/sbin/zabbix_agentd: active checks #1
[idle 1 sec]
root     14769  12863  0 13:11 pts/0 00:00:00 grep --color=auto zabbix
```

也可以登录 Web 管理端，依次单击“报表”→“动作日志”，查看动作日志信息，如图 22-32 所示。

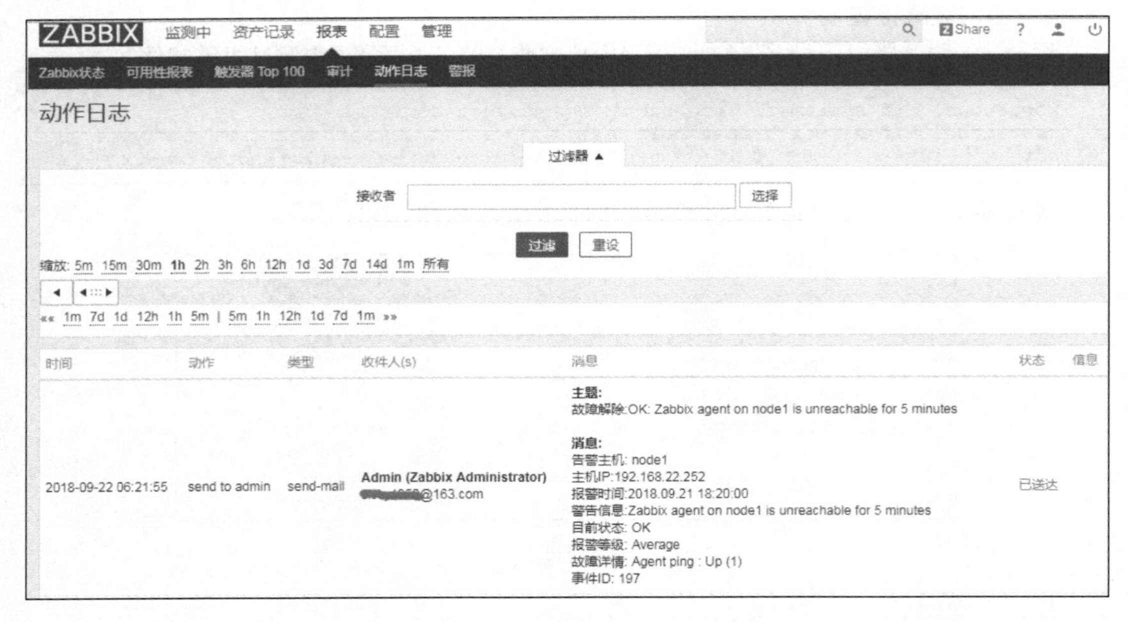

图22-32　动作日志信息

从图 22-32 中可以看出，故障恢复信息已发出，接下来登录接收报警信息的邮箱查看，如图 22-33 所示。

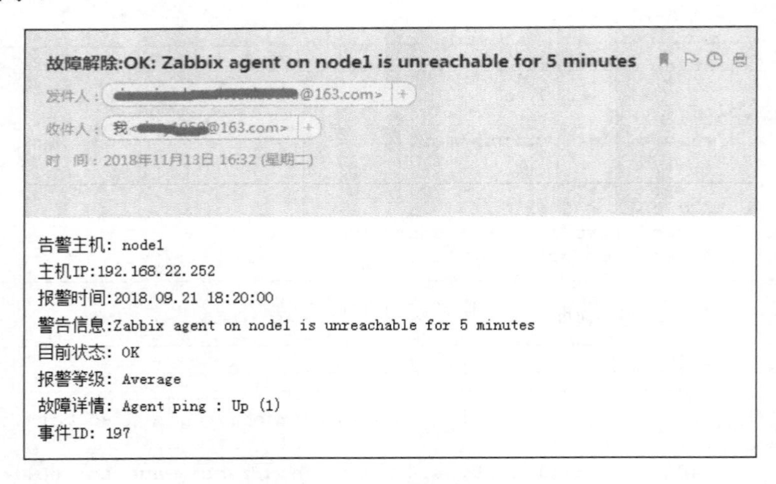

图22-33　报警邮件信息

至此，邮件报警系统配置完成，并已测试成功。

第 23 章 企业级数据库监控服务 Lepus

针对服务器的相关监控，前面章节已经介绍了 Zabbix 监控服务，本章将介绍针对数据库的专业级监控服务 Lepus。

23.1 Lepus 概述

23.1.1 Lepus 的由来

随着互联网的飞速发展，数据库在互联网中的地位显得越来越重要。尤其是一些大型电商企业和金融企业，数据库的可靠性和稳定性是十分关键的。很多企业在快速发展的同时，其数据在不断增长，存储数据的服务器也在不断增长和扩容。面对越来越多的数据库服务器，如何统一规划管理、如何高效地监控是很多企业面临的重要问题。虽然目前有一些国外开源软件可以用于数据库的监控，但是这些软件也有一些弊端，例如部署复杂，需要在每台机器部署程序或 Agent，监控指标很少，只能对基本健康信息进行监控等。为此，天兔团队开发了这套 Lepus 数据库监控系统，帮助企业解决了上述一些问题。

23.1.2 Lepus 监控系统简介

Lepus（天兔）是一套开源的数据库监控系统，目前已经支持 MySQL、Oracle、MongoDB、Redis 等数据库的基本监控和报警功能（MySQL 已经支持复制监控、慢查询分析和定向推送等高级功能）。Lepus 无须在每台数据库服务器部署脚本或 Agent，只需要在数据库创建授权账号后，即可进行远程监控，适合监控数据库服务器较多的公司和监控云中数据库，这将为企业大大简化监控部署流程，同时 Lepus 系统内置了丰富的性能监控指标，让企业能够在数据库宕机前发现潜在性能问题并进行处理，减少企业因为数据库问题导致的直接损失。

23.1.3 Lepus 的功能与特性

Lepus 监控系统的功能和特性如下。

（1）无须部署 Agent 端，可远程监控数据库。

（2）Web 端直观地管理和监控数据库。

（3）可视化的报警系统，支持邮件报警和短信报警。

（4）具有丰富的权限管理和认证体系。
（5）丰富、多样化的性能分析图表展示。
（6）实时 MySQL 健康监控和报警。
（7）实时 MySQL 复制监控和报警。
（8）实时 MySQL 资源监控和分析。
（9）实时 MySQL 缓存等性能监视。
（10）实时 InnoDB I/O 性能监控。
（11）MySQL 表空间增长趋势分析。
（12）可视化 MySQL 慢查询在线分析。
（13）MySQL 慢查询自动推送功能。
（14）MySQL AWR 在线性能分析。
（15）实时 Oracle 健康监控和报警。
（16）实时 Oracle 表空间使用监控。
（17）实时 Oracle 性能监控。
（18）实时 MongoDB 健康监控和报警。
（19）实时 MongoDB 索引性能监控。
（20）实时 MongoDB 内存使用监控。
（21）实时 Redis 健康监控和报警。
（22）实时 Redis 性能监控。
（23）实时 OS 主机 CPU、内存、磁盘、网络、I/O 监控。
Lepus 的功能还是非常强大的，针对性也比较强。

23.1.4　Lepus 解决的难题

Lepus 可以帮助企业解决如下问题。

（1）帮助企业解决数据库性能监控问题，及时发现性能瓶颈，避免由数据库潜在问题造成的直接经济损失。

企业通过 Lepus 可以对数据库的实时健康和各种性能指标进行全方位的监控。目前已经支持 MySQL、Oracle、MongoDB、Redis 等数据库。Lepus 可以在数据库出现无法连通、会话数、进程数、等待事件、同步、延时等故障或者潜在性能问题时，进行异常报警，通知数据库管理员进行处理和优化，避免造成直接经济损失。

（2）帮助企业运维领导决策者更好地统筹数据库容量资源，降低企业硬件成本。

Lepus 采用列式方式呈现监控指标，适合中大型互联网公司大规模数据库的监控管理。Lepus 可以帮助决策者对未来数据库容量进行更好的规划，从而降低硬件成本。

（3）帮助企业数据库运维人员减少重复和枯燥的工作，提高运维人员的工作效率。

Lepus 提供数据库的基础数据指标采集功能，如数据库版本、运行时间、基本健康状态、核心配置参数等基础数据，有了这些基础数据，无须登录机器即可通过系统集中查询，减少数据库运维人员的重复性工作和枯燥的输入命令工作。

（4）慢查询推送和 AWR 性能报告，降低数据库运维人员和开发人员的沟通成本。

Lepus 拥有创新的 MySQL 慢查询分析、TopSQL 自动推送、基于时间范围的 MySQL

AWR 性能报告等功能，也可以通过在线 AWR 性能报告功能查询任意时间的数据库性能问题和瓶颈，降低数据库运维人员和开发人员的沟通成本。

要获取更多资料，请读者参考 Lepus 官方网站。

23.2 Lepus 的部署

23.2.1 安装环境要求

目前 Lepus 暂时只支持部署在 CentOS/RedHat 系统上。对部署环境也有一定的要求，具体如下。

（1）需要 LAMP（Linux+Apache+MySQL+PHP）基础环境。

（2）MySQL 5.0 及以上（必需，用来存储监控系统采集的数据）。

（3）Apache 2.2 及以上（必需，Web 服务器运行服务器）。

（4）PHP 5.3 以上（必需，提供 Web 界面支持）。

（5）Python 2（必需，推荐 2.6 及以上版本，执行数据采集和报警任务，不支持 Python 3）。

（6）Python 连接和监控数据库的相关驱动模块包。

- MySQLdb for python（Python 连接 MySQL 的接口，用于监控 MySQL，此模块必须安装）。
- cx_oracle for python（Python 连接 Oracle 的接口，非必需。如果需要监控 Oracle，此模块必须安装）。
- Pymongo for python（Python 连接 MongoDB 的接口，非必需。如果需要监控 MongoDB，此模块必须安装）。
- redis-py for python（Python 连接 Redis 的接口，非必需。如果需要监控 Redis，此模块必须安装）。

需要注意的是，以上组件被监控端主机是无须部署的。

23.2.2 LAMP 基础环境安装

LAMP 环境的安装方式有很多种，比较简单的是 RPM 包安装、yum 方式安装，当然也可以手动编译安装（参考前面的章节）。按照官方文档所述，不建议用户使用 yum 方式安装 LAMP 基础环境，因为 yum 安装的 PHP 环境可能缺少某些依赖包。

官方也提供了 XAMPP 集成环境包进行安装，部署特别简单。XAMPP 是一个可靠的稳定的 LAMP 套件，很多使用 Lepus 的企业，无论测试环境、生产环境都是采用 XAMPP 集成环境包安装的，并且运行非常稳定。

本节也采用官方提供的集成安装包进行基础环境安装，可访问官网下载集成安装包，XAMPP 下载地址：https://www.apachefriends.org/download.html。

下载 XAMPP 后解压，直接运行即可。

```
[root@node1 ~]# wget https://www.apachefriends.org/xampp-files/5.6.38/xampp-linux-x64-5.6.38-0-installer.run
[root@node1 ~]# chmod +x xampp-linux-x64-5.6.38-0-installer.run
```

```
[root@node1 ~]# ./xampp-linux-x64-5.6.38-0-installer.run
----------------------------------------------------------------------------
Welcome to the XAMPP Setup Wizard.
----------------------------------------------------------------------------
Select the components you want to install; clear the components you do not want
to install. Click Next when you are ready to continue.
XAMPP Core Files : Y (Cannot be edited)
XAMPP Developer Files [Y/n] :Y
Is the selection above correct? [Y/n]: Y
----------------------------------------------------------------------------
Installation Directory
XAMPP will be installed to /opt/lampp
Press [Enter] to continue:
----------------------------------------------------------------------------
Setup is now ready to begin installing XAMPP on your computer.
Do you want to continue? [Y/n]: Y
----------------------------------------------------------------------------
Please wait while Setup installs XAMPP on your computer.
 Installing
 0% ______________ 50% ______________ 100%
 #########################################
----------------------------------------------------------------------------
Setup has finished installing XAMPP on your computer.
```

主 XAMPP 配置文件位于以下位置。

- Apache 配置文件：/opt/lampp/etc/httpd.conf,/opt/lampp/ etc/extra/httpd-xampp.conf。
- PHP 配置文件：/opt/lampp/etc/php.ini。
- MySQL 配置文件：/opt/lampp/etc/my.cnf。
- ProFTPD 配置文件：/opt/lampp/etc/proftpd.conf。

23.2.3 Python 基础模块安装

下面安装 Lepus 所需的 Python 基础模块。

1. 检测 Python 环境

首先要有 Python 环境，推荐 Python 2.6 版本以上，但不支持 Python 3。

```
[root@node1 ~]# python -V
Python 2.7.5
```

2. 安装 MySQLdb for python

安装数据库连接 Python 的驱动包 MySQLdb for python，MySQLdb 为 Python 连接和操作 MySQL 的类库。如果准备使用 Lepus 系统监控 MySQL 数据库，那么该模块必须安装。

模块下载地址：https://github.com/farcepest/MySQLdb1/。

安装过程如下。

```
[root@node1 ~]# unzip MySQLdb1-master.zip
[root@node1 MySQLdb1-master]# which mysql_config
/usr/local/mysql/bin/mysql_config
[root@node1 MySQLdb1-master]# vim site.cfg
[options]
# The path to mysql_config.
# Only use this if mysql_config is not on your PATH, or you have some weird
# setup that requires it.
mysql_config = /usr/local/mysql/bin/mysql_config
```

```
[root@node1 MySQLdb1-master]# python setup.py build
[root@node1 MySQLdb1-master]# python setup.py install
```

23.2.4　Lepus 采集器安装

Lepus 采集数据的采集器安装操作如下。

1．创建数据库并授权用户

命令如下。

```
mysql> create database lepus default character set utf8;
Query OK, 1 row affected (0.06 sec)
mysql> grant all privileges on lepus.* to lepus@"192.168.22.%" identified by '123456';
Query OK, 0 rows affected, 1 warning (0.09 sec)
mysql> flush privileges;
Query OK, 0 rows affected (0.09 sec)
```

2．初始化数据库

从官方网站下载 Lepus 系统软件包，然后上传到服务器上。

```
[root@node1 ~]# unzip Lepus数据库企业监控系统3.7版本官方下载.zip
[root@node1 sql]# mysql -uroot -p  lepus < ./lepus_table.sql
Enter password: 输入数据库密码
[root@node1 sql]# mysql -uroot -p  lepus < ./lepus_data.sql
Enter password: 输入数据库密码
```

初始化数据库之后，默认会自动新建很多数据表，如图 23-1 所示。

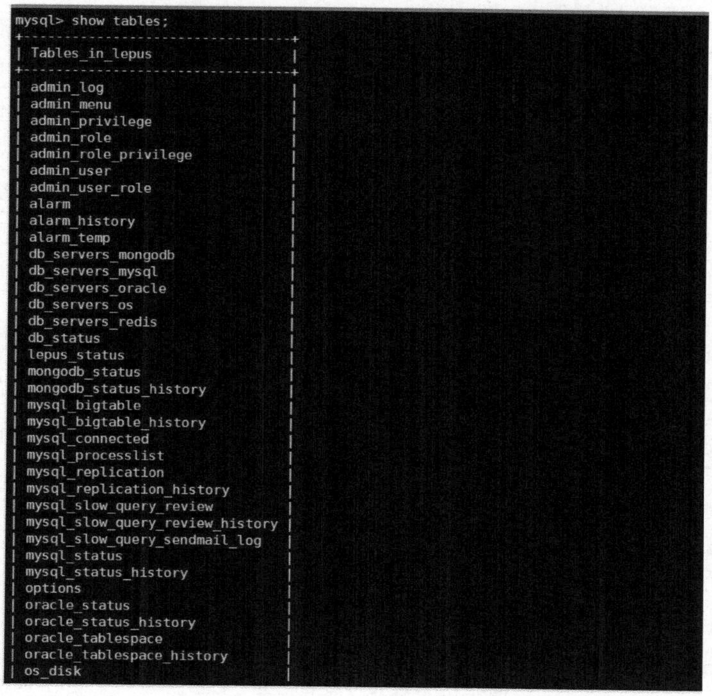

```
mysql> show tables;
+--------------------------------+
| Tables_in_lepus                |
+--------------------------------+
| admin_log                      |
| admin_menu                     |
| admin_privilege                |
| admin_role                     |
| admin_role_privilege           |
| admin_user                     |
| admin_user_role                |
| alarm                          |
| alarm_history                  |
| alarm_temp                     |
| db_servers_mongodb             |
| db_servers_mysql               |
| db_servers_oracle              |
| db_servers_os                  |
| db_servers_redis               |
| db_status                      |
| lepus_status                   |
| mongodb_status                 |
| mongodb_status_history         |
| mysql_bigtable                 |
| mysql_bigtable_history         |
| mysql_connected                |
| mysql_processlist              |
| mysql_replication              |
| mysql_replication_history      |
| mysql_slow_query_review        |
| mysql_slow_query_review_history|
| mysql_slow_query_sendmail_log  |
| mysql_status                   |
| mysql_status_history           |
| options                        |
| oracle_status                  |
| oracle_status_history          |
| oracle_tablespace              |
| oracle_tablespace_history      |
| os_disk                        |
```

图23-1　Lepus数据表

Lepus 数据表的功能说明见表 23-1。

表 23-1　Lepus 数据表的功能说明

表名称	表功能说明	备注
admin_log	记录Lepus系统管理人员的操作行为	管理日志表
admin_menu	后台菜单存储表	菜单表
admin_privilege	记录所有权限信息	权限表
admin_role	记录所有用户的角色信息	角色表
admin_role_privilege	记录角色拥有哪些操作权限	角色权限表
admin_user	记录系统用户信息	用户表
admin_user_role	记录用户属于哪个角色	用户角色表
alarm	存储当前系统的报警信息数据	报警表
alarm_history	存储报警历史归档数据	报警历史表
alarm_temp	存储报警过程中产生的临时数据	报警临时表
db_servers_mogodb	存储MongoDB数据库实例监控配置信息	MongoDB实例配置表
db_servers_mysql	存储MySQL数据库实例监控配置信息	MySQL实例配置表
db_servers_oracle	存储Oracle数据库实例监控配置信息	Oracle实例配置表
db_servers_os	存储OS操作系统监控配置信息	OS主机配置表
db_servers_redis	存储Redis数据库实例监控配置信息	Redis实例配置表
db_servers_sqlserver	存储SQLServer数据库实例监控配置信息	SQLServer实例配置表
db_status	存储dashboard亮灯图表展示数据	DB状态表
lepus_status	存储Lepus的监控状态数据	Lepus状态表
mongodb_status	存储MongoDB当前的监控数据	MongoDB监控数据表
mongodb_status_history	存储MongoDB历史的监控数据	MongoDB监控历史表
mysql_replication	存储MySQL复制监控的数据	MySQL复制数据表
mysql_replication_history	存储MySQL复制监控的历史数据	MySQL复制历史表
mysql_slow_query_review	存储MySQL慢查询采集的数据	MySQL慢查询存储表
mysql_slow_query_review_history	存储MySQL慢查询采集的历史数据	MySQL慢查询存储表
mysql_slow_query_sendmail_log	存储MySQL慢查询自动推送后的打点记录，防止重复推送	MySQL慢查询推送打点表
mysql_status	存储MySQL当前的监控数据	MySQL监控数据表
mysql_status_history	存储MySQL历史监控数据	MySQL监控数据历史表
options	存储Lepus全局配置信息	全局配置表
oracle_status	存储Oracle当前的监控数据	Oracle监控数据表
oracle_status_history	存储Oracle历史监控数据	Oracle监控数据历史表
oracle_tablespace	存储Oracle表空间监控数据	Oracle表空间数据表
oracle_tablespace_history	存储Oracle表空间历史监控数据	Oracle表空间数据历史表
os_status	存储操作系统监控数据	操作系统监控数据表
os_status_history	存储操作系统历史监控数据	操作系统监控数据历史表

续表

表名称	表功能说明	备注
redis_replication	存储Redis的复制状态数据	Redis复制监控表
redis_replication_history	存储Redis的复制状态历史数据	Redis复制监控历史表
redis_status	存储Redis当前的监控数据	Reids监控数据表
redis_status_history	存储Redis历史监控数据	Redis监控数据历史表
sqlserver_status	存储SQLServer当前监控数据	SQLServer监控数据表
sqlserver_status_history	存储SQLServer历史监控数据	SQLServer监控数据历史表

3. 安装 Lepus 应用程序

（1）测试连接。

```
[root@node1 lepus_v3.7]# cd python/
[root@ node1 python]# python test_driver_mysql.py
libmysqlclient.so.20: cannot open shared object file: No such file or directory
```

报错解决方案如下。

```
[root@ node1 python]# find / -name "libmysqlclient.so.20"
/usr/local/mysql-5.7.17-linux-glibc2.5-x86_64/lib/libmysqlclient.so.20
[root@ node1 python]# ln -s /usr/local/mysql/lib/libmysqlclient.so.20 /usr/lib64/
```

再次测试连接。

```
[root@node1 python]# python test_driver_mysql.py
MySQL python drivier is ok!
```

（2）安装 Lepus。

```
[root@ node1 ~]# cd lepus_v3.7/
[root@ node1 lepus_v3.7]# cd python/
[root@ node1 python]# chmod +x install.sh
[root@ node1 python]# ./install.sh
[note] lepus will be install on basedir: /usr/local/lepus
[note] /usr/local/lepus directory does not exist,will be created.
[note] /usr/local/lepus directory created success.
[note] wait copy files.......
[note] change script permission.
[note] create links.
[note] install complete.
```

（3）修改配置文件。

```
[root@node1 python]# cd /usr/local/lepus/
[root@node1 python]# vim etc/config.ini
###监控机MySQL数据库连接地址###
[monitor_server]
host="192.168.22.171"
port=3306
user="lepus"
passwd="123456"
dbname="lepus"
```

注意：这里配置的数据库地址是监控系统服务器需要连接的数据库地址，即后期存储相关监控和报警数据的数据库地址，而非需要被监控的数据库的地址。

（4）启动服务。

```
[root@node1 lepus]# lepus start
nohup: appending output to 'nohup.out'
lepus server start success!
```

看到“lepus server start success!”字样后，表明 Lepus 服务已启动成功。

23.2.5 安装 Web 管理端

Lepus 的 Web 管理端安装步骤如下。

1. 复制 PHP 文件

复制 PHP 文件夹里的文件到 Apache 对应的网站虚拟目录（注意：对于不同的安装方式，这个目录是不一样的，如果采用 XAMPP 安装的 Apache 环境，则默认程序目录为/opt/lampp/htdocs/）。

```
[root@node1 lepus_v3.7]# cp -ra php/* /opt/lampp/htdocs/
cp: overwrite '/opt/lampp/htdocs/index.php'? y
[root@node1 lepus_v3.7]# ll  /opt/lampp/htdocs/
total 72
drwxr-xr-x 15 root   root    4096 Feb  9  2015 application
-rw-r--r--  1 root   root    3607 Feb 27  2017 applications.html
-rw-r--r--  1 root   root     177 Feb 27  2017 bitnami.css
drwxr-xr-x 20 root   root    4096 Dec  8 08:07 dashboard
-rw-r--r--  1 root   root   30894 May 11  2007 favicon.ico
drwxr-xr-x  2 root  root    4096 Dec  8 08:07 img
-rw-r--r--  1 root   root    6605 Feb  9  2015 index.php
-rw-r--r--  1 root   root    2547 Feb  9  2015 license.txt
drwxr-xr-x  8 root   root    4096 Feb  9  2015 system
drwxr-xr-x  2 daemon daemon  4096 Dec  8 08:07 webalizer
```

2. 配置连接数据库

编辑 application/config/database.php 文件，修改 PHP 连接监控系统服务器数据库的配置信息，具体如下。

```
[root@node1 htdocs]# vim application/config/database.php
$active_group = 'default';
$active_record = TRUE;
$db['default']['hostname'] = '192.168.22.171';
$db['default']['port']     = '3306';
$db['default']['username'] = 'lepus';
$db['default']['password'] = '123456';
$db['default']['database'] = 'lepus';
$db['default']['dbdriver'] = 'mysql';
```

3. 登录 Web 管理端

通过浏览器输入 IP 地址或域名打开监控界面，即可登录系统。默认管理员账号和密码分别是 Admin 和 Lepusadmin，登录后请修改管理员密码或增加普通账号。Lepus Web 管理端登录界面如图 23-2 所示。

注意：3.7 版本访问登录时会出现图 23-3 所示的报错。

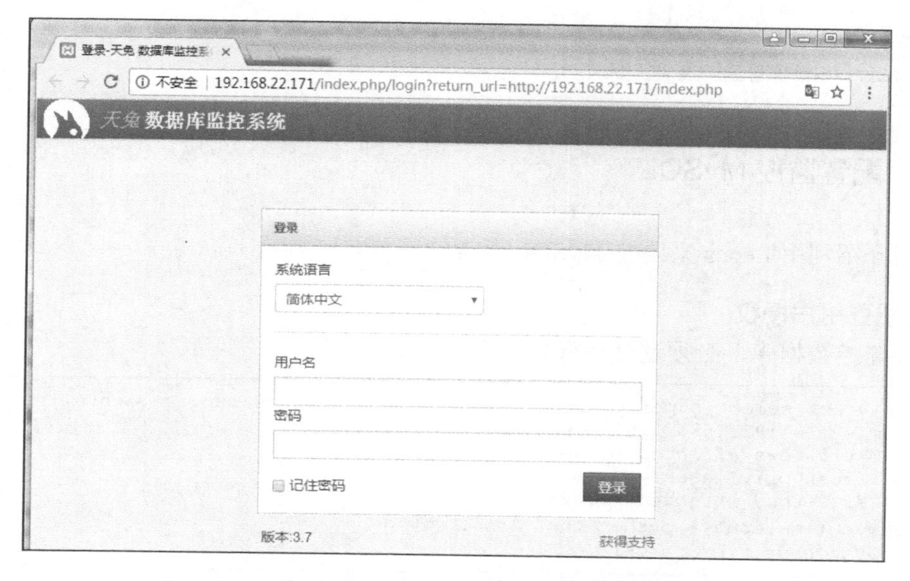

图23-2 Lepus Web管理端登录界面

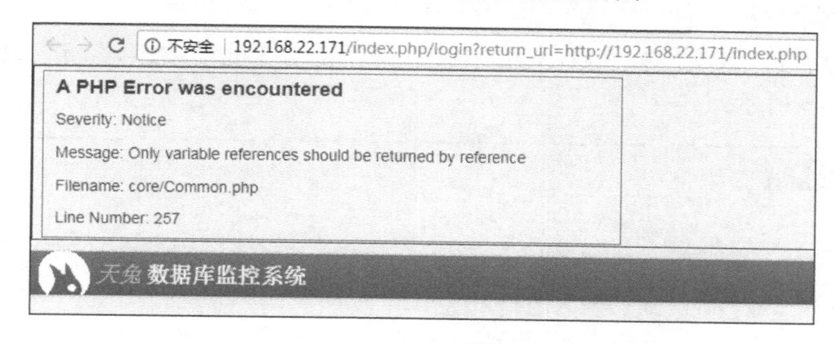

图23-3 3.7版本登录报错界面

升级到 3.8 版本后，此报错没有出现（其他版本没有实际测试），解决方案如下。

```
[root@node1 ~]# vim /opt/lampp/htdocs/system/core/Common.php +257
注释原来的配置  #return $_config[0] =& $config;
修改成  $_config[0] = & $config;return $_config[0];
```

输入用户名/密码“Admin/Lepusadmin”，登录成功后的界面如图 23-4 所示。

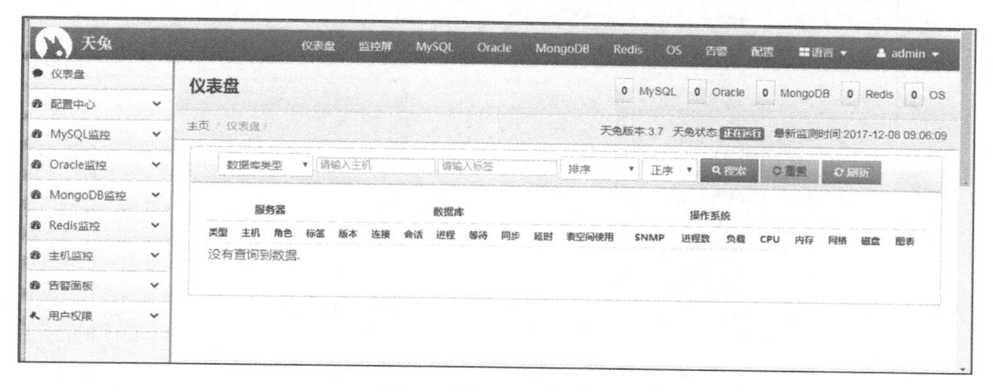

图23-4 登录成功界面

23.3　Lepus 配置管理实例

23.3.1　配置监控 MySQL

下面介绍利用 Lepus 来监控 MySQL 服务的配置。

1. 配置用户授权

想要监控数据库，必须进行授权。

```
mysql> grant select,super,process,reload,show databases,replication client on *.*
to 'lepus-m'@'192.168.22.%' identified by '123456';
Query OK, 0 rows affected, 1 warning (0.01 sec)
mysql> flush privileges;
Query OK, 0 rows affected (0.02 sec)
[root@mysql-m lepus]# python test_driver_mysql.py
MySQL python drivier is ok!
```

2. Web 端配置

登录管理后台，依次选择“MySQL 监控”→“新增（批量添加）”，进行监控主机添加操作，如图 23-5 所示。

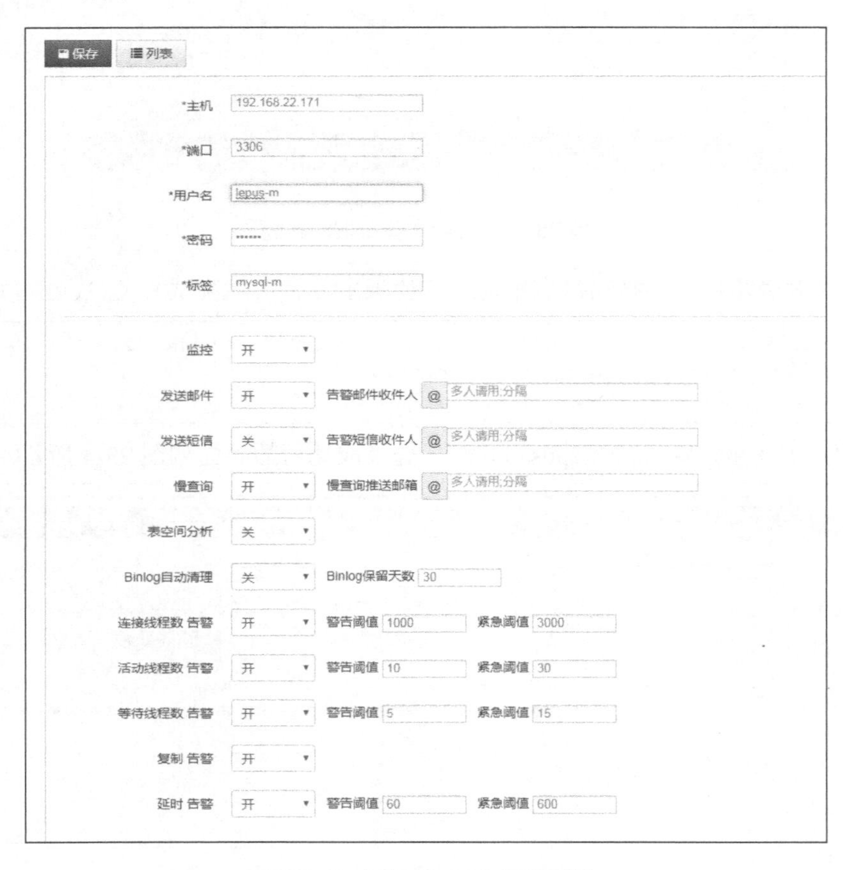

图23-5　添加MySQL主机界面

添加主机的同时也可以监控日志信息，如图 23-6 所示。

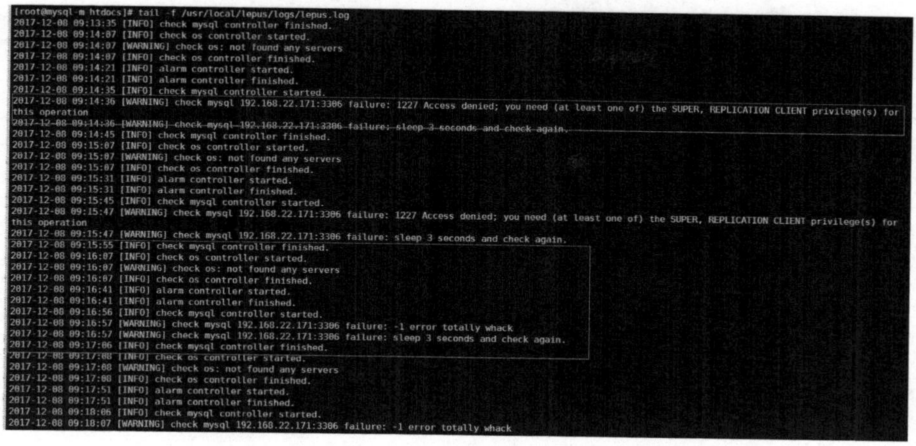

```
[root@mysql-m htdocs]# tail -f /usr/local/lepus/logs/lepus.log
2017-12-08 09:13:35 [INFO] check mysql controller finished.
2017-12-08 09:14:07 [INFO] check os controller started.
2017-12-08 09:14:07 [WARNING] check os: not found any servers
2017-12-08 09:14:07 [INFO] check os controller finished.
2017-12-08 09:14:21 [INFO] alarm controller started.
2017-12-08 09:14:21 [INFO] alarm controller finished.
2017-12-08 09:14:35 [INFO] check mysql controller started.
2017-12-08 09:14:36 [WARNING] check mysql 192.168.22.171:3306 failure: 1227 Access denied; you need (at least one of) the SUPER, REPLICATION CLIENT privilege(s) for this operation
2017-12-08 09:14:36 [WARNING] check mysql 192.168.22.171:3306 failure: sleep 3 seconds and check again.
2017-12-08 09:14:45 [INFO] check mysql controller finished.
2017-12-08 09:15:07 [INFO] check os controller started.
2017-12-08 09:15:07 [WARNING] check os: not found any servers
2017-12-08 09:15:07 [INFO] check os controller finished.
2017-12-08 09:15:31 [INFO] alarm controller started.
2017-12-08 09:15:31 [INFO] alarm controller finished.
2017-12-08 09:15:45 [INFO] check mysql controller started.
2017-12-08 09:15:47 [WARNING] check mysql 192.168.22.171:3306 failure: 1227 Access denied; you need (at least one of) the SUPER, REPLICATION CLIENT privilege(s) for this operation
2017-12-08 09:15:47 [WARNING] check mysql 192.168.22.171:3306 failure: sleep 3 seconds and check again.
2017-12-08 09:15:55 [INFO] check mysql controller finished.
2017-12-08 09:16:07 [INFO] check os controller started.
2017-12-08 09:16:07 [WARNING] check os: not found any servers
2017-12-08 09:16:07 [INFO] check os controller finished.
2017-12-08 09:16:41 [INFO] alarm controller started.
2017-12-08 09:16:41 [INFO] alarm controller finished.
2017-12-08 09:16:56 [INFO] check mysql controller started.
2017-12-08 09:16:57 [WARNING] check mysql 192.168.22.171:3306 failure: -1 error totally whack
2017-12-08 09:16:57 [WARNING] check mysql 192.168.22.171:3306 failure: sleep 3 seconds and check again.
2017-12-08 09:17:06 [INFO] check mysql controller finished.
2017-12-08 09:17:08 [INFO] check os controller started.
2017-12-08 09:17:08 [WARNING] check os: not found any servers
2017-12-08 09:17:08 [INFO] check os controller finished.
2017-12-08 09:17:51 [INFO] alarm controller started.
2017-12-08 09:17:51 [INFO] alarm controller finished.
2017-12-08 09:18:06 [INFO] check mysql controller started.
2017-12-08 09:18:07 [WARNING] check mysql 192.168.22.171:3306 failure: -1 error totally whack
```

图23-6　日志输出信息

从输出的日志信息可以看出，添加 MySQL 主机已经成功。如果有多台需要监控的主机，可以按上述方法依次添加，最终完成后的结果如图 23-7 所示。

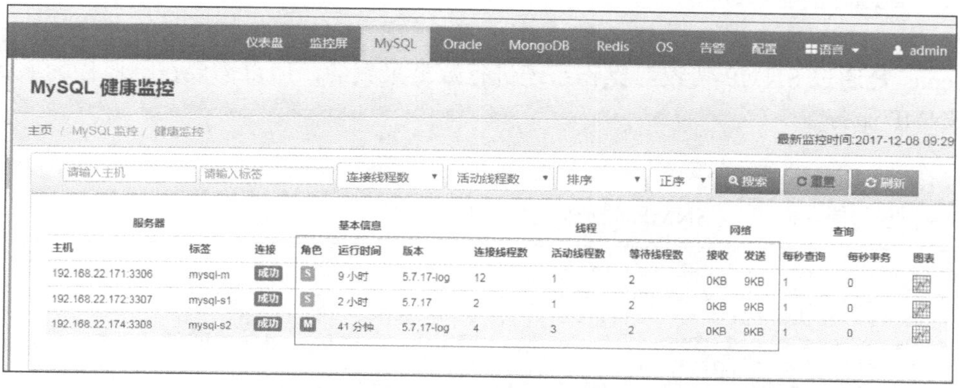

仪表盘　监控屏　MySQL　Oracle　MongoDB　Redis　OS　告警　配置　语言　admin

MySQL 健康监控

主页 / MySQL监控 / 健康监控　　最新监控时间:2017-12-08 09:29

请输入主机　请输入标签　连接线程数　活动线程数　排序　正序　搜索　重置　刷新

服务器			基本信息			线程			网络		查询		
主机	标签	连接	角色	运行时间	版本	连接线程数	活动线程数	等待线程数	接收	发送	每秒查询	每秒事务	图表
192.168.22.171:3306	mysql-m	成功	S	9 小时	5.7.17-log	12	1	2	0KB	9KB	1	0	
192.168.22.172:3307	mysql-s1	成功	S	2 小时	5.7.17	2	1	2	0KB	9KB	1	0	
192.168.22.174:3308	mysql-s2	成功	M	41 分钟	5.7.17-log	4	3	2	0KB	9KB	1	0	

图23-7　MySQL监控状态界面

MySQL 资源监控界面如图 23-8 所示。

仪表盘　监控屏　MySQL　Oracle　MongoDB　SQLServer　Redis　OS　告警　配置　语言　admin

MySQL 资源监控

主页 / MySQL监控 / 资源监控　　最新监控时间:2017-09-24 10:57:19

请输入主机　请输入标签　排序　正序　搜索　重置　刷新

服务器		连接池资源			文件资源		表资源		
主机	标签	最大连接数	连接线程数	最大连接错误数	最大打开文件数	已打开文件数	表缓存数	已打开表	图表
192.168.22.171:3306	mysql-m	151	11	100	5000	24	2000	314	
192.168.22.172:3306	mysql-s1	151	2	100	5000	33	2000	125	
192.168.22.174:3308	mysql-s2	151	2	100	5000	33	2000	125	

图23-8　MySQL资源监控界面

Lepus 系统还可以对 MySQL InnoDB 进行监控，相关的监控界面如图 23-9 所示。

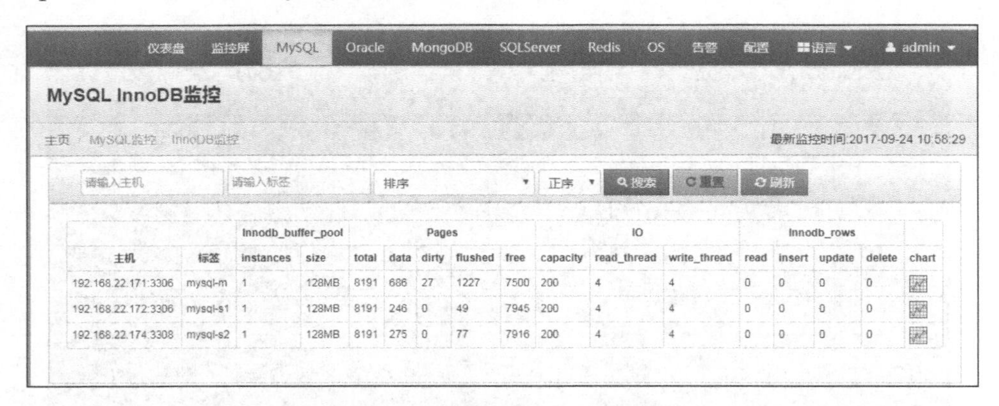

		Innodb_buffer_pool		Pages					IO			Innodb_rows				
主机	标签	instances	size	total	data	dirty	flushed	free	capacity	read_thread	write_thread	read	insert	update	delete	chart
192.168.22.171:3306	mysql-m	1	128MB	8191	686	27	1227	7500	200	4	4	0	0	0	0	
192.168.22.172:3306	mysql-s1	1	128MB	8191	246	0	49	7945	200	4	4	0	0	0	0	
192.168.22.174:3308	mysql-s2	1	128MB	8191	275	0	77	7916	200	4	4	0	0	0	0	

图23-9　MySQL InnoDB监控界面

Lepus 系统对 MySQL 的监控还是很全面的，有兴趣的读者可以自己组建环境详细了解这些功能，也可以参考官方文档介绍。

23.3.2　配置监控 OS

Lepus 是通过 SNMP 协议对操作系统进行数据采集的，所以需要在被监控的服务器上开启 SNMP 服务。

1．安装 SNMP 服务

在被监控端主机安装 SNMP 服务，操作如下。

```
[root@node2 ~]# yum install net-snmp* -y
[root@node2 ~]# vim /etc/snmp/snmpd.conf
41 com2sec notConfigUser  192.168.22.171    lepus
62 access  notConfigGroup ""     any    noauth    exact  all   none none
85 view all    included  .1          80
[root@node2 ~]# /etc/init.d/snmpd start
Starting snmpd:                            [  OK  ]
[root@node2 ~]# lsof -i :161
COMMAND   PID USER   FD   TYPE DEVICE SIZE/OFF NODE NAME
snmpd    3388 root    8u  IPv4  22680      0t0  UDP *:snmp
```

2．修改监控端的配置文件

在第 43 行后增加如下配置。

```
[root@node1 config]# vim /usr/local/lepus/check_os.sh
44    if [ -z $mem_shared ];then
45      mem_shared=0
46    fi
```

3．Web 管理端添加 OS 实例

登录 Web 端，依次选择“配置中心”→“操作系统”，添加所需监控的 OS 实例，如图 23-10 所示。

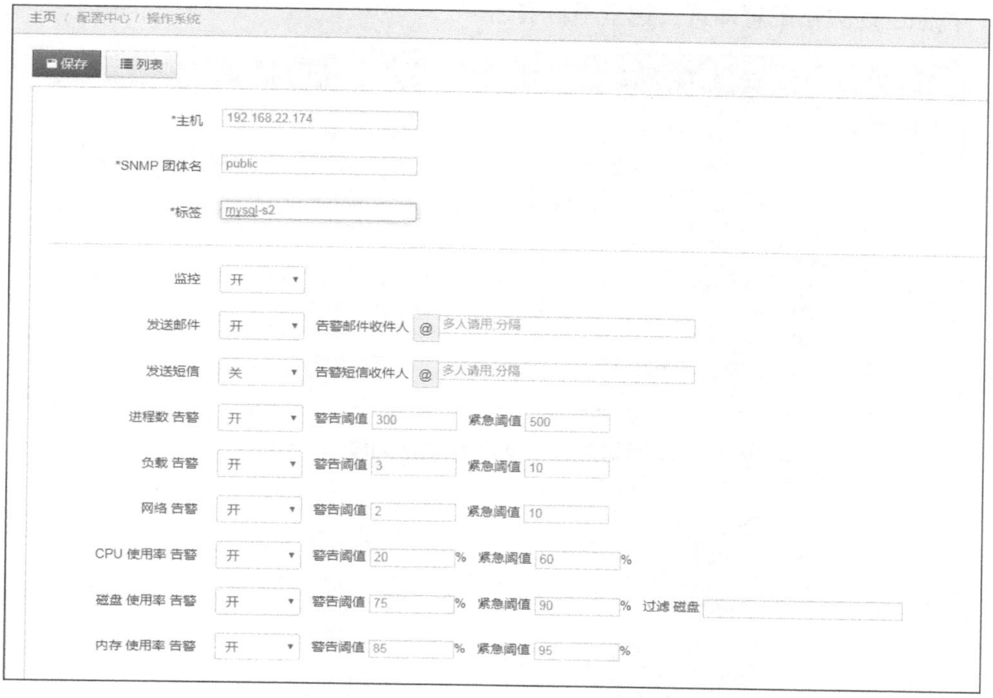
主页 / 配置中心 / 操作系统
保存
列表
*主机
192.168.22.174
*SNMP 团体名
public
*标签
mysql-s2
监控
开
发送邮件
开
告警邮件收件人
多人请用,分隔
发送短信
关
告警短信收件人
多人请用,分隔
进程数 告警
开
警告阈值
300
紧急阈值
500
负载 告警
开
警告阈值
3
紧急阈值
10
网络 告警
开
警告阈值
2
紧急阈值
10
CPU 使用率 告警
开
警告阈值
20
%
紧急阈值
60
%
磁盘 使用率 告警
开
警告阈值
75
%
紧急阈值
90
%
过滤 磁盘
内存 使用率 告警
开
警告阈值
85
%
紧急阈值
95
%

图23-10　添加OS实例

注意：将 SNMP 团体名“public”改成 Lepus 刚刚在配置文件里定义的名称。

4．测试收集数据

在监控端使用命令进行收集数据的测试，操作如下。

```
[root@mysql-m ~]# snmpwalk -v 1 -c lepus 192.168.22.174
```

收集数据的结果如图 23-11 所示。

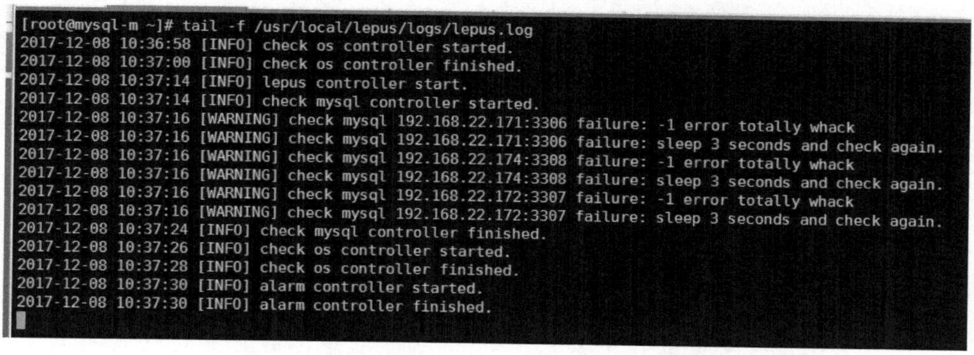
[root@mysql-m ~]# tail -f /usr/local/lepus/logs/lepus.log
2017-12-08 10:36:58 [INFO] check os controller started.
2017-12-08 10:37:00 [INFO] check os controller finished.
2017-12-08 10:37:14 [INFO] lepus controller start.
2017-12-08 10:37:14 [INFO] check mysql controller started.
2017-12-08 10:37:16 [WARNING] check mysql 192.168.22.171:3306 failure: -1 error totally whack
2017-12-08 10:37:16 [WARNING] check mysql 192.168.22.171:3306 failure: sleep 3 seconds and check again.
2017-12-08 10:37:16 [WARNING] check mysql 192.168.22.174:3308 failure: -1 error totally whack
2017-12-08 10:37:16 [WARNING] check mysql 192.168.22.174:3308 failure: sleep 3 seconds and check again.
2017-12-08 10:37:16 [WARNING] check mysql 192.168.22.172:3307 failure: -1 error totally whack
2017-12-08 10:37:16 [WARNING] check mysql 192.168.22.172:3307 failure: sleep 3 seconds and check again.
2017-12-08 10:37:24 [INFO] check mysql controller finished.
2017-12-08 10:37:26 [INFO] check os controller started.
2017-12-08 10:37:28 [INFO] check os controller finished.
2017-12-08 10:37:30 [INFO] alarm controller started.
2017-12-08 10:37:30 [INFO] alarm controller finished.

图23-11　测试收集数据

按上述方法添加所需被监控的其他 OS 实例，添加完成之后，在操作系统监控列表里即可看到相关监控数据，如图 23-12 所示。

本节只通过以上两个实例来说明 Lepus 详细的配置操作步骤，其他的实例配置也大同小异，按照上述方法配置即可，这里不再赘述。

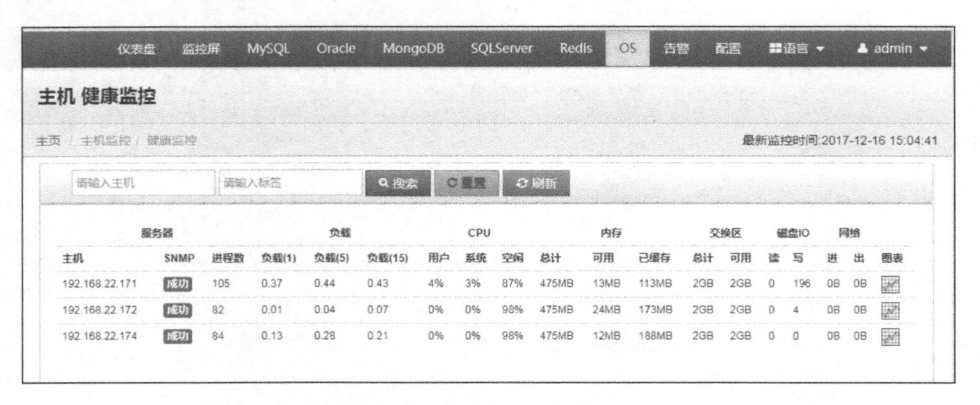

服务器			负载			CPU			内存			交换区		磁盘IO		网络		
主机	SNMP	进程数	负载(1)	负载(5)	负载(15)	用户	系统	空闲	总计	可用	已缓存	总计	可用	读	写	进	出	图表
192.168.22.171	成功	105	0.37	0.44	0.43	4%	3%	87%	475MB	13MB	113MB	2GB	2GB	0	196	0B	0B	
192.168.22.172	成功	82	0.01	0.04	0.07	0%	0%	98%	475MB	24MB	173MB	2GB	2GB	0	4	0B	0B	
192.168.22.174	成功	84	0.13	0.28	0.21	0%	0%	98%	475MB	12MB	188MB	2GB	2GB	0	0	0B	0B	

图23-12　OS实例监控列表

第 24 章 企业源代码管理工具

随着企业业务的扩大和发展，业务项目越来越多，开发的代码迭代次数也会随之增加，久而久之会面临以下几类问题。

（1）项目代码很多，缺乏统一集中管理，易混乱。

（2）多数代码的主干和分支由不同开发人员创建，命名杂乱无规范。

（3）源代码管理权限混乱，容易误操作，代码安全堪忧。

（4）误操作回滚很难，代码有丢失风险。

为了解决上述的相关问题，企业会使用到版本管理工具。

24.1 常见的版本管理工具

常见的版本管理工具有 VSS、CVS、SVN 和 Git，下面分别进行介绍。

24.1.1 VSS

VSS（Visual Source Safe）由微软开发，主要负责项目的文件管理，适用于大多数的软件项目。VSS 可以管理开发过程中不同版本的源代码和文档，且使用方便，占用空间小。缺点是当开发软件的规模达到一定体量时，VSS 的性能比较差，而且对分支和并行开发等功能支持较差，所以使用有一定的局限性。

24.1.2 CVS

CVS（Concurrent Versions System）是一个开源工具，由 CollabNet 开发。

CVS 是源于 UNIX 的版本控制工具，CVS 的管理需要进行各种命令行操作，所以最好对 UNIX 系统有一定的了解。CVS 客户端有 WinCVS 的图形化界面，使用还是比较方便简单的。

24.1.3 SVN

SVN 是 Subversion 的简称，是一个开放的源代码版本管理系统。Subversion 在 2000 年由 CollabNet 开发，现在发展成为 Apache 软件基金会的一个项目，也是开发者和用户社区的一部分。它设计了分支管理的功能，使多人协同开发一个项目的需求得以实现，开发更加方便快捷。

24.1.4 Git

Git 是 Linus Torvalds 为了帮助管理 Linux 内核代码而开发的一个开放源码的版本控制软件。

Git 在互联网企业的应用越来越广泛，很多企业的源代码管理工具也逐渐从 SVN 转移到 Git。因此，作为运维人员，掌握并运用好 Git 这个工具是非常有必要的。

24.2　Git 的安装

任何应用在使用之前都需要安装。Git 目前支持在 Linux、UNIX、Solaris、MacOS 和 Windows 平台上运行。用户可至官方网站下载对应平台所需要的安装包，本节介绍在 Linux 平台上的安装部署过程。

24.2.1　安装所需的依赖包

Git 的工作需要调用 curl、zlib、openssl、expat、gettext 等库的代码，所以需要先安装这些依赖包，具体命令如下。

```
[root@CentOS7 ~]# yum install curl-devel expat-devel gettext-devel  \
openssl-devel zlib-devel -y
[root@CentOS7 ~]# yum install gcc-c++ perl-ExtUtils-MakeMaker -y
```

24.2.2　安装 Git

Git 的安装方式很多，读者可根据自己的习惯选择具体的安装方式，本节采用源码编译安装方式。

1．卸载旧版本 Git

命令如下。

```
[root@CentOS7 ~]# git --version
git version 1.8.3.1
```

CentOS 7.x 自带 Git，可将其卸载。

```
[root@CentOS7 ~]# yum remove git -y
```

2．源码安装 Git

命令如下。

```
[root@CentOS7 ~]# cd /download/
[root@CentOS7 download]# wget https://mirrors.edge.kernel.org/pub/software/scm/git
/git-2.9.0.tar.gz
[root@CentOS7 download]# tar zxf git-2.9.0.tar.gz
[root@CentOS7 download]# cd git-2.9.0
[root@CentOS7 git-2.9.0]# make configure
[root@CentOS7 git-2.9.0]# ./configure --prefix=/usr/local/git
[root@CentOS7 git-2.9.0]# make profix=/usr/local/git
[root@CentOS7 git-2.9.0]# make install
```

3．设置环境变量

命令如下。

```
[root@CentOS7 ~]# echo "export PATH=$PATH:/usr/local/git/bin">>/etc/profile
```

```
[root@CentOS7 ~]# source /etc/profile
[root@CentOS7 ~]# git --version
git version 2.9.0
```

返回如上提示信息，表明 Git 已安装完成。

24.3 Git 的工作流程与核心概念

前面的章节介绍了如何安装、配置和初始化 Git 服务，为了更好地学习与掌握 Git 服务，还必须了解 Git 服务的工作流程及其核心概念。

24.3.1 Git 的工作流程

Git 一般的工作流程如下。

（1）复制 Git 资源作为其工作目录。

（2）在工作目录中对其复制的资源进行新增、修改操作。

（3）提交操作前查看修改。

（4）提交修改。

注意：如果有其他人修改了，你同样可以更新。如果在修改完成后发现有错误，可以撤销提交，重新修改并再次提交。

24.3.2 Git 的核心概念

对于学习 Git，一些核心概念是需要掌握的，例如工作区、暂存区、仓库区等。

（1）工作区（Workspace）：是个人或开发者在本地计算机端所看到的目录。

（2）暂存区（Index）：也称为索引，用于临时保存对资源的所有改动操作。

（3）仓库区（Repository）：又分为本地仓库与远程仓库两类，都是用来存储代码文件的。

24.4 Git 的常用命令与基本操作

本节将详细介绍 Git 的常用命令及一些基本操作。使用以下命令可以显示相关命令的帮助文档。

```
git help <command>
```

24.4.1 仓库管理命令

1．git init

功能：初始化 Git 仓库。

执行完 git init 命令后，会在本地目录生成一个.git 的目录，此目录包括了资源的所有元数据。

2．git clone

功能：复制仓库，默认只会建立 master 分支。

常用的基本用法如下。

```
git clone remotes/origin/dev      #复制远程dev分支
git clone xxx dir_name            #将指定仓库复制到指定的目录
```

示例如下。

```
git clone https://github.com/mingongge/doc.git  docgit
```

3．git add

功能：提交文件至暂存区。

常用的基本用法如下。

```
git add .       #将所有修改过的文件一并提交至暂存区
git add  xx     #将指定文件提交至暂存区
```

4．git commit

功能：提交暂存区文件到远程仓库。

常用的基本用法如下。

```
git commit -am ""          #提交时带上注释内容
```

24.4.2　分支管理命令

1．git branch

功能：创建分支。

常用的基本用法如下。

```
git branch branch_name          #创建具体分支
git branch                      #不带参数时，会显示本地的所有分支
git branch  -d branch_name      #删除指定的分支
```

2．git checkout

功能：切换分支。

常用的基本用法如下。

```
git checkout branch_name       #切换到具体分支
```

3．git pull

功能：拉取远程仓库所有分支的更新并合并到本地。

常用的基本用法如下。

```
git pull master master     #将远程仓库master分支的更新拉取到本地，与本地master分支合并
```

4. git push

功能：推送本地仓库所有分支更新到远程仓库。

常用的基本用法如下。

```
git push origin master    #将本地主分支推送到远程主分支
git push -u origin master #将本地主分支推送到远程分支(如无远程主分支则创建，用于初始化远程仓库)
git push origin <local_branch>      #创建远程分支，origin是远程仓库名
git push origin <local_branch>:<remote_branch>      # 创建远程分支
git push origin :<remote_branch>       #先删除本地分支，然后删除远程分支
```

24.4.3 查看操作命令

1. git diff

功能：查看比较文件和版本之间的差异。

常用的基本用法如下。

```
git diff <file_name>                #查看当前文件和暂存区文件之间的差异
git diff <commit1> <commit2>  dir_name  #比较两次提交的差异并输出到指定目录
git diff <branch1> <branch2>   #比较两个分支之间的差异
git diff --staged              #比较暂存区和版本库差异
git diff --cached              #比较暂存区和版本库差异
git diff --stat                #仅比较统计信息
```

2. git log

功能：查看提交记录。

常用的基本用法如下。

```
git log <file_name>            #查看该文件每次提交记录
git log -p <file_name>         #查看每次详细修改内容的diff
git log -p -2                  #查看最近两次详细修改内容的diff
git log --stat                 #查看提交统计信息
```

3. git show

功能：用于显示各种类型的对象（一个或多个，比如：标签、提交）。

常用的基本用法如下。

```
git show c18bf569              #显示某次改动的修改记录
git show v1.0.0                #显示标签v1.0.0以及标签指向的对象
git show v1.0.0 -s --format=s% v1.0.0^{commit}
                               #显示标签v1.0.0指向的提交的主题
```

4. git status

功能：用于显示工作目录和暂存区的状态。

git status 命令显示的文件一共有 3 种状态，分别如下。

（1）已添加至暂存区，但没有提交的文件（也就是 add 后没有 commit 的文件）。

（2）经过修改，但没有添加到暂存区的文件。

（3）追踪到的文件。

常用的基本用法如下。

```
git status --ignored              #可以查看被加入忽略文件中的文件
git status --short                #以简洁的格式输出信息
```

24.4.4 其他命令

1．git tag

功能：用于打标签和标记。

常用的基本用法如下。

```
git tag                           #列出现有标签
git tag v1.0.0                    #新建标签
git tag -a v1.0.0 -m 'version 1.0.0'  #新建带注释标签
git tag -d v1.0.0                 #删除标签
```

2．git remote

功能：用于查看关联的远程仓库信息。

常用的基本用法如下。

```
git remote                        #显示全部关联的远程仓库名称
git remote -v                     #显示全部关联的远程仓库的详细信息
git remote rename name1 name2     #重命名
git remote rm name                #删除远程仓库的关联
git remote show origin            #查看指定关联的远程仓库的全部信息
git remote add name url           #添加新的关联的远程仓库
```

24.5 Git 代码服务器的搭建

本章前面的几节只是初步介绍了 Git 软件的安装、Git 的核心概念及一些常用命令介绍，但是还无法进行代码管理，所以需要部署 Git 服务器来托管代码。一般企业会部署一个公共的代码仓库，所有开发者都可以从公共仓库上拉取代码或将代码提交到公共仓库，由此完成对一个项目的团队协作开发。

24.5.1 Git 协议

在正式部署 Git 服务器之前，我们有必要了解一下 Git 用于传输数据的 4 种协议：本地协议、HTTP 协议、SSH 协议和 Git 协议。

1．本地协议

本地协议是 Git 传输协议中最基本的协议。使用这种协议，远程仓库就如同服务器磁盘上的一个目录，如果需要复制一个本地仓库，只需要执行下面的命令。

```
git clone /code/project_name/demo.git
```

2．HTTP 协议

官方资料显示，Git 有两种 HTTP 的通信模式。Git 1.6.6 版本之前，只能使用一种，而自 Git 1.6.6 版本开始，又引入一种新的传输协议。新版本协议被称为“智能 HTTP 协议”，之前的旧版本协议被称为“非智能 HTTP 协议”。

3．SSH 协议

SSH 协议是自建 Git 服务器最常见的传输协议。因为大多数的服务器本身就已经开放 SSH 协议，所以 SSH 协议使用方便，安全性更有保障。

要使用 SSH 协议复制仓库，可以使用下面的命令。

```
git clone ssh://user_name@server_name/code/project_name/demo.git
```

4．Git 协议

Git 协议是 Git 自带的一种特殊的守护进程，监听 9418 端口，提供与 SSH 协议类似的服务，但它无法提供安全身份验证。由于这个缺点，企业生产环境中很少使用此协议。

对于上述 4 种协议的详细介绍，感兴趣的读者可以访问官方网站查阅相关资料。

24.5.2 环境准备

这里使用 Linux 系统作为服务端系统，Windows 作为客户端系统。客户端系统的读者可以根据习惯选择 Windows 或 Linux；在实际生产环境中，开发人员使用 Windows 客户端较多。

读者可以去官方网站下载对应的版本安装 Windows 系统的客户端软件，其下载和安装都非常简单，这里就不再介绍了。

安装完成后，可以使用 Git Bash 命令行客户端查看版本，如图 24-1 所示。

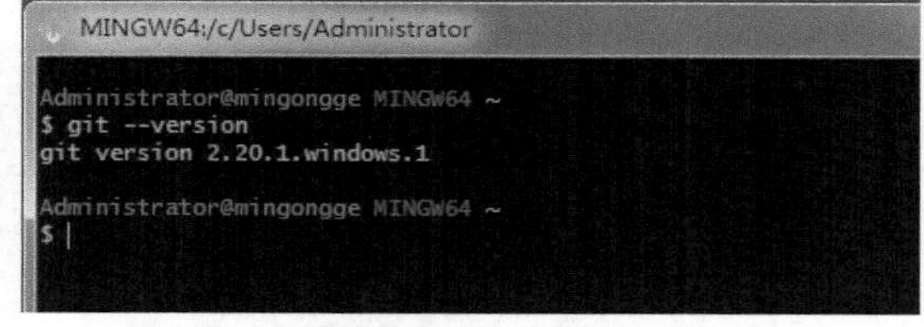

图24-1 Windows客户端查看版本

24.5.3 搭建代码管理服务器

下面介绍代码管理服务器的搭建与配置步骤。

1．服务器端创建管理用户

在服务器端创建用户 git，用来管理 Git 服务，操作命令如下。

```
[root@CentOS7 ~]# id git
id: git: no such user
[root@CentOS7 ~]# useradd git
[root@CentOS7 ~]# passwd git
Changing password for user git.
New password:
```

```
Retype new password:
passwd: all authentication tokens updated successfully.
```

2. 服务器端创建 Git 仓库

在服务端创建仓库目录，此处将/data/code/code.demo.git 设置为 Git 仓库，并将 Git 仓库的所有者修改成 git 用户，操作命令如下。

```
[root@CentOS7 ~]# mkdir /data/code/code.demo.git -p
[root@CentOS7 ~]# git init --bare /data/code/code.demo.git
Initialized empty Git repository in /data/code/code.demo.git/
[root@CentOS7 ~]# cd /data/code/
[root@CentOS7 code]# chown -R git.git ./code.demo.git/
```

3. 客户端复制远程仓库

进入 Git Bash 命令行客户端，创建一个项目目录，如图 24-2 所示。

接着从服务器端复制远程仓库到项目目录下，如图 24-3 所示。

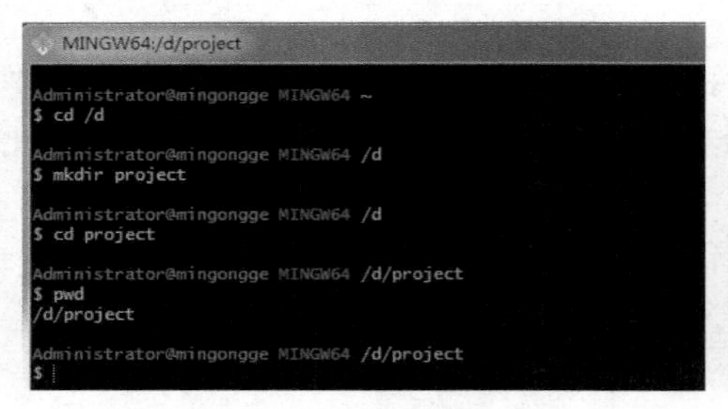

图24-2　创建项目目录

```
Administrator@mingongge MINGW64 /d/project
$ git clone git@192.168.1.8:/data/code/code.demo.git
Cloning into 'code.demo'...
The authenticity of host '192.168.1.8 (192.168.1.8)' can't be established.
ECDSA key fingerprint is SHA256:JepURmAklnDofv1vAyZ4AR/Z3mmGPROMVG1S4bDVADA.
Are you sure you want to continue connecting (yes/no)? yes
Warning: Permanently added '192.168.1.8' (ECDSA) to the list of known hosts.
git@192.168.1.8's password:
warning: You appear to have cloned an empty repository.

Administrator@mingongge MINGW64 /d/project
$
```

图24-3　复制远程仓库

从图 24-3 中的信息可以看出，第一次复制会提示是否连接，这里直接输入“yes”确认即可。下面还提示复制的是一个空仓库。

这时，在客户端计算机的 C:\Users\用户名\.ssh 下会多出一个文件 known_hosts，如图 24-4 所示。以后在这台计算机上再次连接目标 Git 服务器时，不会再出现上面的提示语句。

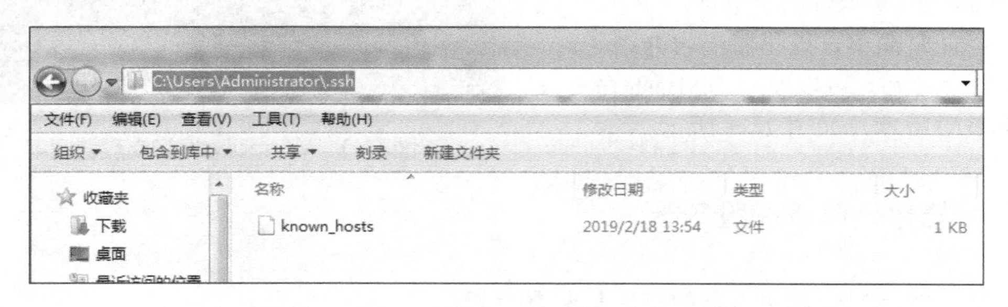

图24-4　客户端计算机中的文件known_hosts

4. 操作实例

这时我们就可以去拉取服务器端的代码到本地来开发了，也可以将本地开发的代码推送至远端服务器，操作实例如下。

（1）客户端新建一个测试文件“text”，执行提交动作，如图 24-5 所示。

（2）客户端推送提交的文件到远程管理服务器。

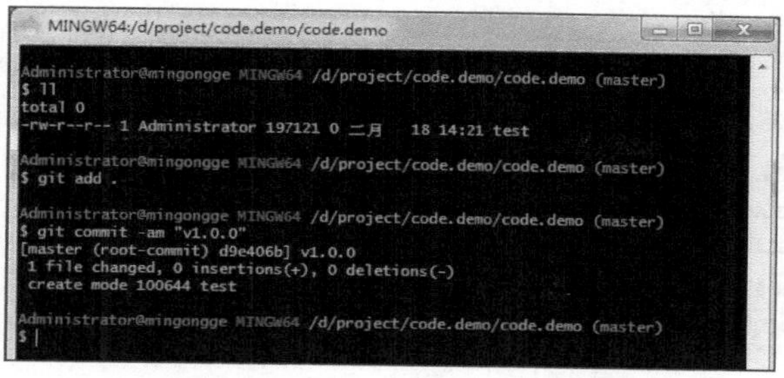

```
MINGW64:/d/project/code.demo/code.demo

Administrator@mingongge MINGW64 /d/project/code.demo/code.demo (master)
$ ll
total 0
-rw-r--r-- 1 Administrator 197121 0 二月  18 14:21 test

Administrator@mingongge MINGW64 /d/project/code.demo/code.demo (master)
$ git add .

Administrator@mingongge MINGW64 /d/project/code.demo/code.demo (master)
$ git commit -am "v1.0.0"
[master (root-commit) d9e406b] v1.0.0
 1 file changed, 0 insertions(+), 0 deletions(-)
 create mode 100644 test

Administrator@mingongge MINGW64 /d/project/code.demo/code.demo (master)
$ |
```

图24-5　提交文件至远程仓库

```
Administrator@mingongge MINGW64 /d/project/code.demo/code.demo (master)
$ git push
git@192.168.1.8's password:
Enumerating objects: 3, done.
Counting objects: 100% (3/3), done.
Writing objects: 100% (3/3), 197 bytes | 197.00 KiB/s, done.
Total 3 (delta 0), reused 0 (delta 0)
To 192.168.1.8:/data/code/code.demo.git
 * [new branch]      master -> master
```

（3）在服务器端查看。

```
[root@CentOS7 code.demo.git]# git show
commit d9e406be34cbe5b0a235038c1164d8ffb67b5f75
Author: Admin <11xxxxxx1@qq.com>
Date:   Mon Feb 18 14:26:46 2019 +0800

    v1.0.0

diff --git a/test b/test
new file mode 100644
index 0000000..e69de29
```

（4）这时我们可以切换到服务器的其他目录，然后拉取刚刚提交的文件，看看是否与客户端提交的一样，操作如下。

```
[root@CentOS7 code.demo.git]# cd /tmp
[root@CentOS7 tmp]# git clone git@192.168.1.8:/data/code/code.demo.git/
Cloning into 'code.demo'...
The authenticity of host '192.168.1.8 (192.168.1.8)' can't be established.
ECDSA key fingerprint is SHA256:JepURmAklnDofv1vAyZ4AR/Z3mmGPR0MVG1S4bDVADA.
ECDSA key fingerprint is MD5:83:46:60:93:18:c5:2b:1d:2c:7a:37:de:26:39:bb:6b.
Are you sure you want to continue connecting (yes/no)? yes
Warning: Permanently added '192.168.1.8' (ECDSA) to the list of known hosts.
git@192.168.1.8's password:
remote: Counting objects: 3, done.
remote: Total 3 (delta 0), reused 0 (delta 0)
Receiving objects: 100% (3/3), done.
[root@CentOS7 code.demo]# pwd
/tmp/code.demo
[root@CentOS7 code.demo]# ll
total 0
-rw-r--r--. 1 root root 0 Feb 18 01:38 test
```

两边文件一致，表明代码服务器是可以正常使用的。

如果公司团队人员比较少，可以将每个客户端用户公钥收集起来，放在服务器端/home/git/.ssh/authorized_keys 文件里即可。但是，如果团队人数较多，就需要用专业的工具来管理公钥了。

第 25 章 Docker 容器技术入门

25.1 Docker 简介

在主机时代，单个服务器的物理性能指标尤为重要，但随着信息技术的快速发展，虚拟化技术的应用越来越广泛，因此凭借虚拟化构建的集群处理能力也是十分重要的。

虚拟化既可以通过硬件来模拟实现，也可以通过操作系统的软件来实现。容器技术利用了操作系统本身的优势，可以实现远远超过硬件虚拟化性能的效果。Docker 从众多容器技术中的脱颖而出，成为了当下比较热门的容器技术代表。

本章主要讲解 Docker 的概念、优点及其应用场景、Docker 的安装部署过程、镜像管理，以及 Docker 三剑客等。

25.1.1 什么是 Docker

Docker 是一个基于 LXC 技术构建的开源的 container 容器引擎，通过内核虚拟化技术（namespace 及 cgroups）来提供容器的资源隔离与安全保障。KVM 通过硬件实现虚拟化技术，Docker 通过系统来实现资源隔离与安全保障，占用系统资源比较少。

使用 Docker 可以轻松地为任何应用创建一个轻量级、可移植、自给自足的容器。开发者和系统管理员在笔记本上编译测试通过的容器可以批量地在生产环境中部署，包括 VMs（虚拟机）、Bare Metal、OpenStack 集群、云端、数据中心和其他的基础应用平台。容器完全使用沙箱机制，相互之间不会有任何接口。

Docker 目前有社区版和企业版两个版本。

- Docker 社区版（CE）非常适合希望开始使用 Docker 并尝试使用基于容器的应用程序的个人开发者和小型团队。
- Docker 企业版（EE）专为企业开发和 IT 团队而设计，可以在生产中大规模构建、发布和运行业务关键型应用程序。

25.1.2 为什么要使用 Docker

企业使用一项技术是为了解决当前企业环境中存在的某个痛点。目前整个软件行业存在着以下几个痛点。

（1）软件更新发布及部署低效，过程烦琐且需要人工介入。

（2）环境一致性难以保证。

（3）不同环境之间迁移成本太高。

Docker 在很大程度上解决了上述问题。

首先，Docker 的使用十分简单，从开发的角度来看就是“三步走”：构建、运输、运行。其中，关键步骤是构建环节，即打包镜像文件。但是从测试和运维的角度来看，那就只有两步：复制、运行。有了这个镜像文件，想复制到哪里运行都可以，完全和平台无关。Docker 这种容器技术隔离出了独立的运行空间，不会和其他应用争用系统资源，不需要考虑应用之间的相互影响。

其次，因为在构建镜像时就处理完了服务程序对于系统的所有依赖，所以在使用时，可以忽略原本程序的依赖以及开发语言。对测试和运维人员而言，可以更专注于自己的业务内容。

最后，Docker 为开发者提供了一种开发环境的管理办法，帮助测试人员保证环境的同步，为运维人员提供了可移植的标准化部署流程。

25.1.3 Docker 名词术语

在 Docker 中也有服务端与客户端的概念，包括 3 个组件：Docker 镜像（Docker image）、Docker 仓库（Docker registry）、Docker 容器（Docker container）。

1．Docker 镜像

Docker 镜像是 Docker 容器运行时的只读模板，每一个镜像由一系列的层组成。Docker 使用 UnionFS 将这些层联合到单独的镜像中。正是因为有了这些层的存在，Docker 才会如此轻量。当你改变一个 Docker 镜像时，比如升级某个程序到其新版本，一个新的层就会被创建，而不用替换整个原先的镜像或者重新建立镜像。因为只是一个新的层被添加了，所以你不用重新发布整个镜像，只升级层即可，这使得分发 Docker 镜像变得非常简单和快速。

2．Docker 仓库

仓库，顾名思义，是存储、存放某些事物或数据的地方。Docker 仓库就是用来保存 Docker 镜像的，也可以理解为代码管理控制中的代码仓库。同样，Docker 仓库也有公有仓库与私有仓库的概念。公有的 Docker 仓库是 Docker Hub，用于存储和提供着很多的镜像集合。Docker Hub 中的镜像可以由我们自己创建，或者在他人的镜像基础上创建，然后上传到 Docker Hub 上。私有的 Docker 仓库是我们在内网自己创建的 Docker 仓库，只供内网用户使用。

3．Docker 容器

Docker 容器和文件夹很相似，一个 Docker 容器包含了某个应用运行所需要的所有环境，每一个 Docker 容器都是从 Docker 镜像创建的。可以对 Docker 容器执行运行、开始、停止、移动和删除等操作。每一个 Docker 容器都是独立和安全的应用平台，Docker 容器是 Docker 的运行部分。

25.2　Docker 的优点与应用场景

25.2.1　Docker 的优点

Docker 技术近些年越来越火，这得益于它的如下一些优点。

1．简化程序

Docker 让开发者可以打包他们的应用以及依赖包到一个可移植的容器中，然后发布到任何流行的 Linux 机器上，这样即可实现虚拟化。Docker 改变了虚拟化的方式，在 Docker 容器的处理下，只需要数秒就能完成虚拟化。

2．多样性

Docker 镜像中包含了运行环境和配置，可以简化部署多种应用工作。例如，Web 应用、后台应用、数据库应用、大数据应用（如 Hadoop 集群、消息队列）等都可以打包成一个镜像来部署。

3．节省开支

云计算时代的到来使开发者不必为了追求效果而配置高额的硬件，Docker 改变了高性能必然高价格的思维定势。Docker 与云的结合，让云空间得到更充分的利用，不仅解决了硬件管理的问题，而且改变了虚拟化的方式。

总结成一句话就是：Docker 安装部署简单、启动速度快、性能强大（几乎与物理系统一致）、体积小、管理简单、隔离性强，唯一的缺点是网络连接较弱。

25.2.2　Docker 的应用场景

Docker 的实际应用场景一般有以下几种。

1．搭建环境

一般企业会有开发环境、测试环境、生产环境三大类。环境不一致造成的应用运行问题很让人头痛，开发环境的安装、配置也非常耗时费力。

当你准备开发时，却发现没有准备好合适的开发环境；当你配置并测试好开发环境，准备上线测试时，却发现由于开发与测试环境的不同，造成一系列难以解决的问题。针对这些问题，使用 Docker 是一个值得推荐的方案。Docker 会在一定程度上简化环境安装与配置过程，减少不必要的时间，省时省力。使用 Docker 能让你将运行环境和配置放在代码中，然后部署，同一个 Docker 的配置还可以在不同的环境中使用，从而降低硬件要求和应用环境之间的耦合度。

2．部署过程

你可以使用 Docker 镜像进行自我部署。许多主流的主机提供商都支持托管 Docker，如果你拥有一个具有 Shell 访问权限的专用节点/VM，那么事情将变得更容易。只需要设置好

Docker，并在你想要的端口上运行你的镜像即可。

3．自动化测试

试想这样一个问题，如何编写自动化的集成测试用例，这些测试用例无须花很长时间来开始运行，使用者也能轻松管理。这里不是指在 Docker 中运行测试用例，而是将测试用例与镜像紧密运行在一起。当你针对一个 Docker 镜像编写测试用例时，会有很大的优势。

4．持续集成

都说 Docker 天生适合持续集成/持续部署，在部署中使用 Docker 将使持续部署变得非常简单，并会在进入新的镜像后重新开始。关于这个部分的自动化工作，现在已经有许多方案可供选择，Kubernetes 就是一个耳熟能详的名字。Kubernetes 是容器集群管理系统，是一个开源的平台，可以实现容器集群的自动化部署、自动扩/缩容、维护等功能。

5．应用隔离

在很多场景下，同一机器上会运行不同的应用，比如前面提到的开发环境和测试环境等场景。

这么做有两个目的：一是将服务整合降低成本，也容易维护与管理；二是将一个整体的应用拆分成不同的、松耦合的单个服务（类似微服务架构）。

Docker 具有分尾机制，不同应用如果有部分或全部相同的运行环境，那么可以共享一个底层，而数据的产生和修改只在最上面的空白层中发生，从而实现应用隔离。

6．多租户环境

多租户环境是 Docker 使用中一个非常有意思的应用场景，可以避免关键应用的重写。使用 Docker，可以为每一个租户的应用层的多个实例创建隔离的环境，这样不仅部署方便，而且维护成本低廉。

7．微服务

微服务也是当下比较热门的一个技术。微服务架构将一个整体的应用拆分成数个松耦合的单个服务。

在使用这种架构的场景中，Docker 是非常值得使用的方案。Docker 可以将每个服务都打包成一个 Docker 镜像，然后使用 docker-compose 来模拟生产环境。此方案运行和实践之初可能比较烦琐、费时、费力，但从长远考虑，它会极大地提高整体生产效率。

总结 Docker 的应用场景，可以归纳为以下几点。

（1）需要简化配置（测试环境与生产环境不同）。

（2）代码管理（代码上传与下载）。

（3）提升开发效率（开发环境服务的安装和 OpenStack KVM 相同）。

（4）应用隔离。

（5）服务器整合。

（6）调试。

（7）多终端、多租户。

（8）需要快速部署与环境一致性。

要获取更多资料，请读者参考 Docker 官方网站。

25.3　Docker 的部署

25.3.1　Docker 的部署要求

Docker 支持的 CentOS 版本如下。

（1）CentOS 7 (64-bit)。

（2）CentOS 6.5 (64-bit) 或更高的版本。

Docker 运行在 CentOS 6.5 或更高版本的 CentOS 系统上，要求系统为 64 位，系统的内核版本为 2.6.32-431 或更高版本。

Docker 运行在 CentOS 7 系统上，要求系统为 64 位，系统的内核版本为 3.10 以上。

25.3.2　Docker 的部署操作

1．检查系统的内核版本

本节的安装环境是 CentOS 7 系统，Docker 要求系统内核版本高于 3.10，所以首先需要检查部署环境的系统内核版本，操作命令如下。

```
[root@Docker ~]# uname -r
3.10.0-693.11.6.el7.x86_64
```

然后，可以使用命令将旧版本（前提是安装过旧版本）卸载。

```
[root@Docker ~]# yum remove docker docker-common docker-engine
```

2．安装系统必要的软件包

命令如下。

```
[root@docker ~]# yum install -y yum-utils device-mapper-persistent-data lvm2
```

3．安装 Docker

命令如下。

```
[root@docker ~]# yum install docker -y
```

4．启动 Docker 服务

命令如下。

```
[root@docker ~]# systemctl start docker
[root@docker ~]# ps -ef|grep docker
root 2046 1 1 01:42 ? 00:00:00 /usr/bin/dockerd-current --add-runtime docker-runc=
/usr/libexec/docker/docker-runc-current --default-runtime=docker-runc --exec-opt
native.cgroupdriver=systemd --userland-proxy-path=/usr/libexec/docker/docker-proxy
-current --init-path=/usr/libexec/docker/docker-init-current --seccomp-profile=/
etc/docker/seccomp.json --selinux-enabled --log-driver=journald --signature-
verification=false --storage-driver overlay2
root   2051   2046  0 01:42 ?    00:00:00 /usr/bin/docker-containerd-current -l
```

```
unix:///var/run/docke/libcontainerd/docker-containerd.sock --metrics-interval=0 --
start-timeout 2m --state-dir /var/run/docker/libcontainerd/containerd --shim docker-
containerd-shim --runtime docker-runc --runtime-args --systemd-cgroup=true
root        2162   1049  0 01:43 pts/0     00:00:00 grep --color=auto docker
```

5. 测试 Docker 安装是否成功

命令如下。

```
[root@docker ~]#  docker pull centos:latest
Trying to pull repository docker.io/library/centos ...
latest: Pulling from docker.io/library/centos
aeb7866da422: Pull complete
Digest: sha256:67dad89757a55bfdfabec8abd0e22f8c7c12a1856514726470228063ed86593b
Status: Downloaded newer image for docker.io/centos:latest
[root@docker ~]# docker images
REPOSITORY          TAG         IMAGE ID        CREATED          SIZE
docker.io/centos    latest      75835a67d134     5 days ago        200 MB
```

从上面的结果中可以看出，能正常拉取镜像文件。至此，Docker 部署完成。

25.4 Docker 的网络模式

Docker 通过使用 Linux 桥接提供容器之间的通信，Docker 网络模式有以下 4 种。

（1）host 模式：使用--net=host 指定。

（2）container 模式：使用--net=container:NAMEorID 指定。

（3）none 模式：使用--net=none 指定。

（4）bridge 模式：使用--net=bridge 指定，默认配置。

下面对这 4 种网络模式逐一进行介绍。

25.4.1 host 模式

容器如果使用 host 模式，那么将不会获得一个独立的 Network Namespace，而是和宿主机共用一个 Network Namespace。容器将不会虚拟出自己的网卡与配置 IP 等，而是使用宿主机的 IP 和端口，就和直接运行在宿主机中一样，但是容器的文件系统和进程列表等还是和宿主机隔离的。

25.4.2 container 模式

这个模式指定新创建的容器和已经存在的一个容器共享一个 Network Namespace，而不是和宿主机共享。新创建的容器不会创建自己的网卡与配置 IP，而是和一个指定的容器共享 IP、端口等。同样，除了网络方面，两个容器在其他方面仍然是隔离的。

25.4.3 none 模式

此模式不同于前两种，Docker 容器有自己的 Network Namespace，但是 Docker 容器没有任何网络配置，而是需要我们手动给 Docker 容器添加网卡、配置 IP 等。

25.4.4　bridge 模式

此模式是 Docker 默认的网络设置，此模式会为每一个容器分配 Network Namespace，并将一个主机上的 Docker 容器连接到一个虚拟网桥上。

25.5　Docker 的数据存储

Docker 管理数据的方式有以下两种。

（1）数据卷的方式。

（2）容器卷的方式。

25.5.1　数据卷

数据卷是一个或多个容器专门指定绕过 Union File System 的目录，为持续性或共享数据提供如下一些有用的功能。

（1）数据卷可以在容器间共享和重用。

（2）数据卷数据的改变是直接修改的。

（3）数据卷数据的改变不会被包括在容器中。

（4）数据卷是持续性的，直到没有容器使用它们。

容器使用数据卷的参数说明如下。

```
-v /Dir_name      #直接将数据目录挂载到容器/Dir_name目录
-v src:dst        #将物理机目录挂载到容器目录
```

实例一：

```
[root@docker ~]# docker run -it --name test_docker -v /data centos
[root@f4e1744479af /]# ls -l /data
total 0
```

下面新开一个 Shell 窗口。

```
[root@002 ~]# docker ps
CONTAINER ID  IMAGE  COMMAND  CREATED     STATUS        PORTS   NAMES
f4e1744479af centos  "/bin/bash"  30 seconds ago  Up 29 seconds     test_docker
[root@002 ~]# docker inspect f4e1744479af
[
    {
        "Id": "f4e1744479af3b0110b020343eb9b62b3c698c699ae0881c4767f5da4eabdd08",
        "Created": "2018-10-15T06:47:35.490274547Z",
        "Path": "/bin/bash",
        "Args": [],
        "State": {
            "Status": "running",
            "Running": true,
            "Paused": false,
            "Restarting": false,
            "OOMKilled": false,
```

```
            "Dead": false,
            "Pid": 12372,
            "ExitCode": 0,
            "Error": "",
            "StartedAt": "2018-10-15T06:47:35.97786131Z",
            "FinishedAt": "0001-01-01T00:00:00Z"
        },
        "Image": "sha256:75835a67d1341bdc7f4cc4ed9fa1631a7d7b6998e9327272afea342d
90c4ab6d",
        "ResolvConfPath": "/var/lib/docker/containers/f4e1744479af3b0110b020343eb
9b62b3c698c699ae0881c4767f5da4eabdd08/resolv.conf",
        "HostnamePath": "/var/lib/docker/containers/f4e1744479af3b0110b020343eb9b
62b3c698c699ae0881c4767f5da4eabdd08/hostname",
        "HostsPath": "/var/lib/docker/containers/f4e1744479af3b0110b020343eb9b62b
3c698c699ae0881c4767f5da4eabdd08/hosts",
        "LogPath": "",
        "Name": "/test_docker",
        "RestartCount": 0,
        "Driver": "overlay2",
        "MountLabel": "system_u:object_r:svirt_sandbox_file_t:s0:c204,c249",
        "ProcessLabel": "system_u:system_r:svirt_lxc_net_t:s0:c204,c249",
        "AppArmorProfile": "",
        "ExecIDs": null,
        "HostConfig": {
            "Binds": null,
            "ContainerIDFile": "",
            "LogConfig": {
                "Type": "journald",
                "Config": {}
            },
            "NetworkMode": "default",
            "PortBindings": {},
            "RestartPolicy": {
                "Name": "no",
                "MaximumRetryCount": 0
            },
            "AutoRemove": false,
            "VolumeDriver": "",
            "VolumesFrom": null,
            "CapAdd": null,
            "CapDrop": null,
            "Dns": [],
            "DnsOptions": [],
            "DnsSearch": [],
            "ExtraHosts": null,
            "GroupAdd": null,
            "IpcMode": "",
            "Cgroup": "",
            "Links": null,
            "OomScoreAdj": 0,
            "PidMode": "",
            "Privileged": false,
            "PublishAllPorts": false,
            "ReadonlyRootfs": false,
            "SecurityOpt": null,
            "UTSMode": "",
            "UsernsMode": "",
            "ShmSize": 67108864,
            "Runtime": "docker-runc",
            "ConsoleSize": [
                0,
                0
            ],
            "Isolation": "",
            "CpuShares": 0,
            "Memory": 0,
            "NanoCpus": 0,
            "CgroupParent": "",
```

```
            "BlkioWeight": 0,
            "BlkioWeightDevice": null,
            "BlkioDeviceReadBps": null,
            "BlkioDeviceWriteBps": null,
            "BlkioDeviceReadIOps": null,
            "BlkioDeviceWriteIOps": null,
            "CpuPeriod": 0,
            "CpuQuota": 0,
            "CpuRealtimePeriod": 0,
            "CpuRealtimeRuntime": 0,
            "CpusetCpus": "",
            "CpusetMems": "",
            "Devices": [],
            "DiskQuota": 0,
            "KernelMemory": 0,
            "MemoryReservation": 0,
            "MemorySwap": 0,
            "MemorySwappiness": -1,
            "OomKillDisable": false,
            "PidsLimit": 0,
            "Ulimits": null,
            "CpuCount": 0,
            "CpuPercent": 0,
            "IOMaximumIOps": 0,
            "IOMaximumBandwidth": 0
        },
        "GraphDriver": {
            "Name": "overlay2",
            "Data": {
                "LowerDir": "/var/lib/docker/overlay2/2d7b06aacf02ff7e3785eed17c5c
e37d8dc290269565ff7536051d3a671c8869-init/diff:/var/lib/docker/overlay2/beb1f4bec3
e1b3cda6b9a865e0bfd4761553d326f1236f0ea24ca445bb0ae2bb/diff",
                "MergedDir": "/var/lib/docker/overlay2/2d7b06aacf02ff7e3785eed17c5
ce37d8dc290269565ff7536051d3a671c8869/merged",
                "UpperDir": "/var/lib/docker/overlay2/2d7b06aacf02ff7e3785eed17c5c
e37d8dc290269565ff7536051d3a671c8869/diff",
                "WorkDir": "/var/lib/docker/overlay2/2d7b06aacf02ff7e3785eed17c5ce
37d8dc290269565ff7536051d3a671c8869/work"
            }
        },
        "Mounts": [
            {
                "Type": "volume",
                "Name": "2ea67bded5655f3466a243685bc8d2051f3ebf8f1ce0725601a39b6ef
f274d42",
                "Source": "/var/lib/docker/volumes/2ea67bded5655f3466a243685bc8d20
51f3ebf8f1ce0725601a39b6eff274d42/_data",    #挂载的源目录路径
                "Destination": "/data",#将存储目录直接挂载到窗口/data目录
                "Driver": "local",
                "Mode": "",
                "RW": true,
                "Propagation": ""
            }
        ],
        "Config": {
            "Hostname": "f4e1744479af",
            "Domainname": "",
            "User": "",
            "AttachStdin": true,
            "AttachStdout": true,
            "AttachStderr": true,
            "Tty": true,
            "OpenStdin": true,
            "StdinOnce": true,
            "Env": [
                "PATH=/usr/local/sbin:/usr/local/bin:/usr/sbin:/usr/bin:/sbin:/bin"
            ],
            "Cmd": [
```

```
                "/bin/bash"
            ],
            "ArgsEscaped": true,
            "Image": "centos",
            "Volumes": {
                "/data": {}
            },
            "WorkingDir": "",
            "Entrypoint": null,
            "OnBuild": null,
            "Labels": {
                "org.label-schema.build-date": "20181006",
                "org.label-schema.license": "GPLv2",
                "org.label-schema.name": "CentOS Base Image",
                "org.label-schema.schema-version": "1.0",
                "org.label-schema.vendor": "CentOS"
            }
        },
        "NetworkSettings": {
            "Bridge": "",
            "SandboxID": "2ecc6884504839b25acdbfd445aac5b7d511a6b35d8547415927e61b
c2d9e886",
            "HairpinMode": false,
            "LinkLocalIPv6Address": "",
            "LinkLocalIPv6PrefixLen": 0,
            "Ports": {},
            "SandboxKey": "/var/run/docker/netns/2ecc68845048",
            "SecondaryIPAddresses": null,
            "SecondaryIPv6Addresses": null,
            "EndpointID": "d527391543a68f7875377d6a3a6a06a448ae672855aa9ff92d2436e
29b4f224e",
            "Gateway": "172.17.0.1",
            "GlobalIPv6Address": "",
            "GlobalIPv6PrefixLen": 0,
            "IPAddress": "172.17.0.2",
            "IPPrefixLen": 16,
            "IPv6Gateway": "",
            "MacAddress": "02:42:ac:11:00:02",
            "Networks": {
                "bridge": {
                    "IPAMConfig": null,
                    "Links": null,
                    "Aliases": null,
                    "NetworkID": "74cc402544ba7a9ed79211e5cd267cfff31c07217762e0d9
348518f6f19e3e9f",
                    "EndpointID": "d527391543a68f7875377d6a3a6a06a448ae672855aa9ff
92d2436e29b4f224e",
                    "Gateway": "172.17.0.1",
                    "IPAddress": "172.17.0.2",
                    "IPPrefixLen": 16,
                    "IPv6Gateway": "",
                    "GlobalIPv6Address": "",
                    "GlobalIPv6PrefixLen": 0,
                    "MacAddress": "02:42:ac:11:00:02"
                }
            }
        }
    }
]
[root@002 ~]# cd /var/lib/docker/volumes/2ea67bded5655f3466a243685bc8d2051f3ebf8f1
ce0725601a39b6eff274d42/_data/
[root@002 _data]# ls
```

从结果中发现，挂载的源目录下的确没有任何数据。

下面我们在源目录下创建数据，然后去容器的目录查看是否有数据产生，操作如下。

```
[root@002 _data]# pwd
/var/lib/docker/volumes/2ea67bded5655f3466a243685bc8d2051f3ebf8f1ce0725601a39b6eff
274d42/_data
[root@002 _data]# mkdir test
[root@002 _data]# ll
total 0
drwxr-xr-x. 2 root root 6 Oct 15 02:58 test
[root@f4e1744479af /]# pwd
/
[root@f4e1744479af /]# hostname
f4e1744479af
[root@f4e1744479af /]# ls -l /data
total 0
drwxr-xr-x. 2 root root 6 Oct 15 06:58 test
```

容器挂载的目录已有数据产生。

实例二：

```
docker run -it -v /data1:/mnt centos
```

前者是物理机目录（挂载成功自动在物理机上创建此目录），后者是容器目录。

```
[root@centos7 ~]# docker run -it -v /data1:/mnt centos
[root@425569ce9eef /]# cd /mnt/
[root@425569ce9eef mnt]# ll
total 0
[root@centos7 ~]# cd /data1/
[root@centos7 data1]# echo "hello">test.txt
[root@centos7 data1]# ll
total 4
-rw-r--r-- 1 root root 6 Apr 10 17:09 test.txt
[root@centos7 data1]# cat test.txt
hello
```

下面检查容器目录是否有文件与内容。

```
[root@425569ce9eef mnt]# ll
total 4
-rw-r--r-- 1 root root 6 Apr 10 09:09 test.txt
[root@425569ce9eef mnt]# cat test.txt
hello
[root@425569ce9eef mnt]# pwd
/mnt
[root@425569ce9eef mnt]# hostname
425569ce9eef
```

此种方法适合开发代码管理，代码目录直接挂载到容器中，修改 Web 站点目录即可访问。Docker 常用的几个挂载命令说明如下。

```
docker run -it -v /data2:/opt:ro centos
#指定只读权限进行挂载
docker run -it -v /data2:/opt:rw centos
#指定读写权限进行挂载
docker run -it -v /root/file1:file1 centos
#挂载单个文件到容器目录
```

25.5.2　容器卷

容器卷指定的是直接挂载其他容器的数据目录，使用的参数如下。

```
--volumes-from #使用其他容器的目录
```

实例：

```
[root@centos7 ~]# docker run -d --name mydocker -v /data centos
4f243ada709ee87d8f1e50bf13ab225c8dfd6b38f7dad97fa84ab0cb3d7d517b
[root@centos7 ~]# docker run -it --name mynfs --volumes-from mydocker centos
[root@82a489adb07a /]# ll /data/
total 0
```

此时进入 mydocker 容器/data 目录写入数据进行测试。

```
[root@centos7~]# cd /var/lib/docker/volumes/8421a48b58337a30ac4750c06748e01a3f328b
dc2fa3b945d7f9737d9bc1b002/_data
[root@centos7 _data]# ls
[root@centos7 _data]# echo "welcome to here">file
[root@centos7 _data]# ll
total 4
-rw-r--r-- 1 root root 16 Apr 10 17:34 file
```

再查看刚才的容器中是否有数据。

```
[root@82a489adb07a /]# hostname
82a489adb07a
[root@82a489adb07a /]# cd /data/
[root@82a489adb07a data]# ll
total 4
-rw-r--r-- 1 root root 16 Apr 10 09:34 file
[root@82a489adb07a data]# cat file
welcome to here
```

25.6　Docker 容器的管理

前面介绍了 Docker 的概念及其优点、安装部署、网络模式、数据存储等相关内容，本节将进一步介绍有关 Docker 容器的管理操作。

25.6.1　Docker 容器的创建与删除

Docker 容器创建与删除的操作方法及命令如下。

1．创建容器

方法一：

```
[root@centos7 ~]# docker run centos /bin/echo "nihao"   #创建容器
nihao
[root@centos7 ~]# docker ps -a   #查看所有容器
CONTAINER ID  IMAGE  COMMAND  CREATED  STATUS  PORTS  NAMES
3c113f9a4f1b centos "/bin/echo nihao" 43 seconds ago Exited (0) 41 seconds ago
boring_liskov
```

这里没有指定容器名称，自动命名，状态是自动退出。

方法二：创建一个自定义名称的容器。

```
[root@centos7 ~]# docker run --name mgg -t -i centos /bin/bash
```

```
[root@2db7f1389dbd /]# ps -ef
UID    PID  PPID  C STIME TTY   TIME CMD
root    1     0  0 22:46 ?    00:00:00 /bin/bash
root    13    1  0 22:49 ?  00:00:00 ps -ef
[root@centos7 ~]# docker ps
CONTAINER ID  IMAGE    COMMAND    CREATED     STATUS   PORTS     NAMES
2db7f1389dbd  centos  "/bin/bash"  4 minutes ago   Up 4 minutes    mgg
```

2．删除容器

命令如下。

```
[root@centos7 ~]# docker ps -a
CONTAINER ID   IMAGE  COMMAND   CREATED      STATUS     PORTS     NAMES
2db7f1389dbd  centos  "/bin/bash"  31 minutes ago  Up 16 minutes  mgg
3c113f9a4f1b  centos  "/bin/echo nihao" 38 minutes ago Exited (0) 38 minutes ago
boring_liskov
[root@centos7 ~]# docker rm 3c113f9a4f1b
#接名称也可以，删除一个停止的容器
3c113f9a4f1b
[root@centos7 ~]# docker rm -f   3c113f9a4f1b
#删除一个正在运行的容器
[root@centos7 ~]# docker ps -a
CONTAINER ID  IMAGE   COMMAND      CREATED      STATUS     PORTS    NAMES
2db7f1389dbd    centos     "/bin/bash"     31 minutes ago    Up 16 minutes   mgg
[root@centos7 ~]# docker run --rm centos /bin/echo "hello"
#创建时自动删除，用于测试
[root@centos7 ~]#docker --kill $(docker ps -a -q)
#删除正在运行的容器
```

25.6.2　进入与退出容器

上一节介绍了如何创建与删除容器，下面来介绍如何进入和退出容器，操作如下。

```
[root@2db7f1389dbd /]# exit    #退出容器
exit
[root@centos7 ~]# docker start 2db7f1389dbd    #启动容器
2db7f1389dbd
[root@centos7 ~]# docker attach 2db7f1389dbd  #进入容器（必须是启动状态下）
[root@2db7f1389dbd /]# hostname
2db7f1389dbd
```

使用这种进入方式，退出后容器处于 Down 状态。

```
[root@2db7f1389dbd /]# exit
exit
[root@centos7 ~]# docker ps
CONTAINER ID    IMAGE  COMMAND     CREATED     STATUS     PORTS    NAMES
```

还可以使用 nsenter 命令进入容器。

```
[root@centos7 ~]# nsenter --help
Usage:
 nsenter [options] <program> [<argument>...]
Run a program with namespaces of other processes.
Options:
 -t, --target <pid>      target process to get namespaces from
 -m, --mount[=<file>]    enter mount namespace
 -u, --uts[=<file>]      enter UTS namespace (hostname etc)
 -i, --ipc[=<file>]      enter System V IPC namespace
```

```
  -n, --net[=<file>]      enter network namespace
  -p, --pid[=<file>]      enter pid namespace
  -U, --user[=<file>]     enter user namespace
  -S, --setuid <uid>      set uid in entered namespace
  -G, --setgid <gid>      set gid in entered namespace
      --preserve-credentials do not touch uids or gids
  -r, --root[=<dir>]      set the root directory
  -w, --wd[=<dir>]        set the working directory
  -F, --no-fork           do not fork before exec'ing <program>
  -Z, --follow-context    set SELinux context according to --target PID
  -h, --help     display this help and exit
  -V, --version  output version information and exit
```

下面来获取容器的 PID，通过 PID 参数进入容器。

```
[root@centos7 ~]# docker inspect --format "{{.State.Pid}}" 2db7f1389dbd
4580
[root@centos7 ~]# nsenter -t 4580 -u -i -n -p
[root@2db7f1389dbd ~]# hostname
2db7f1389dbd
[root@2db7f1389dbd ~]# exit
logout
[root@centos7 ~]# docker ps
CONTAINER ID  IMAGE    COMMAND     CREATED     STATUS    PORTS  NAMES
2db7f1389dbd  centos    "/bin/bash" 22 minutes ago   Up 7 minutes   mgg
```

25.6.3 Docker 容器的运行

创建 Docker 容器之后，需要将容器运行起来，运行一个容器的操作命令如下。

```
[root@centos7 ~]# docker run -d -P nginx  #-d启动到后台运行
6135db66a7d7c1237901a79974f88f1079b3d467c14ce83fc46bc6b4eb8b3240
[root@centos7 ~]# docker ps
CONTAINER ID  IMAGE  COMMAND    CREATED    STATUS    PORTS    NAMES
6135db66a7d7   nginx    "nginx -g 'daemon off"   33 seconds ago  Up 31 seconds
0.0.0.0:32769->80/tcp, 0.0.0.0:32768->443/tcp   gigantic_meitner
```

注意：如果没有指定映射端口，Docker 会随机用一个端口去自动映射 80 端口。

参数说明如下。

```
docker -P   #随机端口映射
docker -p   #指定端口映射
-p hostport:containerport
-p ip:hostport:containerport
```

实例操作如下。

```
[root@centos7 ~]# docker run -d -p 81:80 nginx
3ca9f847bebec3684952b0f2c081d31f84b9489de50b635246d9a592cc06d46c
[root@centos7 ~]# docker ps
CONTAINER ID   IMAGE   COMMAND  CREATED    STATUS    PORTS    NAMES
3ca9f847bebe  nginx  "nginx -g 'daemon off"  8 seconds ago   Up 6 seconds  443/tcp, 0.0
```

25.6.4 Docker 容器常用管理命令

Docker 的管理命令非常多，读者可以使用“docker”命令查看详细的帮助文档，也可以参考官方文档，查看具体命令的语法与使用方法。本节只介绍实际环境中常用的一些管理命令。

很多读者感觉命令和参数的使用很简单，却忽视了这些基础的部分，基础是学习任何一门技术的重点。根据实际工作经验，作者总结了 20 种常用的 Docker 容器管理命令。

安装完成 Docker 服务之后，需要了解如何操作它，在 Shell 命令行直接输入“docker”命令就可以查看帮助信息，具体如下。

```
[root@master ~]# docker
Usage:    docker COMMAND
A self-sufficient runtime for containers
Options:
      --config string      Location of client config files (default "/root/.docker")
  -D, --debug              Enable debug mode
      --help               Print usage
  -H, --host list          Daemon socket(s) to connect to (default [])
  -l, --log-level string   Set the logging level ("debug", "info", "warn", "error",
 "fatal") (default "info")
      --tls                Use TLS; implied by --tlsverify
      --tlscacert string   Trust certs signed only by this CA (default "/root/
.docker/ca.pem")
      --tlscert string     Path to TLS certificate file (default "/root/.docker/
cert.pem")
      --tlskey string      Path to TLS key file (default "/root/.docker/key.pem")
      --tlsverify          Use TLS and verify the remote
  -v, --version            Print version information and quit
Management Commands:
  container   Manage containers
  image       Manage images
  network     Manage networks
  node        Manage Swarm nodes
  plugin      Manage plugins
  secret      Manage Docker secrets
  service     Manage services
  stack       Manage Docker stacks
  swarm       Manage Swarm
  system      Manage Docker
  volume      Manage volumes
Commands:
  attach      Attach to a running container
  build       Build an image from a Dockerfile
  commit      Create a new image from a container's changes
  cp          Copy files/folders between a container and the local filesystem
  create      Create a new container
  diff        Inspect changes on a container's filesystem
  events      Get real time events from the server
  exec        Run a command in a running container
  export      Export a container's filesystem as a tar archive
  history     Show the history of an image
  images      List images
  import      Import the contents from a tarball to create a filesystem image
  info        Display system-wide information
  inspect     Return low-level information on Docker objects
  kill        Kill one or more running containers
  load        Load an image from a tar archive or STDIN
  login       Log in to a Docker registry
  logout      Log out from a Docker registry
  logs        Fetch the logs of a container
  pause       Pause all processes within one or more containers
  port        List port mappings or a specific mapping for the container
  ps          List containers
  pull        Pull an image or a repository from a registry
  push        Push an image or a repository to a registry
  rename      Rename a container
  restart     Restart one or more containers
  rm          Remove one or more containers
```

```
rmi          Remove one or more images
run          Run a command in a new container
save         Save one or more images to a tar archive (streamed to STDOUT by default)
search       Search the Docker Hub for images
start        Start one or more stopped containers
stats        Display a live stream of container(s) resource usage statistics
stop         Stop one or more running containers
tag          Create a tag TARGET_IMAGE that refers to SOURCE_IMAGE
top          Display the running processes of a container
unpause      Unpause all processes within one or more containers
update       Update configuration of one or more containers
version      Show the Docker version information
wait         Block until one or more containers stop, then print their exit codes
```

1. docker start/stop/restart/kill

功能：启动/停止/重启/杀掉容器。

实例操作如下。

```
[root@docker ~]# docker start myweb
[root@docker ~]# docker stop myweb
[root@docker ~]# docker restart myweb
[root@docker ~]# docker kill -s kill myweb
```

参数–s：表示向容器发送信号。

2. docker run

功能：创建并启动一个新的容器。

常用参数如下。

- -d：后台运行容器，并返回容器 ID。
- -i：以交互模式运行容器，常与参数-t 同时使用。
- -t：给容器重新分配一个伪终端，常与参数-i 同时使用。
- --name：给容器指定一个名称。
- -m：指定容器使用内存的最大值。
- --net：指定容器使用的网络类型。
- --link：链接到另一个容器。

实例操作如下。

```
[root@docker ~]# docker run -d --name nginx nginx:latest
#后台启动并运行一个名为nginx的容器，运行前它会自动去Docker镜像站点下载最新的镜像文件
[root@docker ~]# docker run -d -P 80:80 nginx:latest
#后台启动并运行名为nginx的容器，然后将容器的80端口映射到物理机的80端口
[root@docker ~]# docker run -d -v /docker/data:/docker/data -P 80:80 nginx:latest
#后台启动并运行名为nginx的容器，然后将容器的80端口映射到物理机的80端口，并且将物理机的
/docker/data目录映射到容器的/docker/data
[root@docker ~]# docker run -it  nginx:latest /bin/bash
#以交互模式运行容器，然后在容器内执行/bin/bash命令
```

3. docker rm

功能：删除容器。

常用参数如下。

- -f：强制删除一个运行中的容器。

- -l：删除指定的链接。
- -v：删除与容器关联的卷。

实例操作如下。

```
[root@docker ~]# docker rm -f mydocker
#强制删除容器mydocker
[root@docker ~]# docker rm -f dockerA dockerB
#强制删除容器dockerA和dockerB
[root@docker ~]# docker rm -v mydocker
#删除容器，并删除容器挂载的数据卷
```

4. docker create

功能：创建一个新的容器，但不启动它。

实例操作如下。

```
[root@docker ~]# docker create --name myserver nginx:latest
09b93464c2f75b7b69f83d56a9cfc23ceb50a48a9db7652ee4c27e3e2cb1961f
#创建一个名为myserver的容器
```

5. docker exec

功能：在运行的容器中执行命令。

常用参数如下。

- -d：在后台运行。
- -i：保持 STDIN 打开。
- -t：分配一个伪终端。

实例操作如下。

```
[root@docker ~]# docker exec -it mydocker /bin/sh /server/scripts/docker.sh
hello world!!!!!!!!!!
#以交互模式执行容器中的/server/scripts/docker.sh脚本
[root@docker ~]# docker exec -it mydocker /bin/sh
root@b1a0703e41e7:/#
#以交互模式给容器分配一个伪终端连接
```

6. docker ps

功能：列出容器（正在运行）。

常用参数如下。

- -a：列出所有容器，包括停止的。
- -f：根据条件过滤显示内容。
- -l：列出最近创建的容器。
- -n：列出最近创建的指定个数的容器。
- -q：只显示容器 ID。
- -s：显示总文件大小。

实例操作如下。

```
[root@docker ~]# docker ps
CONTAINER ID   IMAGE   COMMAND   CREATED   STATUS   PORTS      NAMES
bd96d72ed9c7   google/cadvisor   "/usr/bin/cadvisor..."   47 hours ago   Up 47 hours
```

```
 0.0.0.0:8082->8080/tcp     cadvisor
665563143eb7  grafana/grafana  "/run.sh"   2 days ago    Up 2 days    0.0.0.0:3000
->3000/tcp    grafana
f2304dad5855  tutum/influxdb   "/run.sh"    2 days ago    Up 2 days    0.0.0.0:8083
->8083/tcp, 0.0.0.0:8086->8086/tcp   influxdb
#列出正在运行的容器
[root@docker ~]# docker ps -n 2
CONTAINER ID  IMAGE  COMMAND   CREATED   STATUS   PORTS  NAMES
bd96d72ed9c7   google/cadvisor     "/usr/bin/cadvisor..."   47 hours ago  Up 47
hours  0.0.0.0:8082->8080/tcp    cadvisor
665563143eb7   grafana/grafana     "/run.sh"    2 days ago    Up 2 days
0.0.0.0:3000->3000/tcp   grafana
#列出最近创建的2个容器
[root@docker ~]# docker ps -a -q
bd96d72ed9c7
665563143eb7
f2304dad5855
9921d2660307
#显示所有容器的ID
```

7. docker inspect

功能：获取容器的元数据。

常用参数如下。

- -f：指定返回值格式或模板文件。
- -s：显示总文件大小。
- --type：为指定类型返回 JSON。

实例操作如下。

```
[root@docker ~]# docker inspect bd96d72ed9c7
[
    {
        "Id": "bd96d72ed9c713591ba8db0ed4c0ae2689188255da71033c7bced6bb34aa8542",
        "Created": "2018-05-23T09:22:10.633809699Z",
        "Path": "/usr/bin/cadvisor",
        "Args": [
            "-logtostderr",
            "-storage_driver=influxdb",
            "-storage_driver_db=cadvisor",
            "-storage_driver_host=192.168.3.82:8086"
        ],
        "State": {
            "Status": "running",
            "Running": true,
            "Paused": false,
            "Restarting": false,
            "OOMKilled": false,
            "Dead": false,
            "Pid": 17589,
            "ExitCode": 0,
            "Error": "",
            "StartedAt": "2018-05-23T09:22:10.769771142Z",
            "FinishedAt": "0001-01-01T00:00:00Z"
        },
        "Image": "sha256:75f88e3ec333cbb410297e4f40297ac615e076b4a50aeeae49f287093
ff01ab1",
        "ResolvConfPath": "/var/lib/docker/containers/bd96d72ed9c713591ba8db0ed4c0
ae2689188255da71033c7bced6bb34aa8542/resolv.conf",
        "HostnamePath": "/var/lib/docker/containers/bd96d72ed9c713591ba8db0ed4c0ae
2689188255da71033c7bced6bb34aa8542/hostname",
        "HostsPath": "/var/lib/docker/containers/bd96d72ed9c713591ba8db0ed4c0ae268
9188255da71033c7bced6bb34aa8542/hosts",
```

```
        "LogPath": "",
        "Name": "/cadvisor",
        "RestartCount": 0,
        "Driver": "overlay2",
        "MountLabel": "",
        "ProcessLabel": "",
        "AppArmorProfile": "",
        "ExecIDs": null,
        "HostConfig": {
            "Binds": [
                "/:/rootfs,ro",
                "/var/run:/var/run",
……（中间部分内容省略）
#获取容器ID为bd96d72ed9c7的元数据信息
[root@docker ~]# docker inspect --format='{{range .NetworkSettings.Networks}}
{{.IPAddress}}{{end}}' cadvisor
172.17.0.3
[root@docker ~]# docker inspect --format='{{range .NetworkSettings.Networks}}
{{.IPAddress}}{{end}}' influxdb
172.17.0.2
#获取容器名为influxdb、cadvisor的IP地址
```

8．docker logs

功能：获取容器的日志。

常用参数如下。

- -f：跟踪日志输出。
- -t：显示时间戳。
- --tail：只显示最新 *n* 条容器日志。
- --since：显示某个开始时间的所有日志。

实例操作如下。

```
[root@docker ~]# docker logs -f cadvisor
I0523 09:22:10.794233       1 storagedriver.go:48] Using backend storage type
"influxdb"
I0523 09:22:10.794295       1 storagedriver.go:50] Caching stats in memory for 2m0s
I0523 09:22:10.794551       1 manager.go:151] cAdvisor running in container: "/sys
/fs/cgroup/cpuacct,cpu"
I0523 09:22:10.810585       1 fs.go:139] Filesystem UUIDs: map[]
I0523 09:22:10.810599       1 fs.go:140] Filesystem partitions: map[shm:{mountpoint:
/dev/shm major:0 minor:47 fsType:tmpfs blockSize:0} overlay:{mountpoint:/ major:0
minor:46 fsType:overlay blockSize:0} tmpfs:{mountpoint:/dev major:0 minor:50 fsType:
tmpfs blockSize:0} /dev/mapper/centos-root:{mountpoint:/rootfs,ro major:253 minor:
0 fsType:xfs blockSize:0} /dev/sda1:{mountpoint:/rootfs,ro/boot major:8 minor:1
fsType:xfs blockSize:0} /dev/mapper/centos-home:{mountpoint:/rootfs,ro/home major:
253 minor:2 fsType:xfs blockSize:0}]
W0523 09:22:10.812419       1 info.go:52] Couldn't collect info from any of the
files in "/etc/machine-id,/var/lib/dbus/machine-id"
I0523 09:22:10.812460       1 manager.go:225] Machine: {NumCores:1 CpuFrequency:
2799091 MemoryCapacity:8203235328 HugePages:[{PageSize:2048 NumPages:0}] MachineID:
SystemUUID:564D5235-FED8-3630-AA2B-D65F0855D036 BootID:fd7b3fb5-e74f-4280-80cf-
0a7096239619 Filesystems:[{Device:tmpfs DeviceMajor:0 DeviceMinor:50 Capacity:
4101615616 Type:vfs Inodes:1001371 HasInodes:true} {Device:/dev/mapper/centos-
root DeviceMajor:253 DeviceMinor:0 Capacity:140633964544 Type:vfs Inodes:68681728
HasInodes:true} {Device:/dev/sda1 DeviceMajor:8 DeviceMinor:1 Capacity:1063256064
Type:vfs Inodes:524288 HasInodes:true} {Device:/dev/mapper/centos-home DeviceMajor:
253 DeviceMinor:2 Capacity:21464350720 Type:vfs Inodes:10485760 HasInodes:true}
{Device:shm DeviceMajor:0 DeviceMinor:47 Capacity:67108864 Type:vfs Inodes:1001371
HasInodes:true} {Device:overlay DeviceMajor:0 DeviceMinor:46 Capacity:140633964544
Type:vfs Inodes:68681728 HasInodes:true}] DiskMap:map[253:0:{Name:dm-0 Major:253
Minor:0 Size:140660178944 Scheduler:none} 253:1:{Name:dm-1 Major:253 Minor:1 Size:
8455716864 Scheduler:none} 253:2:{Name:dm-2 Major:253 Minor:2 Size:21474836480
```

```
Scheduler:none} 2:0:{Name:fd0 Major:2 Minor:0 Size:4096 Scheduler:deadline} 8:0:
{Name:sda Major:8 Minor:0 Size:171798691840 Scheduler:deadline}] NetworkDevices:
[{Name:eth0 MacAddress:02:42:ac:11:00:03 Speed:10000 Mtu:1500}] Topology:[{Id:0
Memory:8589467648 Cores:[{Id:0 Threads:[0] Caches:[{Size:32768 Type:Data Level:1}
{Size:32768 Type:Instruction Level:1} {Size:262144 Type:Unified Level:2}]}] Caches:
[{Size:26214400 Type:Unified Level:3}]}] CloudProvider:Unknown InstanceType:Unknown
InstanceID:None}
#跟踪查看容器cadvisor的日志
```

9. docker port

功能：显示指定容器的端口映射信息。

实例操作如下。

```
[root@docker ~]# docker port cadvisor
8080/tcp -> 0.0.0.0:8082
#显示cadvisor容器的端口映射信息
```

10. docker commit

功能：用已存在的容器重新创建一个新的镜像。

常用参数如下。

- -a：提交的镜像作者。
- -c：使用 Dockerfile 指令来创建镜像。
- -m：提交时附上说明文字。
- -p：在提交时，将容器暂停。

实例操作如下。

```
[root@docker ~]# docker commit -a "mingongge" -m "add a new images" bd96d72ed9c7
newdocker_images:v1.0.0
sha256:20ee805752cb7cae660fbae89d7c6ea4a9c6372f16a6cb079ecf6c79f87ed8c9
#将容器bd96d72ed9c7重新生成一个名为newdocker_images的新镜像
```

11. docker cp

功能：用于容器与物理主机之间复制文件。

实例操作如下。

```
[root@docker ~]# docker cp /data/index.html bd96d72ed9c7:/web/
#将物理主机中的/data/index.html复制到容器bd96d72ed9c7:/web/目录下
[root@docker ~]# docker cp /data/index.html bd96d72ed9c7:/web/index.php
#将物理主机中的/data/index.html复制到容器bd96d72ed9c7:/web/目录下并改名为index.php
[root@docker ~]# docker cp  bd96d72ed9c7:/web  /data/
#复制容器bd96d72ed9c7:/web/目录复制到物理主机中的/data/目录下
```

12. docker login/logout

功能：用于登录与登出容器镜像仓库。

- docker login：登录到一个 Docker 镜像仓库，如果未指定镜像仓库地址，则默认为官方仓库 Docker Hub。
- docker logout：登出一个 Docker 镜像仓库，如果未指定镜像仓库地址，则默认为官方仓库 Docker Hub。

常用参数如下。

- -u：登录的用户名。
- -p：登录的密码。

实例操作如下。

```
[root@docker ~]# docker login -u username -p password
Login Succeeded
[root@docker ~]# docker logout
Removing login credentials for https://index.docker.io/v1/
#登录与登出默认的容器镜像仓库
```

13．docker pull/push

- docker pull：从镜像仓库中拉取或者更新指定镜像。
- docker push：将本地的镜像上传到镜像仓库（要先登录到镜像仓库）。

实例操作如下。

```
[root@docker ~]# docker  pull  nginx
Using default tag: latest
Trying to pull repository docker.io/library/nginx ...
latest: Pulling from docker.io/library/nginx
f2aa67a397c4: Already exists
3c091c23e29d: Pulling fs layer
4a99993b8636: Pulling fs layer
#从镜像仓库中拉取或者更新指定镜像，上面是输出信息
[root@docker ~]# docker push newdocker_images:v1.0.0
#上传镜像到镜像仓库
```

14．docker images

功能：显示系统本地容器镜像文件。

常用参数如下。

- -a：列出所有的镜像（含中间映像层，默认是过滤掉中间映像层）。
- --digests：显示镜像的摘要信息。
- -f：显示满足条件的镜像。
- --format：指定返回值的模板文件。
- --no-trunc：显示完整的镜像信息。
- -q：只显示镜像 ID。

实例操作如下。

```
[root@docker ~]# docker images
REPOSITORY     TAG        IMAGE ID       CREATED          SIZE
newdocker_images      v1.0.0    20ee805752cb   28 minutes ago   62.2 MB
docker.io/grafana/grafana    latest    4700307f41f2   9 days ago      238 MB
registry.jumpserver.org/public/guacamole  1.0.0  6300349f2642 2 months ago 1.23 GB
docker.io/google/cadvisor  latest    75f88e3ec333   5 months ago     62.2 MB
docker.io/tutum/influxdb   latest    c061e5808198   19 months ago   290 MB
#列出本地所有的镜像
[root@docker ~]# docker images -q
20ee805752cb
4700307f41f2
6300349f2642
75f88e3ec333
c061e5808198
#只显示镜像ID
[root@docker ~]# docker images --digests
```

```
REPOSITORY      TAG       DIGEST       IMAGE ID         CREATED          SIZE
newdocker_images       v1.0.0    <none>      20ee805752cb    32 minutes ago   62.2 MB
docker.io/grafana/grafana                  latest    sha256:364bec4a39ecbec744ea427
0aae35f6554eb6f2047b3ee08f7b5f1134857c32c   4700307f41f2    9 days ago      238 MB
registry.jumpserver.org/public/guacamole   1.0.0    sha256:ea862bb2e83b648701655c2
7900bca14b0ab7ab9d4572e716c25a816dc55307b   6300349f2642    2 months ago    1.23 GB
docker.io/google/cadvisor                  latest    sha256:9e347affc725efd3bfe95aa
69362cf833aa810f84e6cb9eed1cb65c35216632a   75f88e3ec333    5 months ago    62.2 MB
docker.io/tutum/influxdb                   latest    sha256:5b7c5e318303ad059f3d1a7
3d084c12cb39ae4f35f7391b79b0ff2c0ba45304b   c061e5808198    19 months ago    290 MB
#显示镜像的摘要信息
[root@docker ~]# docker images --no-trunc
REPOSITORY       TAG        IMAGE ID        CREATED          SIZE
newdocker_images      v1.0.0    sha256:20ee805752cb7cae660fbae89d7c6ea4a9c6372f16a6
cb079ecf6c79f87ed8c9    32 minutes ago   62.2 MB
docker.io/grafana/grafana         latest    sha256:4700307f41f249630f6d772638ad8d32c7
d7e3ec86c324d449d5e21076991bb7    9 days ago       238 MB
registry.jumpserver.org/public/guacamole   1.0.0    sha256:6300349f264218e783cd2bd
6f7863d356ac8d5ac05a62584cb4680af7ebec292   2 months ago    1.23 GB
docker.io/google/cadvisor                  latest    sha256:75f88e3ec333cbb410297e4
f40297ac615e076b4a50aeeae49f287093ff01ab1   5 months ago    62.2 MB
docker.io/tutum/influxdb                   latest    sha256:c061e580819875fad919108
41fd3fc53893524bbb9326a68b2470861633aebb1   19 months ago    290 MB
#显示完整的镜像信息
```

可以对比一下上面两个参数显示的不同信息。

15. docker rmi

功能：删除镜像。

常用参数如下。

- -f：强制删除。

实例操作如下。

```
[root@docker ~]# docker images
REPOSITORY          TAG         IMAGE ID         CREATED          SIZE
newdocker_images   v1.1.0     858cbd9ba687     6 seconds ago     62.2 MB
newdocker_images    v1.0.0     20ee805752cb     36 minutes ago   62.2 MB
docker.io/grafana/grafana      latest     4700307f41f2     9 days ago          238 MB
registry.jumpserver.org/public/guacamole    1.0.0     6300349f2642    2 months ago
  1.23 GB
docker.io/google/cadvisor      latest     75f88e3ec333     5 months ago       62.2 MB
docker.io/tutum/influxdb       latest     c061e5808198     19 months ago     290 MB
[root@docker ~]# docker rmi 20ee805752cb
Untagged: newdocker_images:v1.0.0
Deleted: sha256:20ee805752cb7cae660fbae89d7c6ea4a9c6372f16a6cb079ecf6c79f87ed8c9
#删除镜像20ee805752cb
[root@docker ~]# docker images
REPOSITORY          TAG         IMAGE ID         CREATED          SIZE
newdocker_images   v1.1.0     858cbd9ba687   39 seconds ago    62.2 MB
docker.io/grafana/grafana      latest      4700307f41f2   9 days ago          238 MB
registry.jumpserver.org/public/guacamole   1.0.0   6300349f2642 2 months ago 1.23 GB
docker.io/google/cadvisor     latest     75f88e3ec333   5 months ago       62.2 MB
docker.io/tutum/influxdb    latest     c061e5808198   19 months ago     290 MB
```

可以看到，镜像 20ee805752cb 已被删除。

16. docker tag

功能：标记本地镜像。

实例操作如下。

```
[root@docker ~]# docker images
REPOSITORY          TAG         IMAGE ID       CREATED              SIZE
newdocker_images    v1.1.0      858cbd9ba687   39 seconds ago       62.2 MB
[root@docker ~]# docker tag newdocker_images:v1.1.0 newdocker_images:v2
[root@docker ~]# docker images
REPOSITORY          TAG         IMAGE ID            CREATED          SIZE
newdocker_images    v1.1.0      858cbd9ba687   4 minutes ago       62.2 MB
newdocker_images    v2          858cbd9ba687   4 minutes ago       62.2 MB
```

从结果中可以看出，两个容器的 ID 是一样的，只是 tag 改变了，类似于 Linux 中文件与文件的硬链接，两者的 inode 号相同。

17．docker build

功能：使用 Dockerfile 创建镜像。

常用参数如下。

- -f：指定要使用的 Dockerfile 路径。
- --label=[]：设置镜像使用的元数据。
- -m：设置内存最大值。
- --memory-swap：设置 swap 的最大值为内存+swap，“-1”表示不限 swap。
- --no-cache：创建镜像的过程不使用缓存。
- --pull：尝试去更新镜像的新版本。
- -q：安静模式，成功后只输出镜像 ID。
- --rm：设置镜像成功后删除中间容器。
- --ulimit：Ulimit 配置。

实例操作如下。

```
[root@docker ~]# docker build https://github.com/nginxinc/docker-nginx/
```

18．docker history

功能：查看指定镜像的创建历史。

常用参数如下。

- -H：以可读的格式打印镜像大小和日期，默认为 true。
- --no-trunc：显示完整的提交记录。
- -q：仅列出提交记录 ID。

实例操作如下。

```
[root@docker ~]# docker history newdocker_images:v2
IMAGE        CREATED       CREATED BY                  SIZE      COMMENT
858cbd9ba687 32 minutes ago -storage_driver=influxdb -storage_driver_d... 0 B add
new images
75f88e3ec333   5 months ago    /bin/sh -c #(nop)  ENTRYPOINT ["/usr/bin/c...    0 B
<missing>    5 months ago    /bin/sh -c #(nop)  EXPOSE 8080/tcp            0 B
<missing>    5 months ago   /bin/sh -c #(nop) ADD file:e138bb5c0c12107...   26.5 MB
<missing>    5 months ago     /bin/sh -c apk --no-cache add ca-certifica...  30.9MB
<missing>    5 months ago    /bin/sh -c #(nop)  ENV GLIBC_VERSION=2.23-r3     0 B
<missing>    5 months ago    /bin/sh -c #(nop)  MAINTAINER dengnan@goog...  0 B
<missing>    5 months ago     /bin/sh -c #(nop)  CMD ["/bin/sh"]              0 B
<missing>    5 months ago    /bin/sh -c #(nop) ADD file:c05a199f603e2a9...   4.82 MB
```

19. docker info

功能：显示 Docker 系统信息，包括镜像和容器数。

实例操作如下。

```
[root@docker ~]# docker info
Containers: 4
 Running: 3
 Paused: 0
 Stopped: 1
Images: 5
Server Version: 1.13.1
Storage Driver: overlay2
 Backing Filesystem: xfs
 Supports d_type: true
 Native Overlay Diff: true
Logging Driver: journald
Cgroup Driver: systemd
Plugins:
 Volume: local
 Network: bridge host macvlan null overlay
Swarm: inactive
Runtimes: docker-runc runc
Default Runtime: docker-runc
Init Binary: /usr/libexec/docker/docker-init-current
containerd version:  (expected: aa8187dbd3b7ad67d8e5e3a15115d3eef43a7ed1)
runc version: e9c345b3f906d5dc5e8100b05ce37073a811c74a (expected: 9df8b306d01f59d3
a8029be411de015b7304dd8f)
init version: 5b117de7f824f3d3825737cf09581645abbe35d4 (expected: 949e6facb7738387
6aeff8a6944dde66b3089574)
Security Options:
 seccomp
  WARNING: You're not using the default seccomp profile
  Profile: /etc/docker/seccomp.json
Kernel Version: 3.10.0-693.el7.x86_64
Operating System: CentOS Linux 7 (Core)
OSType: linux
Architecture: x86_64
Number of Docker Hooks: 3
CPUs: 1
Total Memory: 7.64 GiB
Name: docker
ID: K7N6:CHF5:KAZP:QFDB:VYBP:IWMW:7VMV:L4TB:OJD2:SEZI:YRRR:4TJN
Docker Root Dir: /var/lib/docker
Debug Mode (client): false
Debug Mode (server): false
Registry: https://index.docker.io/v1/
WARNING: bridge-nf-call-iptables is disabled
WARNING: bridge-nf-call-ip6tables is disabled
Experimental: false
Insecure Registries:
 127.0.0.0/8
Live Restore Enabled: false
Registries: docker.io (secure)
```

20. docker version

功能：显示 Docker 的版本信息。

实例操作如下。

```
[root@docker ~]# docker version
Client:
 Version:         1.13.1
 API version:     1.26
```

```
 Package version: docker-1.13.1-63.git94f4240.el7.centos.x86_64
 Go version:      go1.9.4
 Git commit:      94f4240/1.13.1
 Built:           Fri May 18 15:44:33 2018
 OS/Arch:         linux/amd64
Server:
 Version:         1.13.1
 API version:     1.26 (minimum version 1.12)
 Package version: docker-1.13.1-63.git94f4240.el7.centos.x86_64
 Go version:      go1.9.4
 Git commit:      94f4240/1.13.1
 Built:           Fri May 18 15:44:33 2018
 OS/Arch:         linux/amd64
 Experimental:    false
```

第 26 章 Docker 镜像仓库的构建与镜像管理

上一章提到，Docker 镜像仓库分为公有仓库与私有仓库。当我们执行 docker pull 命令时，Docker 默认是从 registry.docker.com 地址去查找我们所需要的镜像文件，然后执行下载操作。这类镜像仓库就是 Docker 默认的公有仓库，所有人都可以直接查看或下载、使用，但是基于网络原因，下载速度有限制。我们在公司内部内网环境中使用 Docker，一般不会将镜像文件上传到公有仓库中，但内部共享使用就是个问题，私有仓库就由此产生了。

26.1 Docker 私有仓库简介

26.1.1 什么是私有仓库

私有仓库，就是本地（内网环境）组建的一个与公网公有仓库功能相似的镜像仓库。组建好之后，我们就可以将已打包的镜像提交到私有仓库中，这样内网的其他用户也可以使用这个镜像文件。

26.1.2 为什么需要私有仓库

很多读者可能会有疑问，镜像仓库不是有 Docker Hub 了吗？为什么还需要去搭建 Docker 私有仓库呢？

有以下两点原因。

（1）访问性能：Docker Hub 是公网的公有仓库，企业内部上传、下载都需要通过公网，有时会因为网络或地域的原因导致性能比较低下。

（2）安全性高：内网与外网隔离，可以保障私有镜像的安全。

26.2 构建 Docker 私有仓库

本章使用官方提供的 registry 镜像来组建企业内网的私有镜像仓库。

26.2.1 部署环境

服务器规划见表 26-1。

表 26-1　服务器规划

服务器角色	IP 地址	用途
服务端	192.168.3.82	私有仓库服务器，运行registry容器
客户端	192.168.3.83	客户端，用于测试镜像文件的上传、下载

服务端与客户端需要有 Docker 环境，环境查看如下。

```
[root@server ~]# cat /etc/redhat-release
CentOS Linux release 7.4.1708 (Core)
[root@server ~]# uname -r
3.10.0-693.el7.x86_64
[root@server ~]# docker --version
Docker version 1.13.1, build 8633870/1.13.1
```

26.2.2　服务端部署

Docker 镜像仓库服务端的部署操作步骤如下。

1．下载官方 registry 镜像文件

命令如下。

```
[root@server ~]# docker pull registry
Using default tag: latest
Trying to pull repository docker.io/library/registry ...
latest: Pulling from docker.io/library/registry
81033e7c1d6a: Pull complete
b235084c2315: Pull complete
c692f3a6894b: Pull complete
ba2177f3a70e: Pull complete
a8d793620947: Pull complete
Digest: sha256:672d519d7fd7bbc7a448d17956ebeefe225d5eb27509d8dc5ce67ecb4a0bce54
Status: Downloaded newer image for docker.io/registry:latest
[root@server ~]# docker images |grep registry
docker.io/registry   latest  d1fd7d86a825   5 months ago   33.3 MB
```

2．运行 registry 容器

命令如下。

```
[root@server ~]# mkdir /docker/registry -p
[root@server ~]# docker run -itd -v /docker/registry/:/docker/registry -p 5000:5000
--restart=always --name registry registry:latest
26d0b91a267f684f9da68f01d869b31dbc037ee6e7bf255d8fb435a22b857a0e
[root@server ~]# docker ps
CONTAINER ID  IMAGE  COMMAND  CREATED   STATUS  PORTS   NAMES
26d0b91a267f  registry:latest  "/entrypoint.sh /e..."  4 seconds ago  Up 3 seconds
 0.0.0.0:5000->5000/tcp   registry
```

运行参数说明如下。

- -itd：在容器中打开一个伪终端进行交互操作，并在后台运行。
- -v：把宿主机的/docker/registry 目录绑定到容器/docker/registry 目录（这个目录是 registry 容器中存放镜像文件的目录），来实现数据的持久化。
- -p：映射端口。访问宿主机的 5000 端口就访问到 registry 容器的服务了。
- --restart=always：这是重启的策略，假如这个容器异常退出，会自动重启容器。

- --name registry：创建容器并命名为 registry，可自定义任何名称。
- registry:latest：这是刚才 pull 下来的镜像。

3．查看远程仓库镜像文件

命令如下。

```
[root@master ~]# curl http://localhost:5000/v2/_catalog
{"repositories":[]}
```

也可以使用浏览器访问 http://server-ip:5000/v2/_catalog，结果相同，都是空的，没有任何文件。

26.2.3 客户端配置

客户端配置很简单，只需要修改默认下载的镜像源文件。

修改下载的镜像源文件如下。

```
[root@client ~]# vim /etc/docker/daemon.json
{
"registry-mirrors":["https://registry.docker-cn.com"]
}
[root@client ~]# systemctl restart docker
```

修改完成后，重启 Docker 服务即可。

26.3 私有镜像仓库测试

构建完私有镜像仓库之后，我们可以通过客户端的镜像上传、下载来测试私有镜像仓库是否可用。

26.3.1 客户端测试环境准备

1．下载测试镜像

命令如下。

```
[root@client ~]# docker pull nginx
Using default tag: latest
Trying to pull repository docker.io/library/nginx ...
latest: Pulling from docker.io/library/nginx
683abbb4ea60: Pull complete
6ff57cbc007a: Pull complete
162f7aebbf40: Pull complete
Digest: sha256:636dd2749d9a363e5b57557672a9ebc7c6d041c88d9aef184308d7434296feea
Status: Downloaded newer image for docker.io/nginx:latest
```

2．给镜像打标签（tag）

命令如下。

```
[root@client ~]# docker tag nginx:latest 192.168.3.82:5000/nginx:v1
[root@client ~]# docker images
```

```
REPOSITORY                  TAG         IMAGE ID          CREATED          SIZE
192.168.3.82:5000/nginx    v1         649dcb69b782     8 hours ago     109 MB
docker.io/nginx             latest     649dcb69b782     8 hours ago     109 MB
```

26.3.2　上传镜像

1. 客户端上传镜像文件

命令如下。

```
[root@client ~]# docker push 192.168.3.82:5000/nginx:v1
The push refers to a repository [192.168.3.82:5000/nginx]
Get https://192.168.3.82:5000/v1/_ping: http: server gave HTTP response to HTTPS
client
```

注意：这里出现报错提示，从提示信息中可以看出，需要使用 HTTPS 的方式才能上传，解决方案如下。

```
[root@client ~]# vim /etc/docker/daemon.json
{
"registry-mirrors":["https://registry.docker-cn.com"],
 "insecure-registries":["192.168.3.82:5000"]
}
```

添加私有镜像服务器的地址，注意书写格式必须为 JSON，需要重启 Docker 服务使配置生效。

```
[root@client ~]# systemctl restart docker
[root@client ~]# docker push 192.168.3.82:5000/nginx:v1
The push refers to a repository [192.168.3.82:5000/nginx]
6ee5b085558c: Pushed
78f25536dafc: Pushed
9c46f426bcb7: Pushed
v1: digest: sha256:edad5e71815c79108ddbd1d42123ee13ba2d8050ad27cfa72c531986d03ee4e
7 size: 948
```

2. 服务端查看镜像仓库

命令如下。

```
[root@server ~]# curl http://localhost:5000/v2/_catalog
{"repositories":["nginx"]}
[root@server ~]# curl http://localhost:5000/v2/nginx/tags/list
{"name":"nginx","tags":["v1"]}
```

26.3.3　下载镜像

首先删除客户端主机之前从公有仓库下载的镜像文件。

```
[root@client ~]# docker images
REPOSITORY                  TAG        IMAGE ID          CREATED          SIZE
192.168.3.82:5000/nginx    v1        649dcb69b782     10 hours ago     109 MB
docker.io/nginx             latest    649dcb69b782     10 hours ago     109 MB
[root@client ~]# docker image rmi -f 649dcb69b782
Untagged: 192.168.3.82:5000/nginx:v1
Untagged: 192.168.3.82:5000/nginx@sha256:edad5e71815c79108ddbd1d42123ee13ba2d8050a
d27cfa72c531986d03ee4e7
```

```
Untagged: docker.io/nginx:latest
Untagged: docker.io/nginx@sha256:636dd2749d9a363e5b57557672a9ebc7c6d041c88d9aef184
308d7434296feea
Deleted: sha256:649dcb69b782d4e281c92ed2918a21fa63322a6605017e295ea75907c84f4d1e
Deleted: sha256:bf7cb208a5a1da265666ad5ab3cf10f0bec1f4bcb0ba8d957e2e485e3ac2b463
Deleted: sha256:55d02c20aa07136ab07ab47f4b20b97be7a0f34e01a88b3e046a728863b5621c
Deleted: sha256:9c46f426bcb704beffafc951290ee7fe05efddbc7406500e7d0a3785538b8735
[root@client ~]# docker images
REPOSITORY          TAG                 IMAGE ID            CREATED             SIZE
```

此时客户端所有的镜像文件全部删除，接下来从私有仓库下载镜像。

```
[root@client ~]# docker pull 192.168.3.82:5000/nginx:v1
Trying to pull repository 192.168.3.82:5000/nginx ...
v1: Pulling from 192.168.3.82:5000/nginx
683abbb4ea60: Pull complete
6ff57cbc007a: Pull complete
162f7aebbf40: Pull complete
Digest: sha256:edad5e71815c79108ddbd1d42123ee13ba2d8050ad27cfa72c531986d03ee4e7
Status: Downloaded newer image for 192.168.3.82:5000/nginx:v1
[root@client ~]# docker images
REPOSITORY                TAG     IMAGE ID       CREATED          SIZE
192.168.3.82:5000/nginx   v1      649dcb69b782   11 hours ago     109 MB
```

可以看出，客户端已正常从远端服务器拉取到所需要的镜像文件，其他内网服务器也可以正常共享这台镜像服务器。至此，搭建内网私有镜像仓库就完成了。

26.4 Dockerfile 概述

Dockerfile 是一个文本格式的配置文件，我们可以使用 Dockerfile 快速创建自定义的镜像文件。

本节将介绍 Dockerfile 的概念、组成和指令详解，以及如何通过这些指令来编写自定义镜像的 Dockerfile 和生成镜像。

26.4.1 什么是 Dockerfile

Docker 镜像的构建和定制，实际上就是构建和定制每一层的配置及文件。我们可以把每一层的修改、安装、操作、构建等命令都写入一个脚本，用这个脚本来构建和定制 Docker 镜像，这个脚本就是 Dockerfile。

Docker 可以使用 Dockerfile 的内容来自动构建镜像。Dockerfile 也是一个文件，其中有创建镜像和运行指令等一系列的命令，且每行只支持一个运行命令。每一条命令构建一层，这条命令的内容就是描述如何构建该层。

26.4.2 Dockerfile 的组成

Dockerfile 由以下 4 部分组成。

（1）基础镜像信息。

（2）维护者信息。

（3）镜像操作指令。

（4）容器启动时执行的指令。

Dockerfile 指令忽略大小写，建议大写，“#”号后的内容作为注释，每行只支持一条指令，指令可以带多个参数。

26.4.3　Dockerfile 的指令分类

Dockerfile 指令分为以下两类。

（1）构建指令：用于构建 image，其指定的操作不会在运行 image 的容器中执行。

（2）设置指令：用于设置 image 的属性，其指定的操作会在运行 image 的容器中执行。

26.4.4　Dockerfile 指令详解

Dockerfile 指令主要有以下几种。

1．FROM

功能：用来指定基础镜像，然后在基础镜像上构建新的镜像，基础镜像一般有远程和本地仓库。Dockerfile 文件第一行必须是 FROM 指令，如果一个 Dockerfile 需要创建多个镜像，那么可以使用多个 FROM 指令。

具体使用方法如下。

```
FROM <image_name>    #默认是latest版本
FROM <image:version>  #指定版本
```

2．MAINTAINER

功能：指定镜像的创建者信息。

具体使用方法如下。

```
MAINTAINER <name>
```

3．RUN

功能：运行所有基础镜像能支持的命令，同样也可以使用多条 RUN 指令，可以使用“\”来换行。

具体使用方法如下。

```
RUN <command>
RUN ["executable", "param1", "param2" ... ] (exec form)
```

4．CMD

功能：用于容器启动时的指定操作，它既可以是命令，也可以是脚本，但只执行一次。如果有多个，默认只会执行最后一个。

具体使用方法如下。

```
CMD [" executable"  , " param1" ,  " param2" ]#使用exec执行，推荐
CMD command param1 param2#在/bin/sh上执行
```

```
CMD ["param1", "param2"]#提供给ENTRYPOINT做默认参数
```

5. EXPOSE

功能：指定容器的端口映射（容器与物理机），运行容器时加上-p 参数指定 EXPOSE 设置的端口。EXPOSE 可以设置多个端口号，相应地运行容器配套多次使用-p 参数。可以通过 docker port +容器需要映射的端口号和容器 ID 来参考宿主机的映射端口。

具体使用方法如下。

```
EXPOSE <port> [port1 , port2 ...]
```

6. ENV

功能：在镜像中用于设置环境变量。RUN 命令可以使用这里设置的环境变量，在容器启动后通过 docker inspect 命令查看环境变量，通过 docker run --env key=value 命令来设置或修改环境变量。

具体使用方法如下。

```
ENV <key> <value>
ENV JAVA_HOME /usr/local/jdk
```

7. ADD

功能：复制指定的源文件、目录、URL 到容器的指定目录中。所有复制到容器中的文件和文件夹的权限为 0755，UID 和 GID 为 0。

具体使用方法如下。

```
ADD <源> <目标>
```

需要注意以下 3 点。

（1）如果源是一个目录，那么会将该目录下的所有文件添加到容器中，不包括目录；如果源文件是可识别的压缩格式，则 Docker 会帮忙解压缩（注意压缩格式）。

（2）如果源是文件且目标目录中不使用斜杠结束，则会将目标目录视为文件，源的内容会写入目标目录。

（3）如果源是文件且目标目录中使用斜杠结束，则会将源文件复制到目标目录下。

8. COPY

功能：复制本地主机的源（默认为 Dockerfile 所在的目录）到容器的目标中，目标路径不存在时会自动创建。

具体使用方法如下。

```
COPY <源> <目标>
COPY web/index.html  /var/web/
```

需要注意以下 3 点。

（1）路径必须是绝对路径，如果不存在，会自动创建对应目录。

（2）路径必须是 Dockerfile 所在路径的相对路径。

（3）如果是一个目录，只会复制目录下的内容，而目录本身不会被复制。

9．ENTRYPOINT

功能：指定容器启动后执行的命令，如果有多行，只执行最后一行，并且不可被 docker run 提供的参数覆盖。

具体使用方法如下。

```
ENTRYPOINT "command" "param1" "param2"
```

10．VOLUME

功能：创建一个可以从本地主机或其他容器挂载的挂载点，一般用于存放数据。docker run –v 命令也可以实现此功能。

具体使用方法如下。

```
VOLUME  [directory_name]
VOLUME /docker_data
```

11．USER

功能：指定容器运行时使用的用户或 UID，后面 RUN、CMD、ENTRYPIONT 指令都会使用此用户来运行命令。

具体使用方法如下。

```
USER [username/uid]
```

12．WORKDIR

功能：指定 RUN、CMD、ENTRYPIONT 指定的命令的运行目录。可以使用多个 WORKDIR 指令，后续参数如果是相对路径，则会基于之前的命令指定的路径。例如，WORKDIR/data WORKDIR work，最终的路径就是/data/work。path 路径也可以是环境变量。

具体使用方法如下。

```
WORKDIR [path]
```

13．ONBUILD

功能：配置当前所创建的镜像作为其他新建镜像的基础镜像时，所执行的操作指令。也就是说，这个镜像创建后，如果其他镜像以这个镜像为基础，那么会先执行这个镜像的 ONBUILD 命令。

具体使用方法如下。

```
ONBUILD [INSTRUCTION]
```

26.5　通过 Dockerfile 快速构建镜像

接下来，我们通过构建一个 Tomcat 镜像来演示 Dockerfile 的使用方法。前提是安装 Docker 环境，如何安装 Docker 环境就不在此赘述了，请参考前面章节的介绍。

26.5.1 编辑 Dockerfile 文件

```
[root@server tomcat]# ll
```

总用量为 190504。

```
-rw-r--r-- 1 root root   9552281 6月   7 15:07 apache-tomcat-8.5.31.tar.gz
-rw-r--r-- 1 root root        32 7月   3 09:41 index.jsp
-rw-r--r-- 1 root root 185515842 9月  20 2017 jdk-8u144-linux-x64.tar.gz
[root@master tomcat]# cat index.jsp
welcome to mingongge's web site
[root@master tomcat]# pwd
/root/docker/tomcat
[root@master tomcat]# vim Dockerfile
#config file start#
FROM centos
MAINTAINER mingongge

#add jdk and tomcat software
ADD jdk-8u144-linux-x64.tar.gz /usr/local/
ADD apache-tomcat-8.5.31.tar.gz /usr/local/
ADD index.jsp /usr/local/apache-tomcat-8.5.31/webapps/ROOT/

#config java and tomcat ENV
ENV JAVA_HOME /usr/local/jdk1.8.0_144
ENV CLASSPATH $JAVA_HOME/lib/dt.jar:$JAVA_HOME/lib/tools.jar
ENV CATALINA_HOME /usr/local/apache-tomcat-8.5.31/
ENV PATH $PATH:$JAVA_HOME/bin:$CATALINA_HOME/bin

#config listen port of tomcat
EXPOSE 8080

#config startup command of tomcat
CMD /usr/local/apache-tomcat-8.5.31/bin/catalina.sh run

#end of config-file#
```

26.5.2 构建过程

构建也非常简单，只需使用“docker bulid”命令通过 Dockerfile 来构建相应的镜像。

```
[root@server tomcat]# docker build -t tomcat-web .
 Sending build context to Docker daemon 195.1 MB
Step 1/11 : FROM centos
 ---> 49f7960eb7e4
Step 2/11 : MAINTAINER mingongge
 ---> Running in afac1e218299
 ---> a404621fac22
Removing intermediate container afac1e218299
Step 3/11 : ADD jdk-8u144-linux-x64.tar.gz /usr/local/
 ---> 4e22dafc2f76
Removing intermediate container b1b23c6f202a
Step 4/11 : ADD apache-tomcat-8.5.31.tar.gz /usr/local/
 ---> 1efe59301d59
Removing intermediate container aa78d5441a0a
Step 5/11 : ADD index.jsp /usr/local/apache-tomcat-8.5.31/webapps/ROOT/
 ---> f09236522370
Removing intermediate container eb54e6eb963a
```

```
Step 6/11 : ENV JAVA_HOME /usr/local/jdk1.8.0_144
 ---> Running in 3aa91b03d2d1
 ---> b497c5482fe0
Removing intermediate container 3aa91b03d2d1
Step 7/11 : ENV CLASSPATH $JAVA_HOME/lib/dt.jar:$JAVA_HOME/lib/tools.jar
 ---> Running in f2649b5069be
 ---> 9cedb218a8df
Removing intermediate container f2649b5069be
Step 8/11 : ENV CATALINA_HOME /usr/local/apache-tomcat-8.5.31/
 ---> Running in 39ef620232d9
 ---> ccab256164fe
Removing intermediate container 39ef620232d9
Step 9/11 : ENV PATH $PATH:$JAVA_HOME/bin:$CATALINA_HOME/bin
 ---> Running in a58944d03d4a
 ---> f57de761a759
Removing intermediate container a58944d03d4a
Step 10/11 : EXPOSE 8080
 ---> Running in 30681437d265
 ---> b906dcc26584
Removing intermediate container 30681437d265
Step 11/11 : CMD /usr/local/apache-tomcat-8.5.31/bin/catalina.sh run
 ---> Running in 437790cc642a
 ---> 95204158ee68
Removing intermediate container 437790cc642a
Successfully built 95204158ee68
```

看到“Successfully built 95204158ee68”字样，表明已经构建成功。

26.5.3　通过构建的镜像启动容器

通过构建的镜像文件来创建和启动容器的操作步骤如下。

```
[root@server tomcat]# docker run -d -p 8080:8080 tomcat-web
b5b65bee5aedea2f48edb276c543c15c913166bf489088678c5a44fe9769ef45
[root@server tomcat]# docker ps
CONTAINER ID   IMAGE        COMMAND              CREATED        STATUS       PORTS   NAMES
b5b65bee5aed   tomcat-web   "/bin/sh -c '/usr/..."   5 seconds ago   Up 4 seconds
 0.0.0.0:8080->8080/tcp    vigilant_heisenberg
```

访问容器，在浏览器中输入 http://server-ip:8080，结果如图 26-1 所示。

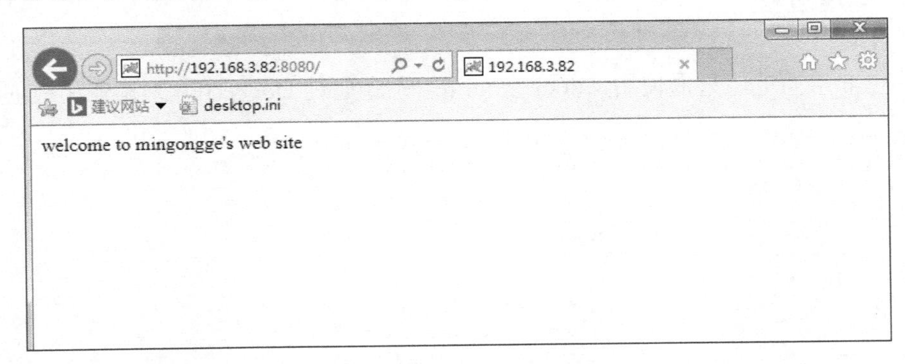

图26-1　访问容器结果

第 27 章 Docker 三剑客

学习 Docker 的读者应该听说过“Docker 三剑客”，就如同“网页三剑客”一样。Docker 三剑客包括 Docker Machine、Docker Compose 和 Docker Swarm，本章将逐一进行详细介绍。

27.1 Docker Machine

Docker Machine 是 Docker 官方三剑客项目之一，使用它可以在多个平台上快速安装部署 Docker 环境，还可以在短时间内快速构建起一套 Docker 主机集群。

本节将介绍 Docker Machine 的部署、使用管理命令以及应用案例等。

27.1.1 什么是 Docker Machine

Docker Machine 是 Docker 公司开发的，用于在各种平台上快速创建具有 Docker 服务的虚拟机，甚至可以通过指定 driver 来定制虚拟机（一般是通过 VirtualBox 创建虚拟机）。

27.1.2 Docker 与 Docker Machine 的区别

Docker 是一个 Client-Server 架构的应用，是 Docker Engine 的简称。

Docker 包括以下 3 个部分。

（1）Docker daemon。

（2）一套与 Docker daemon 交互的 RESTful API。

（3）一个命令行客户端。

Docker Machine 是安装和管理 Docker 的工具，其命令行工具为 docker-machine。

27.1.3 安装 Docker Machine

Docker Machine 的安装非常简单，过程如下。

```
[root@server ~]# curl -L https://github.com/docker/machine/releases/download/v0.14.0/
docker-machine-`uname -s`-`uname -m` >/tmp/docker-machine
% Total    % Received % Xferd  Average Speed   Time    Time     Time  Current
                               Dload  Upload   Total   Spent    Left  Speed
100   617    0   617    0     0    390      0 --:--:-- 0:00:01 --:--:--   390
```

```
100 26.7M  100 26.7M    0     0  1618k      0  0:00:16  0:00:16 --:--:-- 3622k
[root@server ~]# chmod +x /tmp/docker-machine
[root@server ~]# cp /tmp/docker-machine /usr/local/bin/docker-machine
[root@server ~]# ll /usr/local/bin/docker-machine
-rwxr-xr-x 1 root root 28034848 6月  12 15:24 /usr/local/bin/docker-machine
[root@server ~]# docker-machine -v
docker-machine version 0.14.0, build 89b8332
```

27.1.4　Docker Machine 命令帮助信息

Docker Machine 安装完成后，可以通过如下“docker-machine --help”命令来查看具体命令的使用帮助信息。

```
[root@server ~]# docker-machine --help
Usage: docker-machine [OPTIONS] COMMAND [arg...]

Create and manage machines running Docker.

Version: 0.14.0, build 89b8332

Author:
  Docker Machine Contributors - <https://github.com/docker/machine>

Options:
  --debug, -D                               Enable debug mode
  --storage-path, -s "/root/.docker/machine"  Configures storage path [$MACHINE_
STORAGE_PATH]
  --tls-ca-cert              CA to verify remotes against  [$MACHINE_TLS_CA_CERT]
  --tls-ca-key              Private key to generate certificates [$MACHINE_TLS_CA_KEY]
  --tls-client-cert          Client cert to use for TLS [$MACHINE_TLS_CLIENT_CERT]
  --tls-client-key           Private key used in client TLS auth [$MACHINE_TLS_CLIENT_
KEY]
  --github-api-token        Token to use for requests to the Github API [$MACHINE_
GITHUB_API_TOKEN]
  --native-ssh          Use the native (Go-based) SSH implementation. [$MACHINE_NATIVE_
SSH]
  --bugsnag-api-token     BugSnag API token for crash reporting [$MACHINE_BUGSNAG_
API_TOKEN]
  --help, -h                show help
  --version, -v              print the version

Commands:
  active           Print which machine is active
  config           Print the connection config for machine
  create           Create a machine
  env             Display the commands to set up the environment for the Docker client
  inspect           Inspect information about a machine
  ip               Get the IP address of a machine
  kill               Kill a machine
  ls                List machines
  provision             Re-provision existing machines
  regenerate-certs      Regenerate TLS Certificates for a machine
  restart              Restart a machine
  rm                 Remove a machine
  ssh                Log into or run a command on a machine with SSH.
  scp                Copy files between machines
  mount               Mount or unmount a directory from a machine with SSHFS.
  start               Start a machine
  status              Get the status of a machine
```

```
stop              Stop a machine
upgrade           Upgrade a machine to the latest version of Docker
url               Get the URL of a machine
version           Show the Docker Machine version or a machine docker version
help              Shows a list of commands or help for one command
```

27.1.5 Docker Machine 命令详解

Docker Machine 命令详细说明如下。

（1）docker-machine active：显示当前的活动主机。

（2）docker-machine config：显示连接主机的配置。

（3）docker-machine create：创建一个主机。

（4）docker-machine env：设置当前的环境与哪个主机通信。

（5）docker-machine inspect：查看主机的详细信息。

（6）docker-machine ip：查看主机的 IP。

（7）docker-machine kill：强制关闭一个主机。

（8）docker-machine ls：查看所有的主机信息。

（9）docker-machine provision：重新配置现有主机。

（10）docker-machine regenerate-certs：为主机重新生成证书。

（11）docker-machine restart：重启主机。

（12）docker-machine rm：删除主机。

（13）docker-machine ssh：以 SSH 的方式连接到主机上。

（14）docker-machine scp：远程复制。

（15）docker-machine status：查看主机的状态。

（16）docker-machine stop：停止一个正在运行的主机。

（17）docker-machine upgrade：升级主机的 Docker 服务到最新版本。

（18）docker-machine version：查看 Docker Machine 版本。

27.1.6 Docker Machine 命令实例操作

```
[root@server ~]# docker-machine create -d virtualbox testhost
[root@server ~]# docker-machine create --driver virtualbox testhost
```

上面两个命令的作用相同，都是创建一个名为 testhost 的主机，驱动方式是 VirtualBox。下面来演示 Docker Machine 命令的具体实例操作。

```
[root@server ~]# docker-machine create -d virtualbox testhost
Creating CA: /root/.docker/machine/certs/ca.pem
Creating client certificate: /root/.docker/machine/certs/cert.pem
Running pre-create checks...
Error with pre-create check: "VBoxManage not found. Make sure VirtualBox is instal
led and VBoxManage is in the path"
```

报错提示没有发现 VBoxManage，因此需要手工安装 VirtualBox 驱动，具体安装过程如下。

（1）配置 Yum 源。

```
[root@server ~]# vim  /etc/yum.repos.d/virtualbox.repo
[virtualbox]
name=Oracle Linux / RHEL / CentOS-$releasever / $basearch - VirtualBox
baseurl=http://download.virtualbox.org/virtualbox/rpm/el/$releasever/$basearch
enabled=1
gpgcheck=0
repo_gpgcheck=0
gpgkey=https://www.virtualbox.org/download/oracle_vbox.asc
```

（2）查看可安装的版本。

```
[root@server ~]# yum search VirtualBox    #查找具体的安装版本
```

已加载插件：fastestmirror。

```
Loading mirror speeds from cached hostfile
 * base: mirrors.163.com
 * epel: mirrors.ustc.edu.cn
 * extras: centos.ustc.edu.cn
 * updates: centos.ustc.edu.cn
============== N/S matched: VirtualBox ====================================
VirtualBox-4.3.x86_64 : Oracle VM VirtualBox
VirtualBox-5.0.x86_64 : Oracle VM VirtualBox
VirtualBox-5.1.x86_64 : Oracle VM VirtualBox
VirtualBox-5.2.x86_64 : Oracle VM VirtualBox
[root@server ~]# yum install -y VirtualBox-5.2  #安装VirtualBox 5.2
```

（3）加载 VirtualBox 服务。

```
[root@server ~]# /sbin/vboxconfig
vboxdrv.sh: Stopping VirtualBox services.
vboxdrv.sh: Building VirtualBox kernel modules.
This system is currently not set up to build kernel modules.
Please install the Linux kernel "header" files matching the current kernel
for adding new hardware support to the system.
The distribution packages containing the headers are probably:
    kernel-devel kernel-devel-3.10.0-693.el7.x86_64
This system is currently not set up to build kernel modules.
Please install the Linux kernel "header" files matching the current kernel
for adding new hardware support to the system.
The distribution packages containing the headers are probably:
    kernel-devel kernel-devel-3.10.0-693.el7.x86_64

There were problems setting up VirtualBox.  To re-start the set-up process, run
  /sbin/vboxconfig
as root.
```

注意：如果内核版本不一致，会出现上面的报错，需要安装相同的内核版本。

（4）安装对应的内核版本。

```
[root@server ~]# rpm -ivh kernel-devel-3.10.0-693.el7.x86_64.rpm
准备中...                          ################################# [100%]
正在升级/安装...
   1:kernel-devel-3.10.0-693.el7    ################################# [100%]
[root@server ~]# yum install gcc make perl -y
[root@server ~]# rpm -qa kernel\*
kernel-tools-3.10.0-693.el7.x86_64
kernel-devel-3.10.0-693.el7.x86_64
kernel-tools-libs-3.10.0-693.el7.x86_64
```

```
kernel-3.10.0-693.el7.x86_64
kernel-headers-3.10.0-862.3.2.el7.x86_64
[root@server ~]# /sbin/vboxconfig
vboxdrv.sh: Stopping VirtualBox services.
vboxdrv.sh: Building VirtualBox kernel modules.
vboxdrv.sh: Starting VirtualBox services.
```

下面重新安装 VirtualBox 主机。

```
[root@server ~]# docker-machine create --driver virtualbox testhost
Running pre-create checks...
Error with pre-create check: "This computer doesn't have VT-X/AMD-v enabled.
Enabling it in the BIOS is mandatory"
#报错信息提示没有开启虚拟化功能，下面直接打开
[root@server ~]# docker-machine create --driver virtualbox default
Running pre-create checks...
(default) No default Boot2Docker ISO found locally, downloading the latest release...
(default) Latest release for github.com/boot2docker/boot2docker is v18.05.0-ce
(default) Downloading /root/.docker/machine/cache/boot2docker.iso from https://
github.com/boot2docker/boot2docker/releases/download/v18.05.0-ce/boot2docker.iso...
(default) 0%....10%....20%....30%....40%....50%....60%....70%....80%....90%....100%
Creating machine...
(default) Copying /root/.docker/machine/cache/boot2docker.iso to /root/.docker/
machine/machines/default/boot2docker.iso...
(default) Creating VirtualBox VM...
(default) Creating SSH key...
(default) Starting the VM...
(default) Check network to re-create if needed...
(default) Found a new host-only adapter: "vboxnet0"
(default) Waiting for an IP...
Waiting for machine to be running, this may take a few minutes...
Detecting operating system of created instance...
Waiting for SSH to be available...
Detecting the provisioner...
Provisioning with boot2docker...
Copying certs to the local machine directory...
Copying certs to the remote machine...
Setting Docker configuration on the remote daemon...
Checking connection to Docker...
Docker is up and running!
To see how to connect your Docker Client to the Docker Engine running on this
virtual machine, run: docker-machine env default
```

可以先安装一个默认的虚拟机。

```
[root@server~]# docker-machine ls
NAME  ACTIVE   DRIVER    STATE      URL     SWARM   DOCKER     ERRORS
default    -  virtualbox   Running  tcp://192.168.99.100:2376     v18.05.0-ce
[root@cserver ~]# docker-machine status
Running
```

接下来配置环境变量，方便后面直接操作主机。

```
[root@server ~]# docker-machine env default
export DOCKER_TLS_VERIFY="1"
export DOCKER_HOST="tcp://192.168.99.100:2376"
export DOCKER_CERT_PATH="/root/.docker/machine/machines/default"
export DOCKER_MACHINE_NAME="default"
# Run this command to configure your shell:
# eval $(docker-machine env default)
[root@server ~]#  eval $(docker-machine env default)
[root@server ~]# docker-machine ssh default  #连接虚拟主机
                        ##         .
                  ## ## ##        ==
               ## ## ## ## ##    ===
```

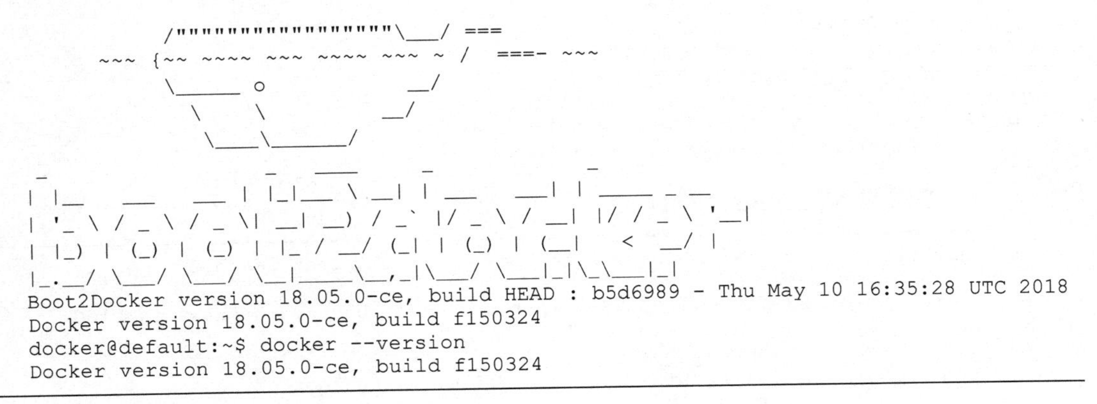

```
Boot2Docker version 18.05.0-ce, build HEAD : b5d6989 - Thu May 10 16:35:28 UTC 2018
Docker version 18.05.0-ce, build f150324
docker@default:~$ docker --version
Docker version 18.05.0-ce, build f150324
```

正常进入虚拟机。

27.1.7　Docker Machine 配置实战

1．配置环境介绍

整个配置环境使用两台服务器，分别如下。

- 本地主机：192.168.22.177（localhost）。
- 远程主机：192.168.22.175（remotehost）。

可能有的读者还是不太明白，这个 Docker Machine 到底有什么用？Docker Machine 可以在本地部署相应环境的同时，完成远程 Docker 主机相同环境的部署，减少重复的操作。

2．配置免密登录

（1）创建密钥对。

```
[root@localhost ~]# ssh-keygen -t rsa
Generating public/private rsa key pair.
Enter file in which to save the key (/root/.ssh/id_rsa):
Created directory '/root/.ssh'.
Enter passphrase (empty for no passphrase):
Enter same passphrase again:
Your identification has been saved in /root/.ssh/id_rsa.
Your public key has been saved in /root/.ssh/id_rsa.pub.
The key fingerprint is:
SHA256:7Ue0bc08pEs+PonJqy7/hyxUhNO4uEegVizX4EJC8J8 root@centos7.3
The key's randomart image is:
+---[RSA 2048]------+
| .oo ...o +        |
|  . o..= = o       |
|   . .=.o + .   .  |
|    .oo. + o oo+   |
|    .E  S o ooo.+  |
|        . + .o.. . |
|         o + =+.   |
|        . . B.+.   |
|         +++oo..   |
+----[SHA256]-------+
```

（2）复制密钥到远端主机。

```
[root@localhost ~]# ssh-copy-id 192.168.22.175
/usr/bin/ssh-copy-id: INFO: Source of key(s) to be installed: "/root/.ssh/id_rsa.pub"
The authenticity of host '192.168.22.175 (192.168.22.175)' can't be established.
```

```
ECDSA key fingerprint is SHA256:p6+FPeTxTUx37cwJWJP8cUE9NhcUHSvAppVPyj4aj8c.
ECDSA key fingerprint is MD5:89:6d:f7:46:11:45:2e:fd:21:87:42:bd:62:06:fe:fd.
Are you sure you want to continue connecting (yes/no)? yes
/usr/bin/ssh-copy-id: INFO: attempting to log in with the new key(s), to filter
out any that are already installed
/usr/bin/ssh-copy-id: INFO: 1 key(s) remain to be installed -- if you are prompted
 now it is to install the new keys
root@192.168.22.175's password:

Number of key(s) added: 1

Now try logging into the machine, with:   "ssh '192.168.22.175'"
and check to make sure that only the key(s) you wanted were added.
```

（3）测试免密登录。

```
[root@localhost ~]# ssh 192.168.22.175
Last login: Tue Apr 24 06:51:06 2018 from 192.168.22.170
[root@remotehost ~]# ip add |grep 192.168.22
    inet 192.168.22.175/24 brd 192.168.22.255 scope global ens32
```

3. 创建远程主机

远程主机需要安装有 Docker 环境，可参考前面的章节安装。

```
[root@localhost ~]# docker-machine create -d generic --generic-ip-address=192.168.
22.175 --generic-ssh-user=root --engine-registry-mirror http://ef017c13.m.daocloud.io
   dockerhost
Running pre-create checks...
Creating machine...
(dockerhost) No SSH key specified. Assuming an existing key at the default location.
Waiting for machine to be running, this may take a few minutes...
Detecting operating system of created instance...
Waiting for SSH to be available...
Detecting the provisioner...
Provisioning with centos...
Copying certs to the local machine directory...
Copying certs to the remote machine...
Setting Docker configuration on the remote daemon...
Checking connection to Docker...
Docker is up and running!
To see how to connect your Docker Client to the Docker Engine running on this virtual
 machine, run: docker-machine env dockerhost
[root@localhost ~]# docker-machine ls
NAME     ACTIVE    DRIVER      STATE      URL    SWARM    DOCKER     ERRORS
dockerhost    -      generic       Running    tcp://192.168.22.175:2376     v1.13.1
```

4. 配置环境变量

命令如下。

```
[root@localhost ~]# docker-machine env dockerhost
export DOCKER_TLS_VERIFY="1"
export DOCKER_HOST="tcp://192.168.22.175:2376"
export DOCKER_CERT_PATH="/root/.docker/machine/machines/dockerhost"
export DOCKER_MACHINE_NAME="dockerhost"
# Run this command to configure your shell:
# eval $(docker-machine env dockerhost)
[root@localhost ~]# eval $(docker-machine env dockerhost)
[root@localhost ~]# docker-machine ssh dockerhost
Last login: Thu Jun 14 02:32:42 2018 from 192.168.22.177
[root@dockerhost ~]# docker --version
Docker version 1.13.1, build 94f4240/1.13.1
```

5. 运行一个容器

命令如下。

```
[root@localhost ~]# docker run -d nginx:1.13
Unable to find image 'nginx:1.13' locally
Trying to pull repository docker.io/library/nginx ...
sha256:b1d09e9718890e6ebbbd2bc319ef1611559e30ce1b6f56b2e3b479d9da51dc35: Pulling
from docker.io/library/nginx
f2aa67a397c4: Pull complete
3c091c23e29d: Pull complete
4a99993b8636: Pull complete
Digest: sha256:b1d09e9718890e6ebbbd2bc319ef1611559e30ce1b6f56b2e3b479d9da51dc35
Status: Downloaded newer image for docker.io/nginx:1.13
72efb659ec38d263519c894bf0b5eb3d5ca35af1e3d0e9522abbcc19d8739403
[root@localhost ~]# docker image ls
REPOSITORY          TAG     IMAGE ID       CREATED        SIZE
docker.io/nginx     1.13    ae513a47849c   6 weeks ago    109 MB
[root@localhost ~]# docker-machine ssh dockerhost
Last login: Thu Jun 14 02:58:51 2018 from 192.168.22.177
[root@dockerhost ~]# docker image ls
REPOSITORY          TAG     IMAGE ID       CREATED        SIZE
docker.io/nginx     1.13    ae513a47849c   6 weeks ago    109 MB
```

由此可以发现，利用 Docker Machine 可以减少重复操作，便于环境的创建。

27.2 Docker Compose

Docker Compose 是 Docker 官方的编排工具，通过它可以编写一个模板文件，然后通过这个模板文件快速构建和管理基于 Docker 容器的集群。

本节将介绍 Docker Compose 部署、使用管理命令以及应用配置实战案例等。

27.2.1 什么是 Docker Compose

在创建 Docker 镜像之后，往往需要通过手动 pull 来获取镜像，然后执行 run 命令来运行。当服务需要用到多种容器，容器之间又产生了各种依赖和连接的时候，部署一个服务的手动操作是非常烦琐的。

Dcoker Compose 技术，就是通过一个.yml 配置文件，将所有容器的部署方法、文件映射、容器连接等一系列的配置写在一个配置文件里，最后只需要执行 docker-compose up 命令，就像执行脚本一样，去一个个安装容器并自动部署它们，对复杂服务的部署十分便利。

27.2.2 Docker Compose 的工作流程

Compose 是一个用户定义和运行多个容器的 Docker 应用程序。在 Compose 中可以使用 YAML 语法来配置应用服务，然后使用命令即可创建并启动配置的所有服务。使用 Compose 仅需要以下 3 步。

（1）在 Dockerfile 里定义应用程序的环境，这样它就可以在任何地方再现。

（2）在 docker-compose.yml 里定义组成应用程序的服务，以便它们可以在隔离的环境中一起运行。

（3）执行 docker-compose up 命令，Compose 启动并运行整个应用程序。

27.2.3 Docker Compose 的部署

Docker Compose 的部署非常简单，前提是有 Docker 环境。

Docker Compose 安装部署过程如下。

```
[root@docker ~]# curl -L https://github.com/docker/compose/releases/download/
1.21.2/docker-compose-$(uname -s)-$(uname -m) -o /usr/local/bin/docker-compose
  % Total    % Received % Xferd  Average  Speed   Time    Time     Time  Current
                                 Dload  Upload   Total   Spent    Left  Speed
100   617    0   617    0     0    396      0 --:--:--  0:00:01 --:--:--   397
100 10.3M  100 10.3M    0     0   678k      0  0:00:15  0:00:15 --:--:-- 1876k
[root@docker ~]# chmod +x /usr/local/bin/docker-compose
[root@docker ~]# docker-compose --version
docker-compose version 1.21.2, build a133471
```

出现上述版本信息，表明 Docker Compose 已部署完成，可以使用了。

27.2.4 Docker Compose 管理命令

Compose 具有管理应用程序整个生命周期的命令，可以使用“docker-compose --help”命令查看具体命令的帮助信息。

```
[root@docker ~]# docker-compose --help
Define and run multi-container applications with Docker.
Usage:
  docker-compose [-f <arg>...] [options] [COMMAND] [ARGS...]
  docker-compose -h|--help
Options:
  -f, --file FILE             Specify an alternate compose file (default: docker-compose.yml)
  -p, --project-name NAME     Specify an alternate project name(default: directory name)
  --verbose                   Show more output
  --log-level LEVEL           Set log level (DEBUG, INFO, WARNING, ERROR, CRITICAL)
  --no-ansi                   Do not print ANSI control characters
  -v, --version               Print version and exit
  -H, --host HOST             Daemon socket to connect to
  --tls                       Use TLS; implied by --tlsverify
  --tlscacert CA_PATH         Trust certs signed only by this CA
  --tlscert CLIENT_CERT_PATH  Path to TLS certificate file
  --tlskey TLS_KEY_PATH       Path to TLS key file
  --tlsverify                 Use TLS and verify the remote
  --skip-hostname-check       Don't check the daemon's hostname against thename
specified in the client certificate
  --project-directory PATH    Specify an alternate working directory (default:
the path of the Compose file)
  --compatibility             If set, Compose will attempt to convert deploy keys in v3
files to their non-Swarm equivalent
Commands:
  build              Build or rebuild services
  bundle             Generate a Docker bundle from the Compose file
  config             Validate and view the Compose file
  create             Create services
  down               Stop and remove containers, networks, images, and volumes
  events             Receive real time events from containers
  exec               Execute a command in a running container
  help               Get help on a command
  images             List images
  kill               Kill containers
```

```
logs                View output from containers
pause               Pause services
port                Print the public port for a port binding
ps                  List containers
pull                  Pull service images
push                Push service images
restart               Restart services
rm                 Remove stopped containers
run                 Run a one-off command
scale                 Set number of containers for a service
start                 Start services
stop                Stop services
top                Display the running processes
unpause            Unpause services
up                 Create and start containers
version            Show the Docker-Compose version information
```

Docker Compose 运行时需要知道 service 名称，可以同时指定多个，也可以不指定。不指定时，默认是对配置文件中所有的 service 执行命令。常用参数如下。

- -f：用于指定配置文件。
- -p：用于指定项目名称。

下面对常用的命令逐一进行介绍。

1. docker-compose build

功能：创建或重新创建服务使用的镜像。

实例操作如下。

```
docker-compose build service_a
#创建一个镜像，名叫service_a
```

2. docker-compose kill

功能：通过容器发送 SIGKILL 信号强行停止服务。

3. docker-compose logs

功能：显示 service 的日志信息。

4. docker-compose pause/unpause

- docker-compose pause：用于暂停服务。
- docker-compose unpause：用于恢复被暂停的服务。

5. docker-compose port

功能：查看服务中的端口与物理机的映射关系。

实例操作如下。

```
docker-compose port nginx_web 80
#查看服务中的80端口映射到物理机上的哪个端口
```

6. dokcer-compose ps

功能：显示当前项目下的容器。

注意：此命令与 docker ps 命令作用不同，此命令会显示停止后的容器（状态为 Exited），只针对某个项目。

7．docker-compose pull

功能：拉取服务依赖的镜像。

8．docker-compose restart

功能：重启某个服务中的所有容器。

实例操作如下。

```
docker-compose restart service_name
```

注意：只有正在运行的服务可以使用重启命令，停止的服务不可以重启。

9．docker-compose rm

功能：删除停止的服务（服务里的容器）。

常用参数如下。

- -f：强制删除。
- -v：删除与容器相关的卷（volumes）。

10．docker-compose run

功能：在服务中运行一个一次性的命令。这个命令会新建一个容器，它的配置和 service 的配置相同。

有以下两点需要注意。

（1）run 指定的命令会直接覆盖掉 service 配置中指定的命令。

（2）run 命令启动的容器不会创建在 service 配置中指定的端口，如果需要，可以使用 --service-ports 指定。

11．docker-compose start/stop

- docker-compose start：用于启动运行某个服务的所有容器。
- docker-compose stop：用于停止运行某个服务的所有容器。

12．docker-compose scale

功能：指定某个服务启动的容器个数。

这个命令的帮助信息如下。

```
[root@docker ~]# docker-compose scale --help
Numbers are specified in the form 'service=num' as arguments.
For example:
    $ docker-compose scale web=2 worker=3
This command is deprecated. Use the up command with the '--scale' flag
instead.
Usage: scale [options] [SERVICE=NUM...]
Options:
  -t, --timeout TIMEOUT      Specify a shutdown timeout in seconds.
                             (default: 10)
```

27.2.5 Docker Compose 的配置文件

Docker Compose 的配置文件是一个.yml 格式的文件。下面以一个简单的例子来详细介绍 Docker Compose 的配置文件。

docker-compose.yml 实例文件如下。

```
version: "3"
services:
  nginx:
    container_name: web-nginx
    image: nginx:latest
    restart: always
    ports:
      - 80:80
    volumes:
    - ./webserver:/webserver
    - ./nginx/nginx.conf:/etc/nginx/nginx.conf
```

整个配置文件包括 3 个部分，分别如下。

第一部分：

```
version: "3"  #指定语法的版本
```

第二部分：

```
services:     #定义服务
  nginx:      #服务的名称，-p参数后接服务名称
    container_name: web-nginx    #容器的名称
    image: nginx:latest          #镜像
    restart: always
    ports:                       #端口映射
      - 80:80
```

第三部分：

```
volumes:      #物理机与容器的磁盘映射关系
    - ./webserver:/webserver
    - ./nginx/nginx.conf:/etc/nginx/nginx.conf
```

配置文件与各关联的文件或服务之间的目录结构如下。

```
[root@docker docker]# tree ./
./
├── docker-compose.yml
├── nginx
│?? └── nginx.conf
└── webserver
    └── index.html
2 directories, 3 files
```

27.2.6　运行 Docker Compose 配置文件

在制作好 Docker Compose 配置文件之后，可以使用一个简单的命令来启动与运行配置文件中定义的服务，操作如下。

```
[root@docker docker]# docker-compose up -d
Pulling nginx (nginx:1.14)...
Trying to pull repository docker.io/library/nginx ...
1.14: Pulling from docker.io/library/nginx
```

```
f2aa67a397c4: Already exists
6160d1ac49e9: Pull complete
046b67408776: Pull complete
Digest: sha256:85ab7c44474df01422fe8fdbf9c28e497df427e8a67ce6d47ba027c49be4bdc6
Status: Downloaded newer image for docker.io/nginx:1.14
Creating nginx-server ... done
[root@docker docker]# lsof -i :80
COMMAND    PID USER    FD   TYPE  DEVICE SIZE/OFF NODE NAME
docker-pr 891 root    4u  IPv6 1187080      0t0  TCP *:http (LISTEN)
[root@docker docker]# docker ps |grep nginx
07ca899cc44b   nginx:1.14    "nginx -g 'daemon ..."   29 seconds ago  Up 28 seconds
  0.0.0.0:80->80/tcp  nginx-server
```

注意：如果启动时不指定里面的服务名称，则直接启动配置文件里所有的服务。

此时可以通过浏览器来访问已启动并运行的容器服务，如图 27-1 所示。

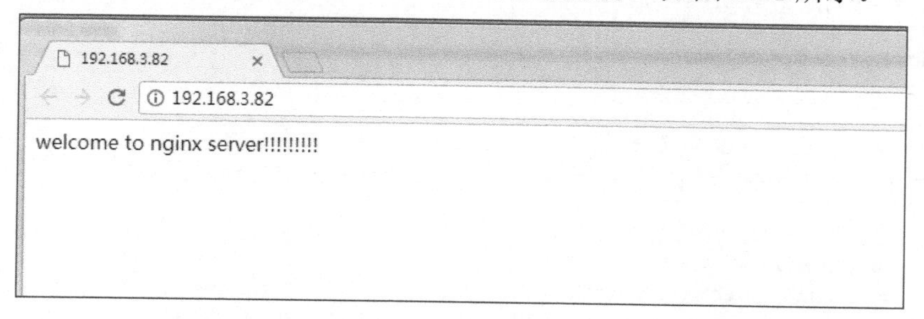

图27-1 浏览器访问结果

然后修改首页文件相应的内容，重新测试。

```
[root@docker docker]# cat webserver/index.html
<!DOCTYPE html>
<html lang="en">
<head>
    <meta charset="UTF-8">
    <title>welcome to nginx web stie</title>
</head>
<body>
   <h2>欢迎来nginx站点</h2>
</body>
</html>
```

再次打开浏览器查看效果，如图 27-2 所示。

图27-2 浏览器访问结果（修改后）

27.2.7 Docker Compose 配置实战

本节使用 Docker Compose 部署 Nginx 代理的 Tomcat 集群，实现负载均衡。

整个配置过程大体分为以下 4 步。

（1）下载所需的 Tomcat 和 JDK 文件。

（2）编写 Dockerfile 来部署 Tomcat 与 Java 环境，生成镜像文件。

（3）编写 docker-compose.yml 配置文件，启动所有容器服务。

（4）测试负载均衡。

本节主要介绍后面两个步骤的操作过程。

1．编辑配置文件

（1）整个目录结构如下。

```
[root@master java]# tree ./
./
├── docker-compose.yml
├── etc
│   └── localtime
├── nginx
│   └── nginx.conf
├── tomcat
│   ├── apache-tomcat-8.5.31.tar.gz
│   ├── Dockerfile
│   └── jdk-8u144-linux-x64.tar.gz
└── webserver
    ├── tomcatA
    │   └── index.jsp
    └── tomcatB
        └── index.jsp
6 directories, 8 files
```

（2）配置两个测试首页文件。

```
[root@master java]# cat webserver/tomcatA/index.jsp
welcome to tomcat-A server
[root@master java]# cat webserver/tomcatB/index.jsp
welcome to tomcat-B server
Docker Compose的配置文件如下。
[root@master java]# cat docker-compose.yml
version: "3"
services:
  nginx:
    image: nginx:1.14
    restart: always
    ports:
      - 80:80
    links:
      - tomcat1:tomcat1
      - tomcat2:tomcat2
    volumes:
      - ./webserver:/webserver
      - ./nginx/nginx.conf:/etc/nginx/nginx.conf
      - ./etc/localtime:/etc/localtime
    depends_on:
      - tomcat1
      - tomcat2
  tomcat1:
    hostname: tomcat1
    build: ./tomcat
    volumes:
      - ./webserver/tomcatA:/usr/local/apache-tomcat-8.5.31/webapps/ROOT
      - ./etc/localtime:/etc/localtime
  tomcat2:
```

```
    hostname: tomcat2
    build: ./tomcat
    volumes:
      - ./webserver/tomcatB:/usr/local/apache-tomcat-8.5.31/webapps/ROOT
      - ./etc/localtime:/etc/localtime
```

（3）安装 Java 环境。

```
[root@master java]# cat tomcat/Dockerfile
FROM centos
ADD jdk-8u144-linux-x64.tar.gz /usr/local
ENV JAVA_HOME /usr/local/jdk1.8.0_144
ADD apache-tomcat-8.5.31.tar.gz /usr/local
EXPOSE 8080
ENTRYPOINT ["/usr/local/apache-tomcat-8.5.31/bin/catalina.sh", "run"]
```

2. 运行并测试

（1）启动所有容器服务。

```
[root@master java]# docker-compose up
Building tomcat1
Step 1/6 : FROM centos
Trying to pull repository docker.io/library/centos ...
latest: Pulling from docker.io/library/centos
7dc0dca2b151: Pull complete
Digest: sha256:b67d21dfe609ddacf404589e04631d90a342921e81c40aeaf3391f6717fa5322
Status: Downloaded newer image for docker.io/centos:latest
 ---> 49f7960eb7e4
Step 2/6 : ADD jdk-8u144-linux-x64.tar.gz /usr/local
 ---> 8c9e14062a24
Removing intermediate container a499940235ac
Step 3/6 : ENV JAVA_HOME /usr/local/jdk1.8.0_144
 ---> Running in cefedfd97f61
 ---> 12528cd5a517
Removing intermediate container cefedfd97f61
Step 4/6 : ADD apache-tomcat-8.5.31.tar.gz /usr/local
 ---> 246fa08bea1c
Removing intermediate container a1aaaa2bf0b8
Step 5/6 : EXPOSE 8080
 ---> Running in 87c4b41f3c1e
 ---> fd207f27b830
Removing intermediate container 87c4b41f3c1e
Step 6/6 : ENTRYPOINT /usr/local/apache-tomcat-8.5.31/bin/catalina.sh run
 ---> Running in 9adaed8e3ab9
 ---> b6fc6d3925f7
Removing intermediate container 9adaed8e3ab9
Successfully built b6fc6d3925f7
WARNING: Image for service tomcat1 was built because it did not already exist. To
rebuild this image you must use `docker-compose build' or 'docker-compose up --build`.
Building tomcat2
Step 1/6 : FROM centos
 ---> 49f7960eb7e4
Step 2/6 : ADD jdk-8u144-linux-x64.tar.gz /usr/local
 ---> Using cache
 ---> 8c9e14062a24
Step 3/6 : ENV JAVA_HOME /usr/local/jdk1.8.0_144
 ---> Using cache
 ---> 12528cd5a517
Step 4/6 : ADD apache-tomcat-8.5.31.tar.gz /usr/local
 ---> Using cache
 ---> 246fa08bea1c
Step 5/6 : EXPOSE 8080
 ---> Using cache
 ---> fd207f27b830
Step 6/6 : ENTRYPOINT /usr/local/apache-tomcat-8.5.31/bin/catalina.sh run
```

```
 ---> Using cache
 ---> b6fc6d3925f7
Successfully built b6fc6d3925f7
WARNING: Image for service tomcat2 was built because it did not already exist. To
rebuild this image you must use `docker-compose build` or `docker-compose up --build`.
Pulling nginx (nginx:1.14)...
Trying to pull repository docker.io/library/nginx ...
1.14: Pulling from docker.io/library/nginx
f2aa67a397c4: Already exists
6160d1ac49e9: Pull complete
046b67408776: Pull complete
Digest: sha256:85ab7c44474df01422fe8fdbf9c28e497df427e8a67ce6d47ba027c49be4bdc6
Status: Downloaded newer image for docker.io/nginx:1.14
Creating java_tomcat2_1 ... done
Creating java_tomcat1_1 ... done
Creating java_nginx_1   ... done
```

（2）查看启动情况。

```
[root@master java]# docker-compose ps
   Name            Command               State       Ports
------------------------------------------------------------------------------
java_nginx_1     nginx -g daemon off;            Up      0.0.0.0:80->80/tcp
java_tomcat1_1   /usr/local/apache-tomcat-8 ...   Up      8080/tcp
java_tomcat2_1   /usr/local/apache-tomcat-8 ...   Up      8080/tcp
```

（3）检测负载均衡。

```
[root@master java]# curl http://localhost
welcome to tomcat-A server
[root@master java]# curl http://localhost
welcome to tomcat-B server
[root@master java]# curl http://localhost
welcome to tomcat-A server
[root@master java]# curl http://localhost
welcome to tomcat-B server
```

浏览器访问测试负载均衡，结果如图 27-3 所示。

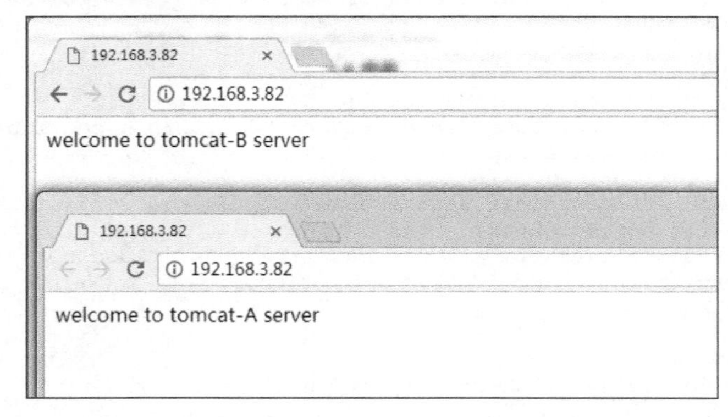

图27-3　负载均衡访问结果

（4）查看日志输出信息。

```
nginx_1    | 192.168.22.170 - - [08/Jun/2018:02:14:37 +0000] "GET / HTTP/1.1" 200
27 "-" "Mozilla/5.0 (Windows NT 6.1; WOW64) AppleWebKit/537.36 (KHTML, like Gecko)
 Chrome/65.0.3325.181 Safari/537.36" "-"
nginx_1    | 192.168.22.170 - - [08/Jun/2018:02:14:38 +0000] "GET / HTTP/1.1" 200
27 "-" "Mozilla/5.0 (Windows NT 6.1; WOW64) AppleWebKit/537.36 (KHTML, like Gecko)
 Chrome/65.0.3325.181 Safari/537.36" "-"
```

```
nginx_1    | 192.168.22.170 - - [08/Jun/2018:02:14:38 +0000] "GET / HTTP/1.1" 200
27 "-" "Mozilla/5.0 (Windows NT 6.1; WOW64) AppleWebKit/537.36 (KHTML, like Gecko)
 Chrome/65.0.3325.181 Safari/537.36" "-"
```

27.3 Docker Swarm

Docker Swarm 和 Docker Compose 都是 Docker 容器的编排技术，两者又不太相同。Docker Compose 是一个能在单台服务器主机上创建多个容器的工具，而 Docker Swarm 则可以在多台服务器主机上创建容器集群。

27.3.1 什么是 Swarm

Swarm 在 Docker 1.12 版本之前属于一个独立的项目，在 Docker 1.12 版本之后被合并到了 Docker 项目中，由此成为 Docker 的一个子命令。

Swarm 是基于 Docker 平台实现的集群技术，可以通过几条简单的指令快速地创建一个 Docker 集群，接着在集群的共享网络上部署应用，最终实现分布式的服务。

Swarm 也是目前 Docker 官方唯一指定（绑定）的容器集群管理工具，其主要作用是把若干台 Docker 主机抽象为一个整体，并且通过一个入口统一管理这些 Docker 主机上的各种 Docker 资源。Swarm 和 Kubernetes 比较类似，但是更加轻便，具有的功能也较 Kubernetes 更少一些。Swarm 集群提供给用户管理集群内所有容器的操作接口与使用一台 Docker 主机基本相同。

27.3.2 Swarm 集群版本

Swarm 集群目前有两个版本：v1 和 v2。

Swarm v1 采用 master-slave 架构，需要通过发现服务来选出管理节点，其他各个节点通过运行 Agent 来接受管理节点的统一管理。

Swarm v2 集群是自动通过 Raft 协议分布式选出管理节点，不需要配置发现服务，从而避免发现服务的单点故障问题。它自带了 DNS 负载均衡和对外部负载均衡机制的支持。

27.3.3 Swarm 的核心概念

在 Docker Swarm 中有一些核心概念是需要了解的，分别如下。

（1）Node（节点）：是一个已加入 Docker Swarm 集群中的容器实例。

（2）Service（服务）：主要在工作节点上执行任务，创建服务时，需要指定容器的镜像。

（3）Task（任务）：是在容器中执行的命令。

27.3.4 Swarm 服务的运行部分

Swarm 服务的工作及运行包括以下 4 个部分。

1. 工作节点

工作节点是服务运行的主机或服务器。

2. 服务、任务和容器

当服务部署到集群时，管理者将服务定义为服务所需的状态，然后将服务调试为一个或多个副本任务，这些任务在集群的节点上是独立运行的。

容器是一个独立的进程。在 Swarm 模型中，每个任务调用一个容器。任务类似于插槽，调度器将容器放入插槽中。一旦容器运行，调度器就认为此任务处于运行状态。如果容器的健康监测出现问题，则任务也将终止。

3. 任务和调度

任务是集群内调度的原子单位。当创建或更新服务所需的服务状态时，协调者通过调度任务来实现这些所需的状态。

任务是一个单向机制，通过分配、准备、运行等状态单独运行。如果任务失败，协调者将删除任务以及容器，然后根据服务所需的状态重新创建一个新的任务来替代它。

4. 副本服务与全局服务

副本服务与全局服务是服务部署的两种类型。

对于副本服务，指定要运行的相同任务的数量，每个副本都具有相同的内容。

全局服务是在每个节点上运行一个任务的服务，不需要预先指定任务数量。

27.3.5 Swarm 的调度策略

Swarm 在 scheduler 节点（leader 节点）运行容器时，会根据指定的策略来计算最适合运行容器的节点，目前支持的策略有 Spread、Binpack、Random。

1. Spread

在同等条件下，Spread 策略会选择运行容器最少的那个节点来运行新的容器。使用 Spread 策略会使得容器均衡地分布在集群中的各个节点上运行，一旦一个节点挂掉了，只会损失少部分的容器。

2. Binpack

Binpack 策略可以最大化地避免容器碎片化，就是说 Binpack 策略尽可能地把还未使用的节点留给需要更大空间的容器运行，把容器运行在一个节点上面。

3. Random

Random 策略是随机选择一个节点来运行容器，一般用作调试。Spread 和 Binpack 策略会根据各个节点的可用的 CPU、RAM，以及正在运行的容器的数量来计算应该运行容器的节点。

27.3.6 如何创建 Swarm 集群

一个 Swarm 集群的创建需经历以下 3 个过程。

（1）发现 Docker 集群中的各个节点，收集节点状态和角色信息，并监视节点状态的变化。

（2）初始化内部调度（scheduler）模块。

（3）创建并启动 API 监听服务模块。一旦创建好这个集群，就可以用“docker service”命令批量对集群内的容器进行操作。在启动容器后，Docker 会根据当前每个 Swarm 节点的负载进行判断，在负载最优的节点运行这个任务，用“docker service ls”和“docker service ps + taskID”可以看到任务运行在哪个节点上。容器启动后，有时需要等待一段时间才能完成容器创建。

27.3.7　Docker Swarm 常用管理命令

Docker Swarm 技术中有如下 3 个常用的管理命令。

- docker swarm：集群管理命令。
- docker node：集群节点管理命令。
- docker service：集群服务管理命令。

这 3 个管理命令的常用参数及其说明见表 27-1～表 27-3。

表 27-1　docker swarm 集群管理命令常用参数及其说明

参数	说明
init	初始化集群
join	将某个节点加入集群
join-token	管理加入令牌
leave	从集群中将某个节点删除，强制删除参数为-- force
update	更新集群
unlock	解锁集群

表 27-2　docker node 集群节点管理命令常用参数及其说明

参数	说明
demote	将集群中一个或多个节点降级
inspect	显示集群中一个或多个节点的详细信息
ls	列出集群中的所有节点
promote	将集群中一个或多个节点提升为管理节点
rm	从集群中删除停止的节点，强制删除参数为-- force
ps	列出集群中一个或多个节点上运行的任务
update	更新节点

表 27-3　docker service 集群服务管理命令常用参数及其说明

参数	说明
create	创建一个新的服务
inspect	列出一个或多个服务的详细信息

续表

参数	说明
ps	列出一个或多个服务中的任务信息
ls	列出所有服务
rm	删除一个或多个服务
scale	扩展一个或多个服务
update	更新服务

27.3.8　Swarm 集群的部署

1．部署环境准备

部署环境服务器规划见表 27-4。

表 27-4　Swarm 集群部署环境服务器规划

服务器角色	服务器 IP	备注
Swarm 集群管理节点	192.168.22.177	主机名：manager
Swarm 集群节点	192.168.22.175	主机名：node1
Swarm 集群节点	192.168.22.178	主机名：node2

（1）修改主机名，配置 hosts 文件。

```
[root@manager ~]# cat >>/etc/hosts<<EOF
192.168.22.177 manager
192.168.22.175 node1
192.168.22.178 node2
EOF
[root@manager ~]# tail -3 /etc/hosts
192.168.22.177 manager
192.168.22.175 node1
192.168.22.178 node2
[root@manager ~]# ping node1
PING node1 (192.168.22.175) 56(84) bytes of data.
64 bytes from node1 (192.168.22.175): icmp_seq=1 ttl=64 time=3.64 ms
64 bytes from node1 (192.168.22.175): icmp_seq=2 ttl=64 time=1.64 ms
^C
--- node1 ping statistics ---
2 packets transmitted, 2 received, 0% packet loss, time 1006ms
rtt min/avg/max/mdev = 1.648/2.644/3.641/0.997 ms
[root@manager ~]# ping node2
PING node2 (192.168.22.178) 56(84) bytes of data.
64 bytes from node2 (192.168.22.178): icmp_seq=1 ttl=64 time=9.70 ms
64 bytes from node2 (192.168.22.178): icmp_seq=2 ttl=64 time=1.95 ms
^C
--- node2 ping statistics ---
2 packets transmitted, 2 received, 0% packet loss, time 1003ms
rtt min/avg/max/mdev = 1.951/5.826/9.701/3.875 ms
```

注意：node1 和 node2 配置同上一致即可。

（2）安装 Docker 环境。

```
[root@manager ~]# vim /etc/sysconfig/docker
# /etc/sysconfig/docker
```

```
# Modify these options if you want to change the way the docker daemon runs
OPTIONS='-H 0.0.0.0:2375 -H unix:///var/run/docker.sock --selinux-enabled --log-driver=journald --signature-verification=false'
#所有节点加上上面标记的部分，开启2375端口
[root@manager ~]# systemctl restart docker
[root@manager ~]# ps -ef|grep docker
root   11981   1  1 10:55 ?      00:00:00 /usr/bin/dockerd-current --add-runtime docker-runc=/usr/libexec/docker/docker-runc-current --default-runtime=docker-runc --exec-opt native.cgroupdriver=systemd --userland-proxy-path=/usr/libexec/docker/docker-proxy-current --init-path=/usr/libexec/docker/docker-init-current -seccomp -profile=/etc/docker/seccomp.json -H 0.0.0.0:2375 -H unix:///var/run/docker.sock --selinux-enabled --log-driver=journald --signature-verification=false --storage-driver overlay2
root     11986  11981  0 10:55 ?     00:00:00 /usr/bin/docker-containerd-current -l unix:///var/run/docker/libcontainerd/docker-containerd.sock --metrics-interval=0 --start-timeout 2m --state-dir /var/run/docker/libcontainerd/containerd --shim docker-containerd-shim --runtime docker-runc --runtime-args --systemd-cgroup=true
root      12076  11823  0 10:55 pts/0    00:00:00 grep --color=auto docker
[root@manager ~]# lsof -i :2375
COMMAND     PID USER   FD   TYPE DEVICE SIZE/OFF NODE NAME
dockerd-c 11981 root    5u  IPv6  41829      0t0  TCP *:2375 (LISTEN)
```

2. 下载 Swarm 镜像

所有节点都需要下载 Swarm 镜像文件。

```
[root@manager ~]# docker pull swarm
Using default tag: latest
Trying to pull repository docker.io/library/swarm ...
latest: Pulling from docker.io/library/swarm
d85c18077b82: Pull complete
1e6bb16f8cb1: Pull complete
85bac13497d7: Pull complete
Digest: sha256:406022f04a3d0c5ce4dbdb60422f24052c20ab7e6d41ebe5723aa649c3833975
Status: Downloaded newer image for docker.io/swarm:latest
[root@manager ~]# docker images
REPOSITORY       TAG       IMAGE ID       CREATED       SIZE
docker.io/swarm  latest    ff454b4a0e84   12 days ago   12.7 MB
```

3. 创建 Swarm 并初始化

命令如下。

```
[root@manager ~]# docker swarm init --advertise-addr 192.168.22.177
Swarm initialized: current node (elyfa6h1lx5o2s98une5vas4x) is now a manager.

To add a worker to this swarm, run the following command:

    docker swarm join \
    --token SWMTKN-1-32h92m334z80z270d4duqdc3ysl1oyrjmxe1upyyfjyln12xxa-4gm603mczo
rxgh6751n5q7jya \
    192.168.22.177:2377

To add a manager to this swarm, run 'docker swarm join-token manager' and follow
the instructions.
```

注意：执行上面的命令后，当前的服务器就会加入 Swarm 集群中，同时会产生一个唯一的 token 值，其他节点加入集群时需要用到这个 token。

--advertise-addr 表示 Swarm 集群中其他节点使用后面的 IP 地址与管理节点通信，上面也提示了其他节点加入集群的命令。

4. 查看当前的信息

命令如下。

```
[root@manager ~]# docker info
Containers: 0
 Running: 0
 Paused: 0
 Stopped: 0
Images: 1
Server Version: 1.13.1
Storage Driver: overlay2
 Backing Filesystem: xfs
 Supports d_type: true
 Native Overlay Diff: true
Logging Driver: journald
Cgroup Driver: systemd
Plugins:
 Volume: local
 Network: bridge host macvlan null overlay
Swarm: active
 NodeID: elyfa6h1lx5o2s98une5vas4x
 Is Manager: true
 ClusterID: vi716cgvw33gzicrfqopasf9p
 Managers: 1
 Nodes: 1
 Orchestration:
  Task History Retention Limit: 5
 Raft:
  Snapshot Interval: 10000
  Number of Old Snapshots to Retain: 0
  Heartbeat Tick: 1
  Election Tick: 3
 Dispatcher:
  Heartbeat Period: 5 seconds
 CA Configuration:
  Expiry Duration: 3 months
 Node Address: 192.168.22.177
 Manager Addresses:
  192.168.22.177:2377
Runtimes: docker-runc runc
Default Runtime: docker-runc
Init Binary: /usr/libexec/docker/docker-init-current
containerd version:  (expected: aa8187dbd3b7ad67d8e5e3a15115d3eef43a7ed1)
runc version: e9c345b3f906d5dc5e8100b05ce37073a811c74a (expected: 9df8b306d01f59d3
a8029be411de015b7304dd8f)
init version: 5b117de7f824f3d3825737cf09581645abbe35d4 (expected: 949e6facb7738387
6aeff8a6944dde66b3089574)
Security Options:
 seccomp
  WARNING: You're not using the default seccomp profile
  Profile: /etc/docker/seccomp.json
Kernel Version: 3.10.0-693.el7.x86_64
Operating System: CentOS Linux 7 (Core)
OSType: linux
Architecture: x86_64
Number of Docker Hooks: 3
CPUs: 1
Total Memory: 2.238 GiB
Name: manager
ID: 653Y:7CME:GFPW:35SX:IGZL:UJP7:YSPZ:4OMV:J4EV:Z6FS:WFW2:YYHS
Docker Root Dir: /var/lib/docker
Debug Mode (client): false
Debug Mode (server): false
Registry: https://index.docker.io/v1/
WARNING: bridge-nf-call-ip6tables is disabled
Experimental: false
```

```
Insecure Registries:
 127.0.0.0/8
Live Restore Enabled: false
Registries: docker.io (secure)
[root@manager ~]# docker node ls
ID                          HOSTNAME  STATUS  AVAILABILITY  MANAGER STATUS
elyfa6h1lx5o2s98une5vas4x *  manager   Ready   Active          Leader
#当前节点的信息，这个*表示当前连接在这个节点上
```

5. 将 node1 和 node2 加入集群中

命令如下。

```
[root@node1 ~]#  docker swarm join --token SWMTKN-1-32h92m334z80z270d4duqdc3ysl1oy
rjmxe1upyyfjyln12xxa-4gm603mczorxgh6751n5q7jya 192.168.22.177:2377
This node joined a swarm as a worker.
[root@node2 ~]# docker swarm join --token SWMTKN-1-32h92m334z80z270d4duqdc3ysl1oyr
jmxe1upyyfjyln12xxa-4gm603mczorxgh6751n5q7jya 192.168.22.177:2377
This node joined a swarm as a worker.
```

注意：如果加入集群时出现错误，则一般会给出如下报错信息。

```
[root@node1 ~]#  docker swarm join --token SWMTKN-1-32h92m334z80z270d4duqdc3ysl1oy
rjmxe1upyyfjyln12xxa-4gm603mczorxgh6751n5q7jya  192.168.22.177:2377
Error response from daemon: rpc error: code = 13 desc = connection error: desc =
"transport: x509: certificate has expired or is not yet valid"
```

注意：服务器时间同步问题，解决即可。

6. 查看集群节点状态

切换到集群的管理节点服务器上，查看整个集群的状态。

```
[root@manager ~]# docker node ls
ID                          HOSTNAME  STATUS  AVAILABILITY  MANAGER STATUS
elyfa6h1lx5o2s98une5vas4x *  manager   Ready   Active          Leader
tcuv2p8wd6rvmwg39pdav5ozk   node1    Ready   Active
twytwc5dlp77vu1b7cakks9w2    node2    Ready   Active
```

注意：Swarm 集群中 node 的 AVAILABILITY 状态有 Active 和 Drain。

其中，Active 状态的节点可以接受管理节点的任务指派；Drain 状态的节点会结束任务，但不会接受管理节点的任务指派，节点处于下线状态。

```
[root@manager ~]# docker node update --availability drain node2
node2
[root@manager ~]# docker node ls
ID                          HOSTNAME  STATUS  AVAILABILITY  MANAGER STATUS
elyfa6h1lx5o2s98une5vas4x *  manager   Ready   Active          Leader
tcuv2p8wd6rvmwg39pdav5ozk  node1     Ready   Active
twytwc5dlp77vu1b7cakks9w2   node2     Ready   Drain
[root@manager ~]# docker node update --availability active node2
node2
[root@manager ~]# docker node ls
ID                       HOSTNAME  STATUS  AVAILABILITY  MANAGER STATUS
elyfa6h1lx5o2s98une5vas4x *  manager   Ready   Active          Leader
tcuv2p8wd6rvmwg39pdav5ozk    node1     Ready   Active
twytwc5dlp77vu1b7cakks9w2     node2     Ready   Active
#下面在manager节点上查看状态信息
[root@manager ~]# docker node inspect self
[
    {
        "ID": "elyfa6h1lx5o2s98une5vas4x",
        "Version": {
```

```
            "Index": 9
        },
        "CreatedAt": "2018-06-14T15:01:19.850821157Z",
        "UpdatedAt": "2018-06-14T15:01:20.472379584Z",
        "Spec": {
            "Role": "manager",
            "Availability": "active"
        },
        "Description": {
            "Hostname": "manager",
            "Platform": {
                "Architecture": "x86_64",
                "OS": "linux"
            },
            "Resources": {
                "NanoCPUs": 1000000000,
                "MemoryBytes": 2402566144
            },
            "Engine": {
                "EngineVersion": "1.13.1",
                "Plugins": [
                    {
                        "Type": "Network",
                        "Name": "bridge"
                    },
                    {
                        "Type": "Network",
                        "Name": "host"
                    },
                    {
                        "Type": "Network",
                        "Name": "macvlan"
                    },
                    {
                        "Type": "Network",
                        "Name": "null"
                    },
                    {
                        "Type": "Network",
                        "Name": "overlay"
                    },
                    {
                        "Type": "Volume",
                        "Name": "local"
                    }
                ]
            }
        },
        "Status": {
            "State": "ready",
            "Addr": "127.0.0.1"
        },
        "ManagerStatus": {
            "Leader": true,
            "Reachability": "reachable",
            "Addr": "192.168.22.177:2377"
        }
    }
]
```


7．Swarm 集群的 Web 管理

Swarm 集群的 Web 管理部署和配置相当简单，整个部署和配置过程如下。

（1）部署 Web 管理。

```
[root@manager ~]# docker run -d -p 9000:9000 -v /var/run/docker.sock:/var/run/
```

```
docker.sock portainer/portainer
Unable to find image 'portainer/portainer:latest' locally
Trying to pull repository docker.io/portainer/portainer ...
latest: Pulling from docker.io/portainer/portainer
d1e017099d17: Pull complete
0d90a7ef0797: Pull complete
Digest: sha256:2933caa6e578e94b5d91429ea7f47ae9741ee11b71d7cb740e76c5f234cc1d87
Status: Downloaded newer image for docker.io/portainer/portainer:latest
798b3bea009792321519f5b7144e357ce9c5cea3b9341b5276a4d29f7571684a
[root@manager ~]# docker ps
CONTAINER ID  IMAGE      COMMAND    CREATED     STATUS    PORTS    NAMES
798b3bea0097  portainer/portainer    "/portainer"   6 seconds ago  Up 5 seconds
0.0.0.0:9000->9000/tcp    amazing_snyder
```

（2）Web 管理登录。

部署完成后，我们就可以通过浏览器访问“http://server-ip:9000”，登录管理 Swarm 服务。Swarm Web 管理访问初始页面如图 27-4 所示。

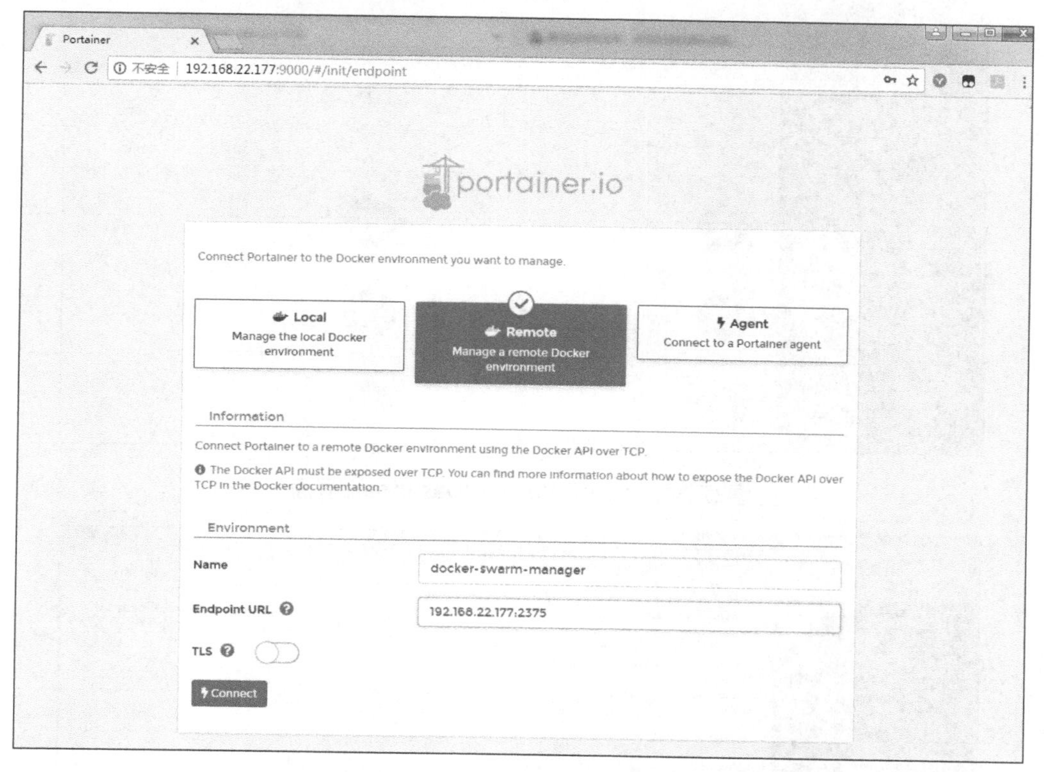

图27-4　Swarm Web管理访问初始页面

在图 27-4 中选择管理连接模式，可以连接管理本地的容器、连接管理远程主机上的容器或者 Portainer Agent 客户。我们这里选择第二种，然后输入相关信息，单击“Connect”按钮进行连接。

最终进入的界面如图 27-5 所示。

在 Swarm Web 管理 Dashboard 界面中，列出了一些功能模块，比如镜像管理、网络管理、数据卷管理、Swarm 集群管理等。

单击“Swarm”选项，可以查看当前 Swarm 集群的状态信息，如图 27-6 所示。

Swarm 的 Web 管理、容器的 GUI 界面管理工具其实很多，有兴趣的读者可以查看网络资料自行部署使用。

本节介绍的 Portainer Web 管理也有其优缺点。

Portainer Web 管理的优点如下。

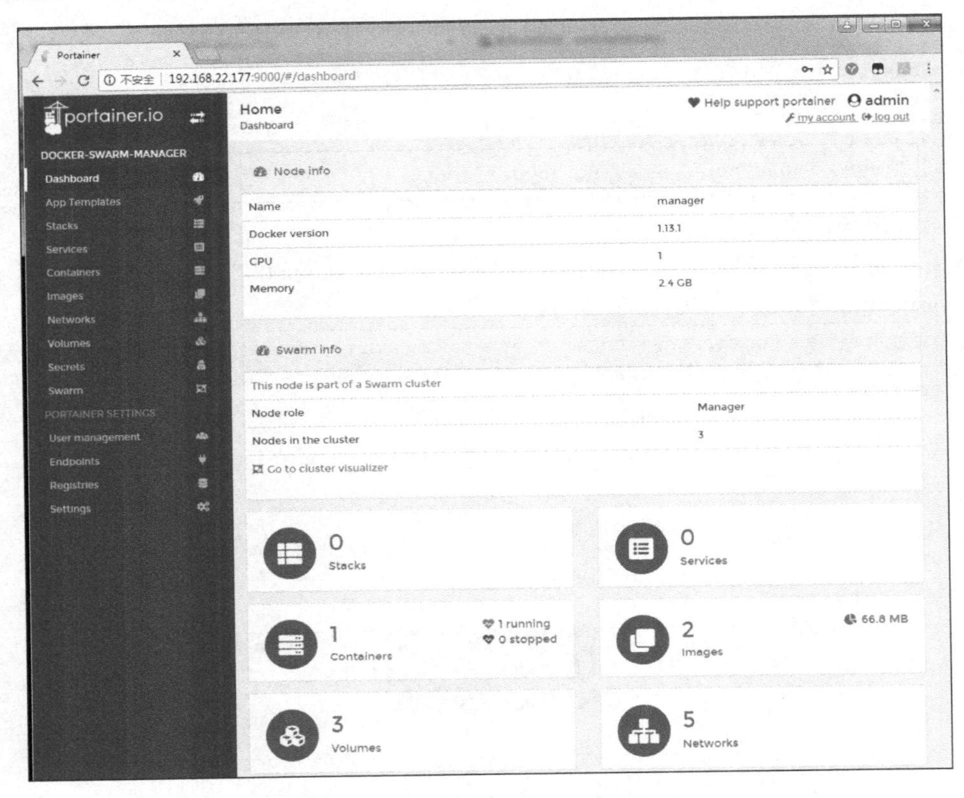

图27-5　Swarm Web管理Dashboard界面

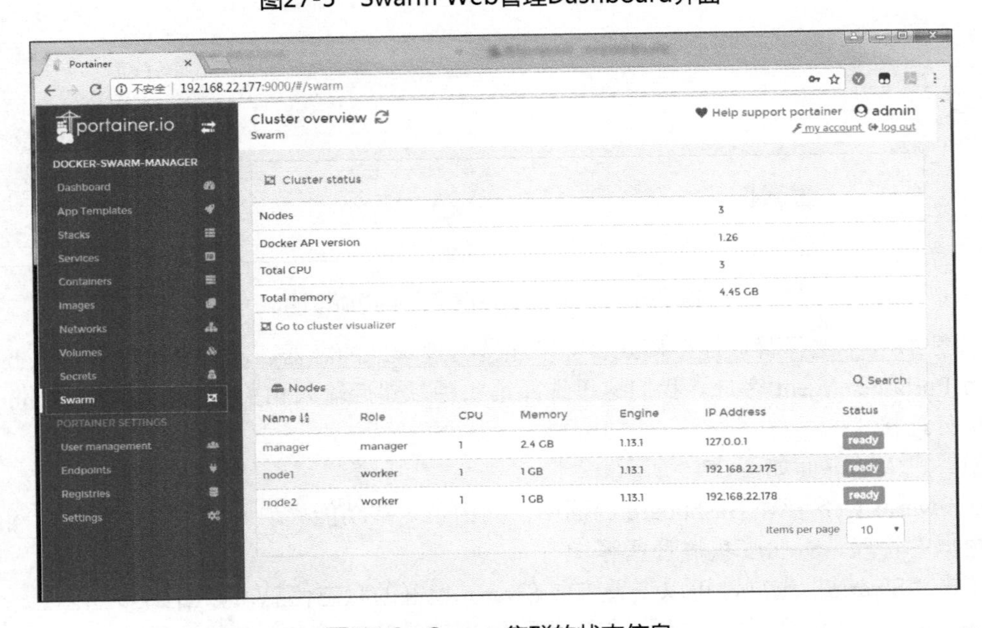

图27-6　Swarm集群的状态信息

（1）支持容器管理和镜像管理。

（2）部署配置简单，属轻量级，系统资源开销小。

（3）基于 Docker API，安全性高，支持 TLS 证书认证。

（4）支持权限分配。

（5）支持集群。

Portainer Web 管理的缺点如下。

（1）功能较弱。

（2）容器管理不便。

27.3.9 Docker Swarm 部署服务实战

1. 创建网络

部署服务前，先创建几个用于集群内不同主机之间容器通信的网络。

```
[root@manager ~]# docker network create -d overlay dockernet
pmn1fi6lj421hn1nk7652m41h
[root@manager ~]# docker network ls
NETWORK ID          NAME              DRIVER            SCOPE
d913c7a275fe        bridge                bridge              local
c737cf269524        docker_gwbridge      bridge              local
pmn1fi6lj421        dockernet            overlay             swarm
eac1d68d35d7        host                 host                local
wxshzhdvq52y        ingress              overlay             swarm
c5986aec6119        none                 null                local
```

2. 创建服务

这里以创建 Nginx 服务为例。

```
[root@manager ~]# docker service create --replicas 1 --network dockernet --name
nginx-cluster -p 80:80 nginx
k7lupo9xu0cnd5ng1g4f7i7jx
#--replicas 指定副本数量
[root@manager ~]# docker service ls
ID            NAME           MODE         REPLICAS   IMAGE
k7lupo9xu0cn  nginx-cluster  replicated   1/1        nginx:latest
[root@manager ~]# docker service ps nginx-cluster
ID      NAME    IMAGE    NODE    DESIRED STATE   CURRENT STATE   ERROR   PORTS
7t7xjpmao533  nginx-cluster.1  nginx:latest  manager  Running  Running 17 seconds ago
[root@manager ~]# docker ps
CONTAINER ID    IMAGE     COMMAND     CREATED     STATUS     PORTS     NAMES
a9d78079fdc7  nginx@sha256:3e2ffcf0edca2a4e9b24ca442d227baea7b7f0e33ad654ef1eb806f
bd9bedcf0    "nginx -g 'daemon ..."    22 seconds ago      Up 22 seconds         80/tcp
nginx-cluster.1.7t7xjpmao5335zaa8wp0c896a
```

3. 在线动态扩容服务

命令如下。

```
[root@manager ~]# docker service scale nginx-cluster=5
nginx-cluster scaled to 5
[root@manager ~]# docker service ps nginx-cluster
ID  NAME    IMAGE    NODE    DESIRED STATE   CURRENT STATE    ERROR   PORTS
7t7xjpmao533  nginx-cluster.1  nginx:latest  manager  Running  Running 2 hours ago
vitsgxpdf3bn  nginx-cluster.2  nginx:latest  manager Running  Running 2 seconds ago
o9w529mmttsw  nginx-cluster.3  nginx:latest  node1  Running  Preparing 2 seconds ago
```

```
cfz8dkx9p6ih  nginx-cluster.4  nginx:latest  node2  Running  Preparing 2 seconds ago
9p35iunijoro  nginx-cluster.5  nginx:latest  node2  Running  Preparing 2 seconds ago
```

从输出结果中可以看出，已经将服务动态扩容至 5 个，即 5 个容器运行着相同的服务。

```
[root@node2 ~]# docker ps
CONTAINER ID   IMAGE  COMMAND      CREATED     STATUS      PORTS     NAMES
f3a4fb24480a   nginx@sha256:3e2ffcf0edca2a4e9b24ca442d227baea7b7f0e33ad654ef1eb806
fbd9bedcf0   "nginx -g 'daemon ..."   3 minutes ago   Up 3 minutes   80/tcp   nginx-
cluster.5.9p35iunijorol1d2ikhyj11oi
f8b0b2e514eb   nginx@sha256:3e2ffcf0edca2a4e9b24ca442d227baea7b7f0e33ad654ef1eb806
fbd9bedcf0   "nginx -g 'daemon ..."   3 minutes ago   Up 3 minutes   80/tcp   nginx-
cluster.4.cfz8dkx9p6ih40lwwwvd96xdg
```

登录 node2 查看正在运行的容器，发现与管理节点上显示的结果相同，node2 上运行两个容器。

4．节点故障处理

```
[root@manager ~]# docker service ps nginx-cluster
ID    NAME    IMAGE    NODE   DESIRED STATE  CURRENT STATE  ERROR    PORTS
7t7xjpmao533  nginx-cluster.1   nginx:latest  manager  Running   Running 2 hours ago
vitsgxpdf3bn  nginx-cluster.2    nginx:latest  manager  Running   Running 10 minutes
 ago
f13cun1wyxlt  nginx-cluster.3    nginx:latest  manager  Running   Running 9 minutes
ago
q60fo5mja1ab   \_ nginx-cluster.3  nginx:latest  node1   Shutdown   Failed 9 minutes
 ago    "starting container failed: sh…"
mao4htxp7afr   \_ nginx-cluster.3  nginx:latest  node1   Shutdown   Failed 9 minutes
 ago    "starting container failed: sh…"
fhiecco742y4   \_ nginx-cluster.3  nginx:latest  node1   Shutdown    Failed 10
minutes ago   "starting container failed: sh…"
8qp5kryo62ha   \_ nginx-cluster.3  nginx:latest  node1   Shutdown   Failed 10
minutes ago   "starting container failed: sh…"
cfz8dkx9p6ih  nginx-cluster.4      nginx:latest  node2    Running    Running 9
minutes ago
9p35iunijoro  nginx-cluster.5      nginx:latest  node2    Running     Running 9
minutes ago
```

如果集群中的节点发生故障，会从 Swarm 集群中被剔除，然后利用自身的负载均衡及调度功能，将服务调度到其他节点上。

除了上面使用 scale 参数来实现在线动态扩容、缩容之外，还可以使用 update 参数来对服务进行调整。

```
[root@manager ~]# docker service ls
ID             NAME           MODE         REPLICAS  IMAGE
k7lupo9xu0cn  nginx-cluster  replicated  5/5       nginx:latest
[root@manager ~]# docker service update --replicas 2 nginx-cluster
nginx-cluster
[root@manager ~]# docker service ls
ID             NAME           MODE         REPLICAS  IMAGE
k7lupo9xu0cn  nginx-cluster  replicated  2/2       nginx:latest
#将服务缩减到2个
[root@manager ~]# docker service update --image nginx:new nginx-cluster
#更新服务的镜像版本
[root@manager ~]# docker service --help

Usage:    docker service COMMAND

Manage services
```

```
Options:
      --help   Print usage

Commands:
  create       Create a new service
  inspect      Display detailed information on one or more services
  ls           List services
  ps           List the tasks of a service
  rm           Remove one or more services
  scale        Scale one or multiple replicated services
  update       Update a service
Run 'docker service COMMAND --help' for more information on a command.
[root@manager ~]# docker rm nginx-cluster
#将所有节点上的所有容器全部删除，任务也将全部删除
```

要获取更多资料，请读者参考 Docker 官方网站。

第 28 章 自动化运维工具 SaltStack 服务

运维工程师的目标是稳定性、标准化与自动化。与前面两个目标比较，自动化稍难一些。到底什么是自动化呢？简单来讲，自动化就是将运维工程师日常重复性的工作通过配置好的规则，在指定时间内自动运行或执行，不需要人工干预。所以，运维工程师必须要了解与掌握常用的自动化运维工具，本章就来介绍自动化常用的工具之一——SaltStack。

28.1 SaltStack 简介

28.1.1 什么是 SaltStack

SaltStack 是一个基于 Python 开发的开源软件，采用 C/S 架构，有服务端 master 和客户端 minion。SaltStack 是一个基础平台管理工具，配置管理系统，具有一个分布式远程执行系统，可用来在远程节点服务器上执行操作命令与查询数据，而这些动作是并行执行的，且使用最小的网络负载。

28.1.2 SaltStack 的功能与工作方式

1．SaltStack 的功能

SaltStack 具有三大功能，分别如下。

（1）执行远程命令。

（2）配置管理，如服务、文件、定时任务等的配置管理。

（3）云管理。

SaltStack 支持大多数操作系统，但 Windows 上不支持安装 master。

2．工作方式

SaltStack 的工作方式如下。

（1）master/minion。

（2）masterless。

（3）salt-ssh。

SaltStack master 在启动后默认监听 4505 和 4506 两个端口，4505 为 SaltStack 的消息发布端口，4506 为客户端与服务端之间通信的端口。

28.2 SaltStack 的安装与部署

28.2.1 部署环境

服务器基础环境规划见表 28-1。

表 28-1 服务器基础环境规划

服务器名称	服务器角色	服务器 IP 地址
salt-S	master服务端	192.168.1.8
salt-C	minion客户端	192.168.1.250

服务端和客户端的服务器系统环境分别如下。

```
[root@salt-S ~]# cat /etc/redhat-release
CentOS Linux release 7.4.1708 (Core)
[root@salt-S ~]# uname -r
3.10.0-693.el7.x86_64
[root@salt-C ~]# cat /etc/redhat-release
CentOS Linux release 7.4.1708 (Core)
[root@salt-C ~]# uname -r
3.10.0-693.el7.x86_64
```

28.2.2 SaltStack 的安装

1. 下载安装 EPEL 源

命令如下。

```
[root@salt-S ~]# yum install -y https://repo.saltstack.com/yum/redhat/salt-repo-20
17.7-1.el7.noarch.rpm
```

出现“Complete!”提示即表示安装完成。

注意：服务端与客户端都需要下载与安装 EPEL 源。

2. 安装服务端与客户端

服务端安装命令如下。

```
[root@salt-S ~]# yum install -y salt-master
```

客户端安装命令如下。

```
[root@salt-C ~]# yum install -y salt-minion
```

3. 启动服务

服务端启动操作如下。

```
[root@salt-S ~]# systemctl start salt-master
[root@salt-S ~]# ss -lntup|grep salt
```

```
tcp     LISTEN   0    128     *:4505     *:*  users:(("salt-master",pid=28429,fd=16))
tcp     LISTEN   0    128     *:4506     *:*  users:(("salt-master",pid=28435,fd=24))
```

在启动客户端之前，我们需要修改客户端的配置文件，来确定 master 是谁。

打开/etc/salt/minion 配置文件，修改第 16 行代码的配置，具体如下。

```
#master: salt
```

将此行修改成下面的配置即可。

```
master: 192.168.1.8
```

注意：在实际生产环境中，一般建议使用主机名。

客户端启动操作如下。

```
[root@salt-C ~]# systemctl start salt-minion
[root@salt-C ~]# ps -ef|grep salt
root    1643   1   1 08:15 ?      00:00:00 /usr/bin/python2 /usr/bin/salt-minion
root    1646  1643  5 08:15 ?     00:00:01 /usr/bin/python2 /usr/bin/salt-minion
root    1655  1646  0 08:15 ?     00:00:00 /usr/bin/python2 /usr/bin/salt-minion
root    1734  1396  0 08:15 pts/0     00:00:00 grep --color=auto salt
```

至此，SaltStack 的服务端与客户端都已安装完成，并且启动成功。

4．公钥与私钥文件

minion 端在第一次启动时会在/etc/salt/目录下产生一个 pki 目录，pki 目录中的文件如下。

```
[root@salt-C salt]# tree ./pki/
./pki/
├── master
└── minion
    ├── minion.pem
    └── minion.pub
2 directories, 2files
```

可以看到，在 minion 目录下会生成两个文件，一个是 minion 的公钥，另一个是 minion 的私钥，然后它会将自己的公钥文件发送给 master。

master 端在第一次启动时也会在/etc/salt/目录下产生一个 pki 目录，这个目录中也有 master 端的公钥与私钥文件。pki 目录中的文件如下。

```
[root@salt-S salt]# tree ./pki/
./pki/
├── master
│   ├── master.pem
│   ├── master.pub
│   ├── minions
│   ├── minions_autosign
│   ├── minions_denied
│   ├── minions_pre
│   │   └── salt-C
│   └── minions_rejected
6 directories, 3files
[root@salt-S salt]# md5sum ./pki/master/minions_pre/salt-C
3a8845a2741cabbd9d67fb107f6c6422  ./pki/master/minions_pre/salt-C
[root@salt-C salt]# md5sum ./pki/minion/minion.pub
3a8845a2741cabbd9d67fb107f6c6422  ./pki/minion/minion.pub
```

校验两个文件的 MD5 值，结果表明这两个文件为同一文件。

28.3 SaltStack 认证配置

28.3.1 salt-key 命令

SaltStack 的服务端与客户端之间通信是需要配置认证的，使用 salt-key 命令来管理 Key。salt-key 命令的常用参数及说明见表 28-2。

表 28-2 salt-key 命令的常用参数及说明

参数	说明
-a	参数后跟主机名，认证指定的主机
-A	认证所有的主机
-L	列出所有客户端的Key
-D	删除所有客户端的Key
-d	删除某一个客户端的Key

28.3.2 配置认证

在服务端，使用 salt-key 命令可以查看当前认证状态，结果如图 28-1 所示。

```
[root@salt-S ~]# salt-key
Accepted Keys:
Denied Keys:
Unaccepted Keys:
salt-C
Rejected Keys:
[root@salt-S ~]#
```

图28-1 服务端当前认证状态

从图 28-1 的结果中可以看出，当前有一个 Key 处于拒绝状态。我们可以使用下面的命令去认证指定的主机。

```
[root@salt-S ~]# salt-key -a salt-C
The following keys are going to be accepted:
Unaccepted Keys:
salt-C
Proceed? [n/Y] Y
Key for minion salt-C accepted.
[root@salt-S ~]# salt-key -L
Accepted Keys:
salt-C
Denied Keys:
Unaccepted Keys:
Rejected Keys:
```

从输出结果中可以看出，服务端已经接受客户端的认证。

此时，我们再次查看服务端与客户端存放各自秘钥的目录是否有变化，结果如下。

```
[root@salt-S ~]# cd /etc/salt/
[root@salt-S salt]# tree ./pki/
./pki/
└── master
    ├── master.pem
    ├── master.pub
    ├── minions
    │   └── salt-C
    ├── minions_autosign
    ├── minions_denied
    ├── minions_pre
    └── minions_rejected
6 directories, 3 files
[root@salt-C ~]# cd /etc/salt/
[root@salt-C salt]# tree ./pki/
./pki/
└── minion
    ├── minion_master.pub
    ├── minion.pem
    └── minion.pub
1 directory, 3 files
```

从上述结果中可以看出，认证的过程就是服务端与客户端之间交换各自公钥的过程。

```
[root@salt-S salt]# salt '*' cmd.run 'echo hello'
salt-C:
    hello
```

上面的操作是远程在客户端服务器上执行一条命令“echo hello”，并且在服务端界面输出命令的返回值。

28.4　SaltStack 功能介绍

本节将介绍 SaltStack 的一些功能，如数据系统、文件系统和配置管理等。

28.4.1　SaltStack 数据系统

1. Grains

SaltStack 自 0.8.7 版本起加入了 Grains，用于取代 Facter。它存储在 minion 端，用于保存数据信息。

Grains 存储的信息是静态数据，可用于收集 minion 端相关的本地信息，如操作系统版本、内核版本、CPU、内存、硬盘、网卡等信息。

```
[root@salt-S ~]# salt '*' grains.get hwaddr_interfaces
salt-C:
    ----------
    ens33:
        00:0c:29:1c:b1:37
    lo:
        00:00:00:00:00:00
#查看所有主机的所有网卡的MAC地址信息
[root@salt-S ~]# salt '*' grains.get ip_interfaces
salt-C:
    ----------
```

```
    ens33:
        - 192.168.1.250
        - 2409:8a30:83a:6070:2f10:b944:86a9:1cb9
        - fe80::6070:a97f:8099:8a3c
    lo:
        - 127.0.0.1
        - ::1
#查看所有主机的所有IP地址信息
[root@salt-S ~]# salt '*' grains.get os
salt-C:
    CentOS
#查看所有主机的系统版本信息
还可针对特定的场景进行相关操作。
[root@salt-S ~]# salt -G 'os:Centos' test.ping
salt-C:
    True
#系统版本为CentOS 的所有主机执行ping测试
[root@salt-S ~]# salt -G 'os:Centos' cmd.run 'echo welcome to here!'
salt-C:
    welcome to here!
#系统版本为CentOS 的所有主机执行一条命令
```

2. Pillar

SaltStack 在 0.9.8 版本增加了此功能，它在 master 端定义，然后指定对应的 minion 端，用 saltutil.refresh_pillar 刷新缓存来存储 master 指定的数据，且只有指定的 minion 端才能看到。基于这一点，此功能特别适用于保存敏感信息。

```
[root@salt-S ~]# salt '*' pillar.items
salt-C:
    ----------
```

此功能默认是关闭的，因此需要修改服务端的配置文件来打开此项功能，配置操作如下。

（1）编辑配置文件/etc/salt/master，找到第 831 行。

```
#pillar_opts: False
```

将上述配置修改成如下代码。

pillar_opts: True 即可开启 Pillar 功能。

（2）设置 Pillar 存储文件的目录，配置如下。

```
pillar_roots:
  base:
    - /srv/pillar
```

将默认的注释打开即可完成设置。

（3）服务端创建此文件的存储目录，操作如下。

```
[root@salt-S ~]# mkdir /srv/pillar -p
```

（4）重启服务端服务。

```
[root@salt-S ~]# systemctl restart salt-master
```

下面是实例操作。

首先在文件存储目录中编辑一个 pkg.sls 文件。

```
[root@salt-S ~]# cd /srv/pillar/
[root@salt-S pillar]# vim pkg.sls
{% if grains['os'] == 'CentOS' %}
apache: httpd
{% elif grains['os'] == 'Debian' %}
apache: apache2
{% endif %}
```

然后在文件存储目录中编辑一个 top.sls 文件。

```
[root@salt-S pillar]#  vim top.sls
base:
  '*':
    - pkg
[root@salt-S pillar]# salt '*' saltutil.refresh_pillar
salt-C:
    True
#刷新所有客户端Pillar缓存，同步信息
[root@salt-S pillar]# salt '*' pillar.get apache
salt-C:
    httpd
#获取变量信息
```

还可以使用“-I”选项选择目标进行操作，示例如下。

```
[root@salt-S pillar]# salt '*' pillar.items apache
salt-C:
    ----------
    apache:
        httpd
[root@salt-S pillar]# salt -I 'apache:httpd' test.ping
salt-C:
    True
[root@salt-S pillar]# salt -I 'apache:httpd' cmd.run 'echo hello!'
salt-C:
    hello!
```

3. Grains 与 Pillar 的区别

（1）两者的用途不同。Grains 用于存储客户的基本信息，而 Pillar 用于存储 master 端分配给 minion 端的数据。

（2）存储数据的区域不同。Grains 存储在客户端，而 Pillar 存储在服务端。

（3）更新方式不同。Grains 是在 minion 启动时进行更新，也可以使用 saltutil.sync_grains 进行手工刷新。Pillar 使用 saltutil.refresh_pillar 进行刷新，效率更高，更灵活。

28.4.2 SaltStack 文件系统

SaltStack 文件系统标准格式如下。

```
# Example:
# file_roots:
#   base:
#     - /srv/salt/
#   dev:
#     - /srv/salt/dev/services
#     - /srv/salt/dev/states
#   prod:
#     - /srv/salt/prod/services
```

```
#      - /srv/salt/prod/states
#
```

修改或配置时可以按照上述标准格式配置，配置完成后，记得重启服务，然后需要创建配置文件中配置的相关目录。

28.4.3 SaltStack 远程执行

SaltStack 远程执行命令的基本结构如下。

```
salt  (命令)  '*' (目标)  cmd.run 'test.ping'  (模块)
```

1. 目标使用介绍

目标用于指定哪些 minion 端需要执行此命令操作，目标的使用具体有以下几种方法。

（1）*：匹配规则，用来代表所有客户端。

```
[root@salt-S ~]# salt '*' cmd.run 'echo SaltStack!!'
salt-C:
    SaltStack!!
```

（2）IP 地址：直接使用 IP 地址来指定客户端。

```
[root@salt-S ~]# salt -S '192.168.1.250' test.ping
salt-C:
    True
```

（3）正则表达式：正则匹配。

```
[root@salt-S ~]# salt -E 'salt-(C|S)' test.ping
salt-C:
    True
salt-S:
    True
```

（4）客户端列表：使用主机名作为列表，主机名之间用“,”分隔。

```
[root@salt-S ~]# salt -L 'salt-S,salt-C' test.ping
salt-C:
    True
salt-S:
    True
```

（5）Grains：通过 minion 的 Grains 信息进行匹配。

```
[root@salt-S ~]# salt -G 'os:CentOS' cmd.run 'uname -r'
salt-C:
    3.10.0-693.el7.x86_64
salt-S:
    3.10.0-693.el7.x86_64
```

（6）Pillar：通过 Pillar 来匹配需要运行指令的 minion。

```
[root@salt-S ~]# salt '*' pillar.get apache
salt-C:
    httpd
salt-S:
```

```
    httpd
```

注意：如果需要远程执行，则需要加上参数-I。

```
[root@salt-S ~]# salt -I 'apache:httpd' pkg.install dos2unix
salt-S:
    ----------
    dos2unix:
        ----------
        new:
            6.0.3-7.el7
        old:
salt-C:
    ----------
    dos2unix:
        ----------
        new:
            6.0.3-7.el7
        old:
```

2．模块使用介绍

可以使用下面的命令查看当前支持哪些模块。

```
[root@salt-S ~]# salt 'salt-C' sys.list_modules
salt-C:
    - acl
    - aliases
    - alternatives
    - apache
    - archive
    - artifactory
    - augeas
    - beacons
    - bigip
    - blockdev
    - btrfs
    - buildout
    - cloud
    - cmd
    - composer
    - config
    - consul
    - container_resource
    - cp
    - cron
    - data
    - defaults
    - devmap
    - disk
    - django
    - dnsmasq
    - dnsutil
    - drbd
    - environ
    - etcd
    - ethtool
    - event
    - extfs
    - file
    - firewalld
    - gem
    - genesis
    - gnome
    - grafana4
    - grains
```

```
    - group
    - hashutil
    - hipchat
    - hosts
    - http
    - incron
    - infoblox
    - ini
    - inspector
    - introspect
    - ip
    - ipset
    - iptables
    - jboss7
    - jboss7_cli
……(部分内容省略)
```

如果需要查看某个模块所支持的函数，可以使用下面的命令。

```
[root@salt-S ~]# salt 'salt-C' sys.list_functions cmd
salt-C:
    - cmd.exec_code
    - cmd.exec_code_all
    - cmd.has_exec
    - cmd.powershell
    - cmd.retcode
    - cmd.run
    - cmd.run_all
    - cmd.run_bg
    - cmd.run_chroot
    - cmd.run_stderr
    - cmd.run_stdout
    - cmd.script
    - cmd.script_retcode
    - cmd.sdecode
    - cmd.shell
    - cmd.shell_info
    - cmd.shells
    - cmd.tty
    - cmd.which
    - cmd.which_bin
```

如果需要查看模块中某个函数的用法，可以使用图 28-2 所示的命令查看其帮助文档，类似于 Linux 系统中的“man”命令。

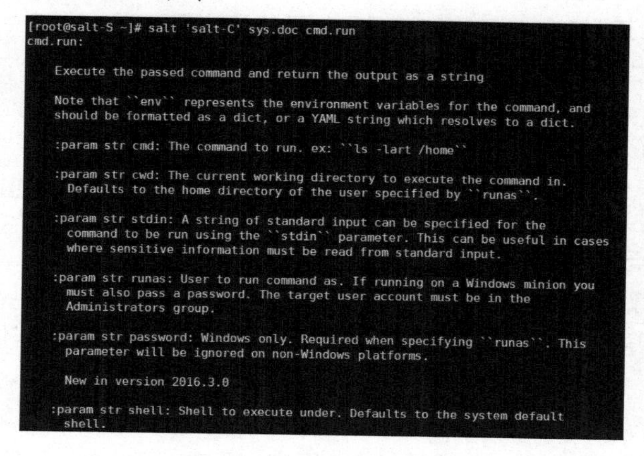
```
[root@salt-S ~]# salt 'salt-C' sys.doc cmd.run
cmd.run:

    Execute the passed command and return the output as a string

    Note that ``env`` represents the environment variables for the command, and
    should be formatted as a dict, or a YAML string which resolves to a dict.

    :param str cmd: The command to run. ex: ``ls -lart /home``

    :param str cwd: The current working directory to execute the command in.
      Defaults to the home directory of the user specified by ``runas``.

    :param str stdin: A string of standard input can be specified for the
      command to be run using the ``stdin`` parameter. This can be useful in cases
      where sensitive information must be read from standard input.

    :param str runas: User to run command as. If running on a Windows minion you
      must also pass a password. The target user account must be in the
      Administrators group.

    :param str password: Windows only. Required when specifying ``runas``. This
      parameter will be ignored on non-Windows platforms.

      New in version 2016.3.0

    :param str shell: Shell to execute under. Defaults to the system default
      shell.
```

图28-2 模块函数使用帮助

下面是实例操作。

```
[root@salt-S ~]# salt '*' service.available sshd
salt-C:
    True
salt-S:
    True
#查看所有客户端sshd服务是否为活动状态
[root@salt-S ~]# salt '*' service.status httpd
salt-S:
    False
salt-C:
    True
#查看所有客户端httpd服务的状态
[root@salt-S ~]#  salt '*' network.arp
salt-S:
    ----------
    00:0c:29:1c:b1:37:
        192.168.1.250
salt-C:
    ----------
    00:0c:29:ad:1a:30:
        192.168.1.8
#查看客户ARP表
```

28.4.4　SaltStack 配置管理

SaltStack 从 0.8.8 版本起加入状态管理系统（state system）。配置管理文件以“.sls”结尾，默认使用 YAML 作为文件的描述格式，使用空格字符为缩进格式，不可以使用<Tab>键，配置文件注释使用“#”，字符串不使用引号，如果有引号就需要进行转义。

1．管理模块

管理模块包括文件状态管理模块和服务状态管理模块。

文件状态管理模块如下。

```
file.managed            #保证文件存在并且为对应的状态
file.recurse            #保证目录存在并且为对应的状态
file.absent             #确保文件不存在，如果存在，则进行删除操作
```

服务状态管理模块如下。

```
service.running         #确保服务处于运行状态，如果没有启动，则进行启动操作
service.enabled         #确保服务会开机自启动
service.disabled        #确保服务不会开机自启动
service.dead            #确保服务当前没有运行
```

2．YAML 语法与 Jinja 模板

SaltStack 配置管理主要是管理 state 状态文件，这些文件都必须以“.sls”结尾，文件的描述使用 YAML 语法格式，并且还需要使用到 Jinja 模板，通过它们一并去实现一些个性化需求的配置。

YAML 语法有以下规则。

（1）缩进：使用空格缩进（两个空格），用来表示层级关系，不能使用<Tab>键。

（2）冒号：以冒号结尾的行的下一行必须缩进两个空格。

（3）短横线：使用“-”表示列表项，它与空格一起成对出现，即“-”。

Jinja 模板：SaltStack 是完全基于 Python 开发的自动配置管理工具，Jinja 是基于 Python 的模板引擎，我们需要通过使用 Jinja 模板在 state 状态配置文件中实现条件判断、循环、变量引用等功能。

下面使用一个完整的实例来演示配置管理的实战操作。

```
[root@salt-S salt]# cd /srv/salt/base
[root@salt-S base]# pwd
/srv/salt/base
[root@salt-S base]# vim dns.sls
/etc/resolv.conf:
  file.managed:
    - source: salt://file/resolv.conf
    - user: root
    - group: root
    - mode: 644
[root@salt-S base]# ll
total 4
-rw-r--r-- 1 root root 123 Feb 28 01:51 dns.sls
drwxr-xr-x 2 root root  25 Feb 28 01:32 file
[root@salt-S base]# cat file/resolv.conf
# Generated by NetworkManager
nameserver 223.5.5.5
#config end by
[root@salt-S base]# salt '*' state.sls dns
salt-C:
----------
          ID: /etc/resolv.conf
    Function: file.managed
      Result: True
     Comment: File /etc/resolv.conf updated
     Started: 02:11:18.088624
    Duration: 72.776 ms
     Changes:
              ----------
              diff:
                  ---
                  +++
                  @@ -1,3 +1,3 @@
                   # Generated by NetworkManager
                   nameserver 223.5.5.5
                  -nameserver fe80::1%ens33
                  +#config end by
Summary for salt-C
------------
Succeeded: 1 (changed=1)
Failed:    0
------------
Total states run:     1
Total run time:  72.776 ms
[root@salt-C ~]# cat /etc/resolv.conf
# Generated by NetworkManager
nameserver 223.5.5.5
#config end by
```

从上述的结果中可以看出，客户端的 DNS 配置已经更新完成。

28.5　SaltStack 的 Job 管理

本节将介绍 SaltStack 中 Job 功能的概念、Job 管理方法及其案例操作。

28.5.1　Job 简介

SaltStack 在执行任何一个操作时，都会在 master 上产生一个 JID。master 在下发指令消息时就会带上产生的 JID。minion 在接收到指令开始执行时，会在本地的 cache 目录（默认/var/cache/salt/minion）下的 proc 目录中产生以该 JID 命名的文件，用于在操作执行过程中 master 查看当前任务执行的情况，在指令执行完毕将结果返回给 master 后，则会删除这个临时文件。

master 将 minion 返回的执行结果存储在本地/vat/cache/salt/master/jobs 目录，默认缓存 24 小时，此配置可以通过修改 master 配置文件中的 keepjobs 选项来调整。

```
[root@salt-S ~]# salt '*' test.ping -v
Executing job with jid 20190228024530841813
-------------------------------------------
salt-C:
    True
#可以查看当前执行的任务的JID
[root@salt-S ~]# ls /var/cache/salt/master/jobs/
02  14
[root@salt-S ~]# tree /var/cache/salt/master/jobs/
/var/cache/salt/master/jobs/
├── 02
│   └── d8e7da52fa146be5679ec89fe752f1ad6296595b7428ae689922a8ed077533
│           ├── jid
│           └── salt-C
│               ├── out.p
│               └── return.p
├── 14
│   └── f091e6025882a184c30321e60664769d853e3c4eb8347f4c7100a9dfe60598
│           ├── jid
│           └── salt-C
│               ├── out.p
│               └── return.p
```

如果整个执行操作出现超时的情况，master 会启动 find job 这个操作，然后再次执行前面的操作。master 端能再次执行是借助于 minion 端/var/cache/salt/minion/proc 目录下的这个 JID，当操作执行完成后，这个 JID 文件自动删除。

```
[root@salt-S ~]# date
Thu Feb 28 03:12:57 EST 2019
[root@salt-S ~]# salt '*' cmd.run 'sleep 30'
[root@salt-C ~]# ll /var/cache/salt/minion/proc/
total 4
-rw-r--r-- 1 root root 94 Feb 28 03:13 20190228031304076805
[root@salt-S ~]# salt '*' cmd.run 'sleep 30'
salt-C:
[root@salt-S ~]# date
Thu Feb 28 03:13:53 EST 2019
[root@salt-C ~]# ll /var/cache/salt/minion/proc/
total 0
```

28.5.2 Job 的基本管理

1. Saltutil 模块中的 Job 管理方法

具体如下。

```
saltutil.running
#查看minion端正在运行的jobs
saltutil.find_jod <jid>
#查看指定JID的jobs（minion端正在运行的）
saltutil.signal_job <jid> <single>
#给指定的JID进程发送信号
saltutil_term_job <jid>
#终止指定的JID进程（信号为15）
saltutil.kill_job <jid>
#终止指定的JID进程（信号为9）
```

2. Salt runner 中的 Job 管理方法

具体如下。

```
salt-run jobs.active
#查看所有minion当前正在运行的jobs(minion上运行salt-minion saltutil.running)
salt-run jobs.lookup_jid <jid>
#从master jobs cache中查询指定JID的运行结果
salt-run jobs.list_jobs
#列出当前master jobs cache中的所有job
```

3. 实例操作

命令如下。

```
[root@salt-S ~]# salt '*' cmd.run 'sleep 30'
[root@salt-S ~]# salt '*' saltutil.running
salt-C:
    |_
      ----------
      arg:
          - sleep 30
      fun:
          cmd.run
      jid:
          20190228040312233186
      pid:
          4754
      ret:
      tgt:
          *
      tgt_type:
          glob
      user:
          root
[root@salt-S ~]# salt '*' saltutil.term_job 20190228040312233186
salt-C:
    Signal 15 sent to job 20190228040312233186 at pid 4786
```

SaltStack 的功能非常强大，本章只是作为一个抛砖引玉的引子，介绍一些简单的原理与操作命令和常用的功能管理等，有兴趣的读者可访问 SaltStack 官方网站进一步学习。

架构运用篇

第 29 章 MySQL 性能优化及主从同步架构实践

随着企业业务量的增长，访问量会逐渐增大，数据库的压力也会随之增加。无论是 MySQL 数据库服务器架构，还是 MySQL 服务本身，针对 MySQL 数据库的性能优化都势在必行。

29.1 数据库优化

本节将从硬件性能和配置文件这两个方面来阐述如何对数据库进行优化。

29.1.1 硬件性能优化

对于数据库服务器硬件性能优化，无非是从服务器硬盘、CPU、内存方面着手，在企业成本允许的情况下争取采用最优的硬件资源来提供服务。

1．硬盘

硬盘的 I/O 性能是制约 MySQL 数据库性能的最大瓶颈之一。一旦硬盘的 I/O 性能很差，会直接造成 MySQL 数据库的性能很差，甚至会出现访问故障与数据写入困难等情况。

针对这一问题的解决方案就是磁盘阵列技术，比如 Raid10，或者使用 SAS 转速较高的硬盘（10000r/min 或 15000r/min 转速的硬盘都可以）。在成本允许的情况下，可以考虑使用 SSD 固态硬盘来替代前面的方案。如果生产中使用的是云服务器，那么可以使用高效云盘或 SSD 高效云盘，在条件允许的情况下直接使用专业的数据库云服务器。

2．CPU 与内存

CPU 对于 MySQL 的性能也有一定的影响，尽量选择运算能力好一点的 CPU，这样可以增强整个 MySQL 数据库的运算处理能力。

对于一台 MySQL 数据库服务器来讲，一般建议内存不少于 4GB，实际生产环境中 8GB 比较常用。作者之前工作维护过的 MySQL 数据库服务器的内存基本是 16GB 以上，甚至有的内存是 64GB，具体要根据实际情况而定。

29.1.2 配置文件优化

硬件性能的制约因素解决了，接下来就需要针对 MySQL 服务本身进行优化，以求达到更好的性能，提升整体访问速率。

配置文件优化主要是对配置文件 my.cnf 中的参数进行优化，重点针对一些对 MySQL 性能影响较大的配置参数。一些常用的参数优化配置如下。

```
[mysqld]
skip-name-resolve
```

说明：禁止 MySQL 对外部连接进行 DNS 解析，可以省去 MySQL 进行 DNS 解析的时间。

```
back_log = 300
```

说明：MySQL 暂时停止响应新请求之前，短时间内可以有多少个请求被存储在堆栈中，默认值为 50。

```
max_connections = 1000
```

说明：最大连接数，影响 MySQL 性能较大的配置，此数值设置可以参考线上运行情况，一般实际所用的连接数为最大连接数的 85%为佳，小于或大于此百分比都需要调整这个值。

```
max_connect_errors = 6000
```

说明：最大连接失败次数，默认值是 100，达到此上限后会阻止连接数据库。

```
key_buffer_size = 256M
```

说明：用于指定索引缓冲区的大小，增大此值可以加速索引的处理能力。对于一个 4GB 内存的服务器，一般设置 256MB 为佳，设置得过大会降低服务器的处理性能。

```
max_allowed_packet = 10M
```

说明：在网络传输中，一次传输的最大值默认是 1MB，最大是 1GB，但必须是 1024 的倍数，单位为字节。

```
thread_stack = 256K
```

说明：指定 MySQL 每个线程堆栈的大小，默认是 192KB，可配置的值范围是 128KB～4GB。

```
table_cache = 512K
```

说明：表缓冲区空间大小。当 MySQL 访问一个表时，如果 MySQL 表缓冲中还有空间，那么这个表会被打开放入缓冲区中，有利于快速访问表中的内容。

```
sort_buffer_size = 8M
```

说明：查询排序所使用的缓冲区大小，默认是 2MB。需要注意的是，此参数对应的分配内存是每个连接独享的，也就是说如果有 100 个连接，那么实际分配的内存总和是 100×8MB=800MB，所以在实际生产环境配置时需要注意服务器内存的大小。

```
read_buffer_size = 4M
```

说明：读操作所使用的缓冲区大小。和 sort_buffer_size 一样，分配的内存也是每个连接独享的。

```
join_buffer_size = 8M
```

说明：联合查询所使用的缓冲区大小。和 sort_buffer_size 一样，分配的内存也是每个连接独享的。

```
thread_cache_size = 64
```

说明：指定 Thread Cache 池中可以缓存的连接线程的最大数量，默认是 0，可设置范围是 0～16384。当客户端连接中断时，如果缓存中有空间，那么这个客户端的线程会被放到缓存中。当线程重新被请求时，那么请求将直接从缓冲中读取。

```
query_cache_size = 64M
```

说明：指定 MySQL 查询缓冲区大小。

```
tmp_table_size = 256M
```

说明：指定内存临时表空间最大值。如果超过此值，则会将临时表写入磁盘中，可设置范围为 1KB～4GB。

```
wait_timeout = 10
```

说明：指定一个请求的最大连接时间。

```
thread_concurrency = 8
```

说明：此参数的值为服务器物理 CPU 的 2 倍为佳。

```
skip-networking
```

说明：关闭 MySQL 的 TCP/IP 连接方式。

上面列举的只是一些常用的基础优化配置，在实际生产环境中还会针对数据库引擎的参数做一些优化，读者可参考官方文档并根据实际生产线的环境情况加以调整。

29.2　MySQL 主从同步概述

29.2.1　为什么需要主从同步架构

在一般的初创企业，单台数据库服务器或单实例数据库是存在的，一是由于初期数据量不大，二是出于成本的考虑。

但是，随着企业业务的发展，数据量会日益增大，单台数据库服务器也会存在一定的访问压力与单点故障的问题。这时主从同步架构便能解决这一问题。第一，流量分流，我们可以让来自外部的访问直接访问主库服务器，将内部人员访问（数据查询、汇总）的流量切换到从库服务器；第二，从库有时还可以充当备份服务器，在主库故障时，可以手工进行切换，以满足正常运行的需求。

29.2.2　MySQL 主从同步的原理

MySQL 主从同步是一个异步复制的过程，虽然在一般情况下给人的感觉是实时的，但其实是异步进行的，它是将数据从一个数据库（主库：Master）复制到另一个数据库（从库：Slave）。

MySQL 主从同步的原理及同步过程如下。

（1）在主库上打开 binlog 日志记录功能。从库同步复制数据也就是在主库上去获取这个 binlog 日志，然后将记录在 binlog 日志中的各类操作的 SQL 语句按顺序在从库中执行一次。

（2）从库服务器上执行“start slave”命令，即可开启主从同步，主从数据同步复制就开始进行了。

（3）主从同步开始后，从库上的 I/O 线程就会开始发送验证请求来连接主库服务器（验证的用户与密码在主库上是已经授权过的，否则验证失败），并请求 binlog 指定位置（这个指定位置是在从库上执行“change master”命令时指定的）后的新的 binlog 日志内容。

（4）主库在收到请求后进行验证，验证通过后，会返回从库所请求的内容，这些内容包括 binlog 日志内容、主库中新记录 binlog 日志的文件名称，以及在新的 binlog 日志中下一个指定的更新位置点等信息。

（5）从库在收到来自主库的 binlog 日志及相关位置点信息后，会将 binlog 日志内容写入 relay log（中继日志）文件中，并将新的 binlog 文件名和位置点信息存储在 master-info 文件中。

（6）从库服务器的 SQL 线程会实时查看本地的 relay log 中 I/O 线程新增加过来的内容，然后把 relay log 文件中的内容解析成 SQL 语句并按顺序在从库中一一执行，最后将当前服务器中的中继日志的文件名及位置点信息存储在 relay-log.info 中，以便下一次同步需要。

经过以上的过程，整个 MySQL 主从同步就完成了，两端的数据处于一致的状态。

29.3　MySQL 主从同步架构实践

29.3.1　环境准备

部署 MySQL 主从同步架构前的环境准备操作过程如下。

1．服务器环境规划

使用两台服务器进行配置，服务器环境规划见表 29-1。

表 29-1　服务器环境规划

服务器主机名	服务器 IP 地址	服务器角色
mysql-M	192.168.1.8	Master主库
mysql-S	192.168.1.9	Slave从库

2. 服务器系统环境

具体如下。

```
[root@mysql-M ~]# cat /etc/redhat-release
CentOS Linux release 7.4.1708 (Core)
[root@mysql-M ~]# uname -r
3.10.0-693.el7.x86_64
[root@mysql-S ~]# cat /etc/redhat-release
CentOS Linux release 7.4.1708 (Core)
[root@mysql-S ~]# uname -r
3.10.0-693.el7.x86_64
```

3. 数据库版本

提前安装好两台服务器的 MySQL 数据库服务，安装过程不是本节介绍的重点，这里不再赘述，读者可以参考前面的章节介绍或官方文档。

```
[root@mysql-M ~]# mysql -V
mysql  Ver 14.14 Distrib 5.7.16, for linux-glibc2.5 (x86_64) using  EditLine wrapp
er
[root@mysql-M ~]# lsof -i :3306
COMMAND  PID  USER   FD   TYPE DEVICE SIZE/OFF NODE NAME
mysqld  1649 mysql   20u  IPv6  28645      0t0  TCP *:mysql (LISTEN)
[root@mysql-S ~]# mysql -V
mysql  Ver 14.14 Distrib 5.7.16, for linux-glibc2.5 (x86_64) using  EditLine wrapp
er
[root@mysql-S ~]# lsof -i :3306
COMMAND  PID  USER   FD   TYPE DEVICE SIZE/OFF NODE NAME
mysqld  1880 mysql   20u  IPv6  30088      0t0  TCP *:mysql (LISTEN)
```

主从服务器 MySQL 服务均已启动成功。

29.3.2 配置 MySQL 主从同步

配置 MySQL 主从同步的操作步骤如下。

1. 主库上开启 binlog 功能

在主库上开启 binlog 日志功能，具体配置如下。

（1）编辑 my.cnf 配置文件，增加如下配置。

```
log_bin = /data/mysql/mysql_m-bin
```

注意：server_id 主库与从库不可以相同。

（2）修改完配置之后需要重启 MySQL 服务，操作如下。

```
[root@mysql-M ~]# /etc/init.d/mysqld restart
Shutting down MySQL.. SUCCESS!
Starting MySQL.. SUCCESS!
[root@mysql-M ~]# lsof -i :3306
COMMAND  PID  USER   FD   TYPE DEVICE SIZE/OFF NODE NAME
mysqld  2047 mysql   32u  IPv6  33185      0t0  TCP *:mysql (LISTEN)
[root@mysql-M ~]# ll /data/mysql/mysql_m-bin.*
-rw-r----- 1 mysql mysql 154 Mar  3 03:22 /data/mysql/mysql_m-bin.000001
-rw-r----- 1 mysql mysql  31 Mar  3 03:22 /data/mysql/mysql_m-bin.index
```

你会发现在配置的目录下自动生成了如下两个文件。

```
/data/mysql/mysql_m-bin.000001
#记录MySQL binlog日志的文件
/data/mysql/mysql_m-bin.index
#记录MySQL binlog日志文件的文件名
[root@mysql-M ~]# cd /data/mysql/
[root@mysql-M mysql]# cat ./mysql_m-bin.index
/data/mysql/mysql_m-bin.000001
```

在实际生产环境中，在配置主从同步时需要注意，主库服务器中的用户授权配置一般不会直接同步到从库中（为了安全考虑），所以需要针对此项需求做忽略同步 MySQL 库的配置。

（1）在 MySQL 主从同步配置时，如果是 binlog-format=ROW 模式，则忽略同步 MySQL 库的配置如下。

```
replicate-wild-ignore-table=mysql.%
#忽略指定不同步的库的所有表
```

如果直接配置成 replicate-ignore-db = mysql，则配置不会生效，主库服务器中 MySQL 库的数据仍然会同步到从库服务器的 MySQL 库中。

（2）在 MySQL 主从同步配置时，如果是 binlog-format=STATEMENT 模式，则忽略同步 MySQL 库的配置如下。

```
replicate-ignore-db = mysql
```

查看 MySQL 数据库 binlog 模式的命令如图 29-1 所示。

```
mysql> show variables like 'binlog_format';
+---------------+-------+
| Variable_name | Value |
+---------------+-------+
| binlog_format | ROW   |
+---------------+-------+
1 row in set (0.39 sec)
```

图29-1　查询binlog模式

2. 配置同步用户并授权

命令如下。

```
[root@mysql-M ~]# mysql -uroot -p
Enter password:
Welcome to the MySQL monitor.  Commands end with ; or \g.
Your MySQL connection id is 3
Server version: 5.7.16-log MySQL Community Server (GPL)

Copyright (c) 2000, 2016, Oracle and/or its affiliates. All rights reserved.

Oracle is a registered trademark of Oracle Corporation and/or its
affiliates. Other names may be trademarks of their respective
owners.

Type 'help;' or '\h' for help. Type '\c' to clear the current input statement.

mysql> grant replication slave on *.* to 'rep_user'@'192.168.1.%' identified by
'Aa123456';
Query OK, 0 rows affected, 1 warning (0.02 sec)

mysql> flush privileges;
Query OK, 0 rows affected (0.03 sec)
```

3. 查看主库当前的状态

登录主库，查看主库当前的状态，如图 29-2 所示。

```
mysql> show master status;
+--------------------+----------+--------------+------------------+-------------------+
| File               | Position | Binlog_Do_DB | Binlog_Ignore_DB | Executed_Gtid_Set |
+--------------------+----------+--------------+------------------+-------------------+
| mysql_m-bin.000001 |      603 |              |                  |                   |
+--------------------+----------+--------------+------------------+-------------------+
1 row in set (0.00 sec)
```

图29-2 当前主库的状态

4. 配置从库

登录从库，执行下面的操作。

```
[root@mysql-S ~]# mysql -uroot -p
Enter password:
Welcome to the MySQL monitor.  Commands end with ; or \g.
Your MySQL connection id is 3
Server version: 5.7.16 MySQL Community Server (GPL)

Copyright (c) 2000, 2016, Oracle and/or its affiliates. All rights reserved.

Oracle is a registered trademark of Oracle Corporation and/or its
affiliates. Other names may be trademarks of their respective
owners.

Type 'help;' or '\h' for help. Type '\c' to clear the current input statement.

mysql> CHANGE MASTER TO
    MASTER_HOST='192.168.1.8',
    MASTER_PORT=3306,
    MASTER_USER='rep_user',
    MASTER_PASSWORD='Aa123456',
    MASTER_LOG_FILE='mysql_m-bin.000001',
    MASTER_LOG_POS=603;
Query OK, 0 rows affected, 2 warnings (0.12 sec)

mysql> start slave;
Query OK, 0 rows affected (0.02 sec)
```

开启同步开关之后，我们就可以查看目前从库的状态，如图 29-3 所示。

```
mysql> show slave status\G;
*************************** 1. row ***************************
               Slave_IO_State: Waiting for master to send event
                  Master_Host: 192.168.1.8
                  Master_User: rep_user
                  Master_Port: 3306
                Connect_Retry: 60
              Master_Log_File: mysql_m-bin.000001
          Read_Master_Log_Pos: 603
               Relay_Log_File: hadoop-relay-bin.000002
                Relay_Log_Pos: 322
        Relay_Master_Log_File: mysql_m-bin.000001
             Slave_IO_Running: Yes
            Slave_SQL_Running: Yes
              Replicate_Do_DB:
          Replicate_Ignore_DB:
           Replicate_Do_Table:
       Replicate_Ignore_Table:
      Replicate_Wild_Do_Table:
  Replicate_Wild_Ignore_Table:
                   Last_Errno: 0
                   Last_Error:
                 Skip_Counter: 0
          Exec_Master_Log_Pos: 603
              Relay_Log_Space: 530
```

图29-3 从库目前的状态

当从结果中看到以下两个参数都处于“Yes”状态时，则表明同步成功。

```
Slave_IO_Running: Yes
Slave_SQL_Running: Yes
```

如果这两个参数不都是 Yes 状态，表明同步失败，那么就需要查找原因了，主从同步常见的故障及其解决方法会在 29.3.4 节介绍。

29.3.3　验证 MySQL 主从同步

主从同步配置成功之后，我们开始在主库写入数据，然后测试从库是否能正常将写入的数据同步复制过去。

登录主库，写入如下数据。

```
mysql> create database tongbu;
Query OK, 1 row affected (0.01 sec)
mysql> use tongbu;
Database changed
mysql>  create table test001(id int auto_increment primary key,name varchar(20) no
t null);
Query OK, 0 rows affected (0.05 sec)
mysql> insert into test001 values(null,'will');
Query OK, 1 row affected (0.02 sec)
mysql> insert into test001 values(null,'mingongge');
Query OK, 1 row affected (0.03 sec)
mysql> select * from test001;
+----+-----------------+
| id | name       |
+----+---------------+
|  1 | will         |
|  2 | mingongge |
+-----+---------------+
2 rows in set (0.01 sec)
```

此时，我们登录到从库服务器查询数据是否同步，查看结果如图 29-4 所示。

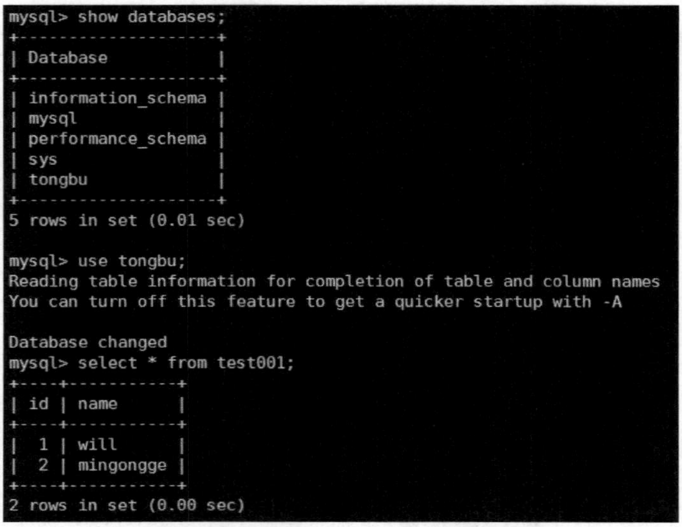

```
mysql> show databases;
+--------------------+
| Database           |
+--------------------+
| information_schema |
| mysql              |
| performance_schema |
| sys                |
| tongbu             |
+--------------------+
5 rows in set (0.01 sec)

mysql> use tongbu;
Reading table information for completion of table and column names
You can turn off this feature to get a quicker startup with -A

Database changed
mysql> select * from test001;
+----+-----------+
| id | name      |
+----+-----------+
|  1 | will      |
|  2 | mingongge |
+----+-----------+
2 rows in set (0.00 sec)
```

图29-4　从库查询数据结果

从图 29-4 中的结果可以看出，主从库两端数据一致，表明数据已同步成功。

29.3.4　MySQL 主从同步常见故障的处理

在配置 MySQL 主从同步时，也常常会因为一些原因导致无法正常同步，下面作者根据实际生产经验介绍一些常见的故障及其解决方法。

故障 1：出现错误提示“Last_IO_Error:Got fatal error 1236 from master when reading data from binary log: ‘Could not find first log file name in binary log index file'”。

故障原因：在从库执行“change master”命令时，其中的某行配置参数的值出现了空格字符。

解决方案：仔细检查执行的命令中的配置，然后删除空格字符，重新进行操作。

故障 2：出现错误提示“Last_IO_Error: Fatal error: The slave I/O thread stops because master and slave have equal MySQL server ids; these ids must be different for replication to work (or the –replicate-same-server-id option must be used on slave but this does not always make sense; please check the manual before using it)”。

故障原因：在 MySQL 主从配置中，主从数据库的配置文件 myu.cnf 中的 server-id 必须是全网唯一的。有时将主库的配置文件中的配置行直接复制到从库配置文件中，但忘记了修改这个 server-id 的值，从而导致这个错误。

解决方案：修改配置文件中的 server-id，使其全网唯一，然后重启服务。

第 30 章 MySQL 高可用集群与读写分离架构实践

高可用架构对于互联网企业应用服务来说基本是标配，无论是 Web 服务，还是数据库服务，都需要做到高可用。一个系统可能包含很多模块，如前端应用、缓存、数据库、搜索、消息队列等，每个模块都做到高可用才能保证整个系统的高可用。对于数据库服务而言，高可用可能更复杂，对用户的服务可用不仅仅是能访问，还需要保证正确性，因此数据库的高可用方案一直是讨论热点。本章详细介绍 MySQL 数据库的各种高可用方案与案例实践操作。

30.1 MySQL 高可用架构概述

本节将介绍 MySQL 高可用架构中各类架构的特点及其企业应用场景。

30.1.1 主从架构

MySQL 简单的主从架构如图 30-1 所示。

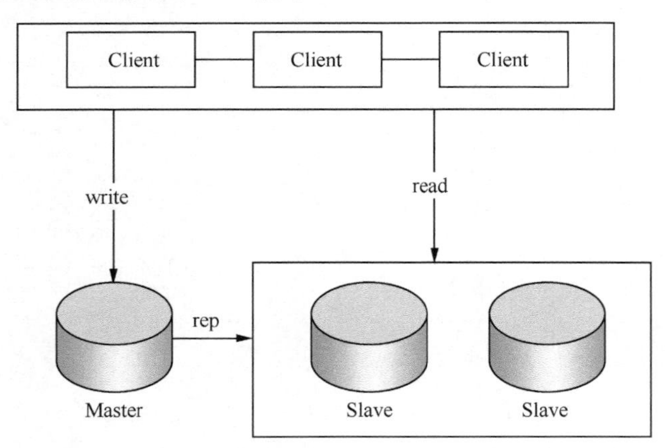

图30-1 MySQL主从架构

这类架构在一般的初创企业比较常用。

此类架构的特点如下。

（1）部署简单、方便、快速，维护成本较低，初期可以在一台服务器上部署两个数据库的实例来搭建这类主从同步架构。

（2）可以实现读写分离。

（3）扩展简单，能通过增加从库减少主库读的压力。

（4）主库存在单点故障问题。

（5）存在数据一致性问题（由同步延迟等原因造成的）。

30.1.2 MySQL DRBD 架构

MySQL DRBD 架构如图 30-2 所示。

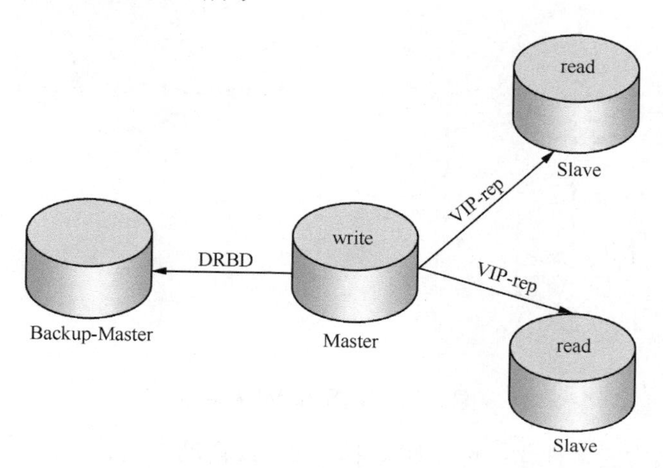

图30-2 MySQL DRBD 架构

这类架构通过 DRBD 基于 block 块的复制模式来实现主主复制，且能够快速进行双主故障切换，通过这类架构能解决第一种主从架构中的主库单点故障问题。

此类架构的特点如下。

（1）部署难度中等。

（2）需要用到高可用软件，比如使用 Heartbeat 来负责 VIP、数据与 DRBD 服务等资源的管理。

（3）在主库故障后可自动切换到备用主库上，并能快速将主库的数据同步复制到备用主库上，其他从库仍然能通过 VIP 继续与新的主库进行主从数据同步。

（4）从库也支持读写分离，可使用中间件或程序来实现。

30.1.3 MySQL MHA 架构

MySQL MHA 架构如图 30-3 所示。

MHA（Master High Availability）也是目前 MySQL 高可用架构方案中比较成熟与常见的方案。在 MySQL 的故障切换过程中，MHA 能够快速自动地切换，并最大程度地保持主从库数据的一致性。

此架构的特点如下。

（1）安装部署比较简单，且不会影响现在的架构。

（2）MHA 能自动监控故障情况和自动进行故障转移操作。

（3）能保障数据一致性。

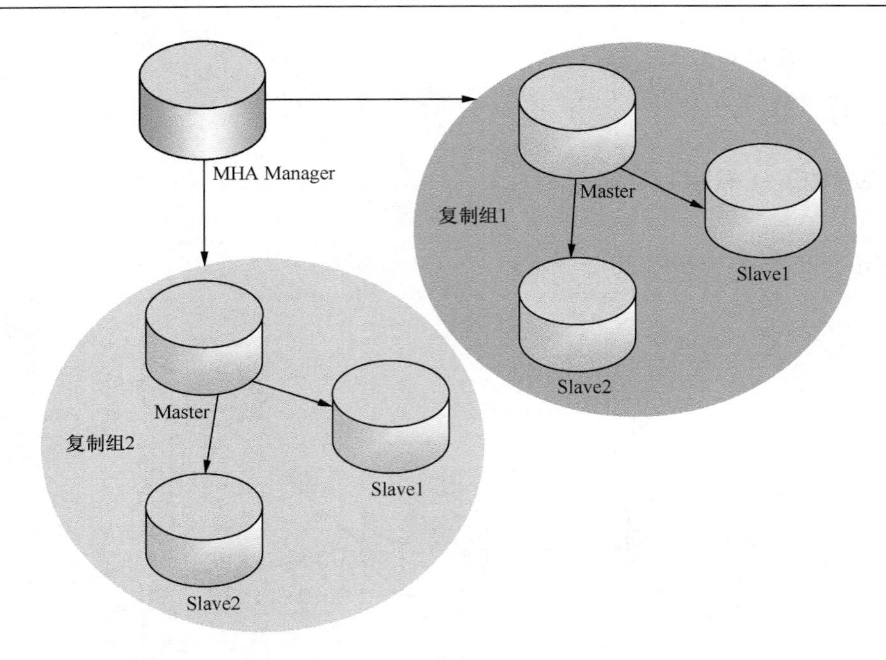

图30-3　MySQL MHA架构

（4）故障切换方式多样化：可以使用手动切换或自动切换。

（5）能够在线进行平滑切换，例如，需要对主库进行维护操作时，只需要手工将主库切换到其他从库上。需要注意的是，这类切换会阻塞（会执行 flush tables with read lock 命令加全局读锁）写操作，所以实际生产环境建议在业务量不大的时间段操作（一般建议在凌晨进行）。

（6）适用范围广：适应各类数据库存储引擎。

30.1.4　MySQL MMM 架构

MySQL MMM 架构如图 30-4 所示。

MySQL 主主同步复制管理器（Master-Master Replication Manager for MySQL，MMM）是关于 MySQL 双主复制配置的监控、故障转移和管理的一套可伸缩的脚本套件（在任何时候只能有一个主节点可以被写入数据），这个套件也能对基于标准的 MySQL 主从配置的任意数量的从服务器进行读负载均衡。

MMM 提供手动和自动两种方式来移除一组服务器中复制延迟较高的服务器的虚拟 IP，同时可以备份数据，实现两个节点之间的数据同步等功能。由于 MMM 无法完全地保证数据一致性，所以 MMM 在对数据一致性要求不高，但又需要最大限度保证业务可用性的场景中适用。在对数据一致性要求比较高的业务场景中，不建议使用此种架构。

此类架构的特点如下。

（1）安装部署难度中等。

（2）整体架构安全性、稳定性较好，可扩展性较强。

（3）对服务器数量有要求，至少需要 3 台服务器。

（4）同样可以实现读写分离。

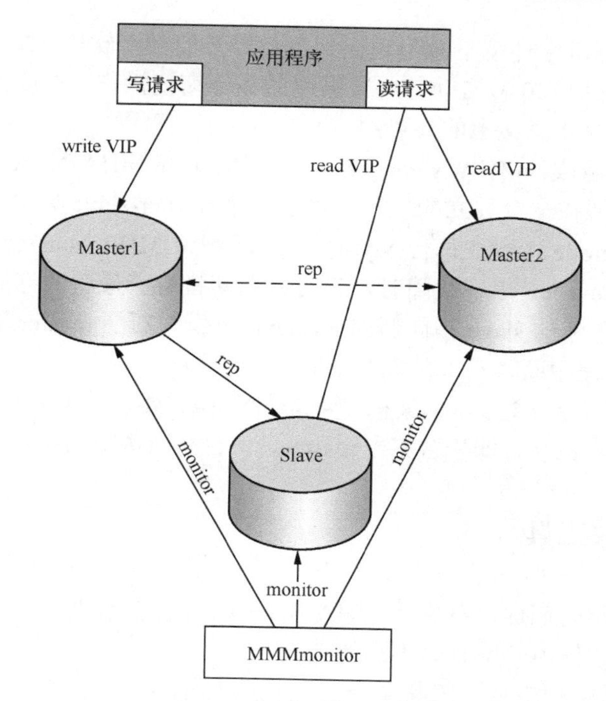

图30-4 MySQL MMM架构

30.1.5 MySQL Cluster 架构

MySQL Cluster 架构是 MySQL 官方推出的集群高可用方案。

MySQL Cluster 是一个可写、可扩展、实时、符合 ACID 标准的事务数据库，旨在提供99.9999%的可用性。MySQL Cluster 采用分布式多主机架构，无单点故障，可在商用硬件上进行水平扩展，并具有自动分片（分区）功能，可通过 SQL 和 NoSQL 接口访问读写密集型工作负载。

MySQL Cluster 既可以作为开源版本，也可以作为商业版本。社区（OSS）版可在免费软件/开源 GNU 通用公共许可证（通常称为 GPL）下获得。MySQL Cluster 可以单独下载，用户可以从 MySQL 的官方网站下载所需要版本的文件。

由于 MySQL Cluster 架构复杂，部署耗时（通常需要数据库管理员几个小时的时间才能完成搭建），虽然依靠 MySQL Cluster Manager 只需一个命令即可完成，但 MySQL Cluster Manager 是收费的，并且业内资深人士认为 NDB 不适合大多数业务场景，存在安全问题，因此使用 MySQL Cluster 架构的人数较少，作者在实际生产环境中也没有用上此类架构。

有兴趣的读者可以访问 MySQL 官方网站查看其相关的文档说明。

30.2 MHA 软件概述

30.2.1 MHA 简介

MHA（Master High Availability）目前在 MySQL 高可用方面是一个相对成熟的解决方

案，也是在 MySQL 高可用环境下故障切换和主从提升的常用软件。在 MySQL 故障切换过程中，MHA 能做到在 0～30 秒自动完成数据库的故障切换操作，并且在最大程度上保证数据的一致性，以达到真正意义上的高可用。

该软件由两部分组成：MHA Manager（管理节点）和 MHA Node（数据节点）。MHA Manager 可以单独部署在一台独立的机器上管理多个 master-slave 集群，也可以部署在一台 slave 节点上。MHA Node 运行在每台 MySQL 服务器上。MHA Manager 会定时探测集群中的 master 节点，当 master 出现故障时，它可以自动将有着最新数据的 slave 提升为新的 master，然后将所有其他的 slave 指向新的 master，重新与新的 master 进行数据同步。整个故障切换过程对应用程序而言基本是完全透明的。

目前 MHA 主要支持一主多从的架构，要搭建 MHA，要求一个复制集群中必须最少有 3 台数据库服务器，一主二从，即一台充当 master，一台充当备用 master，另一台充当从库。

30.2.2　MHA 相关工具

MHA 由两部分组合而成，分别是 MHA Manager（管理节点）和 MHA Node（数据节点），两个节点管理软件中分别有着不同的工具。

MHA Manager（管理节点）工具命令及说明见表 30-1。

表 30-1　MHA Manager（管理节点）工具命令及说明

工具命令	说明
masterha_check_ssh	检查SSH免密登录是否正常
masterha_check_repl	检查MySQL主从同步情况
masterha_check_status	检查MHA运行状态
masterha_manager	启动MHA服务
masterha_master_monitor	检查master是否有故障
masterha_master_switch	手工转移故障
masterha_conf_host	手工添加server信息
masterha_secondary_check	从远程服务器建立TCP连接
masterha_stop	停止MHA

MHA Node（数据节点）工具命令及说明见表 30-2。

表 30-2　MHA Node（数据节点）工具命令及说明

工具命令	说明
save_binary_logs	保存和复制故障的master上的binlog
apply_diff_relay_logs	识别中继日志的差异，将其补全至所有节点
purge_relay_logs	删除进程执行完成的中继日志

30.3　MHA 高可用的部署与配置

前面章节已经介绍了在日常实际环境中常用的 MySQL 集群高可用方案，每个架构所适用的企业场景不一样，需要针对业务场景进行规划。MHA 高可用方案在互联网企业中的应用是很广泛的。下面我们对日常实际生产环境较常用的 MySQL MHA 架构进行案例操作演示。

30.3.1 环境准备

MHA 高可用集群部署的环境准备如下。

1. 服务器规划

前面也提到了，MHA 架构至少需要 3 台服务器，所以这次的案例实践采用 3 台服务器，具体规划见表 30-3。

表 30-3 MHA 架构服务器规划

主机名	服务器 IP 地址	数据库角色	MHA 角色
mysql-1	192.168.1.8	主库	数据节点
mysql-2	192.168.1.250	从库	管理节点
mysql-3	192.168.1.9	从库	数据节点

2. 数据库环境

3 台服务器安装好 MySQL 服务，并配置好主从同步复制参数。

分别登录两台从库服务器，查看当前的 slave 状态，并保证 Slave_IO_Running 和 Slave_SQL_Running 两个参数都处于 Yes 状态。

```
[root@mysql-1 etc]# mysql -uroot -p -e "show slave status\G"|egrep  "Slave_IO_Runn
ing|Slave_SQL_Running"
Enter password:
             Slave_IO_Running: Yes
            Slave_SQL_Running: Yes
[root@mysql-3 ~]# mysql -uroot -p -e "show slave status\G"|egrep  "Slave_IO_Runnin
g|Slave_SQL_Running"
Enter password:
             Slave_IO_Running: Yes
            Slave_SQL_Running: Yes
```

另外，需要在将来准备提升为主库的从库上也要开启 binlog 日志记录功能，这个操作是为了将来新主库与其他从库做同步时具有必要的基础，具体在/etc/my.cnf 配置文件中增加以下两行配置即可。

```
log_bin = /data/mysql/mysql-3-bin
log-slave-updates = 1
```

3. 配置 hosts 文件

在 3 台数据库服务器都执行如下命令操作。

```
[root@mysql-1 ~]# cat>>/etc/hosts<<EOF
192.168.1.8 mysql-1
192.168.1.9 mysql-3
```

```
192.168.1.250 mysql-2
EOF
[root@mysql-1 ~]# tail -4 /etc/hosts
192.168.1.8 mysql-1
192.168.1.9 mysql-3
192.168.1.250 mysql-2
```

30.3.2 配置 SSH 免密登录

MHA 在管理各个节点时都是通过 SSH 服务去连接到节点进行相关管理工作，所以在安装 MHA 软件之前，需要对各个服务器之间进行 SSH 免密登录配置，目的是让集群内的各台服务器之间都可以相互实现免密登录（也包括服务器本身），也就是说集群内的所有节点（包括服务器自己）都可以通过 SSH 免密登录连接。

在前面的章节介绍过 SSH 的免密登录配置，其配置相对比较简单，我们只需要在 3 台服务器 mysql-1、mysql-2、mysql-3 上都执行下面的命令操作。

```
[root@mysql-1 ~]# ssh-keygen -t dsa
Generating public/private dsa key pair.
Enter file in which to save the key (/root/.ssh/id_dsa):
Enter passphrase (empty for no passphrase):
Enter same passphrase again:
Your identification has been saved in /root/.ssh/id_dsa.
Your public key has been saved in /root/.ssh/id_dsa.pub.
The key fingerprint is:
SHA256:Y464cGmTnXL94LbjRKVqPZBE/9kEgoF+rTs0o9ssxPQ root@mysql-1
The key's randomart image is:
+---[DSA 1024]------+
|      .oo. .       |
|     .... . .      |
|   .  ... . .      |
|     o....+ +      |
|   o oo.S o .      |
|     o=E@ .        |
|  ..OoB+B          |
|   +oOooo+         |
|     ooo++o.       |
+----[SHA256]-------+
[root@mysql-1 ~]# ssh-copy-id 192.168.1.8
[root@mysql-1 ~]# ssh-copy-id 192.168.1.9
[root@mysql-1 ~]# ssh-copy-id 192.168.1.250
```

在第一次连接时提示需要输入密码，接下来测试免密登录效果。

```
[root@mysql-1 ~]# ssh root@192.168.1.8
Last login: Sun Mar 10 21:21:37 2019 from 192.168.1.14
[root@mysql-1 ~]# exit
logout
Connection to 192.168.1.8 closed.
[root@mysql-1 ~]# ssh root@192.168.1.9
Last login: Sun Mar 10 21:23:11 2019 from 192.168.1.14
[root@mysql-3 ~]# exit
logout
Connection to 192.168.1.9 closed.
[root@mysql-1 ~]# ssh root@192.168.1.250
Last login: Sun Mar 10 21:24:08 2019 from 192.168.1.14
```

在另外两台数据库服务器上同样执行上述命令，这里就不再一一演示了。

30.3.3 部署 MHA 软件

以下是部署 MHA 高可用软件的具体操作步骤。

1. 所有节点安装依赖包

这里安装最新的阿里云的 EPEL 源。

```
[root@mysql-1 ~]# wget -O /etc/yum.repos.d/epel.repo http://mirrors.aliyun.com/
repo/epel-7.repo
[root@mysql-1 ~]# yum install perl-DBD-MySQL perl-Config-Tiny perl-Log-Dispatch \
 perl-Parallel-ForkManager  perl-Time-HiRes -y
```

2. 安装管理节点

所需要的安装包可以登录作者的 GitHub 网站进行下载，相关下载地址如下。

https://github.com/yoshinorim/mha4mysql-node/releases

https://github.com/yoshinorim/mha4mysql-manager/releases

本节使用的软件包版本是 v0.58，软件包如下。

```
mha4mysql-manager-0.58-0.el7.centos.noarch.rpm
mha4mysql-node-0.58-0.el7.centos.noarch.rpm
```

安装管理节点的操作如下。

```
[root@mysql-2 ~]# rpm -ivh mha4mysql-manager-0.58-0.el7.centos.noarch.rpm
Preparing...          ################################# [100%]
Updating / installing...
   1:mha4mysql-manager-0.58-0.el7.cent################################# [100%]
[root@mysql-2 ~]# rpm -ivh mha4mysql-node-0.58-0.el7.centos.noarch.rpm
Preparing...          ################################# [100%]
Updating / installing...
   1:mha4mysql-node-0.58-0.el7.centos################################# [100%]
```

3. 安装 node 节点

MHA-node 安装包是需要在所有节点上进行安装的，上面已经在管理节点上安装完成了，这里只需要在其他 2 个节点安装。

```
[root@mysql-1 ~]# rpm -ivh mha4mysql-node-0.58-0.el7.centos.noarch.rpm
Preparing...          ################################# [100%]
Updating / installing...
   1:mha4mysql-node-0.58-0.el7.centos ################################# [100%]
[root@mysql-3 ~]# rpm -ivh mha4mysql-node-0.58-0.el7.centos.noarch.rpm
Preparing...          ################################# [100%]
Updating / installing...
   1:mha4mysql-node-0.58-0.el7.centos #################################[100%]
```

30.3.4 MHA 高可用方案配置

下面是 MHA 高可用集群的配置操作步骤。

1. 配置数据库管理账户

登录到所有数据库服务器上，配置 MHA 服务的管理账户并授权，在所有服务器节点上均需执行下面的命令操作。

```
mysql> grant all privileges on *.* to 'mha'@'192.168.1.%' identified by 'MHA123456';
Query OK, 0 rows affected, 1 warning (0.13 sec)
```

2. 创建 MHA 配置文件

首先创建所需要的目录，其结构如下。

```
[root@mysql-2 mha]# tree ./
./
├── conf
├── log
└── work

3 directories, 0 files
```

接着创建 MHA 的配置文件，最终配置文件如下。

```
[root@mysql-2 conf]                       # cat mha.cnf
[server default]
user=mha                                  #MHA管理用户
password=MHA123456                        #MHA管理用户的密码
ping_interval=2                           #用于检测master是否正常状态
ssh_user=root                             #远程登录的用户

manager_workdir=/mha/work/mha.log         #MHA工作日志目录
manager_log=/mha/log/mha.log              #MHA日志目录
master_binlog_dir=/data/mysql/            #MHA保存主库binlog日志的目录
repl_user=rep_user                        #主从复制的用户
repl_password=Aa123456                    #主从复制的密码

[server1]                                 #主机标签
hostname=mysql-1                          #用户名
prot=3306                                 #端口
candidate_master=1                        #当主库故障时，优先成为主库
[server2]
hostname=mysql-2
prot=3306
candidate_master=1
[server3]
hostname=mysql-3
prot=3306
candidate_master=1
```

此配置只需要在管理节点上进行。

3. 检测 MHA 配置

（1）检测 SSH 登录。

```
[root@mysql-2 mha]# masterha_check_ssh --conf=/mha/conf/mha.cnf
Mon Mar 11 00:17:05 2019 - [warning] Global configuration file /etc/masterha_default.
cnf not found. Skipping.
Mon Mar 11 00:17:05 2019 - [info] Reading application default configuration from /
mha/conf/mha.cnf..
Mon Mar 11 00:17:05 2019 - [info] Reading server configuration from /mha/conf/mha.
cnf..
Mon Mar 11 00:17:05 2019 - [info] Starting SSH connection tests..
Mon Mar 11 00:17:08 2019 - [debug]
Mon Mar 11 00:17:06 2019 - [debug]  Connecting via SSH from root@mysql-2(192.168.1
```

```
.250:22) to root@mysql-1(192.168.1.8:22)..
Mon Mar 11 00:17:06 2019 - [debug]   ok.
Mon Mar 11 00:17:06 2019 - [debug]  Connecting via SSH from root@mysql-2(192.168.1
.250:22) to root@mysql-3(192.168.1.9:22)..
Mon Mar 11 00:17:08 2019 - [debug]   ok.
Mon Mar 11 00:17:08 2019 - [debug]
Mon Mar 11 00:17:05 2019 - [debug]  Connecting via SSH from root@mysql-1(192.168.1
.8:22) to root@mysql-2(192.168.1.250:22)..
Mon Mar 11 00:17:06 2019 - [debug]   ok.
Mon Mar 11 00:17:06 2019 - [debug]  Connecting via SSH from root@mysql-1(192.168.1
.8:22) to root@mysql-3(192.168.1.9:22)..
Mon Mar 11 00:17:08 2019 - [debug]   ok.
Mon Mar 11 00:17:09 2019 - [debug]
Mon Mar 11 00:17:06 2019 - [debug]  Connecting via SSH from root@mysql-3(192.168.1
.9:22) to root@mysql-1(192.168.1.8:22)..
Mon Mar 11 00:17:08 2019 - [debug]   ok.
Mon Mar 11 00:17:08 2019 - [debug]  Connecting via SSH from root@mysql-3(192.168.1
.9:22) to root@mysql-2(192.168.1.250:22)..
Mon Mar 11 00:17:09 2019 - [debug]   ok.
Mon Mar 11 00:17:09 2019 - [info] All SSH connection tests passed successfully.
```

出现“All SSH connection tests passed successfully”提示信息，表示所有主机之间的 SSH 免密登录是正常的。

（2）检测当前主从同步状态。

```
[root@mysql-2 ~]# masterha_check_repl --conf=/mha/conf/mha.cnf
```

如果出现提示“MySQL Replication Health is OK”，表示主从复制正常。

4．启动 MHA 服务

命令如下。

```
[root@mysql-2 ~]# masterha_manager --conf=/mha/conf/mha.cnf &
[1] 4790
[root@mysql-2 ~]# Mon Mar 11 02:09:53 2019 - [warning] Global configuration file /
etc/masterha_default.cnf not found. Skipping.
Mon Mar 11 02:09:53 2019 - [info] Reading application default configuration from /
mha/conf/mha.cnf..
Mon Mar 11 02:09:53 2019 - [info] Reading server configuration from /mha/conf/mha.
cnf..
```

查看启动日志，如图 30-5 所示。

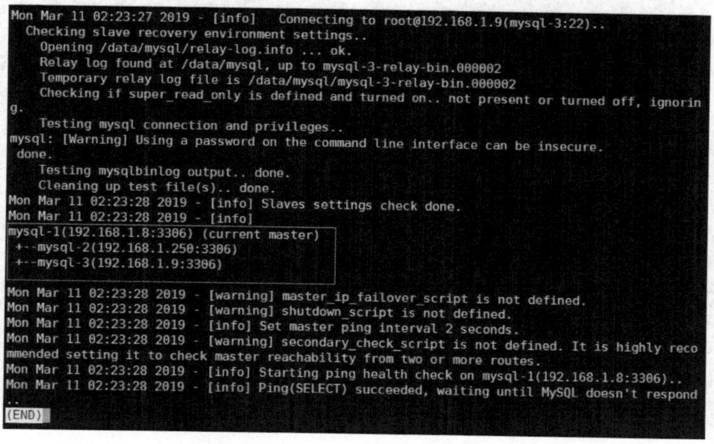

```
Mon Mar 11 02:23:27 2019 - [info]   Connecting to root@192.168.1.9(mysql-3:22)..
  Checking slave recovery environment settings..
    Opening /data/mysql/relay-log.info ... ok.
    Relay log found at /data/mysql, up to mysql-3-relay-bin.000002
    Temporary relay log file is /data/mysql/mysql-3-relay-bin.000002
    Checking if super_read_only is defined and turned on.. not present or turned off, ignorin
g.
    Testing mysql connection and privileges..
mysql: [Warning] Using a password on the command line interface can be insecure.
 done.
    Testing mysqlbinlog output.. done.
    Cleaning up test file(s).. done.
Mon Mar 11 02:23:28 2019 - [info] Slaves settings check done.
Mon Mar 11 02:23:28 2019 - [info]
mysql-1(192.168.1.8:3306) (current master)
 +--mysql-2(192.168.1.250:3306)
 +--mysql-3(192.168.1.9:3306)

Mon Mar 11 02:23:28 2019 - [warning] master_ip_failover_script is not defined.
Mon Mar 11 02:23:28 2019 - [warning] shutdown_script is not defined.
Mon Mar 11 02:23:28 2019 - [info] Set master ping interval 2 seconds.
Mon Mar 11 02:23:28 2019 - [warning] secondary_check_script is not defined. It is highly reco
mmended setting it to check master reachability from two or more routes.
Mon Mar 11 02:23:28 2019 - [info] Starting ping health check on mysql-1(192.168.1.8:3306)..
Mon Mar 11 02:23:28 2019 - [info] Ping(SELECT) succeeded, waiting until MySQL doesn't respond
..
(END)
```

图30-5　MHA启动日志

从图 30-5 中的日志信息可以看出，mysql-1(192.168.1.8:3306)是当前的主库。此时，MHA 服务已经启动成功。

30.3.5　测试 MHA 故障切换

MHA 高可用安装配置完成之后，接下来需要对它的故障切换进行相关的测试，具体测试操作步骤如下。

首先我们将目前的主库 mysql-1 服务器的服务手工停掉，来模拟实际生产宕机的场景。

```
[root@mysql-1 ~]# /etc/init.d/mysqld stop
```

然后查看 MHA 管理节点的日志，其信息如下。

```
----- Failover Report -----
mha: MySQL Master failover mysql-1(192.168.1.8:3306) to mysql-3(192.168.1.9:3306)
succeeded

Master mysql-1(192.168.1.8:3306) is down!

Check MHA Manager logs at mysql-2:/mha/log/mha.log for details.
Started automated(non-interactive) failover.
The latest slave mysql-2(192.168.1.250:3306) has all relay logs for recovery.
Selected mysql-3(192.168.1.9:3306) as a new master.
mysql-3(192.168.1.9:3306): OK: Applying all logs succeeded.
mysql-2(192.168.1.250:3306): This host has the latest relay log events.
Generating relay diff files from the latest slave succeeded.
mysql-2(192.168.1.250:3306): OK: Applying all logs succeeded. Slave started, repli
cating from mysql-3(192.168.1.9:3306)
mysql-3(192.168.1.9:3306): Resetting slave info succeeded.
Master failover to mysql-3(192.168.1.9:3306) completed successfully.
```

从上述日志信息中可以看出，新的主库已转移至 mysql-3(192.168.1.9:3306)这台服务器上。这时我们登录另一个从库，查看主库同步是否正常，结果如图 30-6 所示。

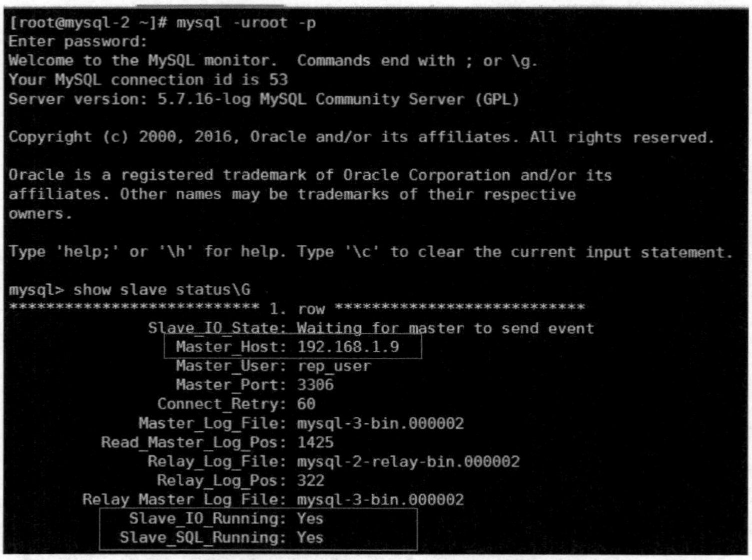

```
[root@mysql-2 ~]# mysql -uroot -p
Enter password:
Welcome to the MySQL monitor.  Commands end with ; or \g.
Your MySQL connection id is 53
Server version: 5.7.16-log MySQL Community Server (GPL)

Copyright (c) 2000, 2016, Oracle and/or its affiliates. All rights reserved.

Oracle is a registered trademark of Oracle Corporation and/or its
affiliates. Other names may be trademarks of their respective
owners.

Type 'help;' or '\h' for help. Type '\c' to clear the current input statement.

mysql> show slave status\G
*************************** 1. row ***************************
               Slave_IO_State: Waiting for master to send event
                  Master_Host: 192.168.1.9
                  Master_User: rep_user
                  Master_Port: 3306
                Connect_Retry: 60
              Master_Log_File: mysql-3-bin.000002
          Read_Master_Log_Pos: 1425
               Relay_Log_File: mysql-2-relay-bin.000002
                Relay_Log_Pos: 322
        Relay_Master_Log_File: mysql-3-bin.000002
             Slave_IO_Running: Yes
            Slave_SQL_Running: Yes
```

图30-6　故障切换后的主从同步结果

从图 30-6 中也可以看出，其他从库已经与新的主库建立了新的主从同步关系，且状态是正常的。

在实际生产环境中，当主库故障切换后，我们会对老的主库进行故障修复，修复成功后仍会上线运行。那么这时就需要将修复的老的主库设置成新的从库，再次加入集群中去对外提供服务。具体操作如下。

```
[root@mysql-2 ~]# grep -i "All other slaves should start"  /mha/log/mha.log
Mon Mar 11 04:01:34 2019 - [info]  All other slaves should start replication from
here. Statement should be: CHANGE MASTER TO MASTER_HOST='mysql-3 or 192.168.1.9',
MASTER_PORT=3306, MASTER_LOG_FILE='mysql-3-bin.000002', MASTER_LOG_POS=1425, MASTER
_USER='rep_user', MASTER_PASSWORD='xxx';
```

然后登录原来的主库，重新执行主从同步的如下操作。

```
mysql> CHANGE MASTER TO MASTER_HOST='192.168.1.9', MASTER_PORT=3306, MASTER_LOG_FIL
E='mysql-3-bin.000002', MASTER_LOG_POS=1425, MASTER_USER='rep_user', MASTER_PASSWOR
D='Aa123456';
Query OK, 0 rows affected, 2 warnings (0.12 sec)
mysql> start slave;
Query OK, 0 rows affected (0.10 sec)
```

接着查看主从同步状态，结果如图 30-7 所示。

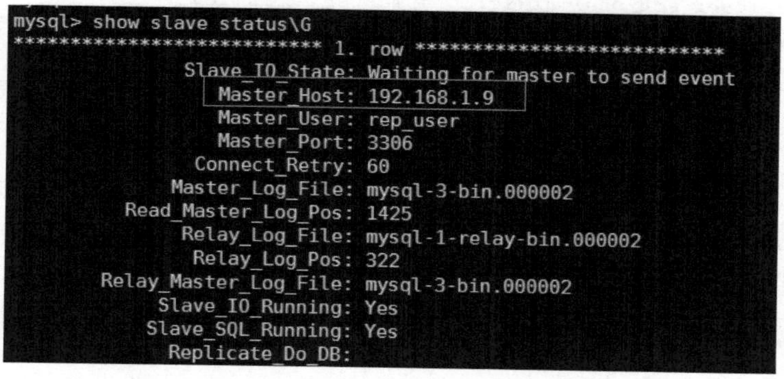

```
mysql> show slave status\G
*************************** 1. row ***************************
               Slave_IO_State: Waiting for master to send event
                  Master_Host: 192.168.1.9
                  Master_User: rep_user
                  Master_Port: 3306
                Connect_Retry: 60
              Master_Log_File: mysql-3-bin.000002
          Read_Master_Log_Pos: 1425
               Relay_Log_File: mysql-1-relay-bin.000002
                Relay_Log_Pos: 322
        Relay_Master_Log_File: mysql-3-bin.000002
             Slave_IO_Running: Yes
            Slave_SQL_Running: Yes
              Replicate_Do_DB:
```

图30-7　主从同步状态结果

从图 30-7 中可以看出，修复后上线的老的主库现在已经成为了新的从库，并且已与新的主库建立起主从同步的关系。

30.3.6　解决实际生产场景问题

通过上面的实践可以解决主从架构中的单点故障切换问题，但是一旦主库被切换后，还需要手工改写配置去连接新的主库。而在实际的生产环境中，不管主库是否发生故障，都应该无须手工更改配置，同时做到服务故障切换对前端应用无影响。

解决此问题有两种方案，分别如下。

（1）使用 Keepalived 配置 VIP 实现故障漂移。

（2）使用 MHA 自带的脚本 master_ip_failover 来实现 VIP 切换。

生产环境中第一种方案使用较少，因为它适用于两台服务器之间的故障切换。在第二种方案中，MHA 自带的脚本比较灵活，可以在多个服务器之间实现 VIP 的漂移切换，所以在生产环境中建议使用第二种方案。

读者可以访问 GitHub 网站下载 MHA 自带的这个脚本，进行相关配置即可实现 VIP 切换的功能。具体的操作步骤及配置方法如下。

```
[root@mysql-2 ~]# cd /mha/
[root@mysql-2 mha]# mkdir scripts
[root@mysql-2 mha]# cd scripts/
[root@mysql-2 scripts]# vim master_ip_failover
my $vip = '192.168.1.222/24';
my $key = '1';
my $ssh_start_vip = "/sbin/ifconfig ens33:$key $vip";
my $ssh_stop_vip = "/sbin/ifconfig ens33:$key down";
```

只需要修改脚本中上述 VIP 相关的参数，然后给脚本授予执行权限。

```
[root@mysql-2 scripts]# chmod +x ./master_ip_failover
[root@mysql-2 scripts]# ll
total 4
-rwxr-xr-x 1 root root 2256 Mar 11 09:07 master_ip_failover
```

需要在/mha/conf/mha.cnf 中加上以下配置行。

```
master_ip_failover_script=/mha/scripts/master_ip_failover
```

然后在目前的主库上手工添加一个 VIP，操作如下。

```
[root@mysql-3 ~]# ifconfig ens33:1 192.168.1.222/24 up
[root@mysql-3 ~]# ifconfig ens33:1
ens33:1: flags=4163<UP,BROADCAST,RUNNING,MULTICAST>  mtu 1500
        inet 192.168.1.222  netmask 255.255.255.0  broadcast 192.168.1.255
        ether 00:0c:29:c0:51:fe  txqueuelen 1000  (Ethernet)
```

接下来我们测试是否可以通过配置的 VIP 正常登录主库，并进行操作。

```
[root@mysql-2 ~]# mysql -uroot -p -h 192.168.1.222 -e "show master status\G"
Enter password:
*************************** 1. row ***************************
             File: mysql-3-bin.000002
         Position: 1715
     Binlog_Do_DB:
 Binlog_Ignore_DB:
Executed_Gtid_Set:
```

完全可以通过配置的 VIP 进行登录及操作，说明配置是正确的。

30.4　MySQL 读写分离架构实践

在前面的章节介绍了 MySQL 主从同步架构，MySQL 的 MHA 双主故障切换的高可用架构。其实，在实际的生产环境中，随着业务流量的增大，数据量及用户量也会越来越庞大，单纯的主从架构已不再能满足业务的需求，所以 MySQL 数据库的架构也是随着业务的调整而不断进化的。这时 MySQL 数据库可采用读/写的分离模式为前端用户提供不同的服务（读/写数据）。

30.4.1 什么是读写分离

MySQL 数据库读写分离一般采用一个主库、多个从库的架构模式，主库负责实时数据的写入，而从库负责数据的查询读取。在实际的生产场景中，数据库一般是读多写少的情况（即读取数据的频率高，写入数据的频率低）。而且读取数据通常会花费大量的查询时间以及日常服务器 CPU 的开销，也会在一定程度上影响用户的体验感。所以在实际的生产场景中，最常见的方法是将用户读取查询数据的需求切换到从库上，在大数据量的场景中还会采用多从库的模式，加上负载均衡来给用户提供服务，从而减少单个从库的压力，并提高用户访问体验。

30.4.2 读写分离实现的方式

目前有以下 2 种实现读写分离的方式。

（1）通过应用程序来实现数据库的读写分离。通过应用程序的逻辑处理判断数据的读写，然后将 select、insert、update、delete 等操作做匹配，根据匹配的结果去选择不同的服务器（主库或从库）。

（2）使用第三方中间件来实现读写分离，如 Mycat、Atlas、OneProxy、MySQL-Proxy。

30.4.3 读写分离工具 Atlas 简介

下面介绍使用中间件来实现 MySQL 读写分离，这个中间件就是 Atlas。

Atlas 是由 Qihoo 360 公司的 Web 平台部基础架构团队开发维护的一个基于 MySQL 协议的数据中间层项目。在 MySQL 官方推出的 MySQL-Proxy 0.8.2 版本的基础上，Atlas 修改了大量 bug，添加了很多功能特性。目前该项目在 Qihoo 360 公司内部得到了广泛应用，很多 MySQL 业务已经接入了 Atlas 平台，每天承载的读写请求数达几十亿条。

1．Atlas 的功能

Atlas 的功能主要有以下几点。

（1）读、写分离。

（2）IP 过滤。

（3）数据分片。

（4）从库的负载均衡。

（5）DBA 可以平滑上下线数据库服务器。

（6）自动删除集群中已发生故障的数据库服务器。

（7）在线重载数据库配置文件，无须停机维护。

2．Atlas 对比 MySQL-Proxy

相比于 MySQL-Proxy，Atlas 有以下几点改进之处。

（1）Atlas 用 C 语言重写了所有的 Lua 代码，Lua 仅用于对接口的管理。

（2）Atlas 将网络模型和线程模型进行了重写。

（3）实现了连接池。

（4）优化了锁定机制，使性能得到了很大的提升。

30.4.4　Atlas 的部署与配置

1．部署环境

本章采用一主二从的数据库环境，更接近于实际生产应用场景。对于读多写少的环境，一般采用一主多从，然后主写从读，在一定程度上还可以实现从读的负载均衡。数据库服务器规划见表 30-4。

表 30-4　数据库服务器规划

服务器主机名	服务器 IP 地址	服务器角色
mysql-1	192.168.1.8	Master主库
mysql-2	192.168.1.100	Slave从库1
mysql-3	192.168.1.9	Slave从库2
atlas	192.168.1.11	Atlas

3 台服务器组成一主二从的架构，配置好主从同步即可。

```
[root@mysql-2 ~]# mysql -uroot -p -e "show slave status\G"|egrep  "Slave_IO_Runnin
g|Slave_SQL_Running"
Enter password:
             Slave_IO_Running: Yes
            Slave_SQL_Running: Yes
[root@mysql-3 ~]# mysql -uroot -p -e "show slave status\G"|egrep  "Slave_IO_Runnin
g|Slave_SQL_Running"
Enter password:
             Slave_IO_Running: Yes
            Slave_SQL_Running: Yes
```

2．安装 Atlas

对于 Atlas 的安装部署，需要注意以下几点事项。

（1）Atlas 只可以安装运行在 64 位的操作系统上。

（2）CentOS 5.x 系统上安装 Atlas-xx.el5.x86_64.rpm，CentOS 6.x 系统上安装 Atlas-xx.el6.x86_64.rpm。

（3）对于后端的数据库版本，官方建议选择 MySQL 5.6 及以上版本。

（4）安装包也有分类。

- Atlas（普通）：Atlas-2.2.1.el6.x86_64.rpm。
- Atlas（分片）：Atlas-sharding_1.0.1-el6.x86_64.rpm。

本章使用 Atlas（普通）软件包进行安装，具体操作步骤如下。

```
[root@atlas ~]# wget https://github.com/Qihoo360/Atlas/releases/download/2.2.1/
Atlas-2.2.1.el6.x86_64.rpm
[root@atlas ~]# ll Atlas-2.2.1.el6.x86_64.rpm
-rw-r--r-- 1 root root 4963681 Apr 26  2018 Atlas-2.2.1.el6.x86_64.rpm
[root@atlas ~]# rpm -ivh Atlas-2.2.1.el6.x86_64.rpm
Preparing...           ################################### [100%]
```

```
Updating / installing...
   1:Atlas-2.2.1-1     ################################# [100%]
```

官方给出的 RPM 软件包没有列出 CentOS 7 版本的，经过测试，使用 CentOS 6. x 系统上的 RPM 包安装也没有报错。

```
[root@atlas ~]# ll /usr/local/mysql-proxy/
total 0
drwxr-xr-x 2 root root  75 Mar 14 18:20 bin
drwxr-xr-x 2 root root  22 Mar 14 18:20 conf
drwxr-xr-x 3 root root 331 Mar 14 18:20 lib
drwxr-xr-x 2 root root   6 Dec 17  2014 log
```

3. 配置 Atlas

在实际的生产环境中，为了数据库的安全，在通过 Atlas 配置的用户与密码访问主从库时，我们需要先对相关用户的密码进行加密处理，操作如下。

```
[root@atlas ~]# cd /usr/local/mysql-proxy/bin/
[root@atlas bin]# ./encrypt 123456
/iZxz+0GRoA=
```

下面修改相关的配置文件。

```
[root@atlas bin]# cd /usr/local/mysql-proxy/conf/
[root@atlas conf]# ll
total 4
-rw-r--r-- 1 root root 2810 Dec 17  2014 test.cnf
[root@atlas conf]# cat test.cnf
[mysql-proxy]
#带#号的为非必需的配置项目
#管理接口的用户名
admin-username = user
#管理接口的密码
admin-password = pwd
#Atlas后端连接的MySQL主库的IP和端口，可设置多项，用逗号分隔
proxy-backend-addresses = 192.168.1.8:3306,192.168.1.9:3306
#Atlas后端连接的MySQL从库的IP和端口。@后面的数字代表权重，用来作负载均衡，若省略则默认为1。可设置多项，用逗号分隔
proxy-read-only-backend-addresses = 192.168.1.100:3306,192.168.1.9:3306
#用户名与其对应的加密过的MySQL密码，密码使用PREFIX/bin目录下的加密程序encrypt加密
pwds = root:/iZxz+0GRoA=
#设置Atlas的运行方式，设为true时为守护进程方式，设为false时为前台方式。一般开发调试时设为false，线上运行时设为true,true后面不能有空格
daemon = true
#设置Atlas的运行方式，设为true时Atlas会启动两个进程，一个为monitor，一个为worker，monitor在worker意外退出后会自动将其重启；设为false时只有worker，没有monitor。一般开发调试时设为false，线上运行时设为true,true后面不能有空格
keepalive = true
#工作线程数，对Atlas的性能有很大影响，可根据情况适当设置
event-threads = 8
#日志级别，分为message、warning、critical、error、debug五个级别
log-level = message
#日志存放的路径
log-path = /usr/local/mysql-proxy/log
#SQL日志的开关，可设置为OFF、ON、REALTIME，OFF代表不记录SQL日志，ON代表记录SQL日志，REALTIME代表记录SQL日志且实时写入磁盘，默认为OFF
#sql-log = OFF
#慢日志输出设置。当设置了该参数时，则日志只输出执行时间超过sql-log-slow（单位：ms）的日志记录。若不设置该参数，则输出全部日志
#sql-log-slow = 10
```

```
#实例名称，用于同一台机器上多个Atlas实例间的区分
#instance = test
#Atlas监听的工作接口IP和端口
proxy-address = 0.0.0.0:1234
#Atlas监听的管理接口IP和端口
admin-address = 0.0.0.0:2345
#分表设置，此例中person为库名，mt为表名，id为分表字段，3为子表数量。可设置多项，以逗号分隔。若不分表，则不需要设置该项
#tables = person.mt.id.3
#默认字符集，设置该项后，客户端不再需要执行SET NAMES语句
charset = utf8
#允许连接Atlas的客户端的IP，可以是精确IP，也可以是IP段，以逗号分隔。若不设置该项，则允许所有IP连接，否则只允许列表中的IP连接
#client-ips = 127.0.0.1, 192.168.1
#Atlas前面挂接的LVS的物理网卡的IP(注意不是虚IP)。若有LVS且设置了client-ips，则此项必须设置，否则可以不设置
#lvs-ips = 192.168.1.1
```

Atlas 的配置文件注释说明很详细，可以根据实际需求进行修改。

4. 启动 Atlas 服务

```
[root@atlas conf]# cd /usr/local/mysql-proxy/bin/
[root@atlas bin]# ./mysql-proxyd --help
Usage: ./mysql-proxyd instance {start|stop|restart|status}
[root@atlas bin]# ./mysql-proxyd test start
OK: MySQL-Proxy of test is started
[root@atlas bin]# ps -ef|grep mysql-proxy
root      10639      1  0 22:24 ?        00:00:00 /usr/local/mysql-proxy/bin/mysql
-proxy --defaults-file=/usr/local/mysql-proxy/conf/test.cnf
root      10640  10639  0 22:24 ?        00:00:00 /usr/local/mysql-proxy/bin/mysql
-proxy --defaults-file=/usr/local/mysql-proxy/conf/test.cnf
root      10654  10573  0 22:25 pts/0    00:00:00 grep --color=auto mysql-proxy
[root@atlas bin]# ss -lntup|grep mysql-proxy
tcp  LISTEN  0  128    *:1234    *:*    users:(("mysql-proxy",pid=10640,fd=10))
tcp  LISTEN  0  128    *:2345     *:*   users:(("mysql-proxy",pid=10640,fd=9))
```

从结果中可知，Atlas 已经启动成功，并且两个端口也处于监听状态。其中，1234 端口是 Atlas 的工作端口，负责对外提供数据库读写服务；2345 端口是 Atlas 的管理端口，可通过配置文件中的用户与密码进行登录管理。

5. 登录测试

登录后查看相关节点的状态，如图 30-8 所示。

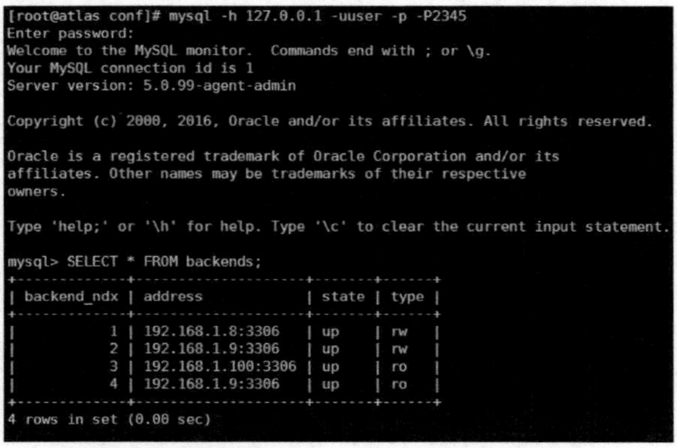

```
[root@atlas conf]# mysql -h 127.0.0.1 -uuser -p -P2345
Enter password:
Welcome to the MySQL monitor.  Commands end with ; or \g.
Your MySQL connection id is 1
Server version: 5.0.99-agent-admin

Copyright (c) 2000, 2016, Oracle and/or its affiliates. All rights reserved.

Oracle is a registered trademark of Oracle Corporation and/or its
affiliates. Other names may be trademarks of their respective
owners.

Type 'help;' or '\h' for help. Type '\c' to clear the current input statement.

mysql> SELECT * FROM backends;
+-------------+---------------------+-------+------+
| backend_ndx | address             | state | type |
+-------------+---------------------+-------+------+
|           1 | 192.168.1.8:3306    | up    | rw   |
|           2 | 192.168.1.9:3306    | up    | rw   |
|           3 | 192.168.1.100:3306  | up    | ro   |
|           4 | 192.168.1.9:3306    | up    | ro   |
+-------------+---------------------+-------+------+
4 rows in set (0.00 sec)
```

图30-8　节点状态

管理员操作的命令很多，具体可以使用“help”命令查看帮助信息。

```
[root@atlas conf]# mysql -h 127.0.0.1 -uroot -p -P1234
Enter password:
Welcome to the MySQL monitor.  Commands end with ; or \g.
Your MySQL connection id is 14
Server version: 5.0.81-log MySQL Community Server (GPL)
Copyright (c) 2000, 2016, Oracle and/or its affiliates. All rights reserved.
Oracle is a registered trademark of Oracle Corporation and/or its
affiliates. Other names may be trademarks of their respective
owners.
Type 'help;' or '\h' for help. Type '\c' to clear the current input statement.
mysql> show databases;
+--------------------+
| Database           |
+--------------------+
| information_schema |
| mysql              |
| performance_schema |
| sys                |
+--------------------+
4 rows in set (0.03 sec)
mysql> show variables like 'server_id';
+---------------+-------+
| Variable_name | Value |
+---------------+-------+
| server_id     | 3     |
+---------------+-------+
1 row in set (0.06 sec)
mysql> show databases;
+--------------------+
| Database           |
+--------------------+
| information_schema |
| mysql              |
| performance_schema |
| sys                |
+--------------------+
4 rows in set (0.01 sec)

mysql> show variables like 'server_id';
+---------------+-------+
| Variable_name | Value |
+---------------+-------+
| server_id     | 2     |
+---------------+-------+
1 row in set (0.01 sec)
```

两次查询发现，在不同的服务器上，读的负载均衡已经实现。接下来，测试写的操作。

```
mysql> begin;select @@hostname;commit;
Query OK, 0 rows affected (0.01 sec)
+------------+
| @@hostname |
+------------+
| mysql-1    |
+------------+
1 row in set (0.02 sec)
Query OK, 0 rows affected (0.00 sec)
mysql> begin;select @@hostname;commit;
Query OK, 0 rows affected (0.00 sec)
+------------+
| @@hostname |
+------------+
| mysql-1    |
```

```
+------------+
1 row in set (0.01 sec)
Query OK, 0 rows affected (0.03 sec)
```

将配置文件中的配置行 sql-log = REALTIME，配置成打开记录 SQL 语句日志，然后可以通过日志查看具体的语句执行过程，结果如下。

```
[root@atlas ~]# tail -f /usr/local/mysql-proxy/log/sql_test.log
[03/15/2019 00:29:39] C:127.0.0.1:60806 S:192.168.1.100:3306 OK 22.834 "select @@v
ersion_comment limit 1"
[03/15/2019 00:29:46] C:127.0.0.1:60806 S:192.168.1.9:3306 OK 12.173 "show databas
es"
[03/15/2019 00:29:49] C:127.0.0.1:60806 S:192.168.1.100:3306 OK 6.251 "show databa
ses"
[03/15/2019 00:30:19] C:127.0.0.1:60806 S:192.168.1.8:3306 OK 63.273 "begin"
[03/15/2019 00:30:19] C:127.0.0.1:60806 S:192.168.1.8:3306 OK 4.297 "select @@host
name"
[03/15/2019 00:30:19] C:127.0.0.1:60806 S:192.168.1.8:3306 OK 7.254 "commit"
```

从日志中可以看出，读与写是完全分离的状态。

在实际的生产环境中，还可能会用到 MHA 来实现高可用与读写分离的架构，这时可以将备用的主库加入读库中，来分流一部分其他读库的流量。当主库发生故障，备用主库转变成新的主库时，Atlas 会将变成主库的服务器从读的集群中移出。

第31章 搭建企业日志分析平台

在日常企业复杂的服务器应用集群中，会产生不同的日志内容，而且日志记录的方式也是多种多样的。由于日志内容的多样化，开发人员和运维人员都很难准确地查找服务器、服务等出现的各类问题。因此，对于企业来说，一个集中、独立的收集各类服务器和应用服务的日志系统平台是非常有必要的。

31.1 日志概述

31.1.1 日志分类

日志一般可以分为以下两种。

1．系统日志

系统日志一般记录系统中硬件和软件的信息，同时还可以监视系统运行中所发生的事件信息等。系统管理员可以通过这些日志信息来排查故障产生的原因，分析并找出解决方案。

2．应用服务日志

应用服务日志一般记录应用在启动、运行、调试过程中产生的信息，如 Nginx 运行日志、Tomcat 日志、业务 APP 运行日志等。

31.1.2 日志级别

日志等级由低到高可分为 debug、info、warning、error、critical/fatal，共 5 个级别。

（1）debug：所有调试信息的集合。

（2）info：一些关键跳转，证明软件正常运行的日志。

（3）warning：系统、应用在运行过程中产生的警告等信息。

（4）error：系统、应用在运行过程中生产的错误等信息。

（5）critical/fatal：非常严重的错误，软件已经不能继续运行了。

31.2 ELK 日志系统

ELK 提供一整套的解决方案，并且它的各个组件都是开源软件，各组件之间相互配合能够满足多种场景的应用，因此 ELK 是目前最主流的日志系统之一。

31.2.1　ELK 日志系统简介

ELK 是开源项目 Elasticsearch、Logstash 和 Kibana 的集合，它们组成了一个强大的日志收集、分析与展示的平台，各自职责不同。

Elasticsearch 是一个基于 Lucene 的开源分布式搜索服务器。它的特点有分布式、零配置、自动发现、索引自动分片、索引副本机制、RESTful 风格接口、多数据源、自动搜索负载等。Elasticsearch 提供了一个分布式多用户能力的全文搜索引擎，基于 RESTful Web 接口。Elasticsearch 基于 Java 语言开发，并作为 Apache 许可条款下的开放源码发布，是当今流行的企业搜索引擎。它设计用于云计算中，能够实时搜索，稳定、可靠、快速，安装使用方便。在 Elasticsearch 中，所有节点的数据是均等的。

Logstash 是一个完全开源的工具，可以对日志进行收集、过滤、分析，支持大量的数据获取方法，并将其存储供以后使用（如搜索）。Logstash 带有一个 Web 界面，可以搜索和展示所有日志。它采用 C/S 架构，客户端安装在需要收集日志的主机上，服务端负责将收到的各节点日志进行过滤和修改等操作，再一并发往 Elasticsearch。

Kibana 是一个基于浏览器页面的 Elasticsearch 前端展示工具，也是一个开源和免费的工具。Kibana 可以为 Logstash 和 Elasticsearch 的日志分析提供友好的 Web 界面，可以帮助汇总、分析和搜索重要的数据日志。

31.2.2　ELK 日志系统的部署

整个 ELK 日志平台的部署过程如下。

1．JDK 环境安装

本章 ELK 的 3 个组件安装在同一台服务器上，在一般生产环境下建议分开安装。在安装 3 个组件之前需要安装 JDK 环境。

```
[root@CentOS7 ~]# ll jdk-8u201-linux-x64.tar.gz
-rw-r--r-- 1 root root 191817140 Mar 17 15:22 jdk-8u201-linux-x64.tar.gz
[root@CentOS ~]# tar zxf jdk-8u201-linux-x64.tar.gz -C /usr/local/
[root@CentOS7 ~]# ln -s /usr/local/jdk1.8.0_201 /usr/local/jdk
[root@CentOS7 ~]# cat >>/etc/profile<<EOF
JAVA_HOME=/usr/local/jdk
CLASSPATH=.:${JAVA_HOME}/lib:/dt.jar:${JAVA_HOME}/lib/tools.jar
PATH=$PATH:${JAVA_HOME}/bin
EOF
[root@CentOS7 ~]# source /etc/profile
[root@CentOS7 ~]# java -version
java version "1.8.0_201"
Java(TM) SE Runtime Environment (build 1.8.0_201-b09)
Java HotSpot(TM) 64-Bit Server VM (build 25.201-b09, mixed mode)
```

出现上面的提示，表明 JDK 环境已经安装部署完成。

2．安装 Elasticsearch

此次安装的 3 个组件选择相同的版本：6.5.0 版本。

```
[root@CentOS7 ~]# tar zxf elasticsearch-6.5.0.tar.gz -C /usr/local/
[root@CentOS7 ~]# ln -s /usr/local/elasticsearch-6.5.0 /usr/local/elasticsearch
[root@CentOS7 ~]# vim /usr/local/elasticsearch/config/elasticsearch.yml
# ---------------------------------- Paths -----------------------------------
path.data: /data/elasticsearch/data
path.logs: /data/elasticsearch/logs
# --------------------------------- Network ----------------------------------
network.host: 0.0.0.0
http.port: 9200
```

配置的修改具体要视环境而定，如果没有其他要求，只需修改上述配置。

```
[root@CentOS7 ~]# useradd elk
[root@CentOS7 ~]# passwd elk
Changing password for user elk.
New password:
Retype new password:
passwd: all authentication tokens updated successfully.
[root@CentOS7 ~]# chown -R elk.elk /data/elasticsearch/
[root@CentOS7 ~]# chown -R elk.elk /usr/local/elasticsearch/
```

这时我们需要切换到非 root 用户下来启动 Elasticsearch 服务，操作如下。

```
[root@CentOS7 ~]# su - elk
[elk@CentOS7 ~]$ /usr/local/elasticsearch/bin/elasticsearch &
[1] 11195
[elk@CentOS7 ~]$ ss -ltnup|grep 9
tcp    LISTEN   0  128   :::9200    :::*    users:(("java",pid=11195,fd=206))
tcp    LISTEN   0  128   :::9300    :::*    users:(("java",pid=11195,fd=187))
[elk@CentOS7 ~]$ curl http://192.168.1.20:9200
{
  "name" : "EewOe85",
  "cluster_name" : "elasticsearch",
  "cluster_uuid" : "Y4w_Rh8kRkiauGVSutjZ_w",
  "version" : {
    "number" : "6.5.0",
    "build_flavor" : "default",
    "build_type" : "tar",
    "build_hash" : "816e6f6",
    "build_date" : "2018-11-09T18:58:36.352602Z",
    "build_snapshot" : false,
    "lucene_version" : "7.5.0",
    "minimum_wire_compatibility_version" : "5.6.0",
    "minimum_index_compatibility_version" : "5.0.0"
  },
  "tagline" : "You Know, for Search"
}
```

到此，Elasticsearch 已安装成功。

3．安装 Logstash

命令如下。

```
[root@CentOS7 ~]# tar zxf logstash-6.5.0.tar.gz -C /usr/local/
[root@CentOS7 ~]# ln -s /usr/local/logstash-6.5.0 /usr/local/logstash
[root@CentOS7 ~]# vim /usr/local/logstash/config/test.conf
input { stdin { } }
output {
```

```
    stdout { codec=> rubydebug }
}
```

下面创建一个测试的配置文件来启动 Logstash 并测试。

```
[root@CentOS7 ~]# cd /usr/local/logstash/
[root@CentOS7 logstash]# ./bin/logstash -f ./config/test.conf
Sending Logstash logs to /usr/local/logstash/logs which is now configured via log4j2.
properties
[2019-03-17T16:38:31,220][INFO ][logstash.setting.writabledirectory] Creating directory
 {:setting=>"path.queue", :path=>"/usr/local/logstash/data/queue"}
[2019-03-17T16:38:31,265][INFO ][logstash.setting.writabledirectory] Creating directory
 {:setting=>"path.dead_letter_queue", :path=>"/usr/local/logstash/data/dead_letter_
queue"}
[2019-03-17T16:38:33,402][WARN ][logstash.config.source.multilocal] Ignoring the '
pipelines.yml' file because modules or command line options are specified
[2019-03-17T16:38:33,474][INFO ][logstash.runner          ] Starting Logstash
{"logstash.version"=>"6.5.0"}
[2019-03-17T16:38:33,620][INFO ][logstash.agent           ] No persistent UUID
file found. Generating new UUID {:uuid=>"cd6fed09-1589-4592-bc60-9f708d5110a7",
:path=>"/usr/local/logstash/data/uuid"}
[2019-03-17T16:38:47,197][INFO ][logstash.pipeline        ] Starting pipeline
{:pipeline_id=>"main", "pipeline.workers"=>1, "pipeline.batch.size"=>125, "pipeline.
batch.delay"=>50}
[2019-03-17T16:38:47,773][INFO ][logstash.pipeline        ] Pipeline started
successfully {:pipeline_id=>"main", :thread=>"#<Thread:0x7bd8b7cc run>"}
The stdin plugin is now waiting for input:
[2019-03-17T16:38:48,097][INFO ][logstash.agent           ] Pipelines running
{:count=>1, :running_pipelines=>[:main], :non_running_pipelines=>[]}
[2019-03-17T16:38:49,189][INFO ][logstash.agent           ] Successfully started
Logstash API endpoint {:port=>9600}
welcome to here!
{
          "host" => "CentOS7",
       "message" => "welcome to here!",
    "@timestamp" => 2019-03-17T08:39:40.075Z,
      "@version" => "1"
}
```

出现上述的提示，表明 Logstash 已经安装成功。

4．安装 Kibana

命令如下。

```
[root@CentOS7 ~]# tar zxf kibana-6.5.0-linux-x86_64.tar.gz -C /usr/local/
[root@CentOS7 ~]# ln -s /usr/local/kibana-6.5.0-linux-x86_64 /usr/local/kibana
[root@CentOS7 ~]# cd /usr/local/kibana/config
[root@CentOS7 config]# cp kibana.yml kibana.yml.old
server.port: 5601
server.host: "0.0.0.0"
elasticsearch.url: "http://192.168.1.20:9200"
```

启动 Kibana 服务并测试访问。

```
[root@CentOS7 config]# /usr/local/kibana/bin/kibana &
[1] 11448
[root@CentOS7 config]# /usr/local/kibana/bin/kibana &
[1] 11448
[root@CentOS7 config]# ss -lntup|grep 5601
tcp    LISTEN   0    128    *:5601      *:*     users:(("node",pid=11448,fd=12))
```

打开浏览器，在地址栏中输入 http://192.168.1.20:5601，访问结果如图 31-1 所示。

出现上面的访问结果，表明 Kibana 服务已安装并启动成功。

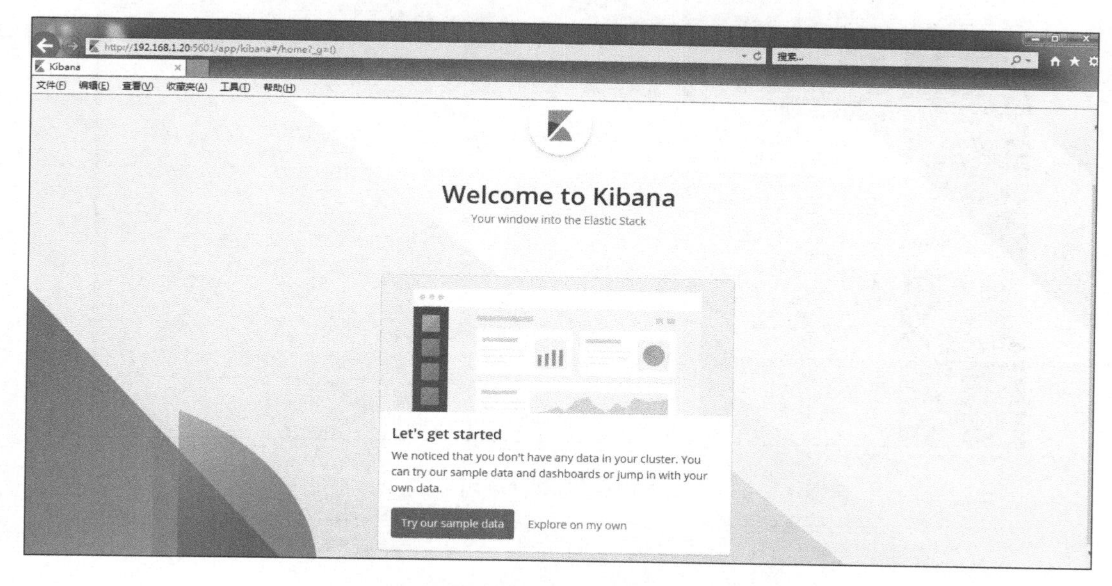

图31-1 访问Kibana

31.2.3 收集系统日志并展示效果

目前已经成功安装并且启动了 ELK 的 3 个组件，但是要让 3 个组件形成一个日志收集和展示的平台，还需要去做相关的配置。配置完成后，我们开始收集操作系统的日志，然后存储并分析，最终在 Kibana 上展示。

```
[root@CentOS7 ~]# cd /usr/local/logstash/config/
[root@CentOS7 config]# vim test.conf
input{
    file{                                       #使用file插件
    type =>"test"
    path =>"/var/log/messages"                  #输入日志的路径
    start_position => "beginning"               #从最早的日志开始收集
    }
}
output{
    elasticsearch{
    hosts => ["192.168.1.20:9200"]              #Elasticsearch服务器主机地址
    action => "index"                           #Elasticsearch动作设置
    index => "test-%{+YYYY-MM-dd}"              #设置索引名
    }
}
[root@CentOS7 config]# /usr/local/logstash/bin/logstash -f ./test.conf &
[2] 11576
```

接下来在 Kibana 图形界面上创建索引，如图 31-2 所示。

下一步做一些简单的配置，如图 31-3 所示。

然后，单击“Create index pattern”按钮，完成对索引的创建。

最终收集的系统日志信息会被实时展现在 Kibana 的图形界面上，如图 31-4 所示。

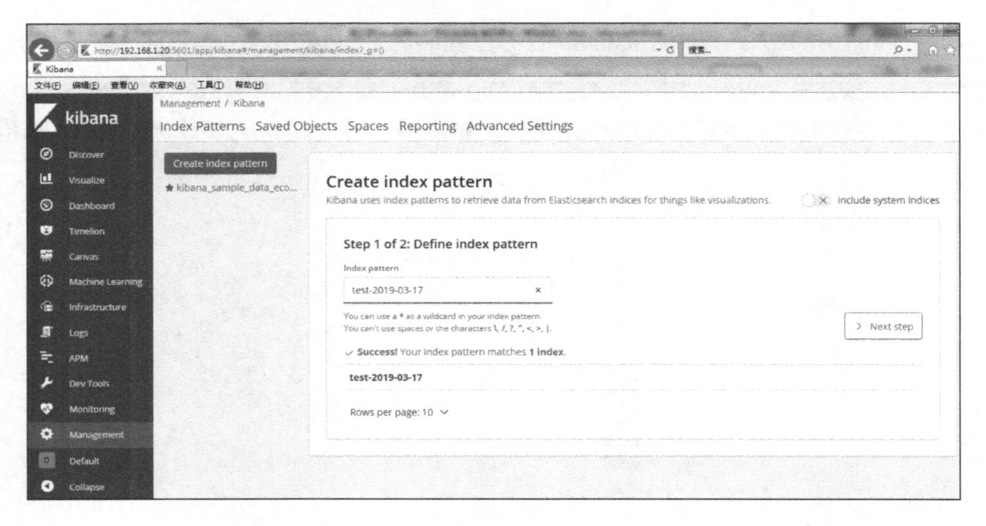

图31-2　创建索引

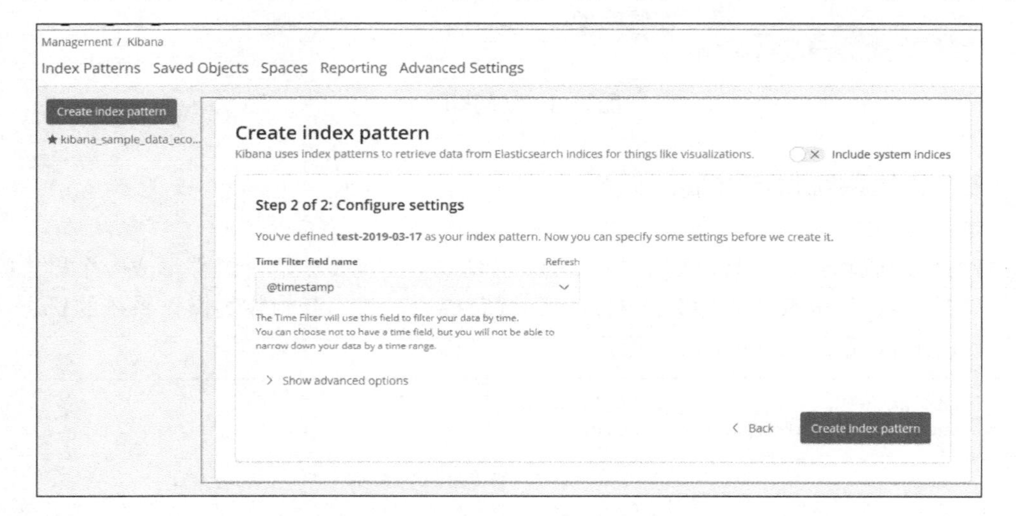

图31-3　简单配置

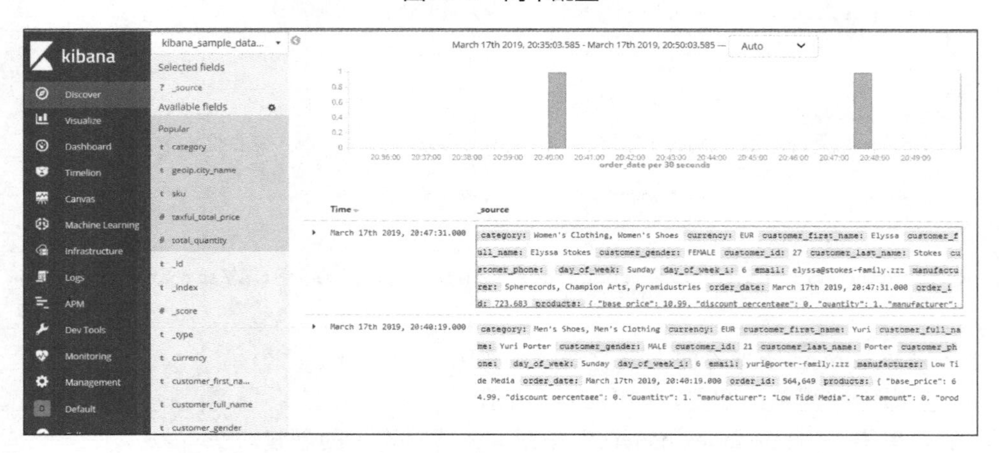

图31-4　最终结果展示

31.3 配置 Kibana 登录认证

在企业实际生产环境中，对 Kibana 必须要做登录认证，否则无论是谁都可以在得知服务器地址与端口的情况下无须认证直接登录，是非常不安全的。

最常见的是通过 Nginx 的代理对 Kibana 进行登录认证管理，具体操作如下。

首先安装 Nginx 服务，这里就不再赘述了，读者可参考前面的章节进行安装。

接下来安装 Apache 密码生产工具。

```
[root@CentOS7 ~]# yum install httpd-tools -y
[root@CentOS7 ~]# mkdir -p /kibana/password
[root@CentOS7 ~]# cd /kibana/password/
[root@CentOS7 password]# htpasswd -c -b kibana.passwd admin admin123
Adding password for user admin
```

然后配置 Nginx 服务。

```
server {
        listen       80;
        server_name  localhost;
        location / {
            auth_basic "kibana login auth";
            auth_basic_user_file /kibana/password/kibana.passwd;
            proxy_pass http://192.168.1.20:5601;
            proxy_redirect off;
            index  index.html index.htm;
        }
}
[root@CentOS7 ~]# /usr/local/nginx/sbin/nginx -t
nginx: the configuration file /usr/local/nginx/conf/nginx.conf syntax is ok
nginx: configuration file /usr/local/nginx/conf/nginx.conf test is successful
[root@CentOS7 ~]# /usr/local/nginx/sbin/nginx
[root@CentOS7 ~]# ss -lntup|grep 80
tcp  LISTEN 0 128   *:80   *:* users:(("nginx",pid=16447,fd=6),("nginx",pid=16446,fd
=6))
```

再次通过浏览器访问 http://192.168.1.20，而不是原来的 Kibana 的地址，此次的登录行为需要进行安全认证，如图 31-5 所示。

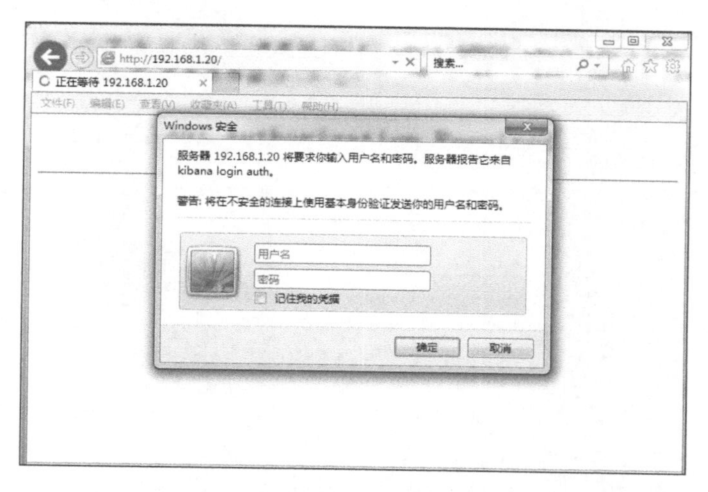

图31-5 通过Nginx访问Kibana

这里我们输入前面配置的用户名与密码来尝试登录，登录结果如图 31-6 所示。

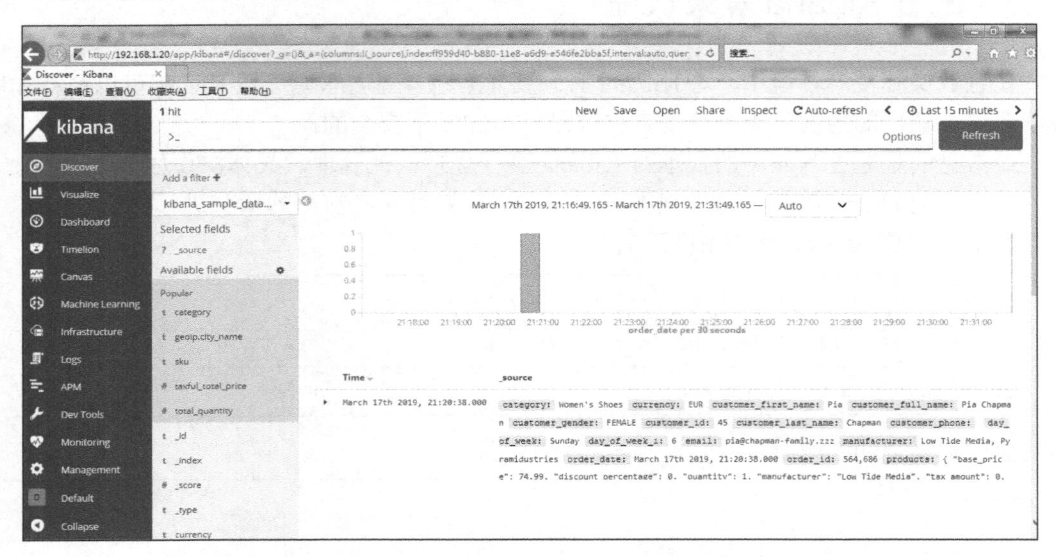

图31-6　登录结果

登录成功，说明这个认证配置是正确的。

至此，一个 ELK 日志收集、存储、分析与展示的平台就部署配置完成了。后面还可以根据企业的实际需求去做配置，从而达到收集和展示日志的效果。官方也提供了很多插件来支持配置日志系统。部署与简单的配置只是“万里长征”的第一步，一个企业对于日志平台的需求远远不止如此，由于篇幅的原因，无法一一展开，有兴趣的读者可以访问官方网站查看相应的文档进行学习与研究。

第 32 章 Linux 服务器集群架构案例实践

企业的服务器架构是根据企业实际业务需求来进行调整和扩展的。当企业的业务量逐渐增长时，运维工程师就要考虑使用各类服务器集群，如 Web 服务器集群、数据库集群等。

目前，企业实际生产环境中应用较多的集群及高可用架构有 LVS+Keepalived 和 Nginx+Keepalvied。本章对这两种服务器集群高可用架构逐一进行案例演示实践。

32.1 LVS+Keepalived 集群实践

32.1.1 部署环境

使用 3 台虚拟机服务器来搭建此次的集群架构，具体服务器规划见表 32-1。

表 32-1 LVS+Keepalived 集群服务器规划

主机名	网卡名称	IP 地址	功能说明
master	ens33	192.168.1.8	模拟服务器外网地址
	ens37	10.0.1.2	模拟服务器内网地址
	ens38	10.0.2.2	主、备心跳网络
backup	ens33	192.168.1.9	模拟服务器外网地址
	ens37	10.0.1.3	模拟服务器内网地址
	ens38	10.0.2.3	主、备心跳网络
rs-server	ens33	192.168.1.100	模拟服务器外网地址
	ens37	10.0.1.100	模拟服务器内网地址

使用两台服务器进行主、备故障切换，使用一台服务器模拟后端服务，从而整体对外提供服务。按表 32-1 的要求配置好各服务器 IP 地址和主机名，并测试各网络之间的连通性。

LVS 和 Keepalived 的软件安装可参考前面的章节。

32.1.2 配置 Keepalived

下面是 Keepalived 的配置文件。

```
[root@master keepalived]# cat /etc/keepalived/keepalived.conf
! Configuration File for keepalived
```

```
global_defs {
   notification_email {
     acassen@firewall.loc
   }
   notification_email_from Alexandre.Cassen@firewall.loc
   smtp_server 192.168.200.1
   smtp_connect_timeout 30
   router_id LVS_MASTER
}
vrrp_instance VI_1 {
    state MASTER
    interface ens33
    lvs_sync_daemon_interface ens38
    virtual_router_id 51
    priority 100
    advert_int 1
    authentication {
        auth_type PASS
        auth_pass 1111
    }
    virtual_ipaddress {
        192.168.1.254/24
    }
}
virtual_server 192.168.1.254 80 {
    delay_loop 6
    lb_algo rr
    lb_kind DR
    persistence_timeout 50
    protocol TCP
    real_server 192.168.1.100 80 {
        weight 1
        TCP_CHECK {
            connect_timeout 3
            retry 3
            delay_before_retry 3
            connect_port 80
            }
        }
    }
```

备服务器上只需要做一些修改，可参考前面的章节介绍。

主、备服务器配置心跳路由，操作如下。

```
[root@master ~]# route add -host 10.0.2.3 dev ens38
[root@backup ~]# route add -host 10.0.2.2 dev ens38
```

32.1.3　启动服务并测试

主、备服务器启动 Keepalived 服务，操作如下。

```
[root@master ~]# systemctl start keepalived
[root@master ~]# ps -ef|grep keep
root      22147      1  0 11:11 ?        00:00:00 /usr/local/sbin/keepalived -D
root      22148  22147  0 11:11 ?        00:00:00 /usr/local/sbin/keepalived -D
root      22149  22147  0 11:11 ?        00:00:00 /usr/local/sbin/keepalived -D
root      22156   3084  0 11:11 pts/0    00:00:00 grep --color=auto keep
[root@backup ~]# systemctl start keepalived
[root@backup ~]# ps -ef|grep keep
```

```
root      20156      1  0 11:12 ?        00:00:00 /usr/local/sbin/keepalived -D
root      20157  20156  0 11:12 ?        00:00:00 /usr/local/sbin/keepalived -D
root      20158  20156  0 11:12 ?        00:00:00 /usr/local/sbin/keepalived -D
root      20171   1661  0 11:12 pts/0    00:00:00 grep --color=auto keep
[root@master ~]# ip add |grep 1.254
    inet 192.168.1.254/24 scope global secondary ens33
[root@backup ~]# ip add |grep 1.254
```

由上述结果可知，主服务器上已经有 VIP 生成，备服务器上没有，表明配置是正确的。这时后端服务器需要启动绑定 VIP 的脚本，并将脚本加入开机自启动当中，具体脚本内容如下。

```
[root@rs-server ~]# vim rs_server.sh
#!/bin/bash
VIP='192.168.1.254'
. /etc/init.d/functions
case "$1" in
  start)
    /sbin/ifconfig lo:0 $VIP broadcast $VIP netmask 255.255.255.255 up
    echo "1" > /proc/sys/net/ipv4/conf/lo/arp_ignore
    echo "2" > /proc/sys/net/ipv4/conf/lo/arp_announce
    echo "1" > /proc/sys/net/ipv4/conf/all/arp_ignore
    echo "2" > /proc/sys/net/ipv4/conf/all/arp_announce
    echo " LVS Real-Server Start Success"
      ;;
    stop)
     /sbin/ifconfig lo:0 down
     echo "0" > /proc/sys/net/ipv4/conf/lo/arp_ignore
     echo "0" > /proc/sys/net/ipv4/conf/lo/arp_announce
     echo "0" > /proc/sys/net/ipv4/conf/all/arp_ignore
     echo "0" > /proc/sys/net/ipv4/conf/all/arp_announce
     echo " LVS Real-Server Stop Success"
      ;;
       *)
     echo "Usage: $0 ( start | stop )"
     exit 1
esac
"rs_server.sh" [New] 27L, 800C written

[root@rs-server ~]# chmod +x rs_server.sh
[root@rs-server ~]# ./rs_server.sh start
 LVS Real-Server Start Success
[root@rs-server ~]# ifconfig lo:0
lo:0: flags=73<UP,LOOPBACK,RUNNING>  mtu 65536
        inet 192.168.1.254  netmask 255.255.255.255
        loop  txqueuelen 1  (Local Loopback)
```

注意：此脚本用于后端节点服务器绑定 VIP，并抑制响应 VIP 的 ARP 请求。

使用浏览器直接访问 VIP 地址，访问结果如图 32-1 所示。

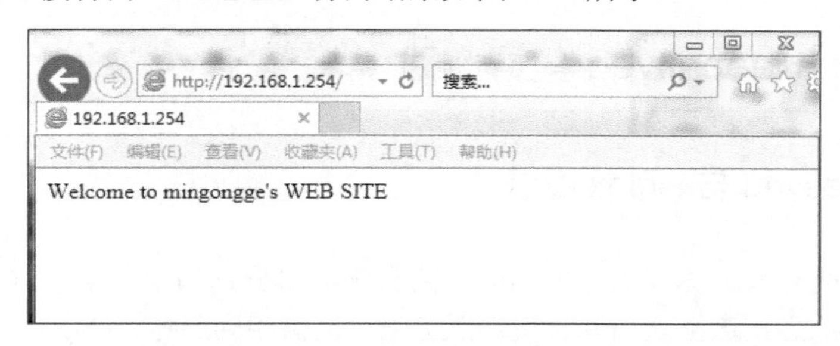

图32-1　访问VIP结果

```
[root@master ~]# ipvsadm -Ln --stats
IP Virtual Server version 1.2.1 (size=4096)
Prot LocalAddress:Port              Conns   InPkts  OutPkts  InBytes OutBytes
  -> RemoteAddress:Port
TCP  192.168.1.254:80             2        2      0       104         0
  -> 192.168.1.100:80              2        2      0       104         0
[root@backup ~]# ipvsadm -Ln --stats
IP Virtual Server version 1.2.1 (size=4096)
Prot LocalAddress:Port              Conns   InPkts  OutPkts  InBytes OutBytes
  -> RemoteAddress:Port
TCP  192.168.1.254:80              0        0       0        0     0
  -> 192.168.1.100:80               0        0       0        0      0
```

从主、备节点服务器上查看数据转发的状态可知，此次客户端的访问数据转发是经由主服务器的。

32.1.4　测试故障切换

此时，我们将主服务器 Keepalived 服务停止，来模拟实际生产环境中的服务器宕机场景，以便查看 VIP 及资源的切换情况，操作如下。

```
[root@master ~]# systemctl stop keepalived
[root@master ~]# ps -ef|grep keep
root      22181   3084  0 11:45 pts/0    00:00:00 grep --color=auto keep
[root@master ~]# ip add |grep 1.254
[root@backup ~]# ip add |grep 1.254
    inet 192.168.1.254/24 scope global secondary ens33
```

发现 VIP 已成功切换到备用服务器节点上。接下来模拟客户端访问，再查看数据转发情况，操作如下。

```
[root@backup ~]# ipvsadm -Ln --stats
IP Virtual Server version 1.2.1 (size=4096)
Prot LocalAddress:Port              Conns   InPkts  OutPkts  InBytes OutBytes
  -> RemoteAddress:Port
TCP  192.168.1.254:80             1        2        0       340       0
  -> 192.168.1.100:80              1        2        0       340       0
```

注意：在这类架构中，当 master 服务器故障或无法提供服务时，VIP 会自动从 master 服务器上切换到 backup 服务器上（包括其他服务资源一同切换）。但当 master 故障恢复时，会自动将 VIP 等资源抢占回来，这类情况在流量大、网络繁忙的场景下是不太理想的。所以，需要通过 nopreempt 参数来配置故障恢复后不抢占功能，设置此参数前，将 master 服务器配置成 backup 状态，优先级保持不变即可。

32.2　Nginx+Keepalived 集群实践

32.2.1　Keepalived 与 Nginx 配置

此集群架构的环境大体同上一节相同，两台服务器分别为主、备节点，安装 Nginx 服务及 Keepalived 服务，这里采用两台后端服务器（提供相同服务）。Nginx+Keepalived 集群逻辑架构如图 32-2 所示。

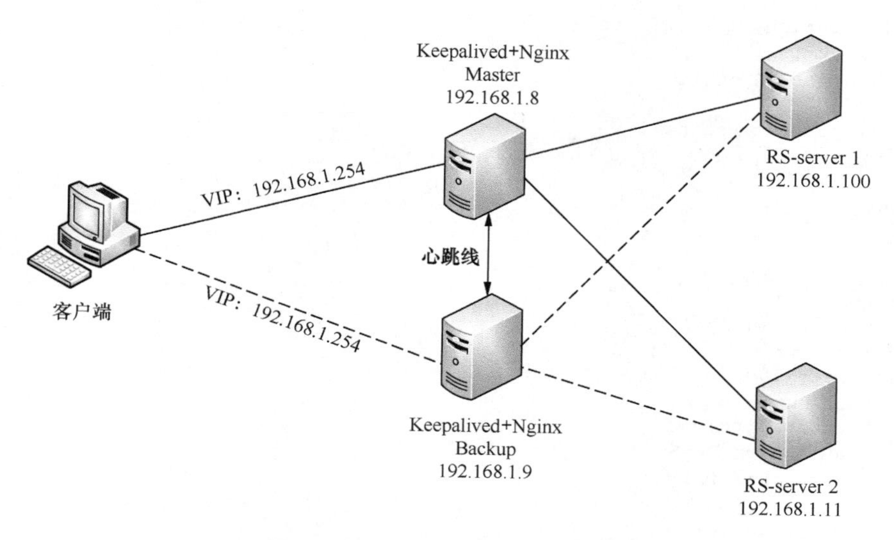

图32-2 Nginx+Keepalived架构

```
[root@master ~]#  cd /usr/local/nginx/conf/
[root@master conf]# cp nginx.conf nginx.conf.old
[root@master conf]# vim nginx.conf
……（部分配置内容省略）
    upstream rs-server-pools {
            server 192.168.1.100:80;
            server 192.168.1.11:80;
        }
    server {
        listen       80;
        server_name  192.168.1.254;   #实际生产环境可以配置成域名
        location / {
            proxy_pass http://rs-server-pools;
          }
        }
}
[root@master conf]# /usr/local/nginx/sbin/nginx -t
nginx: the configuration file /usr/local/nginx/conf/nginx.conf syntax is ok
nginx: configuration file /usr/local/nginx/conf/nginx.conf test is successful
[root@master conf]# /usr/local/nginx/sbin/nginx
[root@master conf]# ss -lntup|grep 80
tcp   LISTEN   0  128   *:80     *:* users:(("nginx",pid=22757,fd=6),("nginx",pid=2
2756,fd=6))
```

在实际生产环境中，我们需要对此架构中的 Nginx 服务进行实时监控，否则一旦主服务器上的 Nginx 服务故障，VIP 仍然处于主服务器上，这种场景下客户端将会出现无法访问的现象，所以对于 Keepalived 的配置需要做一些修改，具体如下。

```
[root@backup scripts]# vim check_nginx.sh
#!/bin/sh
killall -0 nginx

if [[ $? -ne 0 ]];then
 systemctl stop keepalived >/dev/null 2>&1
fi
```

下面检测本地 Nginx 服务的状态变化。

```
[root@master ~]# cat /etc/keepalived/keepalived.conf
```

```
! Configuration File for keepalived
global_defs {
   router_id LVS_MASTER
}
vrrp_script check_nginx {
    script "/server/scripts/check _status.sh"
    interval 3
    weight -20
    fall 3
}
vrrp_instance VI_1 {
    state MASTER
    interface ens33
    virtual_router_id 51
    priority 100
    advert_int 1
    authentication {
        auth_type PASS
        auth_pass 1111
    }
    virtual_ipaddress {
        192.168.1.254/24
    }
   track_script {
        check_nginx
    }
}
[root@master ~]# systemctl restart keepalived
[root@master ~]# ip add |grep 1.254
    inet 192.168.1.254/24 scope global secondary ens33
[root@backup ~]# systemctl restart keepalived
[root@backup ~]# ip add |grep 1.254
```

服务启动正常，VIP 生成也正常。

```
[root@master ~]# curl http://192.168.1.254
Welcome to mingongge's WEB SITE !!
[root@backup ~]# curl http://192.168.1.254
Welcome to mingongge's web site
```

从结果中可以看出，是可以正常访问后端应用服务器的，且实现了负载均衡的目的。接下来停止服务，来模拟主服务器 Nginx 服务故障，测试 VIP 切换及访问。

```
[root@master ~]# ip add |grep 1.254
    inet 192.168.1.254/24 scope global secondary ens33
[root@master ~]# /usr/local/nginx/sbin/nginx -s stop
[root@master ~]# ps -ef|grep nginx
root      129599   1051  0 16:51 pts/0    00:00:00 grep --color=auto nginx
[root@master ~]# ip add |grep 1.254
[root@backup ~]# ip add|grep 1.254
    inet 192.168.1.254/24 scope global secondary ens33
```

从结果中可以看出，VIP 已经从主服务器自动切换到了备服务器上。

```
[root@master ~]# curl http://192.168.1.254
Welcome to mingongge's WEB SITE !!
[root@master ~]# curl http://192.168.1.254
Welcome to mingongge's web site
[root@master ~]# curl http://192.168.1.254
Welcome to mingongge's WEB SITE !!
```

可以正常访问后端应用服务器，请求也是负载均衡的状态。

32.2.2 Nginx+Keepalived 双主企业架构实践

在上述的架构（主、备模式）中，始终会有一台服务器处于非活动状态（服务器资源空闲）。在企业实际生产环境中，需要把服务器的资源更高效地加以利用，因此我们可以将上述的架构变成双主的架构，如图 32-3 所示。这种架构提供两个同时对外服务的 VIP 地址，同时接受前端用户的请求，实现服务器资源的最高效利用。

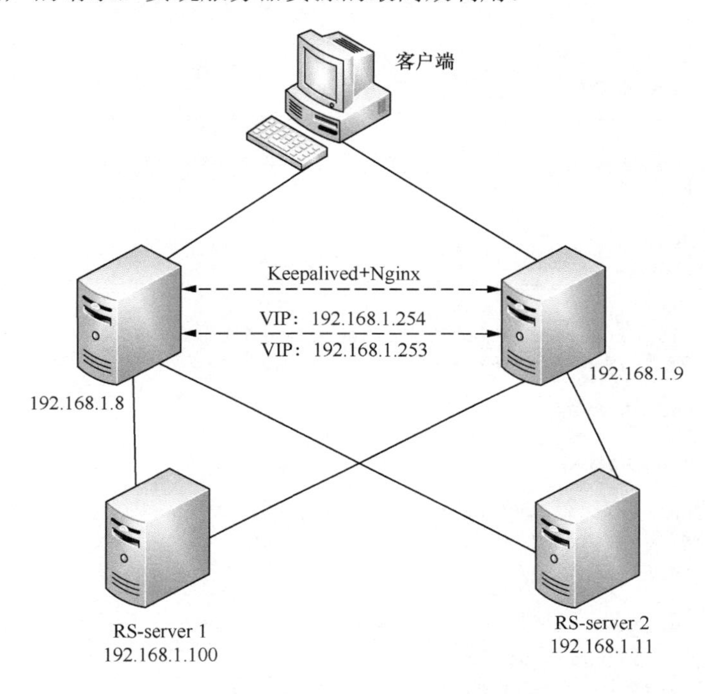

图32-3　Keepalived+Nginx双主架构

修改 Keepalived 和 Nginx 的配置，具体如下。

```
[root@master ~]# cat /etc/keepalived/keepalived.conf
! Configuration File for keepalived
global_defs {
   router_id LVS_MASTER
}
vrrp_script check_nginx
    {
    script "/server/scripts/chk_rs.sh"
    interval 3
    }
vrrp_instance VI_1 {
    state MASTER
    interface ens33
    virtual_router_id 51
    priority 100
    advert_int 1
    authentication {
        auth_type PASS
        auth_pass 1111
    }
```

```
    virtual_ipaddress {
        192.168.1.254/24
    }
   track_script {
        check_nginx
    }
}
vrrp_instance VI_2 {
    state BACKUP
    interface ens33
    virtual_router_id 52
    priority 80
    advert_int 1
    authentication {
        auth_type PASS
        auth_pass 1111
    }
    virtual_ipaddress {
        192.168.1.253/24
    }
   track_script {
        check_nginx
    }
}
[root@backup ~]# cat  /etc/keepalived/keepalived.conf
! Configuration File for keepalived
global_defs {
   router_id LVS_BACKUP
}
vrrp_script check_nginx
      {
    script "/server/scripts/chk_rs.sh"
    interval 2
    }
vrrp_instance VI_1 {
    state BACKUP
    interface ens33
    lvs_sync_daemon_interface ens38
    virtual_router_id 51
    priority 80
    advert_int 1
    authentication {
        auth_type PASS
        auth_pass 1111
    }
    virtual_ipaddress {
        192.168.1.254/24
    }
track_script {
       check_nginx
       }
}
vrrp_instance VI_2 {
    state MASTER
    interface ens33
    virtual_router_id 52
    priority 100
    advert_int 1
    authentication {
        auth_type PASS
        auth_pass 1111
    }
    virtual_ipaddress {
```

```
        192.168.1.253/24
    }
    track_script {
        check_nginx
    }
}
```

两端服务器的 Nginx 配置文件一致即可，具体如下。

```
[root@master ~]# cat /usr/local/nginx/conf/nginx.conf
……（部分配置内容略）
   upstream rs-server-p1 {
            server 192.168.1.100:80;
          }
   upstream  rs-server-p2  {
           server 192.168.1.11:80;
    }
    server {
        listen        80;
        server_name  192.168.1.254;
        location / {
             proxy_pass http://rs-server-p1;
}
}
   server {
       listen 80;
       server_name 192.168.1.253;
       location  / {
           proxy_pass http://rs-server-p2;
          }
     }
}
```

两端服务器各自重启 Keepalived 和 Nginx 服务即可。

```
[root@master ~]# ip add |grep 1.254
    inet 192.168.1.254/24 scope global secondary ens33
[root@master ~]# ip add |grep 1.253
[root@backup ~]# ip add|grep 1.254
[root@backup ~]# ip add|grep 1.253
    inet 192.168.1.253/24 scope global secondary ens33
```

正常状态下 VIP 如上述结果，这样客户端对不同的后端服务请求时，其请求的流量也会通过不同的前端负载均衡服务器进行转发。

通过浏览器访问不同的 VIP，结果如图 32-4 所示。

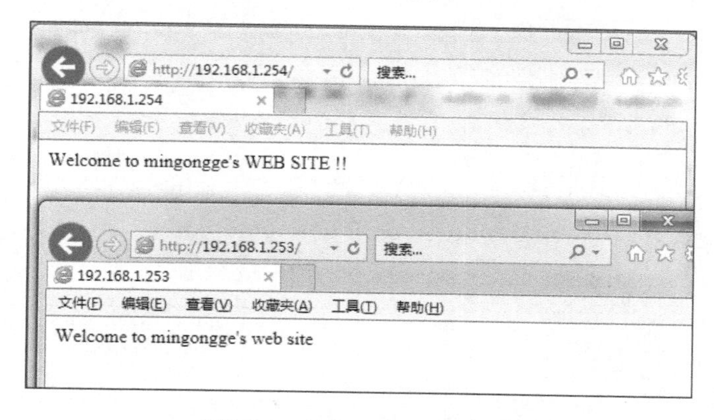

图32-4　访问不同VIP的结果

在实际的企业生产环境中，我们可以将不同的域名解析到不同的 VIP 地址上，从而实现双主同时对外提供服务的架构。

如果任何一台服务器出现故障（服务器宕机、Nginx 服务故障等），那么 VIP 将全部切换到另一台正常提供服务的服务器上，演示如下。

```
[root@master ~]# /usr/local/nginx/sbin/nginx -s stop
[root@master ~]# ps -ef|grep nginx
root        2064   1051  0 22:00 pts/0    00:00:00 grep --color=auto nginx
[root@master ~]# ip add |grep 1.253
[root@master ~]# ip add |grep 1.254
[root@backup ~]# ip add|grep 1.254
    inet 192.168.1.254/24 scope global secondary ens33
[root@backup ~]# ip add|grep 1.253
    inet 192.168.1.253/24 scope global secondary ens33
[root@master ~]# curl http://192.168.1.254
Welcome to mingongge's WEB SITE !!
[root@master ~]# curl http://192.168.1.253
Welcome to mingongge's web site
[root@master ~]# curl http://192.168.1.254
Welcome to mingongge's WEB SITE !!
[root@master ~]# curl http://192.168.1.253
Welcome to mingongge's web site
```

可以看出，这种双主架构在其中一台服务器出现故障时，完全是可以正常提供访问服务的。这样可以给运维人员修复故障留出一定的时间，也减少了服务不可用的时间。

第 33 章 数据备份与运维管理

随着数据量的逐渐增大以及业务的需求多样，对于企业来说，数据在整个 IT 系统中有着举足轻重的作用。在信息化时代，数据是企业的命脉，所以一个完整、健全、可用、有实际意义的数据备份方案是非常重要的。

33.1 数据备份概述

数据备份就是将数据以某种方式存储、保留，以便在系统遭遇故障或破坏等情况下能够重新将数据恢复原样。

1. 为什么需要进行数据备份

数据备份的目的主要是防范数据风险。对于企业来说，数据风险一般存在以下几种情况。

（1）自然因素：例如地震、火灾等自然灾害，其他事故。

（2）人为因素：黑客攻击、病毒、人为蓄意破坏、人为误操作等。

（3）硬件故障：硬盘损坏、服务器宕机等硬件故障。

（4）软件故障：系统软件故障、软件 BUG、应用软件故障等。

（5）网络故障：企业内网故障、外网故障、网卡驱动程序故障等。

2. 哪些数据需要备份

企业数据备份到底需要备份哪些数据，这是首先需要考虑的问题。

（1）系统配置数据。对于企业服务器来说，系统相关的配置数据是需要备份的，如系统初始化的配置、安全配置、网络配置等相关的数据。备份这些数据是为了在系统发生故障或者硬件发生故障时能够及时、快速地恢复数据。

（2）业务数据。备份哪些业务数据具体还需要根据企业的实际场景及行业来定，一般包括网站数据、应用系统的代码数据、项目需求文档、企业知识产权数据等，这些数据都与企业有着直接的经济利益关系。

（3）数据库。数据库的数据是重点备份对象。

3. 数据备份的方式

数据备份的方式多种多样，总结归纳如下。

（1）磁带备份。使用磁带库、光盘库这种最直接的备份方式，将磁带机或者磁带库直接连接到安装有备份软件的专业备份服务器上，即可备份本地服务器的各类数据，也可以通过网络连接的方式备份其他服务器上的数据。

这种备份常用的介质包括磁带、磁盘、光盘等，其优点是容量高、成本低。

（2）网络备份。网络备份最常见的就是云存储，例如，日常生活中我们同步通讯录、照片到某备份软件的云端。这种备份方式可以对系统的数据和需要被跟踪的数据进行文件更新的监控，并能将文件更新的日志实时传输到备份系统上。这种备份方式更加便捷、成本低，安全性也有一定的保障，如今已成为众多企业的不二之选。

（3）镜像备份。镜像也是比较常见的一种备份方式，如系统镜像、磁盘镜像等。镜像备份是在两个磁盘系统上生成同一个数据镜像的存储过程，一般把这两种镜像叫作主从镜像，主从镜像按存储的位置不同分为本地镜像与远程镜像。

（4）数据库备份。数据库备份就是在与主数据库所在生产机相分离的备份机上复制一个主数据库。数据库的备份是一个长期的过程，而恢复只在发生故障后才进行，且恢复的好坏很大程度上依赖于备份数据的情况。此外，数据库管理员在恢复时采取的步骤正确与否也直接影响最终的恢复结果。数据库备份不仅考察数据的有无，对数据可靠性要求也很高，适用于证券、银行、电信、物流等领域。

33.2　企业常用的数据备份方法与实践

下面作者结合自己在企业中的实际运维经验，分享在企业实际的生产环境中常用的一些数据备份方法和实战操作示例。

33.2.1　企业常用的数据备份方法

企业常用的数据备份方法有以下 3 种。

（1）打包备份。对于不常变动的数据，一般采取打包备份的方法，这样可以节省一定的磁盘空间，保存的时间也更久。例如，网站的一些配置数据，系统的优化、配置数据等，都可以通过打包压缩来进行备份。

（2）实时同步备份。

（3）数据库备份。使用数据库自带的命令备份，或者使用第三方工具进行备份。

33.2.2　数据备份实践操作

下面以一个实例来详细说明数据备份的操作过程。

1．业务场景

企业有多个业务系统平台，其中的数据非常重要，使用人工备份比较费时费力，也容易出现失误。所以需要进行自动备份的相关配置，将指定的数据备份至内网专业备份服务器上。

2．需要备份的内容

（1）业务站点所有目录、文件及相关配置文件。

（2）系统相关的配置文件。

3. 备份规划

（1）Web 服务器上的备份数据和专业备份服务器上的数据统一存储在各自服务器的/backup 目录下（生产必备的规范）。

（2）系统层面备份相关配置文件，如脚本文件、定时任务配置文件等。

（3）所有备份数据一般本地（业务服务器）保留 7 天，备份服务器保留 30～180 天，具体还可以根据业务需求有所调整。

（4）在备份服务器上，所有备份数据都需以服务器 IP 作为存储目录，备份文件名带具体备份日期（格式如 log_2019_03_03.tar.gz）。

4. 操作步骤

第一步：将需要备份的数据统一打包到备份目录/backup，注意命名方式，具体命令如下。

（1）Web 站点数据。

```
tar zcvf /backup/web_config_$(date +%F).tar.gz  ./web_config
```

（2）系统配置数据。

```
tar zcvf /backup/etc_$(date +%F).tar.gz  /etc
```

（3）定时任务。

```
cp /var/spool/cron/root /backup/root_$(date +%F)
```

（4）脚本文件。

```
tar zcvf /backup/scripts_$(date +%F).tar.gz  /server/scripts
```

第二步：将打包的命令编辑成脚本文件。

```
cd /server/scripts/
vi backup.sh
#!/bin/bash
ip=`grep IPADD /etc/sysconfig/network-scripts/ifcfg-eth0|cut -d = -f2`
mkdir /backup/$ip -p
```

下面配置变量。

```
##backup web and app data
cd /web/ && tar zcf /backup/$ip/www_$(date +%F).tar.gz ./www
cd /web/ && tar zcf /backup/$ip/app_$(date +%F).tar.gz ./app

###backup configrue of system
cd / && tar zcf /backup/$ip/etc_$(date +%F).tar.gz  ./etc
cd /server/ && tar zcf /backup/$ip/scripts_$(date +%F).tar.gz  ./scripts
cp /var/spool/cron/root /backup/$ip/root_$(date +%F)

##rsync the backup data to backup servers
cd /backup/ && rsync -avzP ./ rsync_backup@192.168.1.250::rsync --password-file=/e
tc/rsync.password>/dev/null 2>&1

##delete the data
```

```
find /backup -type f -name "*.tar.gz" -mtime +7|xargs rm -f
```

第三步：将备份脚本写入定时任务，定时自动执行。

```
[root@WEB ~]# crontab -e
##backup data to backup-server
00 00 /bin/sh /server/scripts/backup.sh >/dev/null 2>&1
```

每天 0 点进行打包备份并同步到备份服务器的指定目录上。对于备份服务器上的备份数据，也可以通过脚本结合定时任务进行定时清理。

33.3　运维管理

在企业中，运维其实就是一个对企业提供技术支持与技术保障的岗位。运维人员需要在各个领域都具备相应的技术储备与行业经验，并且需要遵循一定的运维规范，协同其他团队成员一起应对企业中的各类问题。作者结合自己的实际工作场景，分享一些运维管理经验。

33.3.1　日常运维

对于运维工程师来说，日常运维是工作中的主要内容之一，要做到规范化、工具化、系统化、流程化、自动化。

日常运维中的一些管理经验如下。

（1）root 管理权限要当心，sudo 授权要安全可靠、可控。

（2）服务器操作要有规范可循，例如，规范目录创建、规划好应用部署目录等，用流程来保障质量与安全。

作者在实际生产环境中对目录规划如下。

- 应用软件服务下载目录：/download。
- 服务器脚本目录：/server/scripts。
- 应用软件服务部署目录：/application/soft_name。
- 应用软件服务日志目录：/log/soft_name/logs。
- 应用软件服务数据目录：/data/soft_name/data。
- 应用软件服务数据备份目录：/server/backup/soft_name。

（3）重复操作的步骤脚本化，提高生产效率。

（4）服务部署注意单点故障，可采用高可用集群化管理。

（5）监控预警需提前规划。

（6）对故障恢复定期进行演练，防止不可恢复的故障出现。

（7）对于批量、不可回退的操作，事先做好备份，或者先进行灰度测试再到全量。

（8）日常工作需要有文档与备份，便于团队成员协作。

（9）日志需要有定期存储与清理机制，减少磁盘资源浪费，避免因磁盘空间已满造成服务不可运行的故障。

（10）对于安全相关的配置，如操作权限，一定要定期回顾与检查，及时清理无关人员的操作权限。

33.3.2 数据运维

数据是企业的命脉，也是运维人员日常管理的重中之重。数据运维中的一些管理经验如下。

（1）数据库安装版本要统一，避免因版本问题造成故障。

（2）数据库初期需要有容量规划。

（3）管理操作角色及权限要划分明确，并尽量遵循最小化原则。

（4）提前规划好数据库备份的方案，例如，多长时间进行一次全量备份，增量备份的时间间隔是多少等，确保数据库的备份正常、有效地运行，且备份的数据具有完整性和可恢复性。

（5）生产数据与测试数据需要严格区分。如果测试环境需要生产数据配合，一定要对实际的业务数据进行脱敏处理，防止真实的生产数据泄露。

（6）定期对备份数据进行线下故障恢复演练，确保发生故障时能及时、快速地得到恢复，避免影响实际的业务，造成公司的经济利益受损。

（7）定期对数据库的性能进行优化，避免因业务量突然出现高峰导致数据库崩溃。

（8）定期对数据库的服务器架构进行优化，以满足日益增长的业务需求。

（9）对数据库进行任何操作之前，需再三确认，对数据要有敬畏之心。

33.3.3 安全运维

对于任何企业来说，安全生产，责任重于泰山。安全运维中的一些管理经验如下。

（1）所有账户一律遵循最小化原则，禁用一切无关或不再使用的账户，尽量不配置免密登录用户。

（2）系统服务最小化，禁用一切无关或无用的服务。

（3）权限最小化，无论是对目录的读写权限，还是对服务的控制操作权限。

（4）禁用、关闭敏感端口，禁止对外（公网）暴露内部重要服务端口。

（5）定期检测系统漏洞，及时升级系统版本与打补丁。

（6）密码不能使用明文保存在服务器上。

（7）密码的设置需要有一定的复杂策略，不可过于简单。

（8）定期修改密码，养成良好的安全习惯。

（9）使用多重安全认证举措，例如，使用密钥与密码同时认证。

（10）时刻关注开源软件的最新信息，及时优化调整、处理其危险漏洞或关闭相关的危险函数。

（11）时刻做到“安全在我心中”“安全第一”。